一流本科专业一流本科课程建设系列教材

电机原理及拖动

第4版

主编　边春元　杨东升
参编　王迎春　刘金海　杨　珺　李　硕
主审　满永奎　彭鸿才

机 械 工 业 出 版 社

本书主要内容包括直流电机原理、电力拖动系统的动力学基础、直流电动机的电力拖动、变压器、异步电动机原理、三相异步电动机的电力拖动、同步电机、特种电机以及电力拖动系统中电动机的选择。书中着重讲述了各种电动机的工作原理、分析方法及电动机的静态、动态特性，内容由浅入深，重点突出，重点内容配有例题，各章附有足够数量的思考题与习题。

本书可作为高等院校电气工程及其自动化、自动化等专业本科"电机原理及拖动"课程的教材，也可作为机电一体化专业及成人高等教育相关专业的教材，还可以供有关工程技术人员参考。

图书在版编目（CIP）数据

电机原理及拖动/边春元，杨东升主编. —4 版. —北京：机械工业出版社，2022.7（2024.8 重印）

一流本科专业一流本科课程建设系列教材

ISBN 978-7-111-70676-2

Ⅰ.①电… Ⅱ.①边…②杨… Ⅲ.①电机学-高等学校-教材②电力传动-高等学校-教材 Ⅳ.①TM3②TM921

中国版本图书馆 CIP 数据核字（2022）第 076254 号

机械工业出版社（北京市百万庄大街 22 号　邮政编码 100037）
策划编辑：王雅新　　　　　责任编辑：王雅新　聂文君
责任校对：梁　静　张　薇　封面设计：张　静
责任印制：刘　媛
涿州市般润文化传播有限公司印刷
2024 年 8 月第 4 版第 3 次印刷
184mm×260mm·23.5 印张·538 千字
标准书号：ISBN 978-7-111-70676-2
定价：69.80 元

电话服务　　　　　　　　　网络服务
客服电话：010-88361066　　机　工　官　网：www.cmpbook.com
　　　　　010-88379833　　机　工　官　博：weibo.com/cmp1952
　　　　　010-68326294　　金　书　网：www.golden-book.com
封底无防伪标均为盗版　　　机工教育服务网：www.cmpedu.com

前 言

习近平总书记在《坚决破除制约教育事业发展的体制机制障碍》中指出，提升教育服务经济社会发展能力。要根据建设社会主义现代化强国的需要，调整优化高校区域布局、学科结构、专业设置，改进高等教育管理方式，促进高等学校科学定位、差异化发展，把创新创业教育贯穿人才培养全过程，建立健全学科专业动态调整机制，加快一流大学和一流学科建设，推进产学研协同创新，积极投身实施创新驱动发展战略，着重培养创新型、复合型、应用型人才。

本书第 3 版自 2015 年出版以来，已经使用了七年。在此期间电机与电力拖动技术又有了很大发展，特别是永磁同步电机及特种电机的迅速发展和大量应用。在教材再版修订之时，作者征求了一些使用过本教材的东北大学和其他兄弟院校老师的意见，对以下几部分进行了修订：

1) 第四章增加了变压器并联等效电路的原理和推导过程，并定量分析了变压器并联等效电路和串联等效电路之间的关系。

2) 为了更容易理解异步电动机的原理，重新编写了第五章"异步电动机原理"。将第二节"交流电机的绕组及其感应电动势"部分新增了交流绕组的基本知识和概念小节。以例题的方式加入了依据槽数、极数设计三相对称绕组的一般步骤内容，并将三相对称绕组的相电动势和线电动势的计算过程单独列出。重新编写了第三节"交流电机绕组的磁动势"、第四节"转子不转时的三相异步电动机"和第五节"转子转动时的三相异步电动机"。增补了第八节"三相异步电动机的参数测定"。对习题进行了部分调整。

3) 为了使知识点更加紧凑，重新编写了第六章，将"三相异步电动机的固有机械特性"独立为第二节。将"三相异步电动机的人为机械特性及调速"合并为第三节。将笼型及绕线电动机的起动合并为第四节"三相异步电动机的起动"。重新编写了第五节"三相异步电动机的各种运行状态"与第六节"三相异步电动机拖动系统的过渡过程及能量损耗"。对习题进行了部分调整。

4) 为了适应同步电机在生产生活中日益广泛的应用，重新编写了第七章"同步电机"。新增了第三节"同步电机的基本方程、等效电路及相量图"、第六节"同步电动机的转速特性"、第八节"同步发电机的运行特性"和第九节"同步电抗、定子漏抗及电枢等效磁动势的测定"。

5) 按特种电机体系修改了第八章"特种电机"的部分内容，增加了高温超导电机，删除了测速发电机、自整角机和旋转变压器的相关内容。

6) 第九章增加了第七节"电动机额定功率选择的工程方法"和第八节"电动机的

一般选择",并将第 3 版的第八节"容量选择举例"改为习题出现。

7)部分符号采用了新的书写方式,更新了常用符号表。

为使学生更好理解电机与电力拖动技术中的相关概念和原理,本书将需要重点强调的部分进行了双色印刷,部分知识提供了动图、视频等,扫描相关二维码观看相应内容。与本教材配套,将提供电子版的习题答案及课件。

本版修订由边春元和杨东升主持完成,王迎春、刘金海、杨珺、李硕参与修订工作。东北大学的满永奎教授和彭鸿才教授对本版修订进行了审阅,并提出了很多宝贵意见,在此表示衷心的感谢。此外,东北大学智能电力电子与电气传动研究所的研究生赵舒铭、栗雪飞、邓天宇、宁帅和李鲁祥做了大量资料收集和整理工作,电气自动化研究所师生对本次修订工作给予了大力支持和帮助,在此一并表示衷心的感谢。

由于编者水平有限,书中的缺点和错误在所难免,敬请读者批评指正。

编　者

目　录

常用符号表

A——线负荷；电机的散热系数

a——直流绕组并联支路对数；交流绕组并联支路数；加速度；信号系数；电动机额定运行时的损耗比

B——磁通密度（磁感应强度）

B_a——直流电机电枢磁动势产生的气隙磁通密度

B_{av}——平均磁通密度

B_δ——气隙磁通密度

C——电容；热容量

C_e——电动势常数

C_T——电磁转矩常数

D——直径；调速范围

E_a——直流电机电枢电动势；导体电动势

E_N——额定电动势

E_σ——漏电动势

E_ν——ν 次谐波电动势

E_1——变压器一次侧电动势；异步电动机定子电动势

E_2——变压器二次侧电动势；异步电动机转子电动势

E_{2s}——异步电动机转子转动时的电动势

E_0——同步电机励磁磁场感生的电动势

e_L——自感电动势

e_k——换向电动势

e_M——互感电动势

e_r——电抗电动势

F——磁动势

F_a——电枢磁动势

F_{ad}——直轴电枢反应磁动势

F_{aq}——交轴电枢反应磁动势

F_m——单相磁动势幅值

F_0——空载磁动势

F_1——变压器一次侧磁动势；异步电动机定子磁动势

F_2——变压器二次侧磁动势；异步电动机转子磁动势

FS——负载持续率

f——频率；力

f_{av}——平均力

f_2——异步电动机转子频率

G——重力

GD^2——飞轮力矩

GD^2_{meq}——等效飞轮力矩

H——磁场强度

H_δ——气隙磁场强度

I——电流

I_a——电枢电流

I_f——励磁电流

I_k——堵转电流

I_N——额定电流

I_0——空载电流

I_1——变压器一次电流；异步电动机定子电流

I_2——变压器二次电流；异步电动机转子电流

i_a——导体电流；支路电流

J——转动惯量

J_m——生产机械的转动惯量

J_B——电动机转子转动惯量

j——减速比

K——直流电机换向片数

k——电压比

k_e——异步电动机定、转子电动势比

k_i——异步电动机定、转子电流比

k_p——分布系数

k_w——绕组系数

k_y——短距系数

L——电感

L_σ——漏电感

l——长度；导体长度

m——相数；质量；串电阻起动级数

N——匝数；直流电机总导体数

N_f——励磁绕组匝数

N_1——变压器一次绕组匝数；异步电动机定子绕组匝数

N_2——变压器二次绕组匝数；异步电动机转子绕组匝数

n——转速

n_i——过渡过程初始转速

n_N——额定转速

n_s——过渡过程稳态转速

n_0——直流电机理想空载转速

n_1——交流电机同步转速

P_M——电磁功率

P_m——异步电动机总机械功率

P_N——额定功率

P_1——输入功率

P_2——输出功率

p——极对数

p_{Cu}——铜损耗

p_{Fe}——铁损耗

p_f——励磁损耗

p_k——短路损耗

p_m——机械损耗

p_s——附加损耗

p_0——空载损耗

Q——无功功率；电机单位时间产生的热量

R——电阻；半径

R_a——电枢电阻

R_c——直流电机外串电阻

R_L——负载电阻

R_{st}——起动电阻

r_m——变压器、异步电动机励磁电阻

r_k——变压器、异步电动机短路电阻

r_1——变压器一次电阻；异步电动机定子电阻

r_2——变压器二次电阻；异步电动机转子电阻

S——元件数；视在功率

s——异步电动机转差率

s_m——临界转差率

T——转矩；电磁转矩；时间常数

T_H——电机发热时间常数

T_k——堵转转矩

T_i——过渡过程初始转矩

T_L——负载转矩

T_M——机电时间常数

T_{max}——最大转矩

T_N——额定转矩

T_s——过渡过程稳态转矩

T_0——空载转矩

T_1——输入转矩

T_2——输出转矩

t_{st}——起动时间

t_0——制动时间

U_c——控制电压

U_f——励磁电压

U_k——短路电压

U_{kN}——额定短路电压

U_N——额定电压

U_0——直流发电机空载电压

U_1——变压器一次电压；异步电动机定子电压

U_2——变压器二次电压；异步电动机转子电压

U_{20}——变压器二次侧开路电压；绕线转子异步电动机转子开路电压

v——速度；导体切割磁场的线速度

X_a——同步电机电枢反应电抗

X_{ad}——同步电机电枢反应直轴同步电抗

X_{aq}——同步电机电枢反应交轴同步电抗

X_o——同步电抗

X_d——直轴同步电抗

X_k——短路电抗

X_q——交轴同步电抗

X_1——变压器一次侧漏电抗；异步电动机定子漏电抗

X_2——变压器二次侧漏电抗；异步电动机转子漏电抗

X_{2s}——异步电动机转子旋转时的漏电抗

X_σ——漏电抗

y——节距；合成节距

y_k——换向节距

y_1——第一节距

y_2——第二节距

Z——阻抗；槽数

Z_k——短路阻抗

Z_m——励磁阻抗

Z_0——空载阻抗

Z_1——变压器一次侧漏阻抗；异步电动机定子漏阻抗

Z_2——变压器二次侧漏阻抗；异步电动机转子漏阻抗

Z_L——负载阻抗

α——空间电角度；槽矩角

β——直流电机机械特性斜率；短矩角；变压器负载系数

δ——气隙长度；静差率

η——效率

θ——转角；温度

λ_m——过载倍数

μ——磁导率

μ_δ——气隙磁导率

γ——谐波次数；异步电动机能耗制动时的转差率

ρ——回转半径

τ——极距；温升

Φ——磁通；主磁通

Φ_m——变压器、异步电动机主磁通幅值

Φ_σ——漏磁通

φ——功率因数角

ψ——磁链；内功率因数角

Ω——机械角速度

Ω_1——同步角速度

ω——电角速度，角频率

绪 论

第一节 电机与电力拖动的发展简况

一、电机制造工业的发展简况

1820 年奥斯特发现了电流在磁场中受力的物理现象,随后由安培对这种现象进行了总结,在此基础上人们在实验室里制出了直流电动机的模型。1834 年亚哥比制成了第一台可供实用的直流电动机。1838 年人们将亚哥比直流电动机用于拖动电动船试验,小艇在涅瓦河上载运 11 人,以 4km/h 的速度顺流而下和逆流而上,获得了成功。这是人类制成的最早的可供实用的电动机,也是最早的电力拖动。当时还没有可供实用的直流发电机,为电动机供电的是化学电池,这种化学电池价格昂贵,因此,限制了直流电动机的大量应用。

1831 年法拉第发现了电磁感应定律,为生产制造各种发电机提供了依据。此后研制出了直流发电机,为直流电动机提供了可用的电源,使直流电机的应用得以扩大。直到 19 世纪 70 年代直流电机在应用中一直占据主导地位。随着电机应用的扩大,用电量不断增加,但是当时直流电压无法提高,在远距离输电方面遇到了困难,人们逐渐认识到交流电的优越性。

1871 年凡·麦尔准发明了交流发电机。1878 年亚布洛契可夫使用交流发电机和变压器为他发明的照明装置供电。1885 年意大利物理学家费拉利斯发现两相电流可以产生旋转磁场,一年以后费拉利斯和在美国的垣斯拉几乎同时制成了两相感应电动机的模型。1888 年多里沃·多勃罗沃尔斯基提出了三相制,并制出了三相感应电动机,奠定了现代三相电路和三相电机的基础。1891 年三相制正式在工业上得到应用,很快显示出它的优越性,并得到了迅速的发展,电工技术从此进入了三相制的发展新阶段。随后是多里沃·多勃罗沃尔斯基发明的笼型异步电动机,其结构简单,价格便宜,工作可靠,19 世纪 90 年代在欧美国家得到了广泛应用。由于用电量的增大,使得三相电网容量迅速扩大,电力工业迅速发展,从而使三相同步发电机和三相电力变压器的使用量迅速增加。

进入 20 世纪,由于异步电动机用量越来越大,给电网带来了新的问题,就是使电网功率因数降低,影响了电网输送有功功率的能力。为改善电网的功率因数,人们想到了同步电动机,用它来拖动不需要调速的大型设备,不仅可以完成生产任务,同时还可以通过调节励磁,使它对电网呈电容性,为电网提供容性的无功功率,提高电网的功率因数,使发电和输变电设备得到充分利用。因此,同步电动机在一定范围内得到了应用。

到 20 世纪初，几种主要类型的电机——同步发电机（包括汽轮发电机和水轮发电机）、同步电动机、异步电动机（包括笼型异步电动机和绕线转子异步电动机）、直流发电机、直流电动机及电力变压器均已制造成功，并且大量投入了生产，它们的一整套设计计算方法也基本成熟。此后的一百多年里，这些电机的工作原理、基本结构以及它们的设计计算方法并无太大变化。

20 世纪以后，生产厂家、科研院所的广大电机科技工作者为减小电机尺寸，减轻电机重量，提高电机单机容量进行了大量的科学研究工作。他们不断地更新电机的绝缘材料，提高电机的耐热等级；选用更好的导电材料和导磁材料，使电机的电磁性能不断提高；不断改善电机的生产工艺；研究电机的发热和冷却过程，改善电机的通风和散热条件，使电机的尺寸减小，重量减轻。

从表 0-1 可以大致看出电机尺寸在逐年减小，重量在逐年降低的情况。

表 0-1　电机尺寸和重量的变化

年份	容量/kW	转速/(r/min)	外径/mm	总长/mm	总重/kg
1893	3.7	1500	450	600	150
1903	3.7	1500	430	550	105
1913	4.0	1500	390	500	94
1926	4.0	1500	350	470	65
1937	4.0	1500	290	400	56

随着电机尺寸的减小，重量减轻，单机容量在不断增大。单机容量越大，电机中单位容量所需的材料越少，电机的损耗越小，效率越高。另外，单机容量越大，电站中的机组数量可以减少，从而可以减少电站的工作人员，减少厂房面积，节省大量投资，有很好的经济效益，因此尽量把单机容量做大。在把单机容量做大的过程中除采用高性能的绝缘、导电、导磁材料外，采用先进的冷却散热方法也起到重要作用。如采用氢冷、水内冷、双水内冷等方法对提高单机容量都起到了极大的作用。单机容量的增加以汽轮发电机为例：1900 年单机容量不超过 5MW，1920 年增至 60MW，1937 年达 150MW，1956 年制成了 208MW 机组，20 世纪 70 年代以后先后制成了单机容量为800~1300MW 的汽轮发电机。

除了上述几种主要类型电机外，还有一些为了满足某些生产工艺特殊要求，适应一些特殊工作环境的专用电机，这些电机主要有：牵引电动机、防爆电动机、高起动转矩电动机、起重冶金专用电机、船舶专用电机、航天航空专用电机和潜水电动机等。

在自动控制系统中应用着各种各样的控制电机或称控制系统用微电机。它们在自动控制系统中执行信号传递与转换，速度、转角的测量等任务。这些电机主要有：测速发电机、伺服电机、自整角机、旋转变压器和步进电动机等。

还有一些中小型电动机，如直线电动机、开关磁阻型电动机、无换向器电动机（或称自控式同步电动机）、单相交流电动机和电磁调速电动机等。这些电动机也在不同场合得到了应用，现在这些电机大部分都已经形成了系列产品。

二、我国电机制造工业的发展简况

我国的电机制造工业实际上是在 1949 年后才发展起来的。1949 年以前由于我国长期处于半封建半殖民地的地位，工业基础十分薄弱，仅有的一些小电机厂设备简陋，大多数是属于修理和装配性质的，根本没制造过大型汽轮发电机和水轮发电机。生产的发电机容量最大不过 200kW，电动机不过 180kW，变压器最大不过 2MV·A。成套的发电设备全是从国外进口的。

习近平总书记在中央党校（国家行政学院）中青年干部培训班发表的重要讲话中指出，"当今世界正处于百年未有之大变局，我们党领导的伟大斗争、伟大工程、伟大事业、伟大梦想正在如火如荼进行，改革发展稳定任务艰巨繁重，我们面临着难得的历史机遇，也面临着一系列重大风险考验。胜利实现我们党确定的目标任务，必须发扬斗争精神，增强斗争本领。"正是由于伟大斗争精神使得我国电机制造业迅猛发展。

新中国成立以后，我国的电机制造工业和其他事业一样，得到了迅速的发展。第一个五年计划期间就建成了一批如上海电机厂、哈尔滨电机厂和沈阳变压器厂等大型电机制造企业。各种中小型电机厂更是遍布全国。到第一个五年计划末的 1957 年，我国电机的年产量已达 1455MW，是 1949 年年产量 61MW 的 23.9 倍，电机产品的自给率已达 75%。

大型同步发电机——汽轮发电机和水轮发电机的单机容量在一定程度上反映了我国电机制造工业的水平。我国在 1954 年就生产出单机容量为 6MW 的汽轮发电机，1955 年生产出 10MW 的水轮发电机。到 20 世纪 50 年代末，我国已能生产单机容量为 50MW 的汽轮发电机、75MW 的水轮发电机和 120MV·A 的电力变压器。特别是 1958 年浙江大学和上海电机厂等单位合作研制出世界上第一台 12MW 的双水内冷汽轮发电机，于同年 12 月在上海发电厂并网发电，一举震动了国际电工界。到 20 世纪 70 年代，我国已经生产出 300MW 的汽轮发电机和 308MW 的水轮发电机。电力变压器的电压等级达到 500kV，容量达 550MV·A。现在国产汽轮发电机的单机容量已超过 1000MW，水轮发电机的单机容量超过 800MW，电力变压器的单机容量已达 1500MV·A，电压等级为 1000kV，已能对外出口大型成套发电和输变电设备。可见我国的电机制造工业发展速度是十分惊人的，正在向世界先进水平靠近。

在大型交流电动机方面，我国在 20 世纪 60~80 年代已经生产出单机容量为 16MW 的同步电动机，6.3MW 的笼型异步电动机和 4MW 的绕线转子异步电动机。

在大型直流电机方面，我国在 1964 年生产出 1150 初轧机用的 4.93MW 和 4.5MW 的直流发电机—直流电动机机组。1975 年为 1700 连轧机生产了 2×3000kW 的直流电动机。国产最大直流电机为 7MW、1000V、电机外径为 3.8m，它的换向难度和整体水平已接近世界先进水平。1975 年我国生产了晶闸管供电的 GZ 型直流电动机系列，1982 年改进为 GZ2 系列。

对于使用量最大的中小型异步电动机，我国早在 1953 年就进行了第一次全国统一设计，系列化生产后摆脱了过去的混乱局面。1961 年第二次全国统一设计的 J2、J02 系列与老系列 J、J0 系列相比性能有很大提高，效率提高 1%~2%，体积缩小了 25.5%，重量减轻了 20.1%。1981 年我国又按国际电工协会（IEC）标准设计了 Y 系列异步电动机，取代了 J2、J02 系列，性能比 J2、J02 又有很大的提高，效率提高了 0.41%，体积减小 15%，重量减轻 12%。除上述基本系列外，各阶段还有对应的绕线转子异步电动机和其他派生系列及专用系列电机，如防爆电机、潜水电机、起重冶金用电机、高起动转矩电机等。

我国电机制造工业在新中国成立后几十年里的发展速度相当快。制造电机所用的绝缘、导磁和导电材料在不断更新，制造工艺和冷却散热方式也在不断改善，单机容量不断增大，电机的尺寸在不断减小，重量在不断减轻。到 20 世纪 80 年代初期我国已经建成了十分完整的各种电机制造体系，各式各样的电机制造厂分布在全国各地。

21 世纪以后，电机制造工业发展得更快，出现了多项世界第一，下面仅举几例：

1. 我国造出全球首台单轴全速单机容量最大汽轮发电机

广东华厦阳西电厂二期 5、6 号机组（2×1240MW）是全球首台 1240MW 高效超临界火力发电机组，是目前全球单轴全速单机容量最大、煤耗最低的火电机组，由珠江投管集团与上海电气联合开发，在参数、容量、模块化设计等多方面突破了引进国外技术的限制，拥有完全自主知识产权。其设计时充分考虑了当前火电机组实际运行中的负荷特点，在宽幅调节工况下仍具备良好的热循环效率。

2. 我国建成世界上第一条 1000kV 特高压输电线

这条特高压输电线路北起山西省的长治，中间经过河南省的南阳，南到湖北省荆门。全长 654 公里，变电容量 6000MV·A，电压 1000kV，最高运行电压 1100kV。2008 年 12 月全面竣工，2009 年 1 月投入商业运行，这是世界上第一条特高压输电线路。

3. 我国研制成功世界电压最高、容量最大的电力变压器

保定天威保变电器股份有限公司自行研发设计了具有完全自主知识产权和核心技术的世界首台最高电压、最大容量的单相特高压电力变压器样机。这台变压器容量为 1500MV·A，电压为 1000kV，于 2011 年 12 月顺利通过所有试验项目考核，主要性能技术指标达到国际先进水平。

4. 中国东方电气集团东方电机有限公司造出世界最大单机容量核能发电机

到 2012 年年底东方电机厂已为我国核电站生产了 14 台核能发电机，总容量达 15790MW。其中最大发电机单机容量为 1750MW，技术难度最大，是当今世界上单机容量最大的核能发电机。并在 2014 年，广东台山核电站第 2 台 1750MW 核能发电机定子成功发运。

5. 我国自主研发的高铁永磁同步牵引电动机达到了世界先进水平

电气牵引电动机的发展大致可分为三代。20 世纪上半叶可称为第一代，当时的城市电车、矿山电机车用的牵引电动机都是直流串励电动机，因为它的起动和制动转矩大，能较好地满足机车的起制动要求；20 世纪 60~70 年代可称为第二代，这时由于交流变频调速的发展，牵引电机用的是异步电动机，当时的永磁同步牵引电动机技术尚不过关；20 世纪末到现在为第三代，用的是永磁同步牵引电动机。我国中车株洲电力机车研究所，历时 11 年，耗资 1 亿元攻克了永磁同步电动机牵引系统，研发出可用于 500km/h 高铁动车的 690kW 永磁同步电动机牵引系统，这标志着我国成为继德、日、法等国之后，世界上少数几个掌握高铁永磁牵引系统技术的国家之一。此前 2015 年 5

月 16 日，长沙地铁 1 号线使用的永磁同步电机成功交付。这是国内首次将永磁同步电机装载在整列地铁车辆投入装车应用。

6. 中国中车株洲电机公司造出全球首套盾构机永磁同步电机

在盾构机动力设计及研制上，中车株洲电机采取跨界思维，跨越了通用的三相异步电机技术，借助其永磁技术领域所积累的专业技术和成功经验，直接为盾构机动力转型升级"永磁化"发起强势冲击。通过整个项目团队的攻坚克难，盾构机永磁电机系统于 2016 年成功下线并投入实际运行。在盾构机上使用永磁驱动技术，既可以大幅节能，又能有效提升盾构机整体效能。此次应用于盾构机上的永磁同步驱动装备在继承了永磁高铁牵引电机节能、高效、可靠等优异性能的同时，还兼具了三大优势：一是更适应盾构机多电机协同工作模式；二是永磁电机效率曲线更符合盾构机工况波动大的实际运行状况；三是同等功率下永磁电机较三相异步电机大大减轻重量，体积更小，维护更便捷。

7. 我国建成世界单机容量最大的水电站

2021 年 5 月 31 日，世界上在建规模最大的水电工程——白鹤滩水电站工程大坝全线浇筑到顶，大坝各项技术指标均满足设计高质量要求，标志着我国 300m 级特高拱坝建造技术实现世界引领。白鹤滩水电站总装机容量 16000MW，位居全球第二；单机容量为 1000MW，位居世界第一，工程综合技术指标位列世界前茅。

三、电力拖动的发展简况

随着各类电机的制造成功，电力拖动技术快速地发展起来。在此之前，人们在长期的生产实践中很早就应用了人力、畜力、风力、水力等作为原动力来推动生产机械，此后又发明了蒸汽机、内燃机等作为生产机械的原动机。但自从电力拖动技术发展以来，由于电能的传输和分配十分方便，控制十分灵活，电动机效率高、运行经济等一系列优点，电力拖动很快成为拖动各种生产机械的主要方式。现在各行各业的各种生产机械绝大多数都已经采用了电力拖动。

20 世纪 20 年代以前，属于电力拖动的初始阶段，这一时期采用的是"成组拖动"。所谓"成组拖动"就是由一台电动机来拖动多台生产机械，电动机离生产机械较远，电动机通过天轴和皮带拖动生产机械。这种拖动方式传动损耗大，生产效率低，控制不灵活。一台生产机械出现故障，很可能引起多台生产机械停机。车间里传动带很多，生产环境、卫生条件较差，易出人身事故，也无法满足生产机械的起制动、正反转及其他调速要求，是一种陈旧落后的拖动方式。进入 20 世纪 30 年代，这种拖动方式就逐渐地被淘汰了，取而代之的是"单电动机拖动"和"多电动机拖动"方式。"单电动机拖动"方式就是一台生产机械单独用一台电动机拖动，这样车间里可以省去大量的传动带、天轴和一些机械传动机构。电能直接用电缆送到装在每台生产机械上的电动机，每台电动机单独控制，可以满足生产机械的各种调速要求。"多电动机拖动"方式是一台生产机械上有几个工作机构，每个工作机构单独由一台电动机拖动，例如，车间里的吊车都有大桥、小车和吊钩三个工作机构，它们分别由三台电动机拖动，这可使生产机械结构大为简化，控制也十分方便，更加灵活。

如前所述，在电力拖动的发展历史上，最早出现的是直流电机拖动。但在几十年的发展过程中，由于直流电机电压无法提高，电网无法扩大，应用受到限制。直到19世纪末，三相交流电的出现，使得三相发电、输变电、用电迅速扩大，极大地促进了工业的发展。特别是三相异步电动机的大量生产，使得生产机械的电力拖动迅速扩大，在此后几十年里工业发展很快，电力拖动成为工厂中生产机械的主要拖动方式。在这一时期里（20世纪初到60年代）拖动生产机械的电动机主要有笼型异步电动机、绕线转子异步电动机、同步电动机和直流电动机。从数量上看，笼型异步电动机用量最大；但从拖动系统的性能上看，直流电动机拖动系统性能最好、水平最高（当时交流电动机尚无可供实用的变频电源），所以这一时期是直流拖动系统占居首位的时期。在这一时期中，各种电动机拖动系统的应用范围大致如下：

（1）笼型异步电动机拖动系统　由于笼型异步电动机结构简单、价格便宜、坚固耐用、易于维护等一系列优点，工厂中凡是不经常起动，基本上不需要调速的生产机械多用笼型异步电动机拖动。如工厂中大量的风机、水泵、空压机和带传动运输机等通用机械，机械制造厂中的各种工作母机绝大多数都由笼型异步电动机拖动。在一些工厂中笼型异步电动机的用电量常占全厂用电量的60%~70%，个别工厂占到80%以上，可见它的用量最大。理论上，笼型异步电动机也可用定子串电抗、调压等方法在小范围内调速，但因性能不好很少应用。变极调速属有级调速，仅用于极少数特殊场合。

（2）绕线转子异步电动机拖动系统　由于绕线转子异步电动机可以通过转子串电阻等方式解决起动和调速问题，虽然它的起动和调速性能不如直流拖动系统，但因其价格比直流系统便宜，维护比直流系统简单，所以在一些要求性能不太高的拖动系统中还是得到了较为广泛的应用，如冶金厂的一些辅助生产机械，要求性能不太高的高炉卷扬、矿井卷扬、吊车、电铲，甚至一些轧钢机也选用了绕线转子异步电动机拖动系统。

（3）同步电动机拖动系统　由于同步电动机起动困难，容易产生振荡，一般用的不多。但有时为了改善电网功率因数，在一些不调速、不常起动的大型设备中也得到了应用。例如，选矿厂的大型球磨机常用同步电动机拖动。

（4）直流电动机拖动系统　因直流电动机可以通过调压和调磁平滑地调节速度，起制动和正反转速度快、性能好，因此一些对拖动系统要求高的生产机械都采用直流电动机拖动系统。如龙门刨床、可逆轧机要求快速起制动、正反转；连轧机、造纸机、印染机要求多台电动机速度协调旋转；高性能的电梯、矿井卷扬要求起制动快而平稳，并要求准确停车，这些都由他励直流拖动系统来完成。要求起动转矩大的电机车、城市电车由串励直流牵引电动机拖动。他励直流电动机常用一台单独的直流发电机为它供电，这就组成了直流发电机—直流电动机机组（F—D）。最早的F—D机组出现在20世纪30年代。当时的机组由一些继电器和接触器等开关电器控制，其中并无放大环节。到20世纪50年代出现了交磁放大机、磁放大器等中间放大环节。它们的加入使拖动系统的调速和控制性能大为提高，形成了自动化的直流电力拖动系统。

从20世纪初到60年代这段时间，除上述几种电机拖动系统外也还有一些其他电机拖动系统，如在纺织、印染、造纸等行业也常用整流子机、滑差电机（也称电磁转差离合器）拖动系统。

从交流电动机一出现，人们就已经知道变频可以调速，并且是一种相当好的调速方法。但苦于没有找到可供实用的变频电源，使这种调速方式当时没有得到应用。

20 世纪 30 年代，人们对异步电动机的各种调速方法进行了详细的研究，力图找到一种有效的调速方法取代价格昂贵、维护困难的直流拖动系统，但一直没有取得很大进展。直到 20 世纪 60~70 年代，电力电子器件晶闸管（可控硅）、大功率晶体管批量投产后，使电力拖动系统发生了巨大变化。在直流拖动系统中由晶闸管可控整流器代替了 F—D 机组中的直流发电机，成为晶闸管可控整流器——直流电动机拖动系统。在交流拖动方面出现了绕线转子异步电动机串级调速、无换向器电动机调速及各种变频调速。此后，电力电子技术、微电子技术以及微计算机技术迅速发展。在晶闸管、大功率晶体管（GTR）大量应用之后，绝缘栅双极型晶体管（IGBT）、功率场效应晶体管（MOS-FET）、智能功率模块（IPM）以及近年来出现的宽禁带器件，例如，碳化硅（SiC）和氮化镓（GaN）等，这些新型功率器件使可控整流器及变频器的主回路发生了巨大变化。微电子技术和微计算机技术的发展使控制回路集成化、模块化、数字化和硬件标准化。主回路和控制回路体积减小，成本降低，可靠性提高。又由于交流变频调速系统采用了矢量控制或直接转矩控制，使交流拖动系统性能大为提高，已经赶上了直流拖动系统。现在直流拖动系统中的数字化可控整流柜和交流拖动系统中的矢量控制或直接转矩控制变频柜，在技术的先进性、工作的可靠性及拖动系统的性能上都不相上下，而直流电动机比交流电动机却有明显的不足。特别是大型电动机，直流电动机因有机械换向器和电刷，结构复杂、造价高、维护困难、故障多。换向器上的火花常常影响生产，换向能力使直流电动机转速受限，单机容量受限。为改善换向需要减少电枢漏感，使电动机变得短粗，增大了飞轮力矩，影响系统的动态性能。为了解决这个问题，常常采用双电动机拖动，这就增加了电动机的造价，也增加了电动机的占地面积和基建投资，很不经济。

与直流电动机相比，笼型异步电动机结构简单、价格便宜、易于维护、故障少和检修停机时间短。交流电动机可以比直流电动机单机容量大、转速高、转动惯量小、动态性能好。此外，交流电动机结构简单，易于与机械合为一体，形成机电一体化产品，使机械结构大为简化，体积减小，重量减轻，也提高了设备的可靠性。例如，无齿轮水泥球磨机，电动机转子与球磨机滚筒合为一体，矿井卷扬机钢丝绳卷筒可以与电动机外转子合为一体。

综上所述，现在由变频装置和交流电动机组成的交流拖动系统与由可控整流装置和直流电动机组成的直流拖动系统相比，已经显示出了很大的优越性。特别是在大型拖动系统中，例如，电机容量在数兆瓦以上的大型可逆轧机、连轧机中直流拖动系统已经被交流拖动系统所取代。此外，在过去一些应该调速而未调速的很多设备中（如大型风机、水泵）现在也多采用了交流变频调速，取得了很大的节能效果，使交流变频调速的应用领域迅速扩大，因此可以说现在已经进入了以交流变频调速为主的新阶段。但是直流拖动系统也没有完全被淘汰，在几百千瓦以下这个容量段，数字式直流拖动系统尚有一定用户。国内外整流装置和直流电动机的生产厂家仍在生产，市场上仍在销售，个别客户反映小容量直流调速系统在性能上仍然优于交流，在价格上数字可控整流装置也比变频装置略低。

绕线转子异步电机转子串级调速现在已经应用得越来越少。无换向器电动机（也称无刷直流机或称自控式同步电动机）调速应当并入同步电动机变频调速，成为交流变频调速的一个分支。

随着交流变频技术的发展，同步电动机的起动和调速问题迎刃而解，而同步电动机的优点除调磁可以改善电网功率因数外，同步电动机无转差，转子可以一步不差地跟随数字控制的旋转磁场，其速度控制精度是异步电动机无法与之相比的，同步电动机可以当作大功率步进电动机使用。现在大型轧钢厂中的连轧机已经大部分换成同步电动机变频调速拖动系统。如果中小容量同步电动机能够扩大生产，特别是永磁式同步电动机如能批量生产，交流变频调速同步电动机拖动系统的应用前景是十分可观的。

第二节　本课程的性质、任务和学习方法

党的二十大报告指出，"建设现代化产业体系。坚持把发展经济的着力点放在实体经济上，推进新型工业化，加快建设制造强国、质量强国、航天强国、交通强国、网络强国、数字中国。实施产业基础再造工程和重大技术装备攻关工程，支持专精特新企业发展，推动制造业高端化、智能化、绿色化发展。"为响应国家号召，在课程中培养学生的工程观点和解决工程实际问题的能力，是在现代化产业体系建设和制造业发展中十分重要的一环。

在电气工程及其自动化、自动化等专业中，"电机原理及拖动"是一门十分重要的专业基础课。它有基础课的性质，因为它是学习后续"自动控制系统""工业企业供电""电气控制技术"等课程的基础。如果不能很好地掌握各种电机（包括变压器）的工作原理及各种电力拖动系统的静态、动态特性，不掌握被控制对象的性能，就不能很好地组成各种自动控制系统，也学不好后续的各门专业课。"电机原理及拖动"基础课性质就电机自身也有所体现，由于现代各种电机，特别是各式各样的控制电机种类繁多，我们在电机原理中也不可能一一讲述，只能通过对几种典型电机分析来讲述各种电机的共同分析方法，这些方法不仅可以用来分析各种特殊电机，在分析控制系统中经常遇到的各种其他电磁器件（如电抗器、接触器、继电器等）时也可借鉴。"电机原理及拖动"除具有基础课的性质外，它是接触工业实际的开始，具有专业课的性质。与学习"电路""物理""高等数学"等基础课有所不同，因为电机毕竟是一个具体的工业设备，它要受很多条件的制约，它已经开始接触工程实际。从这门课开始就要逐渐地培养学生的工程观点和处理一些实际问题的工程分析方法。

在现代化的工业企业当中，性能优良的自动电力拖动系统是必不可少的。控制系统是通过对电动机特性的控制，由电动机拖动生产机械来完成生产任务，满足各种不同工艺要求。因此，透彻地掌握各种电机（包括变压器）的工作原理和各种电力拖动系统的静态、动态特性是十分重要的。

本书着重分析各种电机的工作原理和运行特性，而对电机设计和制造工艺涉及得不多。为了更深入地掌握各种电机的原理和特性，对各种电机的结构还要有一定深度的讲解。

"电机原理及拖动"这门课既有基础理论的学习，又有结合工程实际综合应用的性质。首先，电机是一个包括电路、磁路及力学平衡系统的综合性装置。它的电路系统、磁路系统和力学平衡系统各有各的规律，但是在电机内部这几套系统又是相互关联、相互影响的。分析问题时必须综合考虑，也就是说要整体建立对象数学模型。孤立地

只看某一系统，就有可能导致错误的结论。例如，直流电动机减弱磁场时将使转速升高，如果不是综合分析，就有可能得到磁场减弱，从而转矩减少，以致转速下降的错误结论。其次，电机是一个实际的工业设备，在分析和计算电机的题目时不能脱离现场实际。在现场能够拿到的电机数据是电机铭牌和产品样本中所列的电机数据，但在计算中并没有全都用上，也有可能需要的数据铭牌没有给出（例如，在计算直流电机特性时，电枢电阻是必不可少的，但铭牌和产品样本中都没有），需要用其他工程方法估算。

在工程计算中，有时允许工程近似，但这又要具体问题具体分析。有时，在分析某个问题时可以被忽略的次要因素，在分析另一问题时恰恰又是不可忽略的重要因素。例如，在计算电机特性时，有时可以忽略空载转矩，认为电磁转矩等于输出转矩；在分析同步电动机功角特性时，认为电磁功率等于输入功率，忽略了定子铜耗，而在分析电机效率时这些损耗恰恰是不可忽略的重要因素。

综上所述，在电机原理及拖动教学过程中要逐渐地培养学生的工程观点，使学生逐渐熟悉一些工程问题的处理方法。

第三节 电机理论中的基本电磁定律

各种电机都是靠电和磁的相互作用、相互转化来完成能量转换的。电机的理论分析建立在全电流定律、电磁感应定律、电磁力定律和电路定律等基础上。为了更好地理解电机原理，对这些基本电磁定律进行复习是十分必要的。

一、全电流定律

在电机中通常都是由线圈通电来建立磁场，电流大小和方向决定着它所产生磁场的强弱和方向。

1. 右手螺旋定则

电流与它所产生的磁场，两者的方向关系用右手螺旋定则来判定。判定通电直导线所产生磁场的方向时，用大拇指代表电流方向，其他四指所指的环绕方向则为磁力线方向，如图 0-1a 所示。判定通电线圈所产生磁场的方向时，用四指环绕方向代表线圈中电流方向，则大拇指所指方向即为线圈内部的磁场方向，如图 0-1b 所示，图 0-1c 是图 0-1b 的一种示意图。

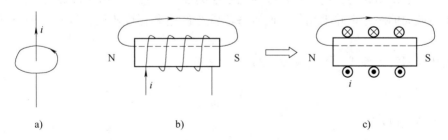

a)   b)   c)

图 0-1 右手螺旋定则

2. 全电流定律

在磁场中，磁场强度的切向分量沿任一磁通闭合回路的线积分等于该回路所包围

的电流代数和。磁场强度沿闭合回路的线积分，其结果与积分路径无关。因此有

$$\oint H \mathrm{d}l = \sum i \tag{0-1}$$

式中，H 为沿该回路上各点切线方向的磁场强度分量；i 为导体中的电流，电流的正负号这样确定：凡导体电流方向与积分路径方向符合右手螺旋关系，则电流为正，反之为负，例如，在图 0-2 中，$\sum I = I_1 + I_2 - I_3$；$\sum I$ 为该磁路的磁动势，以 F 表示。

全电流定律是电机和变压器磁路计算的基础。若磁路是由不同的材料或不同长度和截面积的数段组成的，见图 0-3，则全电流定律可表示为

$$\sum Hl = H_\delta \delta + H_1 l_1 + H_2 l_2 + H_3 l_3 + H_4 l_4 = \sum I = NI = F \tag{0-2}$$

式中，N 为有效导体数，在此等于线圈匝数；$H_i l_i$ 为磁路各段的磁压降 $(i = 1, 2, 3, 4)$；l_i 为磁路工程计算的平均长度 $(i = 1, 2, 3, 4)$；δ 为空气隙长度。

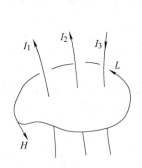

图 0-2　全电流定律

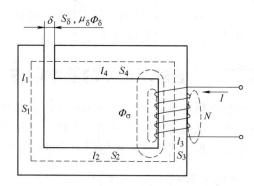

图 0-3　磁路

从物理学可知：磁场强度 H 与磁感应强度 B 及磁导率 μ 的关系为

$$H = \frac{B}{\mu} \tag{0-3}$$

工程上，常将磁感应强度 B 表示为单位面积的磁通量，称为磁通密度，简称磁密。

$$B = \frac{\Phi}{S} \tag{0-4}$$

式中，Φ 为磁路磁通量；S 为磁路截面积。

磁力线总是闭合的，这一现象称为磁通连续性。事实上，由于漏磁通 Φ_δ 的存在，磁路中各截面的磁通量并不相等，而且各段铁心的饱和程度不同，其相应的磁导率也不相同。

类比电阻的计算式，可定义磁路的磁阻

$$R_\mathrm{m} = \frac{l}{\mu S} \tag{0-5}$$

则式（0-2）可写为

$$\sum Hl = \sum \Phi R_\mathrm{m} = \Phi_\delta R_{\mathrm{m}\delta} + \Phi_1 R_{\mathrm{m}1} + \Phi_2 R_{\mathrm{m}2} + \Phi_3 R_{\mathrm{m}3} + \Phi_4 R_{\mathrm{m}4} = F \tag{0-6}$$

一般情况下，铁心的磁导率比空气的要大得多，所以其磁阻甚小。这就是说，磁动势的绝大部分消耗在空气隙的磁阻上，由此可见，在电机中，气隙虽然很小，但其磁阻很大，通常约占磁路总磁阻的 70% ~ 80%。

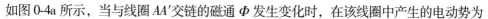

二、电磁感应定律

如图 0-4a 所示，当与线圈 AA' 交链的磁通 Φ 发生变化时，在该线圈中产生的电动势为

$$e = -\frac{\mathrm{d}\psi}{\mathrm{d}t} = -N\frac{\mathrm{d}\Phi}{\mathrm{d}t} \tag{0-7}$$

式中，$\mathrm{d}\psi = N\mathrm{d}\Phi$，即 $\psi = N\Phi$，称为线圈的磁链。

在此，设感应电动势 e 的参考方向与磁通 Φ 满足右手螺旋定则，见图 0-4b。当 Φ 增加时，线圈中感应电动势的实际方向与所设正方向相反，具有反抗磁通变化的趋势，故式（0-7）中有负号。

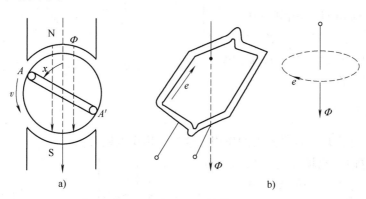

图 0-4　电磁感应定律

一般情况下，磁通 Φ 是时间 t 和线圈对磁场相对位移 x 的函数，即 $\Phi = f(t, x)$。因此，式（0-7）展开为

$$e = -N\frac{\mathrm{d}\Phi}{\mathrm{d}t} = -N\left(\frac{\partial\Phi}{\partial t} + \frac{\partial\Phi}{\partial x}\frac{\partial x}{\partial t}\right) \tag{0-8}$$

在上式中，若 $\dfrac{\mathrm{d}x}{\mathrm{d}t} = 0$，则

$$e_{\mathrm{b}} = -N\frac{\mathrm{d}\Phi}{\mathrm{d}t} \tag{0-9}$$

e_{b} 称为变压器电动势。一般变压器的工作原理就基于此，即线圈位置不动，而链绕线圈的磁通量对时间发生变化。

在式（0-8）中，若 $\dfrac{\mathrm{d}\Phi}{\mathrm{d}t} = 0$，则

$$e_{\mathrm{v}} = -N\frac{\partial\Phi}{\partial x}\frac{\partial x}{\partial t} = -N\frac{\partial\Phi}{\partial x}v \tag{0-10}$$

e_{v} 称为速度电动势，在电机理论中，也称为旋转电动势。一般电机就是根据这个原理构成的，即可使磁场的大小及分布不变，仅靠磁场与线圈有相对位移来产生变化磁通和感应电动势并进行能量变换。

为了分析方便，对于速度电动势也常计算一根导体在磁场中运动的感应电动势，见图 0-5a。单根导体 A 的感应电动势为

$$e_v = B_x lv \tag{0-11}$$

式中，B_x 为导体所在位置的磁通密度；l 为导体的有效长度；v 为导体在垂直于磁力线方向上的运动速度。

感应电动势的方向可依照右手定则确定：用手掌对着 N 极磁通，拇指表示导体相对于磁场的运动方向，而四指表示感应电动势的方向，如图 0-5b 所示。

感应电动势的大小由式（0-11）确定，但要求 B_x、v 和 e_v 三者空间方向应相互垂直。对于一般的电机，电机设计满足该条件。

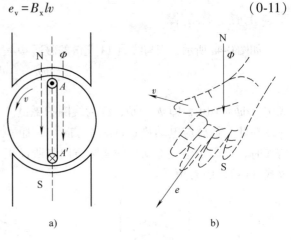

图 0-5 单根导体的感应电势

三、电磁力定律

通电导体在磁场中将受到力的作用，这种力称作电磁力。

当电流方向与磁场方向互相垂直时，如图 0-6a 所示，电磁力的大小为

$$f = B_x li \tag{0-12}$$

式中，i 为导体中电流。

电磁力的方向用左手定则来判定：手心迎着磁场方向，四指代表电流方向，则大拇指所指方向为电磁力方向，如图 0-6b 所示。同样，要求 B_x、i 和 f 三者空间方向应相互垂直。对于一般的电机，电机设计满足该条件。

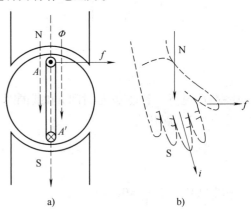

图 0-6 电磁力定律

四、电路定律

电路定律是指基尔霍夫电流定律及电压定律，即 $\sum i = 0$ 和 $\sum e = \sum u$。

电压定律表明：任一电路中，沿某一方向环绕回路一周，该回路内所有电动势的代数和等于所有电压降的代数和。回路中各个电量的正、负号这样来确定：先规定电流、电动势和电压的参考方向，然后选定环绕回路一周的参考方向；凡是各电量的参考方向与环绕方向一致的取正号，反之则取负号。

在电路中，通常，感应电动势的参考方向应理解为从低电位指向高电位即电位升高的方向；电压的参考方向应理解为从高电位指向低电位即电位降低的方向。这一不同点应予特别注意。

第一章

直流电机原理

第一节 直流电机的用途、结构及基本工作原理

直流电机是指能将直流电能转换成机械能（直流电动机）或将机械能转换成直流电能（直流发电机）的旋转电机。它是能实现直流电能和机械能互相转换的电机。

一、直流电机的用途

直流电动机具有良好的起动、制动和调速性能；能快速起、制动，正、反转；能在十分宽广的范围内平滑而经济地调节速度。因此，在一些要求较高的电力拖动系统中，得到了广泛的应用。例如，在一些机床、轧钢机、电气牵引机车及起重设备中，都采用了直流电动机拖动。目前，虽然交流变频调速已经广泛使用，在一些领域中已经取代了直流拖动系统，但直流电动机的应用仍占有一定的比例。

直流发电机是一种高质量的直流电源，常在化工、冶炼、交通运输等部门作为独立的直流电源。在一些要求较高的直流电力拖动系统中，由一台直流发电机给一台直流电动机单独供电，构成了所谓的"发电机—电动机组"。当前，这些发电机虽然已经部分地被晶闸管、二极管等整流电源所代替，但从电源质量和可靠性等方面看，直流发电机仍有它的长处，有它的应用领域。

二、直流电机的基本工作原理

1. 直流发电机的基本工作原理

图 1-1a 绘出了一台最简单的直流发电机模型。上下是两个固定的永久磁铁，上面是 N 极，下面是 S 极。在两极之间是一个转动的圆柱体铁心，称为电枢。磁极与电枢铁心之间的缝隙称为空气隙。在电枢表面槽中安放着 ab 和 cd 两根导体，由 ab 和 cd 两根导体连成的线圈称为电枢绕组，线圈两端分别联到两个相互绝缘的半圆形铜换向片上，由换向片构成的圆柱体称为换向器，它随电枢铁心旋转。为引出电枢绕组的电流，在换向器上压紧两个电刷 A 和 B，电刷固定不动。电刷和换向器的作用不单能把转动的电路与外面不转的电路连接起来，而且能把电枢绕组中的交流电整流成外电路的直流电。因此，也称它为整流器或整流子。下面就利用这个简单的模型来说明直流发电机的基本工作原理。

直流发电机把机械能转换成直流电能。当原动机拖动发电机逆时针方向旋转，转子（即电枢）刚好转到图 1-1a 所示位置时，导体 ab 正好在 N 极下，导体 cd 正好在 S 极下。如果这时导体所在处的磁通密度为 B，导体长度为 l，导体切割磁场的速度为 v，根据电磁感应定律可知导体感应电动势为 $e=Blv$。电动势方向由右手定则判定为由 d 到

c 和由 b 到 a，如图 1-1a 中箭头所示。显然这时线圈的电动势 a 端为正；d 端为负。此时电刷 A 与线圈 a 端的换向片相接，极性为正；电刷 B 与线圈的 d 端换向片相接，极性为负。

当转子转过 180° 转到图 1-1b 所示位置时，这时导体 ab 到 S 极下，cd 转到 N 极下。根据右手定则可知，导体和线圈中的感应电动势改变了方向，线圈电动势 a 端为负，d 端为正，如图 1-1b 中箭头方向所示。但因电刷不随换向片旋转，电刷 A 此时与转到 N 极下的导体 d 端所接换向片相接，所以 A 刷电动势仍为正极性，电刷 B 此时与导体 a 端所接换向片相接，电动势仍为负极性。不难看出转子连续旋转时，电刷 A 引出的总是 N 极下导体的正电动势，电刷 B 引出的总是 S 极下导体的负电动势。经过电刷和换向器把电枢绕组内感应的交流电动势变成了由电刷输出的极性不变的直流电动势。这就是直流发电机的基本工作原理。

直流发电机的基本工作原理

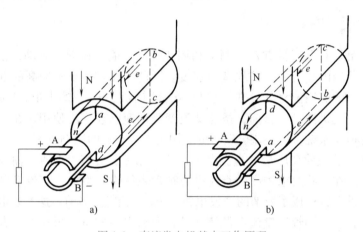

图 1-1　直流发电机基本工作原理

现在来分析一下输出电动势波形。由 $e=Blv$ 可知，如果线圈有效导体总长度 l 和切割速度 v 恒定不变，则感应电动势 e 正比于导体所在位置的磁通密度 B。如果 B 沿定转子之间的气隙空间分布波形为 $B=f(\alpha)$，则线圈两端感应电动势 e 随时间变化的波形 $e=f(\omega t)$ 与 $B=f(\alpha)$ 有相同的形状。图 1-2a 绘出了 $B=f(\alpha)$ 和 $e=f(\omega t)$ 波形，两波形重合。经过整流由电刷 A、B 输出的电动势波形则如图 1-2b 所示。可见直流发电机电枢绕组的感应电动势是交流电动势，但由电刷引出的却是经过机械整流的直流电动势。

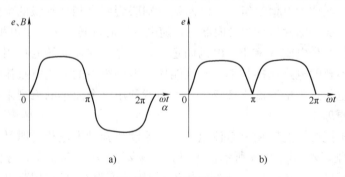

图 1-2　电动势波形图

a）气隙磁密与线圈电动势波形　b）电刷间电动势波形

2. 直流电动机的基本工作原理

直流电动机的结构与直流发电机一样。它把直流电能转换成机械能，带动轴上的生产机械做功。图 1-3 绘出了直流电动机的工作原理图。当电动机转到图 1-3a 所示位置时，ab 导体刚好在 N 极下，cd 导体在 S 极下。直流电流由电源正极经 A 刷流入电枢绕组，在线圈内部电流的方向是由 a 到 b，由 c 到 d。然后经 B 刷返回电源负极。如果导体所在处的磁通密度为 B，导体长度为 l、电流为 i，根据电磁力定律可知，这时导体受力为 $f=Bli$。受力方向由左手定则判定，判定结果导体 ab 和 cd 受力产生的转矩均为逆时针方向。当电机转子转过 180° 时转到图 1-3b 所示位置，这时导体 cd 在 N 极下，导体 ab 在 S 极下。电流经 A 刷由 d 端流入线圈。在线圈内部方向是由 d 到 c、由 b 到 a，如图中箭头所示。根据左手定则仍可判定导体 ab 和导体 cd 受力产生的转矩为逆时针方向。由此可知，虽然导体内部电流方向变了，但受力产生的转矩方向不变，因此转子连续旋转，这就是直流电动机的基本工作原理。

直流电动机的基本工作原理

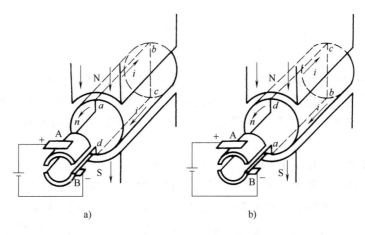

a)   b)

图 1-3　直流电动机基本工作原理

三、直流电机的结构

图 1-4 绘出了我国生产的 Z_2 系列直流电机的纵向剖面图。它主要由定子（固定部分）和转子（旋转部分）两大部分组成。定子的作用是产生磁场和支撑电机，转子用来产生感应电动势和电磁转矩。下面介绍定、转子的主要部件。

直流电机结构

1. 定子

（1）主磁极　图 1-5 是四极直流电机的横剖面图。主磁极的铁心包括极身和极靴（极掌），通常由薄钢板冲压后叠成。磁极用螺钉固定在机壳上，机壳也是定子磁轭。在磁极上套有励磁绕组，用来产生磁场。主磁极数总是偶数，且 N、S 极相间出现。极靴与转子之间的气隙是不均匀的，极轴处气隙短，极靴两侧气隙稍长，以便使气隙圆周上有较好的磁通密度波形。

（2）换向极　换向极的结构与主磁极相似，由铁心和绕组组成。铁心由薄钢板或整块钢制成，安放在主磁极之间，见图 1-5，用螺钉固定在机壳上。换向极的数目一般与主磁极相等，在小直流电机中，换向极数也可以是主磁极数的 1/2，个别小电机不装

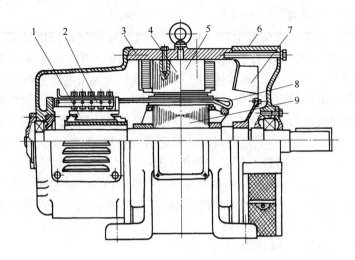

图 1-4　Z$_2$-92 型直流电机纵向剖面图

1—换向器　2—电刷装置　3—机座　4—主磁极　5—换向极

6—端盖　7—风扇　8—电枢绕组　9—电枢铁心

换向极。换向极的作用是改善换向，消除或减小电刷与换向器之间的火花。

（3）机壳　机壳也称机座，由铸钢铸成或由厚钢板焊接而成，机壳底部焊上或铸上底脚，以便安装电机之用。机壳除支撑电机之外也是主磁路的一部分，称为定子磁轭。

（4）电刷装置　如图 1-6 所示，电刷装置的作用是把转动的电枢电路与不转的外电路接通。电刷装置是固定不动的，它由电刷、刷握、握杆、握杆座及铜丝辫等零部件组成。电刷放在刷握中由弹簧把电刷压在换向器表面上。刷握固定在刷杆上，刷杆装在刷杆座上，彼此之间相互绝缘。整个电刷座装在端盖或轴承内盖上，可以在一定范围内移动，用来调整电刷位置。

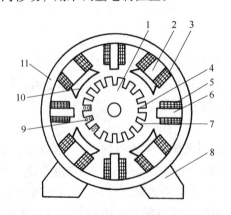

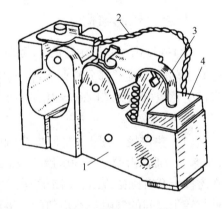

图 1-5　四极直流电机的横剖面图

1—电枢铁心　2—主磁极　3—励磁绕组　4—电枢齿

5—换向极绕组　6—换向极铁心　7—电枢槽　8—底座

9—电枢绕组　10—极靴（极掌）　11—磁轭（机座）

图 1-6　直流电机的电刷装置

1—刷握　2—铜丝辫

3—压紧弹簧　4—电刷

2. 转子

（1）电枢铁心 电枢铁心是主磁路的一部分，为减少旋转时因磁通方向变化引起的铁心损耗，常由涂有绝缘漆的 0.5mm 厚硅钢片叠压而成。电枢铁心槽中安放电枢绕组。

（2）电枢绕组 电枢绕组是直流电机主要电路，是直流电机实现机电能量转换的关键部件。当电枢在磁场中旋转时电枢绕组中产生感应电动势；当电枢绕组中流过电流时，它在磁场中受力产生电磁转矩。电枢绕组由绕组元件组成，绕组元件也称线圈，安放在铁心槽中。每个线圈有两个端头，焊接在换向片上，按一定规律连成电枢绕组。

（3）换向器 换向器由许多换向片组成，换向片间用云母绝缘，整体成圆筒形。换向片靠一种燕尾槽结构夹紧，如图 1-7 所示。它是直流电机的一个十分重要的部件，也是一个薄弱环节。

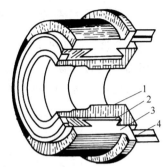

图 1-7 换向器结构
1—V 形套筒 2—云母环
3—换向片 4—连接片

以上介绍了直流电机的主要部件，一些次要部件不再一一叙述。

换向器的
作用

四、直流电机的铭牌数据及主要系列

1. 铭牌数据及额定值

直流电机的额定值是电机制造厂按国家标准，根据电机设计及实验得出的电机在正常运行条件下最合适的技术数据。电机按所给额定数据运行，可以保证可靠工作，并有良好性能。电机的主要额定数据标在电机的铭牌上，有额定功率 $P_N(kW)$、额定电压 $U_N(V)$、额定电流 $I_N(A)$、额定转速 $n_N(r/min)$。有的还标出励磁方式、绝缘等级和额定温升等。

在直流电机的额定数据中要注意额定功率的意义，它是指电机的额定输出功率。对于发电机，$P_N = U_N I_N$ 是输出的电功率；对于电动机，$P_N = U_N I_N \eta_N$ 是额定输出机械功率，式中 η_N 是额定效率。

2. 我国生产的直流电机主要系列

当前我国生产的直流电机主要有以下系列：Z 系列一般用途直流电动机，ZF 系列一般用途直流发电机，ZZJ 系列冶金、起重用直流电动机，ZT 系列用于恒功率宽调速的直流电动机，ZQ 系列电力机车牵引用直流电动机，ZH 系列船用直流电动机，ZA 系列矿用防爆直流电动机。

还有其他系列直流电机，可参看有关的产品目录。

第二节 直流电机的空载磁场

由直流电机工作原理可知，直流电机在正常工作时必须有磁场，电枢绕组切割磁场才能产生感应电动势。电枢电流在磁场中受力才能产生电磁转矩，从而才能实现机电能量的转换。因此，要弄清直流电机的工作原理和特性，就必须对直流电机的磁场情况有一个正确的了解。为此，先来分析直流电机空载时的磁场，它是由励磁绕组通入励磁电流产生的，是直流电机中最主要的磁场。其他绕组流过电流产生的磁场对它的影响，将在后面陆续加以介绍。

一、直流电机的磁路、磁通和磁化曲线

图 1-8 是一台四极直流电机空载磁场的示意图。空载时，只有主磁极的励磁绕组流过励磁电流产生的磁场。一个主磁极的磁动势为 $F = N_f I_f$，式中 N_f 是励磁绕组的匝数，I_f 是直流励磁电流。这一磁动势在磁路中产生的磁通可分为主磁通 Φ 和漏磁通 Φ_σ 两部分。

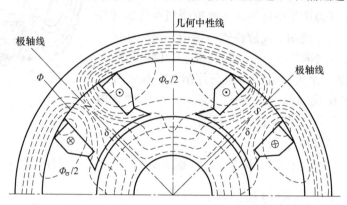

图 1-8 四极直流电机空载时的磁场分布

主磁通 Φ 走主磁路，其闭合回路的路线如下：从 N 极铁心出发，经气隙进入电枢齿部，然后进入电枢轭，经相邻的 S 极下电枢齿，再经气隙进入 S 极铁心，然后由定子轭回到 N 极形成闭合回路。主磁通与电枢绕组交链，占总磁通的 80% 以上。

漏磁通 Φ_σ 走漏磁路闭合，不进入电枢，仅交链励磁绕组自身，不与电枢绕组交链，不参加机电能量的转换，不能在电枢绕组中产生感应电动势，也不能产生电磁转矩，只增加磁极的饱和程度。漏磁通一般不超过总磁通的 20%。

下面仅对主磁路进行分析。对于主磁路中任何一条闭合磁力线所走的路径，应用全电流定律得，磁场强度 H 的线积分等于该闭合回路所包围的总电流。即

$$\oint H \mathrm{d}l = \sum i \tag{1-1}$$

在电机中，总是把场的问题简化为路的问题来处理。因此全电流定律可以简化成磁路第二定律，即

$$\sum Hl = \sum Ni \tag{1-2}$$

式中，N 为线圈匝数。

式（1-2）具体可以写成：

$$2H_\delta \delta + 2H_t l_t + H_{rl} l_{rl} + 2H_p l_p + H_{sl} l_{sl} = 2N_f I_f \tag{1-3}$$

式中，$2H_\delta \delta$ 为两段气隙的磁压降；$2H_t l_t$ 为两段电枢齿磁压降；$H_{rl} l_{rl}$ 为转子轭磁压降；$2H_p l_p$ 为两段主磁极铁心磁压降；$H_{sl} l_{sl}$ 为定子轭磁压降；$2N_f I_f$ 为两个励磁线圈产生的总磁动势；N_f 为励磁线圈匝数；I_f 是励磁电流。磁动势与磁压降的单位为 A。

上述各段的磁压降又可以写成：

$$Hl = \frac{B}{\mu} l = \Phi \frac{l}{\mu S} = \Phi R_m \tag{1-4}$$

式中，μ 为磁导率；R_m 为磁阻；S 为磁路的截面积。考虑到式（1-4），式（1-2）又可写成：

$$\sum \Phi R_m = \sum N_f I_f \tag{1-5}$$

由式（1-5）可以看出，磁通 Φ 是励磁电流 I_f 的函数。$\Phi = f(I_f)$ 曲线如图 1-9 中曲线 2 所示，是一条饱和曲线。

当励磁电流 I_f 较小时，气隙和铁心中的磁阻都是常数，因此 Φ 与 I_f 有线性关系。这时铁心中的磁阻较小，气隙磁阻占绝大部分。当 I_f 逐渐增大，铁心逐渐出现饱和，铁心中磁阻有所增加。因此，Φ 就不再与 I_f 成正比地增加，曲线出现饱和。图 1-9 中直线 1 是曲线 2 直线部分的切线，它实际上是气隙磁化曲线。当磁通达到额定值时，图中 $\overline{ab}$ 代表气隙磁动势，

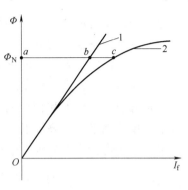

图 1-9　直流电机磁化曲线

$\overline{ac}$ 是磁路的总磁动势。比值 $K_M = \overline{ac}/\overline{ab}$ 称为饱和系数，它代表磁路的饱和程度。在一般直流电机中，$K_M = 1.11 \sim 1.35$，可见在正常情况下直流电机的磁路有一定程度的饱和。

二、气隙磁通密度沿电枢圆周表面分布的波形

所谓气隙磁通就是经过气隙进入电枢铁心的磁通。电枢表面实际上是有槽和齿的，为了简单起见，我们不考虑槽和齿对气隙磁通密度的影响，认为电枢表面是光滑的。现在来看一下电枢表面气隙中磁通密度的分布波形。

假定铁心中磁阻较小，略去铁心中的磁压降，认为全部磁动势都降在气隙中，这样在电枢表面各处磁动势都是相等的。一对磁极的两个励磁绕组的磁动势降到两段气隙中，所以每段气隙的磁压降为一个励磁线圈的磁动势 $N_f I_f$，即

$$N_f I_f = H_\delta \delta = \frac{B_\delta}{\mu_\delta} \delta \tag{1-6}$$

由式（1-6）可以看出 N_f、μ_δ 为常数，当 I_f 固定时，B_δ 与 δ 成反比。也就是说在电枢圆周表面各处的 B_δ 与气隙长度 δ 成反比。

在电枢圆周表面各处的气隙实际上是不均匀的。在极下气隙较小，极靴之外气隙较大。在极下各处气隙虽然差别不大，但仍不相等。在极轴线处 δ 最小，越往两边 δ 稍有增加，一跨出极靴 δ 明显加大，因此画出电枢气隙磁通密度 B_δ 沿空间分布的波形如图 1-10 所示，是一个钟形波。图中 B_{av} 是气隙磁通密度的平均值，它与每极磁通的关系为

$$\Phi = B_{av} \tau l \tag{1-7}$$

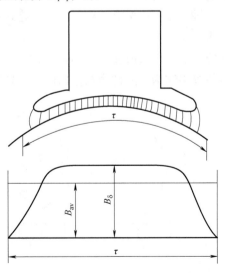

图 1-10　气隙磁通密度波形图

式中，l 是铁心长度，单位为 m；τ 为极距，单位为 m，是沿电枢圆周表面量度的一个磁极的弧长（详见下节）。

第三节 直流电机的电枢绕组

电枢绕组是直流电机的核心部件，电枢绕组在磁场中旋转产生感应电动势，电动势与电流的乘积是电机的电磁功率。电枢绕组中流过的电流在磁场中受力产生电磁转矩，转矩与角速度的乘积是电机的机械功率，这正是在电机内部实现机电能量转换的功率。可见电枢绕组是电机实现机电能量转换的关键部件。因此了解电枢绕组的基本结构也是分析电机原理和特性的必要基础。直流电机电枢绕组种类很多，可分为：单叠绕组、单波绕组、复叠绕组、复波绕组以及混合绕组等类型，在此只选择一种最基本的单叠绕组进行详细分析，这对更好地理解电机原理和特性就已经够用了。

一、有关技术术语及绕组元件

在分析绕组电路连接之前先介绍一下绕组元件及有关术语。

（1）极轴线 是将每个主磁极分成左右对称两部分的直线，见图1-8。

（2）几何中性线 是相邻两个主磁极之间的几何分界线，它到两个主磁极轴线的距离相等，见图1-8。

（3）极距 用符号 τ 表示，是相邻两个主磁极沿电枢圆周表面量度的圆弧距离，它等于相邻两个极轴线，或相邻两个几何中性线之间沿电枢表面量度的弧长。常用槽数表示，如果电枢槽数为 Z，极对数为 p（主磁极极数为 $2p$），以槽数表示的极距为

$$\tau = \frac{Z}{2p} \tag{1-8}$$

（4）绕组元件 绕组元件是两端分别与两个换向片相连接的单匝或多匝线圈。它是电枢绕组的基本单元，图1-11a绘出了单匝和多匝单叠绕组元件的示意图。

每个元件有两个放在电枢槽中能切割磁场产生感应电动势的有效边，称为元件边，在槽外部分不产生感应电动势，只起连接作用，称为端接部分。为便于嵌线，每个元件的一个元件边放在一个槽的上层，另一元件边放在另一槽的下层，形成直流电枢绕组的双层结构。元件边在槽内的放置情况如图1-11b所示。

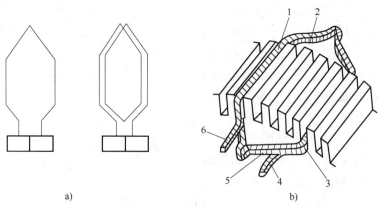

图1-11 单叠绕组元件

a) 单匝和多匝元件 b) 元件边在槽中的嵌放情况

1—上层有效边 2、5—端接部分 3—下层有效边 4—线圈尾端 6—线圈首端

（5）绕组的节距 绕组元件的宽度及元件之间的连接规律由绕组的各种节距来表示，第一节距为 y_1，第二节距 y_2，合成节距 y 及换向节距 y_k。它们的具体含义如下：

1）第一节距 y_1。它是一个元件的两个有效边之间的距离，以所跨槽数表示。为使元件产生的感应电动势最大，y_1 应当等于或尽量接近极距 τ。因为极距 $\tau = Z/(2p)$ 不一定是整数，而第一节距 y_1 必须是整数，因此有

$$y_1 = \frac{Z}{2p} \pm \varepsilon \tag{1-9}$$

2）第二节距 y_2。在元件串接过程中，第 1 元件的第二元件边（下层边）与紧接着串联的第 2 元件的第一元件边（上层边）之间的距离称为第二节距，也以所跨槽数表示。

3）合成节距 y。它是相邻两个串联元件之间的距离，也以所跨槽数表示。也可以说它是相邻两个串联元件对应有效边之间的距离。

在单叠绕组中，$y = y_1 - y_2 = 1$。

4）换向节距 y_k。它是同一元件的首端和尾端在换向器上所跨的换向片数。在数值上它总与合成节距相等，即

$$y_k = y$$

二、单叠绕组

单叠绕组的特点是它的合成节距 y 和换向节距 y_k 都等于 1。这种绕组后一个元件总是紧接着前一个元件嵌放，每串接完一个元件在电枢表面上移过一个槽，在换向器上也移过一个换向片。直到串接完最后一个元件，它的尾端与第 1 元件的首端接在同一个换向片上，形成闭合绕组。下面以一实例来说明单叠绕组的绕制方法和电路特点。

在一般情况下，直流电机电枢绕组的元件数 S 总等于槽数 Z，也等于换向片数 K。例如，一台直流电机，极数 $2p = 4$，$Z = S = K = 16$，试绕制一单叠绕组。

（1）节距的计算 第一节距为

$$y_1 = \frac{Z}{2p} \pm \varepsilon = \frac{16}{4} = 4$$

合成节距与换向节距为

$$y = y_k = 1$$

第二节距为

$$y_2 = y_1 - y = 4 - 1 = 3$$

（2）绕组的连接顺序表 根据上面计算出的 y_1、y_2、y、y_k 可以先排出绕组的连接顺序表，为此可先把槽、元件、换向片依次排上号。编号的原则是把元件和元件上层边所在的槽和元件首端所接的换向片编上相同的号码。如第 1 元件，它的上层边放在第 1 槽中，它的首端所接换向片为 1 号换向片。这样就可以按下面的顺序安排绕组：第 1 元件的上层边放在第 1 槽的上层，它的首端接 1 号换向片，由于 $y_1 = 4$，可知第 1 元件的下层边放在第 5 槽的下层（排表时以 5′ 表示），因为 $y_k = y = 1$，所以第 1 元件的尾端接 2 号换向片。根据 $y_2 = 3$ 可知第 2 元件的上层边返回第 2 槽的上层，再由 $y_1 = 4$ 知第 2 元件的下层边放在第 6 槽下层，尾端接 3 号换向片，然后开始第 3 元件的安放，

以此类推，直到第 16 元件放在第 16 槽上层和第 4 槽的下层，其尾端接回 1 号换向片，形成闭合绕组。整个绕组元件按表 1-1 的顺序连接。

表 1-1 绕组元件的连接顺序

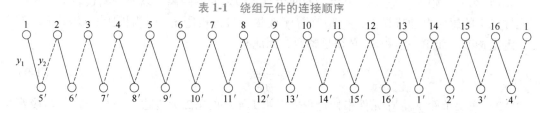

表 1-1 中 1、2、3……表示上层元件边，1′、2′、3′……表示下层元件边。实线表示一个元件，虚线表示通过换向片把两个元件连接起来。

单叠绕组
展开图

（3）绕组展开图 根据上面绕组的连接顺序表，可以画出绕组展开图，如图 1-12 所示。展开图是将转子电枢圆柱形表面顺轴向切开展成平面。槽中元件实线表示上层边，虚线表示下层边。N 极下磁力线进入纸面，S 极下磁力线穿出纸面。如果电枢旋转方向如图中转速 n 箭头所示，则元件边中产生的感应电动势方向如图中箭头所示。

一般情况下绕组元件的形状都是对称的，见图 1-11 及图 1-12。所以每个元件连接的两个换向片的分界线正好对准该元件的轴线。这样就确定了换向片与绕组元件的相对位置，换向片画在展开图的下部。

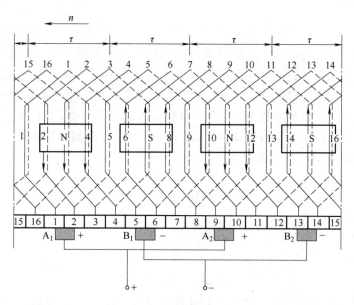

图 1-12 单叠绕组展开图

$2p=4$ $S=K=Z=16$

（4）电刷的安放与绕组电路分析 由展开图可知，整个绕组共由 16 个元件串接而成，最后闭合。元件 1、5、9、13 的两个元件边都在几何中性线上，此处磁通密度为零，所以这四个元件不产生感应电动势。这四个元件把闭合的绕组分成四部分，形成四条支路。元件 2、3、4 上层边都在 N 极下，下层边都在 S 极下，三个元件电动势方向相同，组成一条支路，电动势相加。元件 6、7、8 上层边都在 S 极下，下层边都在 N

极下，三个元件的电动势方向也相同，组成一条支路，电动势也相加。2、3、4元件组成的支路与6、7、8元件组成的支路的电动势大小相等，但方向相反。而10、11、12三元件组成的支路电动势与元件2、3、4组成的支路电动势完全一致。元件14、15、16组成的支路与元件6、7、8组成的支路电动势完全一致。可见整个闭合绕组可分成四条支路，它们的电动势相互抵消，闭合回路总电动势为零，因此不产生环流。我们在1、5、9、13元件所接换向片处安放四组电刷A_1、B_1、A_2、B_2，把四条支路电动势引出，如图1-12所示。把A_1、A_2电刷接在一起作为电枢绕组输出电动势的正极；把B_1、B_2电刷接在一起作为电枢绕组输出电动势的负极。为清楚起见我们把绕组电路画成图1-13的形式，称为该单叠绕组的并联支路图。由图可以更清楚地看出绕组的四条并联支路，各支路电动势相同，由电刷A和B引出。

上面分析可知，单叠绕组每个主磁极下的元件串联成一条支路。上述绕组四个主磁极，有四条并联支路，由四个电刷把电路引出。在单叠绕组中，并联支路对数a等于主磁极对数p，也等于电刷对数b，即

$$a=p=b \tag{1-10}$$

由图1-13还可以看出，单叠绕组的输出电动势等于一条支路的电动势。绕组输出电流等于各支路电流的总和，即

$$I_a = 2ai_a \tag{1-11}$$

式中，I_a为输出电流；i_a为支路电流；a为并联支路对数。

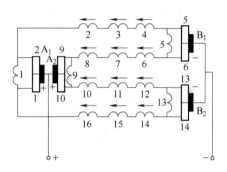

图1-13 并联支路图

第四节 直流电机的电枢反应

在第二节中已经分析了直流电机空载时主磁极所建立的气隙磁场。当电机负载后，电枢绕组流过电流，出现了电枢磁动势。电枢磁动势对主磁极建立的气隙磁场有一定的影响，从而对电机运行性能也产生了一定的影响。把电枢磁动势对主磁极所建立的气隙磁场的影响称为电枢反应。电枢磁动势不仅与电枢电流大小有关，它还受电刷位置的影响。下面就来分析直流电机的电枢磁动势及电刷在几何中性线上和电刷不在几何中性线上时的电枢反应。

一、电枢磁动势与电枢磁场

图1-14绘出了一个二极直流电机电刷在几何中性线上时的电枢磁场分布图。为了清晰，图中没画换向器。因电刷接触的换向片与几何中性线处的导体相连，所以把电刷直接画在几何中性线处的导体上。绕组只画一层，都在电枢表面上。电枢绕组流过电流，电流方向以电刷为分界线，如图中⊗⊙所示，⊗表示电流流入纸面，⊙表示电流由纸面流出。如果把电枢看成是一个电磁铁，它产生的磁力线方向符合右手螺旋定则，磁力线方向如图中箭头所示。显然，电枢磁场以电刷为极轴线，电刷处（即二极直流电机几何中性线处）磁动势最强。而在主磁极的极轴线处电枢磁动势为零，这里是电枢N、S极的分界线。这样的电枢磁动势与主磁极磁动势正交，所以称为交轴电枢磁

动势。

为了进一步分析电枢磁场沿电枢圆周表面分布的情况，把电枢圆周从电刷处切开展成直线，如图 1-15 所示。并以主磁极轴线与电枢表面的交点 O 为空间坐标的起点，这点的电枢磁动势为零。现在看一下空间坐标从 O 点向两个方向延伸，各处磁动势沿空间是怎样分布的。为此引出电枢线负荷的概念，所谓线负荷就是在电枢圆周表面单位长度上的安培导体数。如果电枢绕组导体总数为 N，导体电流为 i_a，电枢直径为 D，A 表示线负荷，则有

$$A = \frac{N i_a}{\pi D} \qquad (1-12)$$

在距空间坐标原点 $O \pm x$ 处取磁力线闭合回路，应用全电流定律，有

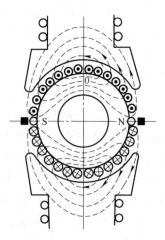

图 1-14 二极直流电机的
电枢磁场

$$\sum Hl = 2Ax$$

由于磁力线所走路径除在距原点 $\pm x$ 处两次经过气隙外，其余都是经过铁心。因铁心中磁压降很小，所以可以近似地认为整个闭路总磁动势全都降在两段气隙上。如果每段气隙磁动势用 F_{ax} 表示，则有

$$2F_{ax} = 2Ax$$
$$F_{ax} = Ax \qquad (1-13)$$

因 A 为常数，可以得出 F_{ax} 与 x 成正比。电枢气隙磁动势沿空间分布波形如图 1-15b 所示，是一个三角波。磁动势的方向规定为从转子出来进入定子为正，从定子出来进入转子为负。在主磁极轴线处 $x = 0$，$F_{ax} = 0$，在几何中性线处，$x = \tau/2$，电枢磁动势有最大值 $F_{amax} = A\tau/2$。知道了电枢磁动势沿空间分布的规律后，就可以求出气隙磁通密度沿空间分布的波形，各点的 B_{ax} 可由下式求得

$$B_{ax} = \mu_0 H_{ax} = \mu_0 F_{ax}/\delta \qquad (1-14)$$

因为主磁极极靴下气隙基本上是均匀的，所以 B_{ax} 基本与 F_{ax} 成正比。在这一区域中，B_{ax} 沿空间分布差不多也是一条与 F_{ax} 成比例的斜线，当 x 增大到极尖之外时，虽然磁动势继续与 x 成正比增加，但因气隙 δ 增大，所以 B_{ax} 反而减小，波形出现凹槽。因此，B_{ax} 的空间分布波形是一个如图 1-15c 所示的鞍形波。

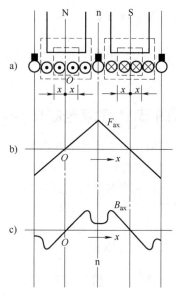

图 1-15 电枢磁动势、磁通密度
空间分布波形
a）电枢展开图 b）磁动势波形图
c）磁通密度波形图

二、电刷位于几何中性线上时的电枢反应

当电刷位于几何中性线上时，电枢磁动势刚好与主磁极磁动势正交，因此把这时的电枢反应称为交轴电枢反应。电机空载时只有主磁极磁场，磁通密度波形如图 1-10

所示。电机负载后电枢绕组流过电流，它也产生一个磁动势，磁动势和磁通密度沿空间分布的波形如图1-15b、c所示。显然，负载后电机的磁场是由主磁极磁动势和电枢磁动势共同建立的。把电枢磁动势对主磁极磁动势建立的气隙磁场的影响称为电枢反应。图1-16比较形象地画出了负载后交轴电枢反应时电机合成磁场的分布情况，它与空载时的磁场有很大不同。为更进一步分析电枢反应的详细情况，还需画出磁动势和磁通密度的波形图。因为磁路是否饱和对合成磁通密度有一定影响，下面分为不考虑磁路饱和和考虑磁路饱和两种情况来加以分析。

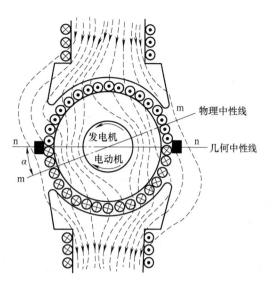

图 1-16 交轴电枢反应合成磁场分布情况

1. 不考虑磁路饱和时的交轴电枢反应

磁路不饱和时，磁通密度与磁动势成正比。合成磁势建立的磁通密度 $B_{\delta x}$ 等于主磁极磁通密度 B_{0x} 和电枢磁通密度 B_{ax} 的直接相加，如图1-17所示。图中磁场的正方向规定仍与前面一样，磁力线由转子进入定子为正，由定子进入转子为负。按照这一规定，主磁极磁通密度在N极下由定子进入转子为负，在S极下为由转子进入定子磁场方向为正，波形如图1-17中 B_{0x} 所示。电枢磁通密度波形与图1-15c一致，在图1-17中仍以 B_{ax} 表示。将 B_{0x} 和 B_{ax} 逐点相加就得出负载后合成磁场磁通密度 $B_{\delta x}$ 的空间分布波形。

图1-17表示的直流电机电枢反应既可以是发电机也可以是电动机。如果表示的是发电机，由主磁极磁场方向和电枢电流方向可知这时发电机的旋转方向应为逆时针方向，如图1-17中 n_G 箭头所示。如果是直流电动机则旋转方向应为顺时针方向，如图1-17中 n_M 箭头方向所示。由图1-17可以看出，直流发电机交轴电枢反应的作用为：磁场波形发生了畸变，前极尖（电枢旋转先遇到的极尖） B_{ax} 对 B_{0x} 去磁，磁场削弱，后极尖 B_{ax} 对 B_{0x} 增磁，磁场增强。不计饱和时前极尖去磁（图中面积 S_1 ）和后极尖增磁（图中面积 S_2 ）相等，所

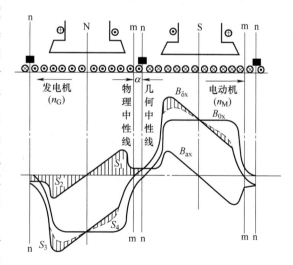

图 1-17 交轴电枢反应的磁通密度分布曲线

以一个极下的总磁通不变。物理中性线（合成磁场的N、S极分界线）从空载时的几何中性线顺旋转方向移动了一个小的角度 α 。在图1-16和图1-17中物理中性线以m-m表示，几何中性线用n-n表示。

2. 考虑磁路饱和时的交轴电枢反应

当考虑磁路的饱和作用时，磁路的磁阻不再为常数，它随磁通密度的增加而增加，因此磁动势和磁通密度之间不再成线性关系。如果 $B_{\delta x}$ 仍用 B_{0x} 和 B_{ax} 逐点相加而得，则会出现较大的误差。考虑磁路的饱和作用后，图 1-17 中的 $B_{\delta x}$ 从实线变为虚线，两者之差为图中的阴影面积 S_3 和 S_4。在磁场相加的区域（发电机的后极尖）由于饱和程度的加大，虚线比实线下降的较多，在磁场相减的区域虚线比实线升高的不多，因此阴影面积 S_3 比 S_4 大。如果空载时磁路并未饱和，则只有磁场相加的区域有饱和的影响，磁场相减的区域磁密可以线性相减，阴影面积 S_4 不复存在。因此，考虑磁路的饱和作用，当负载电流（电枢电流）增加时，交轴电枢反应总有一些去磁作用。阴影面积 S_3 与 S_4 之差就是考虑饱和影响时每极磁通减少的数值。

对于直流电动机的电枢反应，也可以由图 1-16 和图 1-17 表示。只不过电动机的旋转方向与发电机时相反，发电机的前极尖为电动机的后极尖，发电机的顺转向为电动机的逆转向。

三、电刷偏离几何中性线时的电枢反应

由于装配误差或其他原因，电刷常常偏离几何中性线。图 1-18a 画出了直流发电机电刷顺旋转方向移动一个 β 角时的电枢反应情况。这时电枢导体电流方向的分界线及电枢磁动势的轴线都随电刷移动了。分析这种情况下的电枢反应，可把电枢磁动势分为两部分，为此在电枢表面上画出直线 AC，它与电刷线 BD 以几何中性线为对称。线 AC 和线 BD 把电枢圆周表面分成四个区域。弧 $\overset{\frown}{AD}$ 和弧 $\overset{\frown}{BC}$ 段内导体（2β 角度之外）产生交轴电枢磁动势 F_{aq}，弧 $\overset{\frown}{AB}$ 和弧 $\overset{\frown}{CD}$ 段内导体（2β 角度之内）产生直轴电枢磁动势 F_{ad}。交轴电枢磁动势引起的电枢反应与电刷在几何中性线上时相同，使磁场波形畸变，不计饱和时一个极下的总磁通不变，考虑饱和影响时磁通略微减小。直轴电枢磁动势 F_{ad}（如图 1-18a 中所示）与主磁极同轴，直流发电机顺转向移动电刷时，F_{ad} 与主磁极磁动势方向相反，起去磁作用。

图 1-18b 画出了直流发电机逆转向移动电刷时的情况。这时的交轴电枢磁动势 F_{aq} 产生的

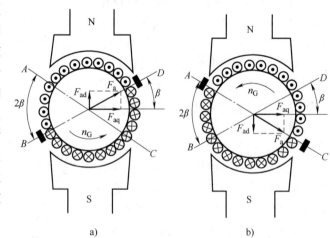

图 1-18 发电机移刷后的电枢反应
a）顺转向移刷 b）逆转向移刷

电枢反应仍与电刷在几何中性线上相同。直轴电枢磁动势 F_{ad} 与主磁极磁动势方向相同，起增磁作用。直流电动机电刷偏离几何中性线时的电枢反应请读者自行分析。

第五节 直流电机的电枢电动势与电磁转矩

一、直流电机的电枢电动势

所谓电枢电动势，是指直流电机正常工作时电枢绕组切割气隙磁通产生的刷间电动势。无论是发电机还是电动机，只要电枢旋转切割磁通就有这一电动势。由第三节可知，直流电机电枢绕组是由 $2a$ 条并联支路组成，刷间电动势等于其中一条支路的电动势。现在来推导电枢电动势的计算公式。

为便于分析，作以下假定：设绕组元件为整距元件，导体数目很多，并均匀地分布在电枢圆周表面，略去槽和齿的影响，电刷在几何中性线上（电刷所接导体在几何中性线上）。

如果电枢绕组的总导体数为 N，并联支路数为 $2a$，则绕组每条支路的导体数为 $N/(2a)$。如果计算出每根导体的平均电动势 e_{av}，则支路电动势即刷间电动势为

$$E_a = \frac{N}{2a}e_{av} \tag{1-15}$$

一根导体的平均电动势为

$$e_{av} = B_{av}lv \tag{1-16}$$

式中，B_{av} 为一个极下的平均磁通密度；l 为导体的有效长度；v 是导体切割磁场的速度。平均磁通密度 B_{av} 可以用一个极下的磁通 Φ 除以极下面积 $S = \tau l$ 来表示。线速度 v 用转速 n（单位为 r/min）表示有 $v = 2p\tau n/60$，从而可以得出导体平均电动势为

$$e_{av} = \frac{\Phi}{\tau l}l \times 2p\tau \frac{n}{60} = 2p\Phi \frac{n}{60} \tag{1-17}$$

将式（1-17）代入式（1-15）得

$$E_a = \frac{N}{2a}2p\Phi\frac{n}{60} = \frac{pN}{60a}\Phi n = C_e\Phi n \tag{1-18}$$

这是一个十分重要的公式，式中 $C_e = pN/(60a)$ 为电动势常数，是一个决定于电机结构的参数。由式（1-18）可知，电枢电动势与每极磁通成正比，与转速成正比。如果磁通单位为 Wb，转速单位为 r/min，得出的电动势单位为 V。

二、直流电机的电磁转矩

直流电机的电磁转矩，是指电机在正常运行时，电枢绕组流过电流，这些载流导体在磁场中受力所形成的总转矩。无论是直流发电机还是直流电动机，只要电枢绕组中流过电流，这些载流导体在磁场中就会受力，就有这一转矩。为便于推导电磁转矩公式，假定：绕组为整距元件，导体很多并均匀地分布在光滑的电枢表面上，电刷放置在几何中性线上。这样每极下的导体电流方向相同。计算导体受力可采用求每根导体平均受力的方法，它等于平均磁通密度乘以 li_a，即

$$f_{av} = B_{av}li_a$$

式中，l 为导体有效长度；i_a 为导体电流，也就是直流电机的支路电流。

设直流电机电枢直径为 D，则每根导体产生的平均转矩为

$$T_{av} = \frac{D}{2} B_{av} l i_a$$

如果电机的总导体数为 N，则电机的电磁转矩为

$$T = N \frac{D}{2} B_{av} l i_a \tag{1-19}$$

考虑到式（1-19）中 $D = 2p\tau/\pi$，$B_{av} = \Phi/(l\tau)$ 及 $i_a = I_a/(2a)$，则有

$$T = N \frac{2p\tau}{2\pi} \frac{\Phi}{l\tau} l \frac{I_a}{2a} = \frac{pN}{2\pi a} \Phi I_a = C_T \Phi I_a \tag{1-20}$$

式中，Φ 是每极磁通，单位为 Wb；I_a 是电枢电流，单位为 A；$C_T = pN/(2\pi a)$ 是一个与电机结构有关的常数，称为转矩常数。转矩 T 的单位为 N·m。

由 $C_e = pN/(60a)$ 和 $C_T = pN/(2\pi a)$ 可以看出电动势常数 C_e 与转矩常数 C_T 有以下关系：

$$C_T = 9.55 C_e \tag{1-21}$$

这也是以后经常要用到的一个重要关系式。

第六节 直流发电机

一、直流发电机的分类

直流发电机一般按励磁方式可分为：

1. 他励直流发电机

它的励磁电流由另外的独立直流电源供给，接线图如图 1-19a 所示。

2. 自励直流发电机

它用自己发出来的电给自己的励磁绕组励磁。自励发电机又可分为：

（1）并励发电机 它的励磁绕组跨接在电枢两端，与电枢并联，如图 1-19b 所示。

（2）串励发电机 它的励磁绕组与电枢串联，励磁电流就是电枢电流，也是负载电流，如图 1-19c 所示。

（3）复励发电机 它既有并励绕组又有串励绕组，接线有两种方式，一种是短分接法，一种是长分接法，分别如图 1-19d、e 所示。

励磁消耗的功率不大，一般只占直流发电机额定功率的 1%～3%。

二、直流发电机的基本方程式

1. 电压平衡方程式

直流发电机由原动机拖动旋转，电枢绕组在磁场中作切割磁力线运动，产生感应电动势 E_a。当外电路负载接通后，在电动势的作用下流过电枢电流 I_a，I_a 的方向与 E_a 一致，如图 1-19a 所示。如果电枢回路总电阻为 R_a（它包括电枢绕组电阻及两个电刷的接触电阻），则输出电压等于电动势 E_a 减去总内阻压降，因此发电机的电压平衡方程式为

$$U = E_a - I_a R_a \tag{1-22}$$

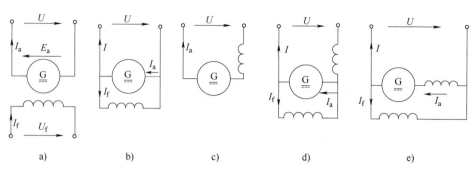

图 1-19　各种励磁方式的直流发电机

a）他励　b）并励　c）串励　d）复励（短分接法）　e）复励（长分接法）

2. 转矩平衡方程式

图 1-20 是一台直流发电机。在正常工作时，发电机由原动机拖动旋转，原动机的拖动转矩为 T_1，为顺时针方向。发电机转子的旋转方向与 T_1 方向一致。当发电机稳定运行时，发电机以恒速 n 顺时针方向旋转。这时发电机轴上共三个转矩：一个是原动机的拖动转矩 T_1；一个是发电机的电磁转矩 T，在发电机中起制动作用；另一个转矩是空载转矩 T_0，它是由发电机的机械摩擦及铁损等引起的阻转矩，方向总是和旋转方向相反，也起制动作用。当发电机稳定运行时，转速 n 恒定不变，这时的转矩平衡方程式为

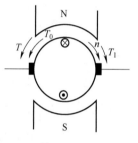

图 1-20　直流发电机的转矩平衡

$$T_1 = T + T_0 \qquad (1\text{-}23)$$

3. 功率平衡方程式

直流发电机的功能是把机械功率转换为直流电功率，P_1 为原动机从轴上送入直流发电机的机械功率，也就是直流发电机的总输入功率。P_1 输入直流发电机后扣除空载损耗功率 p_0，其余的功率变为电功率的电磁功率 P_M，因此有

$$P_1 = P_M + p_0 \qquad (1\text{-}24)$$

其中，空载损耗功率 p_0 包括机械摩擦损耗 p_m、铁损耗 p_{Fe} 和附加损耗 p_s，可以写成

$$p_0 = p_m + p_{Fe} + p_s \qquad (1\text{-}25)$$

附加损耗 p_s 通常按额定功率的 0.5%～1% 计算。式（1-24）也可由式（1-23）各项乘以机械角速度 Ω 得到，即

$$T_1\Omega = T\Omega + T_0\Omega$$

这正是

$$P_1 = P_M + p_0$$

电磁功率 P_M 是转换为电功率的那部分机械功率，应用下面的关系可以证明电磁功率 $P_M = T\Omega = E_a I_a$

$$P_M = T\Omega = C_T \Phi I_a \Omega = \frac{pN}{2\pi a}\Phi I_a \frac{2\pi n}{60}$$

$$= \frac{pN}{60a}\Phi n I_a = C_e \Phi n I_a = E_a I_a \qquad (1\text{-}26)$$

电磁功率是转换出的总电功率，它与输出功率 $P_2 = UI_a$ 之间还差一个电枢回路的电阻铜损耗 $p_{Cu} = I_a^2 R_a$，因此有

$$P_2 = P_M - p_{Cu} \tag{1-27}$$

式（1-27）也可以由电压平衡方程式（1-22）各项乘以电流 I_a 得到，即

$$UI_a = E_a I_a - I_a^2 R_a$$

这正是 $P_2 = P_M - p_{Cu}$。

综合式（1-24）、式（1-25）和式（1-27），可以写出

$$P_1 = P_2 + p_{Cu} + p_{Fe} + p_m + p_s \tag{1-28}$$

或

$$P_1 = P_2 + \sum p \tag{1-29}$$

由上面分析的直流发电机功率与各部分损耗的关系，可以画出直流发电机的功率流程图，如图1-21所示。图中 $p_f = I_f^2 R_f$ 是励磁功率，在他励直流发电机中，p_f 由另外的直流电源供给。在以上的计算中，没有把励磁功率 p_f 计算在 P_1 之内。

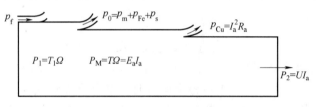

图1-21 直流发电机功率流程图

三、他励直流发电机特性

在研究他励直流发电机特性时，转速 n 通常是不变的，总是使它保持在额定转速 n_N。这时决定发电机特性的三个物理量分别是电枢电压 U、电枢电流 I_a 和励磁电流 I_f。在这三个物理量中，保持其中一个固定在某一数值上，其余两个物理量之间的变化关系就是一种特性。在这些特性中，比较重要的有空载特性和外特性两种，下面予以分析。

1. 空载特性

当 n ＝ 常数、$I_a = 0$ 时，输出电压 U_0 随励磁电流 I_f 变化的关系曲线 $U_0 = f(I_f)$ 称为空载特性曲线。实验线路如图1-22所示。在做实验时，合上励磁电源开关 Q_1，切断负载开关 Q_2，保持转速 $n = n_N$ 不变，调整励磁电位器的滑动端，使 $I_f = 0$，从这点开始逐渐单方向增大励磁电流 I_f，测量并记录相应的 I_f 与 U_0。直到 U_0 上升到 $(1.1 \sim 1.3)U_N$，再单方向调小 I_f 逐渐到零，记录各点 I_f 与对应的 U_0。然后将励磁电流反向，再次单方向增加 I_f 到 U_0 为 $(1.1 \sim 1.3)U_N$，记录各点的 I_f 与对应的 U_0，再单方向减小 I_f 到零，记录各点的 I_f 和 U_0。将测得的 I_f 和对应的 U_0 绘成曲线。如图1-23所示，曲线的上升分支和下降分支并不重合，形成一个回环。这是由于铁心磁滞所致，它的形状与磁化曲线中 $\Phi = f(I_f)$ 一致，这是因为空载时发电机端电压就是电动势，而 $E_a = C_e \Phi n$，这时 C_e 与 n 为常数，所以 E_a 与 Φ 成正比，空载特性 $U_0 = f(I_f)$ 与磁化曲线 $\Phi = f(I_f)$ 形状相同。在实用中采用平均曲线作为空载特性曲线，如图1-23中虚线所示。

发电机的额定电压工作点一般选在曲线开始饱和的弯曲处，常将该处称为膝点，如图1-23中 c 点所示。如果额定工作点 c 选在曲线的直线部分，磁密太低，铁心没有充分利用，发电机体积偏大，成本增加；如果 c 点选在饱和区域，此时发电机磁阻增大，

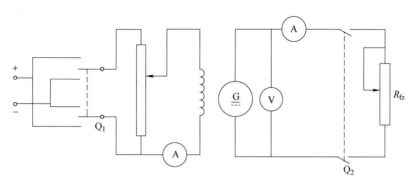

图 1-22 实验线路

损耗增加，效率降低，运行性能不好。所以，设计发电机时，c 点总是选在磁化曲线的膝点附近。由曲线的下降分支可见，当 I_f 减到零时 U_0 仍有一定数值，这是剩磁所致，称为剩磁电压，数值一般为额定电压的 2%~4%。

2. 外特性

外特性是指 n = 常数、I_f = 常数时发电机电压随负载电流 I_a 变化的关系曲线 $U = f(I_a)$。实验线路仍用图 1-22 所示线路。实验时保持转速 $n = n_N$ 不变，合上励磁电源开关 Q_1 和负载开关 Q_2，调节励磁电流 I_f 和负载电流 I_a，使 $U = U_N$，$I_a = I_N$，电机工作在额定状态，这时的励磁电流为额定励磁电流，以 I_{fN} 表示。保持 I_{fN} 不变，调节负载电位器 R_{fz}，使 I_a 由 I_N 逐渐减小到零，测量并记录各点的 I_a 及对应的电压 U，绘出 $U = f(I_a)$ 曲线，即为他励直流发电机外特性曲线，如图 1-24 所示。

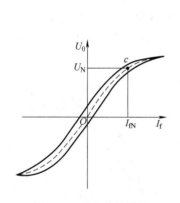

图 1-23 空载特性曲线

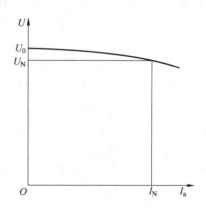

图 1-24 他励直流发电机外特性曲线

由图 1-24 中曲线可见，随着负载电流由零逐渐增加，输出电压略有下降，是一条略微向下倾斜的曲线。曲线下倾的原因有两个，其一是由于负载电流增加时，发电机内部电阻压降 $I_a R_a$ 加大，由式 $U = E_a - I_a R_a$ 可知，这时 E_a 不变，输出电压 U 将随 $I_a R_a$ 的加大而减小；其二是负载电流增加时，电枢反应总有一些去磁作用，这将使发电机的电动势 E_a 有所减小，从而使输出电压 U 有所下降。

虽然他励直流发电机的输出电压 U 随负载电流的增加有所下降，但下降的并不多。这个电压变化的程度按国家标准规定，用发电机由额定状态（$U = U_N$，$I_a = I_N$）过渡到

31

空载（$I_a = 0$）时的电压升高对额定电压的比率表示：

$$\Delta U\% = \frac{U_0 - U_N}{U_N} \times 100\% \qquad (1-30)$$

式中，U_0 为空载时的电压；$\Delta U\%$ 为电压调整率，也称电压变化率。

他励直流发电机的电压调整率 $\Delta U\%$ 约为 5%～10%，因此它基本上还可以看成是恒压电源。

四、并励直流发电机

1. 并励直流发电机的自励条件

由于并励直流发电机是由它自身发出的直流电为它自己的励磁绕组励磁，不需要另外的励磁电源，因此它可以省去外加的直流励磁电源。但并励发电机的自励是一个特殊问题，因而首先进行分析。图1-25是并励直流发电机的接线图。使发电机的转速保持 n_N 不变，断开开关 Q，使发电机运行在空载状态。开始电机并无正常的输出电压，要想建立起正常的电枢电压，必须满足一些必要的条件。首先发电机要有剩磁，电枢绕组切割剩磁的磁力线，便可产生一个不大的剩磁电压，它能在励磁绕组中产生一个不大的励磁电流。如果这个励磁

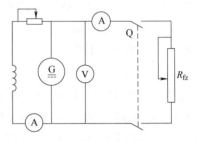

图 1-25 并励直流发电机接线图

电流产生的磁场与剩磁的磁场方向一致，就能使励磁磁场增强，从而使电枢电动势增加，进而又使励磁电流加大，这样循环进行下去，才有可能建立起正常的电枢电压。建立正常电枢电压的另一个条件是，励磁回路的总电阻必须小于临界电阻。这个问题可由图1-26得到解释：图中曲线1是发电机的空载特性曲线 $U_0 = f(I_f)$，一般并励直流发电机励磁电流仅为额定电流的 1%～5%，它引起的电阻压降、电枢反应及动态电感压降 $L_a di_f/dt$ 都很小，可以略去，因此仍可把 $U_0 = f(I_f)$ 当作是它的空载特性曲线。图中直线2是励磁回路的场阻线 $U_f = I_f R_f$，它的斜率为 $\tan\alpha = U_f/I_f = R_f$。在建立正常电枢电压的过程中，励磁电流 I_f 一直在上升，励磁回路的电压平衡方程式可以写成

$$U_0 = R_f i_f + L_f \frac{di_f}{dt}$$

图 1-26 并励直流发电机的自励

在图1-26中，对应同一励磁电流 I_f，空载特性上的 U_0 高于场阻线上电压 $I_f R_f$ 的部分正是 $L_f di_f/dt$。由图可知，在 A 点之前 $L_f di_f/dt$ 总大于零，所以 I_f 一直在上升。达到 A 点时，空载特性与场阻线相交，$U_0 = R_f I_f$，$L_f di_f/dt = 0$，I_f 不再变化，电压稳定在 A 点，这时发电机已经建立起正常电压。如果励磁回路电阻过大，场阻线为直线3，那么它与空载特性曲线交点 B 的电压很低，发电机稳定运行于此点，就不能建立起正常的输出电压，无法正常工作。

当场阻线为图1-26中的直线4时，它与空载特性曲线的直线部分重合，这时发电

机没有稳定的工作点，实际上发电机也未正常自励。把对应直线 4 的励磁回路总电阻称为临界电阻，所以并励直流发电机要想建立起正常的输出电压，励磁回路总电阻必须小于临界电阻。值得注意：以上所谈临界电阻是对应 $n = n_N$ 时的临界电阻。如果发电机的转速变为另外的一个转速 n，它的空载特性曲线也随之变为另外一条空载特性曲线，相对应的临界电阻也随之变化。综上所述，建立并励直流发电机输出电压的条件是：

1）发电机必须有剩磁，如果无剩磁，必须用另外的直流电源充磁。

2）励磁绕组并联到电枢两端，线端的接法应与旋转方向配合，以使励磁电流产生的磁场方向与剩磁的磁场方向一致。

3）励磁回路的总电阻必须小于临界电阻。

2. 外特性

并励直流发电机的外特性，是指转速 $n =$ 常数、励磁回路总电阻不变时 $U = f(I)$ 的关系曲线。外特性也可用图 1-25 所示线路用实验的方法测得。在发电机建立正常电压之后合上开关 Q，调节负载电位器以改变负载电流 I，测量并记录各点的 U 与 I，绘出的特性曲线如图 1-27 中曲线 2 所示，并励发电机的电压调整率约在 20%~30% 之间。图中曲线1 是他励直流发电机的外特性曲线。由图 1-27可知，当负载电流由零开始增加时，并励直流发电机的外特性比他励直流发电机外特性下降得快些，这是因为并励直流发电机电压随负载电流的增加而下降的原因，除与他励直流发电机同样有电阻压降和电枢反应去磁两个因素外，还有第三个因素，那就是由上

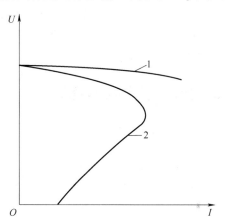

图 1-27 并励直流发电机外特性曲线
1—他励机外特性曲线 2—并励机外特性曲线

两因素引起的电压下降又导致励磁电流的降低，这一因素在磁路有些饱和时引起的电压下降尚不明显，但当 R_{fz} 减小到一定程度，电压下降较大，励磁电流明显减小，磁路退出饱和，这时第三因素的影响就加大了。当 R_{fz} 再减小到一定程度，由于励磁电流下降导致电压降低，使负载电流不再增加，反而随 R_{fz} 的减小而减小。当 R_{fz} 变到零时，电压 U 也变为零。这时的短路电流实际上仅由剩磁电压产生，一般不超过额定电流，故并励直流发电机外特性有图 1-27 中曲线 2 的形状。图中负载电流 I 的最大值称为临界电流，一般不超过额定电流的 2~2.5 倍。

尽管并励直流发电机的短路电流和临界电流不太大，但也应避免并励直流发电机的突然短路，因为突然短路的冲击电流仍可超过这些数值，有可能损坏发电机。

五、复励直流发电机简介

在并励直流发电机基础上，再加上串励绕组就成为复励直流发电机，如图 1-19d、e所示。串励绕组和并励绕组都装在直流发电机的主磁极上。复励机的磁场以并励绕组为主，串励绕组产生的磁场起辅助作用。按串励绕组产生的磁场方向与并励绕组产生

电机原理及拖动 第4版

的磁场方向是否相同，复励直流发电机可分为积复励和差复励两种，两者方向相同的称积复励直流发电机，方向相反的称差复励直流发电机。一般复励直流发电机多为积复励。差复励直流发电机仅用在直流电焊机等特殊场合。

积复励直流发电机中并励绕组起主要作用，它保证发电机空载产生额定电压。负载时串励绕组起增磁作用，以补偿电枢反应的去磁和电枢电阻引起的电压降落。按串励绕组的补偿程度，积复励直流发电机又可分为超复励、平复励和欠复励。在额定电流时，串励绕组的作用刚好补偿电枢反应的去磁和电阻压降的发电机称为平复励直流发电机，它在额定电流时的输出电压也为额定值。补偿作用大于平复励的称为超复励，低于平复励的称为欠复励。图 1-28 绘出了超复励、平复励、欠复励和差复励直流发电机的外特性曲线。

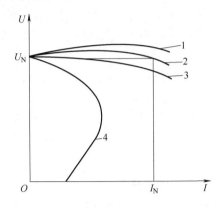

图 1-28 复励直流发电机外特性曲线
1—超复励 2—平复励 3—欠复励 4—差复励

第七节 直流电动机

一、直流电机的可逆原理

一台直流电机，在一种条件下它可以作为发电机运行，而在另一种条件下它又可以作为电动机运行。我们把直流电机的这种性能称为它的可逆性原理。

以他励直流发电机为例，假如它在向直流电网供电，电网电压 U 保持不变，发电机各物理量的方向如图 1-29a 所示。发电机由原动机拖动旋转，发电机的旋转方向与原动机的拖动转矩 T_1 方向一致，为逆时针方向。根据右手定则可以判定，这时在 N 极下的电枢导体中感应的电动势方向为 $\odot$。因为在发电机中电流与电动势方向一致，所以 N 极下的电枢导体中电流方向也为 $\odot$。由左手定则可知，这时电机的电磁转矩 T 为顺时针方向。空载转矩 T_0 与旋转方向相反也为顺时针方向。当 $T_1=T+T_0$ 时，电机稳定运行在发电机状态。这时电动势 E_a 大于电网电压 U，电流 I_a 顺电动势方向流向电网。

如果逐渐地把上述发电机的原动机撤掉，这台直流发电机并不停下来，而是在稍低的转速下变为电动机继续运行。下面就来分析这台发电机变为电动机的过程。

在逐渐撤掉原动机的过程中，因 T_1 逐渐减小，发电机的转速将逐渐下降，随之电动势 E_a 将逐渐减小。发电机的电流 I_a 和电磁转矩也逐渐减小。当原动机完全拿掉后，发电机转速进一步下降，这时发电机的电动势 E_a 将小于电网电压 U。发电机内电流改变了方向，电流顺电网电压方向流入发电机，如图 1-29b 所示。这时在 N 极下电枢导体中的电流方向变为 $\otimes$，因而电磁转矩也改变了方向，变为逆时针方向。这时，发电机的原动机虽然已经撤掉，但因电机内电流改变方向，电磁转矩改变方向，它将拖动电机继续沿逆时针方向旋转。如果电机轴上不再加上机械负载，则在 $T=T_0$ 时电机作为电动机稳定运行在空载状态。如果这时电机轴上再加上机械负载 T_m，则在 $T=T_0+T_m$ 时电机稳定运行在电动状态。

34

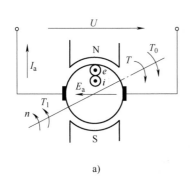 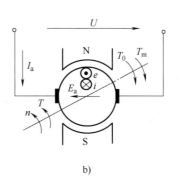

a)　　　　　　　　　　　　　　　b)

图 1-29　直流电机的可逆原理

a）发电状态　b）电动状态

在上述发电机变为电动机的过程中，电机内功率的传送方向是不一样的。在发电机运行时，电机从原动机输入机械功率 $T_1\Omega_1$，在电机内将机械功率变为电功率，然后向直流电网输出电功率 UI_a。在电动机运行时，电机从电网吸收电功率 UI_a，在电机内将电功率变为机械功率，然后从轴头输出机械功率 $T_2\Omega$，T_2 为输出转矩。

在上述电机从发电机变为电动机运行的过程中，电动机的转向并未改变。电动势方向也未改变，只是转速有所下降。在发电机运行时转速稍高，$E_a>U$，电流顺电动势方向流向电网。在电动机运行时，转速稍低，$E_a<U$，电流改变方向，由电网顺电压 U 方向流向电机。

当上述电机稳定运行于电动机状态后，再把机械负载去掉，把原动机加上，电机在原动机拖动下，转速升高，电动势增大。当 $E_a>U$ 时，电流 I_a 和电磁转矩 T 又变回发电机时的方向，电机又恢复到发电机运行状态。可见，直流电机既能运行于发电机状态，又能运行于电动机状态，只是运行条件不同而已，这就是直流电机的可逆原理。

二、直流电动机基本方程式

1. 电压平衡方程式

图 1-29b 表示了按电动机惯例规定的电压 U、电流 I_a 和电动势 E_a 的正方向，这是以他励直流电动机为例的励磁电流和磁场恒定不变的情况。在外加电压的作用下，电枢回路顺电压 U 的方向流过电流 I_a，电流 I_a 在磁场中受力产生电磁转矩 T，并在电磁转矩 T 的作用下驱动电动机旋转。在电动机中电枢绕组切割磁场产生的感应电动势与电流方向相反，故称反电动势。该电动势数值由式 $E_a=C_e\Phi n$ 确定。由此可知，直流电动机外加电压被反电动势及电枢回路总电阻压降所平衡，其关系为

$$U=E_a+I_aR_a \tag{1-31}$$

2. 转矩平衡方程式

直流电动机通电后电枢电流在磁场中受力产生电磁转矩 T，电磁转矩的数值为 $T=C_T\Phi I_a$。在电磁转矩的作用下电动机旋转，拖动生产机械做功，电磁转矩减去空载转矩 T_0 余下的为输出转矩 T_2。当输出转矩 T_2 与负载转矩 T_m 刚好平衡时，电动机以稳定转速运行。因此，电动机的转矩平衡方程式为

$$T = T_0 + T_2 \qquad\qquad (1\text{-}32)$$

或

$$T = T_0 + T_m$$

3. 功率平衡方程式

电动机从电网吸收的电功率为 $P_1 = UI_a$，励磁功率 p_f 由另外电源供电。电功率 P_1 进入电动机后，首先遇到的是电枢绕组的铜损耗 $p_{Cu} = I_a^2 R_a$，P_1 减去 p_{Cu} 后余下的功率成为电枢的电磁功率 $P_M = E_a I_a$，因此有

$$P_1 = P_M + p_{Cu} \qquad\qquad (1\text{-}33)$$

即

$$UI_a = E_a I_a + I_a^2 R_a \qquad\qquad (1\text{-}34)$$

显然，式（1-34）也可由式（1-31）各项乘以电流 I_a 得到。电磁功率 $E_a I_a$ 转换为机械功率 $T\Omega$，这可由下面推导得出

$$E_a I_a = C_e \Phi n I_a = \frac{pN}{60a} \Phi \frac{60}{2\pi} \Omega I_a$$

$$= \frac{pN}{2\pi a} \Phi I_a \Omega = C_T \Phi I_a \Omega = T\Omega \qquad\qquad (1\text{-}35)$$

显然，式（1-35）正是式（1-26）的逆过程。电磁功率是电动机转换出来的总机械功率，再减掉空载损耗功率 $p_0 = p_m + p_{Fe} + p_s$ [参看式（1-25）] 余下的是电动机的输出功率 $P_2 = T_2 \Omega$。因此有

$$P_M = P_2 + p_0 \qquad\qquad (1\text{-}36)$$

式（1-36）也可由式（1-32）各项乘以旋转角速度 Ω 得到，即

$$T\Omega = T_0 \Omega + T_2 \Omega \qquad\qquad (1\text{-}37)$$

显然，式（1-37）是式（1-36）的另一种表达形式。由式（1-33）和式（1-36）可以得出

$$P_1 = p_{Cu} + p_0 + P_2 \qquad (1\text{-}38)$$

根据式（1-38），可以绘出他励直流电动机的功率流程图，如图 1-30 所示。图中 p_f 是励磁功率，由励磁电源供给，没有计算在 P_1 内。

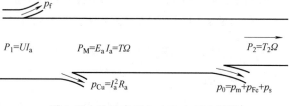

图 1-30　他励直流电动机功率流程图

三、他励（并励）直流电动机特性

为正确地使用直流电动机，必须对它的各种特性有一个比较清楚的了解，这里对下述几种静态运行特性予以简要说明。这几种特性是：①转速特性；②转矩特性；③效率特性；④机械特性。前三种特性是指电压 $U = U_N$ 恒定不变，励磁电流 $I_f = I_{fN}$ 恒定不变，电枢回路不串外电阻的条件下，电动机的转速、转矩、效率随输出功率 P_2 变化的关系曲线，即 $n = f(P_2)$、$T = f(P_2)$、$\eta = f(P_2)$ 的关系曲线。在实际应用中，由于电枢电流 I_a 容易测量，且 I_a 与 P_2 基本上成正比变化，因此这三种特性常以 $n = f(I_a)$、$T = f(I_a)$、$\eta = f(I_a)$ 表示。机械特性是指 $U = $ 常数、$I_f = $ 常数、$R_a + R_c = $ 常数的情况下，电动机转速与电磁转矩间的关系曲线，即 $n = f(T)$ 特性曲线。从使用电动机的角度看，机械特性是电动机最重要的一种特性，在此只介绍在 $U = U_N$、$I_f = I_{fN}$ 及外串电阻 $R_c = 0$

时的固有机械特性或称自然机械特性。而对 U、I_f 及 R_c 其中一个变为另外常值时的人工机械特性将在第三章中分析。

1. 转速特性

当 $U=U_N$、$I_f=I_{fN}$、电枢回路无外串电阻时，$n=f(I_a)$ 的变化关系称为直流电动机的转速特性。由电压平衡方程式知

$$E_a=U_N-I_aR_a$$

$$n=\frac{U_N}{C_e\Phi}-\frac{R_a}{C_e\Phi}I_a=n_0-\beta I_a \tag{1-39}$$

从式（1-39）可知，当 U_N、Φ、R_a 均为常数时，n 随 I_a 的变化关系是一条略微下倾的直线，如图 1-31 中直线 1 所示。式（1-39）中的 n_0 称为电动机的理想空载转速，这是电动机没带负载且忽略空载转矩（即认为 $T=T_0+T_2=0$、$I_a=0$）时的转速。此时电动机的电动势 E_a 与电压 U_N 相等。当电动机负载增加时，I_a 加大，E_a 开始小于 U_N，电机转速有所下降。电动机的转速降 $\Delta n=\beta I_a=I_aR_a/(C_e\Phi)$，与 I_aR_a 对应。由于 I_aR_a 只占电源电压 U_N 的很小一部分，所以 Δn 也只占 n_0 的很小一部分。当 $I_a=I_{aN}$ 时，I_aR_a 约占 U_N 的 3%~8%，所以额定负载时 Δn

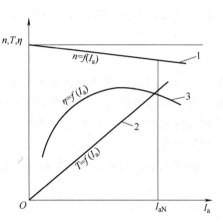

图 1-31 他励直流电动机工作特性

也只占 n_0 的 3%~8%。因此 $n=f(I_a)$ 是略微向下倾斜的一条直线。

以上分析是在磁通恒定不变的情况下进行的。但在实际电动机中，当负载增加时，I_a 增大，电枢反应总有一定的去磁作用，使 Φ 略有减小。这可导致转速 n 略有增加，它可以补偿一部分因 I_aR_a 引起的转速下降。但应注意，如果电枢反应的去磁作用太大，转速特性有可能出现上翘，这是应当尽量避免的，因为上翘特性有可能影响电动机运行的稳定性。

2. 转矩特性

当 $U=U_N$、$I_f=I_{fN}$、电枢回路无外串电阻时，$T=f(I_a)$ 的变化关系称为直流电动机的转矩特性。由电磁转矩公式 $T=C_T\Phi I_a$ 可知，转矩特性是一条通过原点的直线，如图 1-31 中直线 2 所示。如果考虑电流 I_a 较大时电枢反应的去磁作用，特性曲线可能偏离直线略有下降。

3. 效率特性

当 $U=U_N$、$I_f=I_{fN}$、电枢回路无外串电阻时，$\eta=f(I_a)$ 的变化关系称为直流电动机的效率特性。根据效率定义可知

$$\eta=\frac{P_2}{P_1}=\frac{P_1-\sum p}{P_1}=1-\frac{\sum p}{P_1}$$

$$=1-\frac{p_m+p_{Fe}+p_s+p_f+p_{Cu}}{U(I_a+I_f)} \tag{1-40}$$

式（1-40）分子中的 p_s 和分母中的 I_f 相对较小，如果把它们略去，则式（1-40）变为

$$\eta = 1 - \frac{p_m + p_{Fe} + p_f + I_a^2 R_a}{U I_a} \tag{1-41}$$

式（1-41）中 $p_m + p_{Fe} + p_f$ 基本上不随负载变化，我们把它称为不变损耗。而 $p_{Cu} = I_a^2 R_a$ 随负载变化，我们把它称为可变损耗。依据式（1-41）绘出效率特性曲线 $\eta = f(I_a)$，如图1-31中曲线3所示。为求出效率的最大值，令 $d\eta/dI_a = 0$，可得

$$p_m + p_{Fe} + p_f = I_a^2 R_a$$

可见，当电动机中不变损耗等于可变损耗时，电动机的效率最高。通常电动机效率的最大值出现在 75%~100% 负载的区域内。

4. 机械特性

机械特性是指 $U=$ 常数、$I_f=$ 常数、$R_a + R_c =$ 常数时的 $n = f(T)$ 变化关系。$U = U_N$、$I_f = I_{fN}$、$R_c = 0$ 时的机械特性称为固有机械特性，也称自然机械特性。只要上述三种参数中有一种参数固定在其他常数值时就称为人工机械特性。从使用电动机的角度看，机械特性显然是十分重要的，必须深入地研究与掌握它。本章只分析直流电动机的固有机械特性。

直流电动机的电压平衡方程式、电枢电动势公式和电磁转矩公式如下：

$$U = E_a + I_a(R_a + R_c)$$
$$E_a = C_e \Phi n$$
$$T = C_T \Phi I_a$$

将三式联立，可以得出 $n = f(T)$ 的关系式，也就是机械特性的一般表达式

$$n = \frac{U}{C_e \Phi} - \frac{R_a + R_c}{C_e \Phi C_T \Phi} T \tag{1-42}$$

当 $U = U_N$、$\Phi = \Phi_N$（$I_f = I_{fN}$、不计电枢反应的去磁作用）及 $R_c = 0$ 时，机械特性的表达式为

$$n = \frac{U_N}{C_e \Phi_N} - \frac{R_a}{C_e \Phi_N C_T \Phi_N} T \tag{1-43}$$

式（1-43）是直流电动机固有机械特性方程式，显然这是一条直线公式。在绘制机械特性直线时，常常是通过求取线上的两个特殊点，然后将两点连成直线。这两个特殊点常选择①理想空载点（$T=0, n=n_0$）；②额定工作点（$T=T_N, n=n_N$）。电动机工作在额定状态时，转速降为

$$\Delta n_N = \frac{R_a}{C_e \Phi_N C_T \Phi_N} T_N = \frac{R_a}{C_e \Phi_N} I_{aN}$$

与转速特性一样，Δn_N 约占 n_0 的 3%~8%。固有机械特性曲线也是略微向下倾斜的一条直线，如图1-32所示。

在利用式（1-42）进行计算时，通常是根

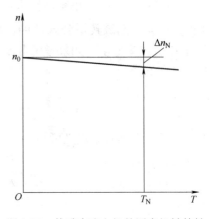

图1-32 他励直流电机的固有机械特性

据额定时的数据（U_N、I_N、n_N）及电枢电阻 R_a，求出 $C_e\Phi_N$ 和 $C_T\Phi_N$，再将 $C_e\Phi_N$ 和 $C_T\Phi_N$ 代入式（1-42）得出机械特性的一般表达式。然后，再对一般工作点进行计算。

例1-1 他励直流电动机，铭牌数据如下：$P_N = 18\text{kW}$，$U_N = 220\text{V}$，$I_N = 94\text{A}$，$n_N = 1000\text{r/min}$，电枢回路电阻 $R_a = 0.15\Omega$，求

（1）$C_e\Phi_N$，$C_T\Phi_N$；

（2）额定电磁转矩 T_N；

（3）额定输出转矩 T_{2N}；

（4）空载转矩 T_0；

（5）理想空载转速 n_0；

（6）实际空载转速 n_0'。

解：（1）$C_e\Phi_N = \dfrac{U_N - I_N R_a}{n_N} = \dfrac{220 - 94 \times 0.15}{1000}\text{V/(r/min)} = 0.2059\text{V/(r/min)}$

$C_T\Phi_N = 9.55 C_e\Phi_N = 9.55 \times 0.2059\text{N·m/A} = 1.966\text{N·m/A}$

（2）$T_N = C_T\Phi_N I_N = 1.966 \times 94\text{N·m} = 184.8\text{N·m}$

（3）$T_{2N} = 9550\dfrac{P_N}{n_N} = 9550 \times \dfrac{18}{1000}\text{N·m} = 171.9\text{N·m}$

（4）$T_0 = T_N - T_{2N} = (184.8 - 171.9)\text{N·m} = 12.9\text{N·m}$

（5）$n_0 = \dfrac{U_N}{C_e\Phi_N} = \dfrac{220}{0.2059}\text{r/min} = 1068.5\text{r/min}$

（6）$n_0' = \dfrac{U_N}{C_e\Phi_N} - \dfrac{R_a}{C_e\Phi_N C_T\Phi_N}T_0 = \left(\dfrac{220}{0.2059} - \dfrac{0.15}{0.2059 \times 1.966} \times 12.9\right)\text{r/min}$

$= 1063.7\text{r/min}$

四、串励直流电动机及复励直流电动机

串励直流电动机的励磁电流就是电枢电流，它随负载的变化而变化。而他励（并励）直流电动机励磁电流与负载无关，因此两者特性有很大的区别。复励直流电动机是并励直流电动机和串励直流电动机的结合，它兼有两者的特点，下面分别予以介绍。

1. 串励直流电动机的转速特性

转速特性是指其他参数不变时，电动机转速 n 随电流 I_a 变化的关系曲线。如果电枢回路中总电阻为 R_0（包括串励绕组电阻），则有

$$E_a = C_e\Phi n = U - I_a R_0$$

经过变换得

$$n = \frac{U}{C_e\Phi} - \frac{R_0}{C_e\Phi}I_a \tag{1-44}$$

从式（1-44）看，它与并励直流电动机的转速特性并无区别，但式中的磁通 Φ 在并励直流电动机中是常数（没有考虑电枢反应的影响），而在串励直流电动机中 Φ 随电流 I_a 按磁化曲线变化。$\Phi = f(I_f)$，即 $\Phi = f(I_a)$ 是一条非线性的饱和曲线。在工程上常将它分为几段，分别用直线逼近。在分析串励直流电动机时，人们常将磁化曲线的不饱

和部分和饱和部分分别用两条直线直接代替，替换后的转速特性分析如下：

当电流 I_a 较小、磁路不饱和时，磁通与电流成正比，即

$$\Phi = K_1 I_a \tag{1-45}$$

将式（1-45）代入式（1-44）得

$$n = \frac{U}{C_e K_1 I_a} - \frac{R_0}{C_e K_1} \tag{1-46}$$

式（1-46）等号右边第一项与 I_a 成反比，第二项是常数。因此，转速特性在电流较小、磁路不饱和时是一条双曲线。当电动机空载、电流很小时，转速很高。这可能引起"飞车"事故，造成严重后果。所以串励直流电动机不允许空载运行，也不允许用皮带传动，以防皮带脱落造成"飞车"。

当负载较重、电流较大时，磁路饱和。如果磁路达到高饱和，Φ 不再随电流的增加而增加，这时可以认为磁通 Φ 为一常数，即可认为 $\Phi = K_2$，于是式（1-44）变成

$$n = \frac{U}{C_e K_2} - \frac{R_0}{C_e K_2} I_a \tag{1-47}$$

这与他励（并励）直流电动机转速特性一样，是一条随电流 I_a 的增加稍有下降的直线。因串励直流电动机电阻 R_0 比并励直流电动机电阻 R_a 大一个串励绕组电阻，所以串励直流电动机的转速降比他励直流电动机稍大。

转速特性曲线则如图1-33中曲线1所示。在电流较小时，是一条双曲线，它与纵坐标轴无交点；当 $I_a = 0$ 时，转速 n 为无穷大。当电流很大时，为一稍有下降的直线，中间部分介于两者之间。

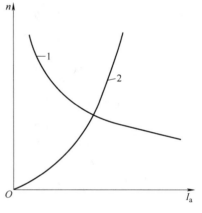

图1-33 串励直流电动机特性
1—转速特性 2—转矩特性

2. 串励直流电动机的转矩特性

直流电动机的转矩公式为

$$T = C_T \Phi I_a$$

因串励直流电动机的磁通 Φ 随电流 I_a 的变化而变化，所以还是把磁化曲线 $\Phi = f(I_a)$ 分成饱和区和不饱和区来进行分析。

当电流较小、磁路不饱和时，Φ 与 I_a 成正比，可以写成 $\Phi = K_1 I_a$，因而可得

$$T = C_T K_1 I_a^2 \tag{1-48}$$

转矩与电流的二次方成正比，转矩特性 $T = f(I_a)$ 是一条抛物线。

当电流很大时磁路饱和，磁通 Φ 不再随电流 I_a 而变化。这时可以认为 Φ 是常数，写成 $\Phi = K_2$，则有

$$T = C_T K_2 I_a \tag{1-49}$$

可见这时 T 与 I_a 成正比，转速特性是一条直线。在磁路接近饱和尚未高饱和时，曲线介于两者之间。所以整个转矩特性由图1-33中曲线2所示。

在电动机起动时，一般起动电流大于额定电流，这时串励直流电动机的磁路虽然可能出现饱和，但没达到完全饱和。所以串励直流电动机的起动转矩虽不能与 I_a^2 成正

比，但也比他励直流电动机的起动转矩（与 I_a 成正比）大。所以串励直流电动机适合用于起动困难且不空载的生产机械。电气机车多用串励直流电动机拖动，就是因为它起动比较困难，且电动机永不空载。

3. 串励直流电动机的机械特性

串励直流电动机的机械特性表达式仍为

$$n = \frac{U}{C_e \Phi} - \frac{R_0}{C_e \Phi C_T \Phi} T \tag{1-50}$$

在电流较小时，磁路不饱和，磁通与电流成正比，$\Phi = K_1 I_a$。转矩与电流二次方成正比，即 $T = C_T K_1 I_a^2$，将上述关系代入式（1-50），并合并常数可得

$$n = \frac{U}{C_e K_1 I_a} - \frac{R_0}{C_e C_T K_1^2 I_a^2} C_T K_1 I_a^2$$

$$n = \frac{C}{\sqrt{T}} - C' \tag{1-51}$$

C 与 C' 均为常数，此时的机械特性曲线 $n = f(T)$ 如图 1-34 中左部所示。

当电流很大时，磁路饱和，磁通不再随电流变化，这时有 $\Phi = K_2$，将其代入式（1-50）有

$$n = \frac{U}{C_e K_2} - \frac{R_0}{C_e C_T K^2} T = n_0 - \Delta n$$

因 Φ 是常数，此时的特性与并励直流电动机的特性十分接近，是一条略微下倾的直线。

在接近饱和尚未完全饱和时，曲线介于两者之间，绘出的整个机械特性曲线如图 1-34 所示。也可以看出，轻载时转速很高，曲线与纵坐标轴无交点，理想空载转速为无穷大。所以串励电动机不允许空载运行。

4. 复励直流电动机的机械特性

复励直流电动机既有并励绕组又有串励绕组。通常复励直流电动机的磁场以并励绕组产生的磁场为主，以串励绕组产生的磁场为辅，总是接成积复励。因为差复励电动机当负载增加时，串励磁场加大，使总磁场减弱。这将导致转速上升，产生上翘的机械特性，常常使电动机不能稳定运行。所以，复励直流电动机总是接成积复励。这样的复励电动机兼有并励和串励两种电动机的优点。由于有串励绕组，它使起动转矩增加，过载能力加大，并励绕组使直流电动机可以轻载运行和空载运行，所以复励直流电动机的理想空载转速并不很高，空载时也不存在"飞车"的问题。图 1-35 绘出了复励直流电动机的机械特性曲线，它介于并励直流电动机机械特性和串励直流电动机机械特性之间。

图 1-34　串励直流电动机机械特性

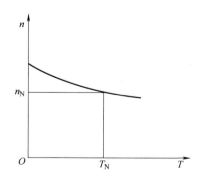

图 1-35　复励直流电动机机械特性

第八节　直流电机换向简介

直流电机在运行过程中，旋转的电枢绕组中总有一些元件从一条支路经过电刷进入另一条支路。在这一过程中，元件电流改变方向，这一过程称为换向。换向的过程正是元件被电刷短路的过程，元件短路过程结束就是换向结束，这时元件完全进入另一条支路。换向问题对直流电机运行影响很大，换向不好将使电刷下产生火花，火花严重时影响电机运行。因此，直流电机换向也是一个重要问题。

换向问题十分复杂，它不单是一个电磁过程，换向不良还有可能是机械、化学、电热等方面的原因。在此仅就换向的电磁理论予以简要介绍。

一、换向过程

图 1-36 是一个单叠绕组当电刷宽度等于换向片宽度时元件 1 的换向过程。电枢绕组以 v_a 速度由右向左旋转，电刷不动。图 1-36a 是换向前的情况，电刷与换向片 1 接触，元件 1 属右面支路，电流为 $+i_a$。图 1-36b 为正在换向时的情况，电刷与换向片 1、2 同时接触，元件 1 被电刷短路，元件中的电流正在从 $+i_a$ 向 $-i_a$ 变化。图 1-36c 为换向结束时的情况，这时电刷已与换向片 1 脱离，完全与换向片 2 接触，元件 1 已经完全进入左面支路，电流为 $-i_a$。元件的换向时间称为换向周期，以 T_k 表示。T_k 一般在 0.2~2ms 范围内。

元件的
换向过程

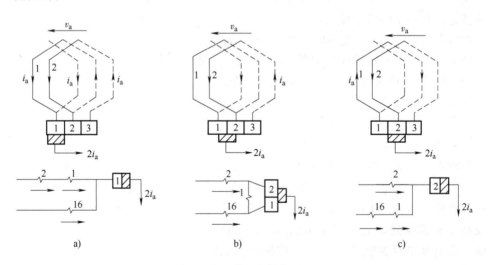

图 1-36　元件 1 的换向过程

a) 换向前　b) 换向中　c) 换向后

二、直线换向、延迟换向与超越换向

1. 直线换向

由上面的介绍可知，元件的换向过程就是元件从一条支路（电流为 $+i_a$）过到另一条支路（电流为 $-i_a$）的过程。这期间电流是按什么规律变化的？如果电流随时间是均匀变化的，在整个换向周期里电流 i 随时间成线性关系，如图 1-37 中直线 1 所示，这

种换向称为直线换向。理论分析表明，当换向元件中各种电动势的总和 $\sum e$ 为零，且只考虑电刷接触电阻时，换向呈直线换向，也称电阻换向。此时，直线换向电流变化均匀，在整个换向过程中电刷各处电流密度相等，因此刷下火花很小，它基本上可以实现无火花换向。

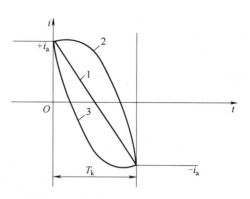

图 1-37　各种换向时的电流变化波形
1—直线换向　2—延迟换向　3—超越换向

2. 延迟换向

直线换向时，换向元件中 $\sum e = 0$。但在实际电机中换向元件的总电动势常常并不为零，电机正常运行时换向元件中会产生以下几种电动势。

（1）自感电动势 e_L　换向元件中电流变化时产生自感电动势 e_L，$e_L = -L\,di/dt$。

（2）互感电动势 e_M　同时换向的几个元件之间产生互感电动势 e_M，$e_M = -M\,di/dt$。自感电动势 e_L 和互感电动势 e_M 合在一起称为电抗电动势，以 e_r 表示，$e_r = e_L + e_M$。电抗电动势的方向总是反对换向元件中电流变化的，所以它与 $+i_a$ 方向相同。

（3）电枢反应电动势 e_a　直流电机运行时，换向元件总在几何中线处。这里主磁极磁场基本为零，但电枢磁动势在此正是磁场最强之处。换向元件切割电枢磁场产生感应电动势 e_a，可以证明 e_a 的方向与 e_r 是一致的，也是反对换向元件中电流变化的。

综上所述可知，e_r 和 e_a 方向一致，都是反对换向元件电流变化的。如果不采取改善换向的措施，这些电动势使电流不能随时间成线性关系变化。当电流的变化比直线换向慢，呈图 1-37 中曲线 2 的形状时，我们把这种换向称为延迟换向。由于延迟换向电流开始变化得慢，电刷的前刷边电流密度小，后刷边电流密度大，因此后刷边出现较大的火花。

3. 超越换向

为改善换向，假想在换向元件中再产生一个电动势 e_k，尽量使 e_k 与 $e_r + e_a$ 大小相等，方向相反。这样就使换向元件中总和电动势 $\sum e = 0$，使其成为直线换向。但如果把 e_k 加过了头，e_k 的作用大于 $e_r + e_a$，则 $\sum e$ 的方向是帮助换向元件中电流 i 变化。这时，换向一开始电流就变化很大，电流随时间变化呈图 1-37 中曲线 3 的形状，我们把这种换向称为超越换向。超越换向前刷边电流密度大，产生较大火花，火花严重时也影响电机正常运行。

三、改善换向的方法

可在换向元件中产生改善换向的电动势 e_k 以利于电流的换向。常用的方法有以下两种：

1. 加换向磁极

在主磁极的几何中性线处加一换向磁极，如图 1-38 所示。换向元件切割换向磁极磁场产生电动势 e_k。为使 e_k 的方向与 e_r 和 e_a 方向相反，换向磁极的极性应与电枢磁场的极性相反。为使 e_k 在数值上尽量与 e_r+e_a 相等，换向磁极的励磁绕组应与电枢绕组串联。图中的直流电机可以是发电机也可以是电动机。如果是直流发电机，它的旋转方向应如 n_G 箭头所示，如果是直流电动机，它的旋转方向则如 n_M 箭头所示。

2. 移刷改善换向

在小容量电机中无换向磁极，常用移刷的办法改善换向。在直流发电机中将电刷顺转向移动一个 β 角，并使 $\beta>\alpha$，α 为物理中性线与几何中性线之夹角，也就是说把电刷从几何中性线顺转向移过物理中性线，如图1-39所示。这时换向元件切割主磁场产生感应电动势 e_k，除抵消电枢反应电动势 e_a 外，还有一部分电动势去抵消 e_r，使换向元件中的总电动势尽量为零。在直流电动机中，电刷应逆转向移动 β 角，也使 $\beta>\alpha$。

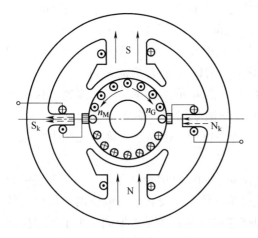
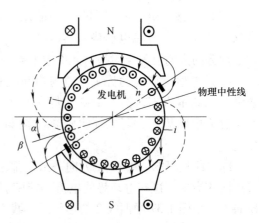

图1-38　用换向磁极改善换向　　　　图1-39　移动电刷改善换向

四、火花、环火及补偿绕组

换向不良的直接表现是电刷下产生火花，火花严重时影响电机正常运行，但电机运行时允许有一定程度的火花。按国家技术标准，火花分为五个等级，在此不再一一介绍，可参阅有关技术标准。

由于直流电机电枢反应使气隙磁通密度由平顶波畸变为尖顶波，使磁通密度的最大值增加。磁通密度波形在空间静止不动，当电枢旋转、绕组切割磁场时，处于最大磁通密度处的元件电压出现最大值。当这个元件两端电压超过一定限度（大容量电机一般为25~28V）时就会在这个元件连接的两个换向片间产生电弧短路，如图1-40所示。电弧能使周围空气电离，继而后续元件重蹈覆辙，形成环火，能在短时间内烧毁电机，造成严重事故。

为防止环火的产生，大容量电机都在主磁极沿气隙圆周表面开一些凹槽，槽中安放补偿绕组，补偿绕组与电枢绕组串联，并使两绕组中电流方向相反，如图1-41所示。补偿绕组的磁场抵消了电枢磁场，从而防止了环火的产生。

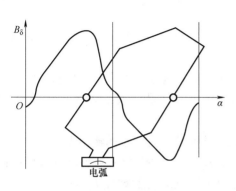

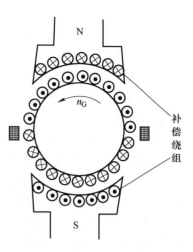

图 1-40 产生环火的片间电弧   图 1-41 补偿绕组的放置

 思考题与习题

1-1 说明直流电机电刷和换向器的作用，在发电机中它们是怎样把电枢绕组中的交流电动势变成刷间的直流电动势的？在电动机中，刷间电压本来就是直流电压，为什么仍需要电刷和换向器？

1-2 在下列情况下判断直流电机电刷两端电压的性质：

（1）磁极固定，电刷与电枢同速同向旋转；

（2）电枢固定，电刷与磁极同速同向旋转。

1-3 他励直流发电机，额定容量 $P_N = 14kW$，额定电压 $U_N = 230V$，额定转速 $n_N = 1450r/min$，额定效率 $\eta_N = 85.5\%$。试求电机的额定电流 I_N 及额定状态下的输入功率 P_1。

1-4 他励直流电动机，$P_N = 1.1kW$，$U_N = 110V$，$I_N = 13A$，$n_N = 1500r/min$，试求电动机的额定效率 η_N 及额定状态下的总损耗功率 $\sum p$。

1-5 直流电机的主磁路包括哪几部分？磁路未饱和时，励磁磁动势主要消耗在磁路的哪一部分？

1-6 直流电机的励磁磁动势是怎样产生的，它与哪些量有关？电机空载时气隙磁通密度是如何分布的？

1-7 什么是直流电机磁路的饱和系数？饱和系数的过高和过低对电机有何影响？

1-8 一单叠绕组，槽数 $Z = 24$，极数 $2p = 4$，试绘出绕组展开图及并联支路图。

1-9 图 1-12 所示单叠绕组。如果去掉 A_2、B_2 两组电刷，对电机的电压、电流及功率有何影响？

1-10 何谓电枢反应，以直流电动机为例说明在什么情况下只有交轴电枢反应？在什么情况下出现直轴电枢反应？

1-11 直流电机交轴电枢反应对磁场波形有何影响？考虑磁路饱和时和不考虑磁路饱和时，交轴电枢反应有何不同？

1-12　直流发电机中是否有电磁转矩？如果有，它的方向怎样？直流电动机中是否有感应电动势？如果有，它的方向怎样？

1-13　直流电机中感应电动势是怎样产生的？它与哪些量有关？在发电机和电动机中感应电动势各起什么作用？

1-14　直流电机中电磁转矩是怎样产生的？它与哪些量有关？在发电机和电动机中电磁转矩各起什么作用？

1-15　怎样判断一台直流电机工作在发电机状态还是工作在电动机状态？

1-16　在直流电机中，证明 $E_a I_a = T\Omega$，从机电能量转换的角度说明该式的物理意义。

1-17　并励直流发电机必须满足哪些条件才能建立起正常的输出电压？

1-18　并励直流发电机正转时能够自励，反转后是否还能自励？若在反转的同时把励磁绕组的两个端子反接，是否可以自励？电枢端电压是否改变方向？

1-19　一台直流发电机，当分别把它接成他励和并励时，在相同的负载情况下，电压调整率是否相同？如果不同，哪种接法电压调整率大？为什么？

1-20　由一台直流电动机拖动一台直流发电机，当发电机负载增加时，电动机的电流和机组的转速如何变化？说明其物理过程。

1-21　一台并励直流发电机 $P_N = 16\text{kW}$，$U_N = 230\text{V}$，$I_N = 69.6\text{A}$，$n_N = 1600\text{r/min}$，电枢回路电阻 $R_a = 0.128\Omega$，励磁回路电阻 $R_f = 150\Omega$，额定效率 $\eta_N = 85.5\%$，试求额定工作状态下的励磁电流、电枢电流、电枢电动势、电枢铜耗、输入功率、电磁功率。

1-22　如何改变他励、并励和串励直流电动机的旋转方向？

1-23　他励直流电动机正在运行时，励磁回路突然断线会有什么现象发生？

1-24　判断下列两种情况下哪一种可以使接在电网上的直流电动机变为发电机：（1）加大励磁电流 I_f 使 Φ 增加，试图使 E_a 加大到 $E_a > U$；（2）在电动机轴上外加一个转矩使转速上升，使 $E_a > U_a$。

1-25　他励直流电动机，在拉断电枢回路电源瞬间（n 未变），电机处于什么运行状态？端电压多大？

1-26　直流电动机电磁转矩是拖动性质的，电磁转矩增加时，转速似乎应该上升，但从机械特性上看，电磁转矩增加时，转速反而下降，这是什么原因？

1-27　说明直流电动机理想空载转速 n_0 的物理意义。

1-28　与他励、并励直流电动机相比，串励直流电动机的工作特性有何特点？

1-29　并励直流电动机 $P_N = 7.5\text{kW}$，$U_N = 220\text{V}$，$I_N = 40.6\text{A}$，$n_N = 3000\text{r/min}$，$R_a = 0.213\Omega$，额定励磁电流 $I_{fN} = 0.683\text{A}$，不计附加损耗，求电机工作在额定状态下的电枢电流、额定效率、输出转矩、电枢铜耗、励磁铜耗、空载损耗、电磁功率、电磁转矩及空载转速。

1-30　并励直流发电机 $P_N = 27\text{kW}$，$U_N = 110\text{V}$，$n_N = 1150\text{r/min}$，$I_{fN} = 5\text{A}$，$R_a = 0.02\Omega$，将它用作电动机接在110V直流电网上，试求额定电枢电流时的电机转速。

1-31　一台他励直流电动机 $P_N = 1.1\text{kW}$，$U_N = 110\text{V}$，$I_N = 13\text{A}$，$n_N = 1500\text{r/min}$，$R_a = 1\Omega$。将它用作他励直流发电机，并保持 $n = n_N$、$\Phi = \Phi_N$ 和 $I_a = I_{aN}$ 时，求电机的输出电压。

1-32 并励直流电动机 $P_N = 96kW$，$U_N = 440V$，$I_N = 255A$，$I_{fN} = 5A$，$n_N = 500r/min$，$R_a = 0.078\Omega$，试求：（1）额定输出转矩；（2）额定电磁转矩；（3）空载转矩；（4）理想空载转速；（5）实际空载转速。

1-33 并励直流电动机，$U_N = 220V$，$I_N = 81.7A$，$\eta_N = 85\%$，电枢电阻 $R_a = 0.1\Omega$，励磁回路电阻 $R_f = 88.8\Omega$。试画出功率流程图，并求出额定输入功率 P_1、额定输出功率 P_N、总损耗 $\sum p$、电枢回路铜损耗、励磁回路铜损耗、机械损耗与铁损耗之和（不计附加损耗）。

1-34 一台并励直流电动机 $P_N = 75kW$，$U_N = 440V$，$I_N = 191A$，$I_{fN} = 4A$，$n_N = 750r/min$，$R_a = 0.082\Omega$，不计电枢反应影响，试求：（1）额定输出转矩；（2）额定电磁转矩；（3）理想空载转速；（4）实际空载电流及空载转速。

1-35 并励直流电动机，$P_N = 17kW$，$U_N = 220V$，$I_N = 91A$，$n_N = 1500r/min$，$R_a = 0.074\Omega$，$I_{fN} = 2.5A$，求电枢电流为50A时的电动机转速。

1-36 换向极的作用是什么？它装在哪里？它的绕组如何励磁？磁场的方向应如何确定？

1-37 何谓直线换向、延迟换向？怎样才能实现直线换向？

1-38 说明直流电动机和直流发电机是怎样用移刷的办法改善换向的。

1-39 怎样安装补偿绕组？它的作用是什么？

1-40 一台直流电动机改作发电机运行，换向极绕组的接法是否需要改变？为什么？

第二章

电力拖动系统的动力学基础

第一节　典型生产机械的运动形式及转矩

一、电力拖动系统的基本概念

由原动机带动生产机械运转称为拖动。以电动机为原动机拖动生产机械运转的拖动方式，称为电力拖动。电力拖动系统则是由电动机、机械传动机构、生产机械的工作机构、电动机的控制设备以及电源五部分组成的综合机电装置，如图 2-1 所示。其中电动机用以实现电能和机械能的转换，传动机构用来传递机械能，控制设备则保证电动机按某种工艺要求来完成生产任务。通常把传动机构及生产机械的工作机构称为电动机的机械负载。

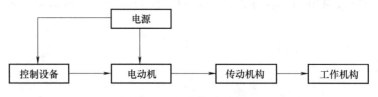

图 2-1　电力拖动系统

电力拖动系统不能看成是电器与机械的简单组合，因为电动机及其控制设备的特性将决定生产机械的生产率、精度及可靠性等一系列技术指标，而机械负载反过来又对电动机及控制装置产生重要的影响。所以，在研究电力拖动系统时，必须注意电动机与机械负载之间的联系及配合，要作为一个整体来考虑。

在现代化生产中，绝大多数生产机械均采用电力拖动方式。据统计，一个工业发达的国家其发电量的大约 70% 都是用于电力拖动的。电力拖动的这种支配地位是由下列几方面原因决定的：

1）电能便于集中生产、输送和分配。

2）电动机的类型和规格很多，它们具有各种各样的特性，能满足各种生产机械的不同要求。

3）电动机的损耗小，效率高，通常具有较大的短时过载能力。

4）电力拖动系统容易控制，操作简单，便于实现自动化。

生产的发展要求工作机械不断提高生产率，提高产品的质量，改善劳动条件，节约能源，降低成本。这就对电力拖动系统提出越来越高的要求。例如，精密机床要求加工精度达到百分之几毫米；大型镗床的进给机构要求能在很宽的范围内调节转速；巨型的现代化初轧机其轧辊电动机功率达数兆瓦，而且操作频繁，在不到 1s 的时间内就要完成从正转到反转的过程；高速造纸机抄纸速度达 1000m/min，稳速误差不超过 ±0.1%。为了满足生产提出的越来越高的要求，电力拖动系统必须借助于电力电子技术以及检测、控制、调节和计算技术。现代电力拖动最主要的标志就是广泛采用近六七十年发展起来的电力电子技术、自动控制理论和计算机科学，使其成为一门综合性的高新技术。

二、典型生产机械的运动形式和转矩

在实际生产中，生产机械的种类繁多，其运动形式也是各种各样的。这里介绍几种生产机械，它们的运动形式及转矩性质具有一定的典型性。

图 2-2a 所示为离心式通风机的结构示意图。电动机的转子与通风机的叶轮通过联轴器连接在一起，所有运动部分均以同一转速 n_m 旋转，所以其运动形式为单轴旋转运动。通风机的转矩随转速升高而增大，并与转速的二次方成正比。

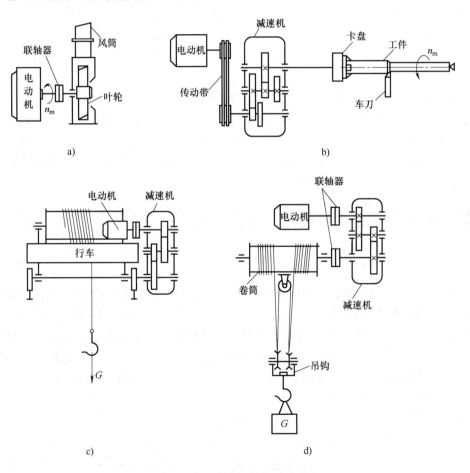

图 2-2　典型生产机械的运动形式
a）离心式通风机　b）车床主轴传动　c）桥式起重机的起重行车　d）桥式起重机的提升机构

图 2-2b 为车床主轴传动系统。电动机转子通过传动带轮和减速机与车床的主轴相连接，其运动形式为多轴旋转运动，各轴转速不同。主轴转速为 n_m，比电动机的转速

低。主轴的转矩是由旋转的工件与固定的车刀相互作用的切削力产生的。在切削过程中，如果切削力不变，主轴的转矩也保持不变。

图 2-2c 是桥式起重机的起重行车。电动机通过减速机带动行车的一对车轮，使行车在铁轨上行走。其运动形式为多轴旋转运动和平移运动。车轮轴上的转矩是由轴承滑动摩擦和车轮在铁轨上的滚动摩擦构成的运动阻力而产生的。

图 2-2d 是桥式起重机的提升机构。电动机通过减速机带动卷筒旋转，并通过滑轮、钢绳、吊具提升和下放重物。这是一个多轴旋转和升降运动的系统。卷筒把旋转运动变成重物的升降运动。卷筒轴上的转矩是由重物的重力作用而产生的，其作用方向不变，与卷筒的旋转方向无关。

从以上对几种典型生产机械的简单介绍可以看出，就运动形式而言，单轴旋转系统最简单。在多轴系统中，有的只包含旋转运动，有的除旋转运动外还有平移或升降运动。从生产机械转矩的性质看，可以分为两种类型，即由摩擦力产生的转矩和由重力作用产生的转矩。前者称为反抗性转矩，其特点是转矩作用方向总是与旋转方向相反，即总是阻碍运动的；后者称为位能性转矩，特点是作用方向与生产机械的旋转方向无关。提升重物时，位能性转矩阻碍运动；下放重物时，位能性转矩帮助运动，成为拖动转矩。

分析电力拖动系统的运动规律，主要研究作用在电动机轴上的转矩与电动机转速变化之间的关系。单轴运动系统比较简单，但实际的电力拖动系统多数是多轴运动系统，各轴的转速和转矩各不相同，情况较为复杂。采取的办法是先对单轴运动系统进行分析，得出一般规律，对于多轴运动系统，则通过折算等效成单轴运动系统，这时就可以运用单轴运动系统的规律了。

第二节　电力拖动系统的运动方程式

一、单轴电力拖动系统的运动方程式

图 2-3a 为单轴电力拖动系统，电动机的轴与生产机械的轴直接相连。作用在该轴上的转矩有电动机的电磁转矩 T、电动机的空载转矩 T_0 及生产机械的转矩 T_m。$T_0 + T_m = T_L$，T_L 为电动机的负载转矩，轴的角速度为 Ω。电动机转子的转动惯量为 J_R，生产机械转动部分的转动惯量为 J_m。联轴器的转动惯量比 J_R 及 J_m 小很多，可以忽略，因此单轴拖动系统对转轴的总转动惯量为 $J = J_R + J_m$。图 2-3b 给出了各物理量的参考正方向。

假定两轴之间为刚性连接，并忽略轴的弹性变形，那么图 2-3a 所示的单轴拖动系统可以看成刚体绕固定轴转动。根据力学中刚体转动定律及各量的参考正方向，可写出如下的转动方程式

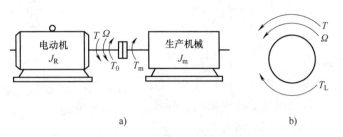

a)　　　　　　　　　　　　　b)

图 2-3　单轴电力拖动系统及各量的参考方向
a) 单轴电力拖动系统　b) 各量的参考方向

$$T - T_L = J \frac{\mathrm{d}\Omega}{\mathrm{d}t} \qquad (2-1)$$

式中，T 为电动机的电磁转矩，单位为 N·m；T_L 为电动机的负载转矩；J 为电动机轴上的总转动惯量，单位为 kg·m²；Ω 为电动机的角速度，单位为 rad/s。

式（2-1）称为单轴电力拖动系统的运动方程式，它描述了作用于单轴拖动系统的转矩与速度变化之间的关系，是研究电力拖动系统各种运动状态的基础。

在工程计算中，通常用转速 n 代替角速度 Ω，飞轮力矩 GD^2 代替转动惯量 J。n 与 Ω 的关系为

$$\Omega = \frac{2\pi}{60}n$$

J 与 GD^2 之间的关系为

$$J = m\rho^2 = \frac{G}{g}\left(\frac{D}{2}\right)^2 = \frac{GD^2}{4g} \tag{2-2}$$

式中，m 为系统转动部分的质量，单位为 kg；G 为系统转动部分的重力，单位为 N；ρ 为系统转动部分的回转半径，单位为 m；D 为系统转动部分的回转直径，单位为 m；g 为重力加速度，可取 $g = 9.81\text{m/s}^2$。

把式（2-1）中的 Ω 和 J 用 n 和 GD^2 代替，可得

$$T - T_L = \frac{GD^2}{375}\frac{dn}{dt} \tag{2-3}$$

式中，GD^2 是系统转动部分的总飞轮力矩，单位为 N·m²；$375 = 4g \times 60/2\pi$，是具有加速度量纲的系数。

式（2-3）是电力拖动系统运动方程式的实用形式。它表明电力拖动系统的转速变化 dn/dt（即加速度）由 $T - T_L$ 决定。$T - T_L$ 称为动态转矩，以 T_d 表示。$T_d = 0$ 时，$dn/dt = 0$，电动机以恒定转速旋转或静止不动。电力拖动系统的这种运动状态称为静态。若 $T_d \neq 0$，则转速将发生变化。这种运动状态称为动态或过渡状态。$T_d > 0$ 时，$dn/dt > 0$，系统处于加速状态；$T_d < 0$ 时，$dn/dt < 0$，系统处于减速状态。

式（2-3）中的 T、T_L 及 n 都是有方向的，它们的实际方向可以根据图 2-3b 给出的参考正方向，用正、负号表示。这里规定 n 及 T 的参考方向为对观察者而言逆时针为正，反之为负；T_L 的参考方向为顺时针为正，反之为负。这样规定参考正方向恰好符合式（2-3）中负载转矩 T_L 前有一个负号的表达关系。

二、电力拖动系统的转动惯量及飞轮力矩

在利用式（2-1）或式（2-3）进行分析计算时，除应知道负载转矩 T_L 外，还要知道系统的转动惯量 J 或飞轮力矩 GD^2。电动机转子的飞轮力矩 GD_R^2 的值可在产品样本中查出。生产机械的飞轮力矩 GD_m^2 的值可以从机械设计部门获得。对一些几何形状简单的旋转部件可用解析法计算它的转动惯量及飞轮力矩。

转动惯量是物体绕固定轴旋转时惯性的度量，它等于物体的各质量微元 Δm_i 和到某一固定轴的距离 r_i 的二次方的乘积之和，用公式表示为

$$J = \sum \Delta m_i r_i^2 \tag{2-4}$$

对于简单形状的物体，可令上式中的 Δm_i 趋于零而求其极限，于是就成为求 J 的积分。

$$J = \int r^2 \mathrm{d}m$$

物体对固定轴的转动惯量也可以看成整个物体的质量 m 与某一长度 ρ 的二次方之乘积，即

$$J = m\rho^2 \tag{2-5}$$

ρ 称为物体对固定轴的回转半径，它的物理意义是假想将绕某固定轴旋转的物体的质量 m 集中到离旋转轴距离为 ρ 的一点上，其转动惯量与该物体的转动惯量 J 相等。下面通过一个简单的例子说明如何计算旋转体的回转半径。

一个质量为 m 的实心圆柱体，半径为 R，长度为 L，见图2-4。该圆柱体绕 Z 轴旋转时其转动惯量为

$$J = \int R^2 \mathrm{d}m$$

设密度为

$$\gamma = \frac{m}{\pi R^2 L} \tag{2-6}$$

则

$$J = \int_V R^2 \gamma \mathrm{d}V \tag{2-7}$$

这是一个三重积分，其中体积单元（见图2-4）

$$\mathrm{d}V = r\mathrm{d}\theta \mathrm{d}l\mathrm{d}r \tag{2-8}$$

因此有

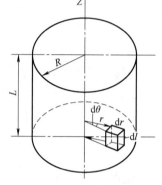

图2-4 求实心圆柱体的
转动惯量

$$
\begin{aligned}
J &= \int_0^{2\pi} \mathrm{d}\theta \int_0^L \mathrm{d}l \int_0^R r^3 \gamma \mathrm{d}r \\
&= \frac{\pi L \gamma}{2} R^4 = m \frac{R^2}{2} \\
&= m\rho^2
\end{aligned}
$$

式中，ρ 为回转半径，$\rho = R/\sqrt{2}$。可见回转半径 ρ 与其几何尺寸上的半径 R 是不同的。

根据前面引用的飞轮力矩 GD^2 的概念则有

$$GD^2 = 4gJ = 4gm\rho^2 = 4G\rho^2 \tag{2-9}$$

实际计算时，可依式（2-5）、式（2-9）求出 J 或 GD^2，表2-1给出了几种形状简单的物体回转半径的计算公式。一些形状较复杂的部件，如果能分成几个形状简单的部分，可以分别利用表2-1给出的公式计算相应的 J 或 GD^2，然后相加求出整个部件的 J 或 GD^2。

表2-1 回转半径的计算

几何图形	物体名称与回转轴线	回转半径 ρ 的二次方
	回转轴线与母线平行并通过重心的圆柱体	$\rho^2 = \dfrac{R^2}{2}$

（续）

几 何 图 形	物体名称与回转轴线	回转半径 ρ 的二次方
	回转轴线与母线平行并通过重心的空心圆柱体	$\rho^2 = \dfrac{R^2 + r^2}{2}$
	回转轴线与锥底面垂直并通过重心的截圆锥体	$\rho^2 = \dfrac{3}{10} \dfrac{R^5 - r^5}{R^3 - r^3}$
	回转轴线通过重心并与长方体的一棱平行	$\rho^2 = \dfrac{b^2 + c^2}{12}$

三、功率平衡方程式

把式（2-1）两边同乘电动机的角速度 Ω 就得到单轴电力拖动系统的功率平衡方程式

$$T\Omega - T_L\Omega = J\Omega\frac{\mathrm{d}\Omega}{\mathrm{d}t} = \frac{\mathrm{d}}{\mathrm{d}t}\left(\frac{1}{2}J\Omega^2\right) \tag{2-10}$$

式中，$T\Omega$ 为电动机产生或吸收的机械功率；$T_L\Omega$ 为机械负载吸收或释放的机械功率；$(\mathrm{d}/\mathrm{d}t)(J\Omega^2/2)$ 为拖动系统动能的变化。

判断电动机是输出机械功率还是从拖动系统中吸收机械功率，完全取决于电磁转矩 T 和速度 Ω 的方向。当 T 与 Ω 同方向时，$T\Omega > 0$，电动机输出机械功率；若 T 与 Ω 方向相反，则 $T\Omega < 0$，电动机从旋转着的拖动系统中吸收机械功率，转换为电功率。

生产机械的负载转矩 T_L（包括电动机的空载转矩 T_0）作用在旋转着的拖动系统时，若 T_L 与 Ω 反方向，$T_L\Omega > 0$，表示生产机械从拖动系统中吸收机械功率；反之，T_L 与 Ω 方向相同时，$T_L\Omega < 0$，表示释放出机械功率给拖动系统。

系统动能的变化 $(\mathrm{d}/\mathrm{d}t)(J\Omega^2/2)$ 或者系统的动态功率是由 $T\Omega$ 和 $T_L\Omega$ 共同决定的，它们之间满足式（2-10）的关系。当 T 与 Ω 方向相同时，电动机输出机械功率，这时如果 Ω 增加，电动机功率 $T\Omega$ 一部分被生产机械吸收，另一部分使拖动系统动能增加。而当 Ω 减小时，电动机功率 $T\Omega$ 及系统释放出的动态功率一起被生产机械吸收。

从式（2-10）还可以看出，拖动系统的速度 Ω 是不能突变的，否则因 $\mathrm{d}\Omega/\mathrm{d}t = \infty$，电动机必须具有无限大的功率，这显然是无法实现的。这个概念在分析电力拖动系统运行状态时要经常用到。

第三节　多轴电力拖动系统转矩及飞轮转矩的折算

在实际生产中，大多数生产机械都是多轴电力拖动系统。这是因为许多生产机械为满足工艺要求需要较低的转速，或者需要平移、升降、往复等不同的运动形式，但在制造电机时，为了合理地使用材料，除特殊情况外一般都制成额定转速较高的旋转电动机。因此在电动机与生产机械之间需要装设减速机构，如齿轮减速箱、传动带、蜗轮蜗杆等传动机构。为了把电动机的旋转运动变换成直线运动，还需要装设齿轮、齿条机构或鼓轮、缆绳机构等。

研究多轴电力拖动系统的运动时，需要对每根轴分别写出运动方程式联立求解，最后得出拖动系统的运动状态。这种方法显然是很麻烦的。为了简化多轴电力拖动系统的分析计算，通常采用折算的办法，把多轴电力拖动系统折算为等效的典型单轴系统，然后按单轴电力拖动系统的运动方程式来分析。

所谓等效，就是指拖动系统在折算前和折算后保持其动力学性能不变，即等效单轴系统应与实际的多轴系统具有相等的机械功率和动能。

一、多轴旋转系统负载转矩及飞轮力矩的折算

1. 负载转矩的折算

图 2-5a 为多轴旋转系统，生产机械轴的角速度为 Ω_m，负载转矩为 T_m。其等效单轴系统如图 2-5b 所示。它的角速度与电动机角速度 Ω 相等，等效的负载转矩为 T_{meq}。已知 T_m 求 T_{meq} 称为负载转矩的折算。折算的原则是保持折算前后系统传递的功率不变。如果不考虑传动机构中损耗的功率，那么折算前多轴系统中负载功率为 $T_m\Omega_m$，折算后等效单轴系统的功率为 $T_{meq}\Omega$。根据负载转矩折算原则，有

$$T_m\Omega_m = T_{meq}\Omega$$

因此，负载转矩折算到电动机轴上的折算值为

$$T_{meq} = \frac{T_m\Omega_m}{\Omega} = \frac{T_m n_m}{n} = \frac{T_m}{j} \tag{2-11}$$

式中，j 为传动机构的总速比，$j = \Omega/\Omega_m = n/n_m$。

在图 2-5a 中，电动机轴到中间轴的速比为 $j_1 = \Omega/\Omega_1$，中间轴到生产机械轴的速比为 $j_2 = \Omega_1/\Omega_m$，因此 $j = j_1 j_2$，即总速比为各级速比之积。写成一般形式为 $j = j_1 j_2 j_3 \cdots$。

式（2-11）表明，负载转矩是按与速比成反比折算的。

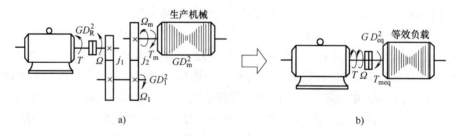

图 2-5　多轴拖动系统折算成单轴拖动系统

a）多轴拖动系统　b）等效的单轴系统

实际上，在传递功率时，因传动机构中有摩擦，所以要损耗一部分功率。可以用传动效率 η_c 来考虑这部分损耗功率。对图 2-5a 的电力拖动系统，负载是由电动机拖动旋转的，传动机构中的损耗功率应由电动机负担。故根据功率不变的原则，负载转矩的折算值还要增大一些，即

$$T_{meq} = \frac{T_m}{j\eta_c} \tag{2-12}$$

式中，η_c 为传动机构的传动效率，它等于各级传动效率之积，$\eta_c = \eta_1\eta_2\eta_3\cdots$。图 2-5a 中为 $\eta = \eta_1\eta_2$。

式（2-12）与式（2-11）的差值为

$$\Delta T = \frac{T_m}{j\eta_c} - \frac{T_m}{j}$$

式中，ΔT 为传动机构的转矩损耗。当功率由电动机轴向生产机械传递时，ΔT 由电动机负担。

2. 飞轮力矩的折算

在图 2-5a 中，电动机轴的角速度为 Ω，其转动惯量 J_R 为电动机转子、联轴器及电动机轴上的齿轮等三部分转动惯量之和；中间轴的角速度为 Ω_1，其总转动惯量为 J_1；生产机械轴的角速度 Ω_m，转动惯量为 J_m。折算为等效单轴系统后角速度为 Ω，等效转动惯量为 J_{eq}。根据折算前后系统总动能不变的原则得

$$\frac{1}{2}J_{eq}\Omega^2 = \frac{1}{2}J_R\Omega^2 + \frac{1}{2}J_1\Omega_1^2 + \frac{1}{2}J_m\Omega_m^2$$

由此可求得折算到电动机轴上的单轴系统等效转动惯量 J_{eq}

$$J_{eq} = J_R + J_1\left(\frac{\Omega_1}{\Omega}\right)^2 + J_m\left(\frac{\Omega_m}{\Omega}\right)^2 = J_R + J_1\frac{1}{j_1^2} + J_m\frac{1}{j^2} \tag{2-13}$$

如果有 n 根中间轴，各级速比为 j_1，j_2，j_3，$\cdots$，j_n，各中间轴的转动惯量为 J_1，J_2，J_3，$\cdots$，J_n，则单轴系统等效转动惯量为

$$J_{eq} = J_R + \frac{J_1}{j_1^2} + \frac{J_2}{(j_1 j_2)^2} + \cdots + \frac{J_n}{(j_1 j_2\cdots j_n)^2} + \frac{J_m}{j^2} \tag{2-14}$$

把式（2-14）两边同乘以 $4g$，可得折算到电动机轴上的单轴系统等效飞轮力矩 GD_{eq}^2

$$GD_{eq}^2 = GD_R^2 + \frac{GD_1^2}{j_1^2} + \frac{GD_2^2}{(j_1 j_2)^2} + \cdots + \frac{GD_n^2}{(j_1 j_2\cdots j_n)^2} + \frac{GD_m^2}{j^2} \tag{2-15}$$

从式（2-14）、式（2-15）可见，转动惯量或飞轮力矩是按与速比的二次方成反比关系折算的。通常，传动机构的飞轮力矩折算到电动机轴上以后的数值，在等效单轴系统的总飞轮力矩 GD_{eq}^2 中是次要部分，而电动机转子本身的飞轮力矩则是总飞轮力矩中的主要部分。在实际工作中，为了计算方便起见，通常采用适当增大电动机转子飞轮力矩的方法来考虑传动机构各轴的飞轮力矩。于是，有如下的估算公式：

$$GD_{eq}^2 \approx \delta GD_R^2 + GD_m^2\frac{1}{j^2} \tag{2-16}$$

式中，δ 为大于 1 的系数，一般取 $\delta = 1.1 \sim 1.25$。

用以上方法求出多轴系统折算到电动机轴上的等效负载转矩 T_{meq} 和等效飞轮力矩 GD_{eq}^2，即可写出等效单轴系统的运动方程式。如设电动机的负载转矩为 $T_L = T_0 + T_{meq}$，则等效单轴系统的运动方程式可写成

$$T - T_L = \frac{GD_{eq}^2}{375} \frac{dn}{dt}$$

利用该式即可对多轴电力拖动系统的运动进行分析。

二、平移运动系统的折算

有些生产机械，如桥式起重机的起重小车、龙门刨床等，它们的工作机构作平移运动。图 2-6 为龙门刨床传动机构示意图。电动机经多级齿轮减速后，用齿轮、齿条把旋转运动变成工作台的平移运动。切削时工件与工作台一起以速度 v_m 移动，刨刀固定不动。作用在工件上的切削力为 F_m，电动机的转速为 n。为了把这种多轴系统等效成转速为 n 的单轴系统，需要求出折算到电动机轴上的等效负载转矩 T_{meq} 及等效飞轮力矩 GD_{eq}^2。

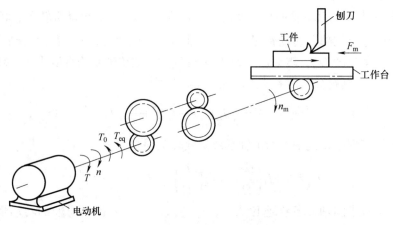

图 2-6　龙门刨床传动机构示意图

1. 阻力 F_m 的折算

工作机构为平移运动时，负载阻力 F_m 的折算依然遵循折算前后功率不变的原则。对图 2-6 所示的龙门刨床，在切削时切削功率为

$$P_m = F_m v_m$$

F_m 反映到电动机轴上，表现为负载转矩 T_{meq}，电动机轴上的切削功率为 $T_{meq}\Omega$。不考虑传动机构的损耗时，依据功率不变的原则，可得

$$T_{meq}\Omega = F_m v_m$$

$$T_{meq} = \frac{F_m v_m}{\Omega} = \frac{F_m v_m}{\frac{2\pi}{60}n} = 9.55\frac{F_m v_m}{n} \tag{2-17}$$

若考虑传动机构的损耗，则

$$T_{meq} = 9.55\frac{F_m v_m}{n\eta_c} \tag{2-18}$$

式中，F_m 为平移运动部件的阻力，单位为 N；v_m 为平移运动部件的速度，单位为 m/s；n 为电动机的转速，单位为 r/min；η_c 为传动机构的效率；T_{meq} 的单位为 N·m。

式（2-17）、式（2-18）是工作机构为平移运动时负载阻力的折算公式，两式的差值 ΔT 是传动机构损耗的转矩。刨床的 ΔT 由电动机负担。

2. 平移运动部件质量的折算

根据系统储存动能不变的原则，可以把移动速度为 v_m 的平移运动部件的质量 m 折算成电动机轴上的等效飞轮力矩 GD^2_{meq}。

此时，运动部件的动能为

$$\frac{1}{2}mv_m^2 = \frac{1}{2}\frac{G_m}{g}v_m^2$$

折算到电动机轴上后，等效飞轮力矩为 GD^2_{meq}，其动能为

$$\frac{1}{2}J_{meq}\Omega^2 = \frac{1}{2}\frac{GD^2_{meq}}{4g}\left(\frac{2\pi}{60}n\right)^2$$

根据折算前后动能不变的原则，有

$$\frac{1}{2}\frac{G_m}{g}v_m^2 = \frac{1}{2}\frac{GD^2_{meq}}{4g}\left(\frac{2\pi}{60}n\right)^2$$

$$GD^2_{meq} = 4\times\frac{G_m v_m^2}{\left(\frac{2\pi n}{60}\right)^2} = 365\frac{G_m v_m^2}{n^2} \tag{2-19}$$

式中，G_m 为平移运动部件的重力，$G_m = mg$，单位为 N；v_m 为平移运动部件的移动速度，单位为 m/s；GD^2_{meq} 为折算到电动机轴上的等效飞轮力矩，单位为 N·m^2。

为了求得等效单轴系统的总飞轮力矩 GD^2_{eq}，还需计算传动机构各旋转轴飞轮力矩的折算值，其方法与多轴旋转系统飞轮力矩的折算方法相同。

三、工作机构为升降运动时转矩与飞轮力矩的折算

桥式起重机的提升机构、电梯、矿井卷扬机等，它们的工作机构都是作升降运动的。升降运动虽属直线运动，但它与重力作用有关。

图 2-7a 为桥式起重机提升机构传动系统示意图。电动机通过齿轮减速机带动一卷筒，半径为 R，转速为 n_m。缠绕在卷筒上的钢绳悬挂一重物，重力为 $G_m = mg$，重物提升和下放的速度为 v_m。图 2-7b 是该多轴系统的等效单轴系统。

重物作用在卷筒上，卷筒轴上的负载转矩为 $G_m R$，若减速机的速比为 j，那么不计传动损耗时，折算到电动机轴上的等效负载转矩为

$$T_{eq} = \frac{G_m R}{j} \tag{2-20}$$

设提升重物时减速机的传动效率为 $\eta_{c\uparrow}$，则考虑传动损耗时折算到电动机轴上的等效负载转矩为

$$T_{eq\uparrow} = \frac{G_m R}{j\eta_{c\uparrow}} \tag{2-21}$$

升降系统-
起重机提升
传动机构

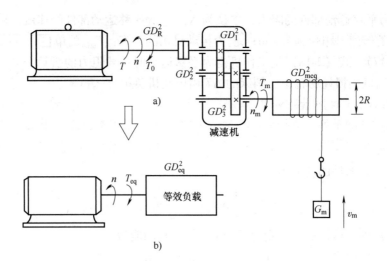

图 2-7　桥式起重机提升机构传动系统

a) 实际多轴系统　b) 等效单轴系统

提升重物时减速机中损耗的转矩为

$$\Delta T = T_{\mathrm{eq}\uparrow} - T_{\mathrm{eq}} = \frac{G_{\mathrm{m}}R}{j\eta_{\mathrm{c}\uparrow}} - \frac{G_{\mathrm{m}}R}{j} = \frac{G_{\mathrm{m}}R}{j}\left(\frac{1}{\eta_{\mathrm{c}\uparrow}} - 1\right) \tag{2-22}$$

ΔT 是由摩擦产生的，它总是起阻碍运动的作用。提升重物时 ΔT 由电动机负担，下放重物时，卷筒上的负载转矩成为拖动转矩，ΔT 由负载承担。如果提升和下放同一重物时 ΔT 近似地看成不变，那么，提升重物时折算到电动机轴上的等效负载转矩为

$$T_{\mathrm{eq}\uparrow} = \frac{G_{\mathrm{m}}R}{j} + \Delta T$$

下放重物时折算到电动机轴上的等效负载转矩为

$$T_{\mathrm{eq}\downarrow} = \frac{G_{\mathrm{m}}R}{j} - \Delta T$$

可见 $T_{\mathrm{eq}\uparrow}$ 比 $T_{\mathrm{eq}\downarrow}$ 大 $2\Delta T$。

考虑提升传动效率 $\eta_{\mathrm{c}\uparrow}$ 时，则

$$T_{\mathrm{eq}\downarrow} = \frac{G_{\mathrm{m}}R}{j} - \Delta T = \frac{G_{\mathrm{m}}R}{j} - \frac{G_{\mathrm{m}}R}{j}\left(\frac{1}{\eta_{\mathrm{c}\uparrow}} - 1\right)$$

$$= \frac{G_{\mathrm{m}}R}{j}\left(2 - \frac{1}{\eta_{\mathrm{c}\uparrow}}\right) \tag{2-23}$$

如果考虑到下放重物时的传动效率 $\eta_{\mathrm{c}\downarrow}$，则有

$$T_{\mathrm{eq}\downarrow} = \frac{G_{\mathrm{m}}R}{j}\eta_{\mathrm{c}\downarrow} \tag{2-24}$$

比较式 (2-23) 及式 (2-24) 可见

$$\eta_{\mathrm{c}\downarrow} = 2 - \frac{1}{\eta_{\mathrm{c}\uparrow}} \tag{2-25}$$

由式 (2-25) 看出，若 $\eta_{\mathrm{c}\uparrow} < 0.5$，则 $\eta_{\mathrm{c}\downarrow} < 0$。下放重物时传动效率为负值的意义

可这样来理解：当 $\eta_{c\uparrow} = 0.5$ 时，说明电动机输出的转矩有一半去克服由重物的重力产生的转矩，另一半则用来克服减速机中的损耗转矩。这样的系统在下放重物时，重物重力产生的转矩正好与减速机中损耗的转矩相等，折算到电动机轴上的等效负载转矩为零，即电动机不承担任何转矩。$\eta_{c\uparrow} < 0.5$ 时，ΔT 更大，重物产生的转矩不足以克服 ΔT，为了下放重物，电动机必须产生帮助重物下放的转矩才行。这种情况称为加力下放。

作升降运动的吊具及重物质量的折算与平移运动部件质量的折算方法相同。当重物及吊具的总重力为 G_m，运行速度为 v_m 时，折算到电动机轴上的等效飞轮力矩为

$$GD^2_{meq} = 365 \frac{G_m v^2_m}{n^2}$$

例 2-1 某起重机电力拖动系统如图 2-8 所示。电动机额定功率 $P_N = 20\text{kW}$，$n_N = 950\text{r/min}$。传动机构速比 $j_1 = 3$，$j_2 = 3.5$，$j_3 = 4$，各级齿轮传动效率都是 0.95，各轴飞轮力矩为 $GD^2_R = 123\text{N} \cdot \text{m}^2$，$GD^2_1 = 49\text{N} \cdot \text{m}^2$，$GD^2_2 = 40\text{N} \cdot \text{m}^2$，$GD^2_m = 465\text{N} \cdot \text{m}^2$，卷筒直径 $d = 0.6\text{m}$，吊钩质量 $m_0 = 200\text{kg}$，重物质量 $m = 5000\text{kg}$。忽略电动机的空载转矩 T_0 以及钢绳重量和滑轮的传动损耗。试求：

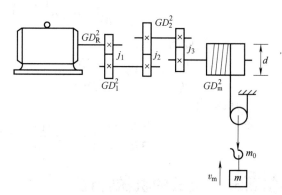

图 2-8 起重机传动机构示意图

（1）以 $v_m = 0.3\text{m/s}$ 的速度提升重物时，作用在卷筒上的负载转矩、卷筒转速、电动机输出的转矩及电动机的转速；

（2）折算到电动机轴上的系统总飞轮力矩；

（3）以加速度 $a = 0.1\text{m/s}^2$ 提升重物时，电动机输出的转矩。

解：（1）以 $v_m = 0.3\text{m/s}$ 提升重物时作用在卷筒上的负载转矩

$$T_m = \frac{1}{2}(m_0 + m)g\frac{d}{2} = \frac{1}{2}(200 + 500) \times 9.81 \times \frac{0.6}{2}\text{N} \cdot \text{m}$$
$$= 7651.8\text{N} \cdot \text{m}$$

卷筒转速

$$n_m = \frac{60(2v_m)}{\pi d} = \frac{60 \times 2 \times 0.3}{\pi \times 0.6}\text{r/min} = 19.1\text{r/min}$$

电动机输出转矩

$$T = T_{meq} = \frac{T_m}{j\eta_c} = \frac{7651.8}{3 \times 3.5 \times 4 \times 0.95^3}\text{N} \cdot \text{m} = 212.5\text{N} \cdot \text{m}$$

电动机的转速

$$n = jn_m = 3 \times 3.5 \times 4 \times 19.1\text{r/min} = 802\text{r/min}$$

（2）系统总飞轮矩

$$GD^2_{eq} = \left[GD^2_R + \frac{GD^2_1}{j^2_1} + \frac{GD^2_2}{(j_1 j_2)^2} + \frac{GD^2_m}{(j_1 j_2 j_3)^2} + 365\frac{(m_0 + m)gv^2_m}{n^2} \right]$$

$$= \left[123 + \frac{49}{3^2} + \frac{40}{(3 \times 3.5)^2} + \frac{465}{(3 \times 3.5 \times 4)^2} \right.$$

$$\left. + 365 \frac{(200+5000) \times 9.81 \times 0.3^2}{80^2} \right] \mathrm{N \cdot m^2} = 131.7\mathrm{N \cdot m^2}$$

（3）以加速度 $a = 0.1\mathrm{m/s^2}$ 提升重物时电动机转矩计算

电动机转速与重物提升速度的关系为

$$n = j_1 j_2 j_3 n_\mathrm{m} = j_1 j_2 j_3 \times 60 \times \frac{2}{\pi d} v_\mathrm{m}$$

电动机加速度与重物上升加速度的关系为

$$\frac{\mathrm{d}n}{\mathrm{d}t} = \frac{\mathrm{d}}{\mathrm{d}t} \left(j_1 j_2 j_3 \times \frac{120}{\pi d} v_\mathrm{m} \right) = j_1 j_2 j_3 \times \frac{120}{\pi d} a$$

电动机加速度的大小为

$$\frac{\mathrm{d}n}{\mathrm{d}t} = 3 \times 3.5 \times 4 \times \frac{120}{\pi \times 0.6} \times 0.1 \mathrm{r/(min \cdot s)} = 267.4 \mathrm{r/(min \cdot s)}$$

电动机输出的转矩

$$T = T_\mathrm{meq} + \frac{GD_\mathrm{eq}^2}{375} \frac{\mathrm{d}n}{\mathrm{d}t} = \left(212.5 + \frac{131.7}{375} \times 267.4 \right) \mathrm{N \cdot m} = 306.4\mathrm{N \cdot m}$$

第四节 负载的机械特性

负载的机械特性是指生产机械工作机构的转矩与转速之间的函数关系。不同生产机械的负载机械特性也不相同，本书介绍几种典型的负载机械特性。

一、恒转矩负载特性

1. 反抗性恒转矩负载

这种负载转矩是由摩擦力产生的，它的绝对值大小不变，但作用方向总是与旋转方向相反，是阻碍运动的制动性转矩。带式运输机、轧钢机、起重机的行走机构等都是反抗性恒转矩负载。多轴拖动系统传动机构中的损耗转矩也具有反抗性恒转矩负载的性质。

从反抗性恒转矩负载的性质可知，当 $n_\mathrm{m} > 0$ 时，$T_\mathrm{m} > 0$（常数）；$n_\mathrm{m} < 0$ 时，$T_\mathrm{m} < 0$（也是常数），且 T_m 的绝对值相等。因此，在 n_m 和 T_m 直角坐标系中，反抗性恒转矩负载的机械特性是位于 Ⅰ、Ⅲ 象限且与纵轴平行的直线，如图 2-9a 所示。考虑到传动机构损耗转矩 ΔT 后，折算到电动机轴上的反抗性恒转矩负载机械特性如图 2-9b 所示。

2. 位能性恒转矩负载

位能性恒转矩负载的转矩是由重力作用产生的。其特点是工作机构的转矩绝对值大小恒定不变，而且作用方向也保持不变。当 $n_\mathrm{m} > 0$ 时，$T_\mathrm{m} > 0$，T_m 是阻碍运动的制动转矩；$n_\mathrm{m} < 0$ 时，$T_\mathrm{m} > 0$，T_m 成为促进运动的拖动转矩了。在 n_m 和 T_m 坐标系中，位能性恒转矩负载机械特性是穿过 Ⅰ、Ⅳ 象限的直线，如图 2-10a 所示。考虑传动机构损耗，折算到电动机轴上后，位能性恒转矩负载机械特性如图 2-10b 所示。

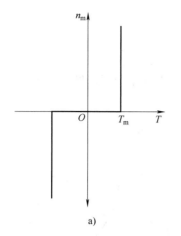 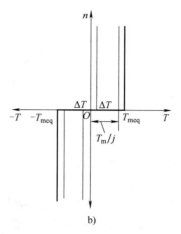

图 2-9　反抗性恒转矩负载机械特性

a）实际特性　b）折算后的特性

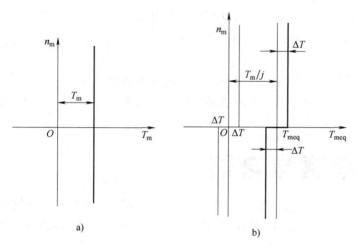

图 2-10　位能性恒转矩负载机械特性

a）实际特性　b）折算后的特性

　　起重机的提升机构、矿井卷扬机等生产机械都具有位能性恒转矩负载机械特性。

　　在分析电力拖动系统时，通常是把多轴系统折算为具有电动机转速的等效单轴系统。这时应当使用折算后的负载机械特性，即 $n=f(T_{\mathrm{meq}})$。考虑到在运动方程式中电动机的转矩为电磁转矩 T，负载转矩 T_{L} 为电动机的空载转矩 T_0 与 T_{meq} 之和，所以此后本书所说的负载机械特性都是指在 n 和 T 坐标系中的 $n\sim T_{\mathrm{L}}$ 关系曲线。

二、风机、泵类负载机械特性

　　鼓风机、水泵、输油泵等流体机械，其转矩与转速的二次方成正比，即 $T_{\mathrm{L}} \propto n^2$。这类生产机械只能单方向旋转，其机械特性如图 2-11 所示。

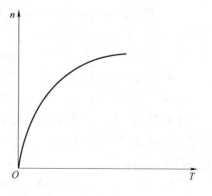

图 2-11　风机、泵类负载机械特性

三、恒功率负载机械特性

某些生产机械，如车床，在粗加工时切削量大，因而切削力大，这时运转速度低；精加工时切削量小，切削力也小，而运转速度高。所以在不同速度下负载转矩 T_L 与转速 n 差不多成反比，即 $T_L n \approx$ 常数，切削功率

$$P_L = T_L \Omega = T_L \frac{2\pi n}{60} \approx 常数$$

这种负载称为恒功率负载，其机械特性如图 2-12 所示。

应当指出，所谓恒功率负载是满足一种工艺要求，例如，车床在加工零件时，根据切削量不同，选择不同的转速，以使切削功率保持不变。对这种工艺要求，体现为负载的转速与转矩之积为常数，即恒功率负载特性。但在进行每次切削时，切削量都保持不变，因而切削转矩为常数，为恒转矩负载特性。

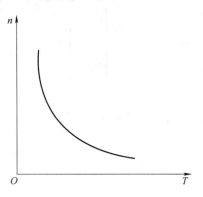

图 2-12　恒功率负载的机械特性

以上三类负载特性都是很典型的，实际负载可能是一种典型，也可能是几种典型的综合。如高炉卷扬机，当料车沿着倾斜的轨道向炉顶送料时就兼有位能性和反抗性两类恒转矩负载。

思考题与习题

2-1　什么是电力拖动系统？它包括哪几部分？都起什么作用？举例说明。

2-2　电力拖动系统运动方程式中 T、T_L 及 n 的正方向是如何规定的？如何表示它们的实际方向？

2-3　说明 GD^2 与 J 的概念。它们之间有什么关系？

2-4　从运动方程式如何看出系统是处于加速、减速、稳速或静止等运动状态？

2-5　在一个单轴拖动系统中，怎样判断系统储存的动能是增加还是减少？

2-6　多轴拖动系统为什么要折算成等效单轴系统？

2-7　把多轴电力拖动系统折算为等效单轴系统时负载转矩按什么原则折算？各轴的飞轮力矩按什么原则折算？

2-8　什么是动态转矩？它与电动机的负载转矩有什么区别和联系？

2-9　负载的机械特性有哪几种主要类型？各有什么特点？

2-10　试求出某拖动系统（图 2-13）以 $1 m/s^2$ 的加速度提升重物时，电动机应产生的电磁转矩。已知折算到电动机轴上的负载转矩 $T_{meq} = 195 N \cdot m$，折算到电动机轴上的系统总转动惯量 $J = 2 kg \cdot m^2$，卷筒直径 $d = 0.4 m$，减速机的速比 $j = 2.57$。计算时忽略电动机的空载转矩。

2-11　试求图 2-14 所示拖动系统提升或下放罐笼时，折算到电动机轴上的等效负载转矩以及折算到电动机轴上的拖动系统升降运动部分的飞轮力矩。已知罐笼的质量

$m_0 = 300\text{kg}$，重物的质量 $m = 1000\text{kg}$，平衡锤的质量 $m_p = 600\text{kg}$，罐笼提升速度 $v_m = 1.5\text{m/s}$，电动机的转速 $n = 980\text{r/min}$，传动效率 $\eta_c = 0.85$。传动机构及卷筒的飞轮力矩略而不计。

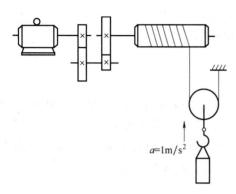

图 2-13　题 2-10 中拖动系统传动机构图

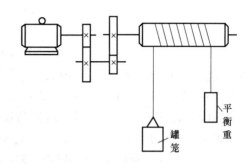

图 2-14　题 2-11 中拖动系统传动机构图

2-12　如图 2-15 所示的龙门刨床，已知切削力 $F_m = 20000\text{N}$，切削速度 $v = 10\text{m/min}$，传动效率 $\eta_c = 0.8$，工作台质量 $m_T = 3000\text{kg}$，工件质量 $m_m = 600\text{kg}$；工作台与导轨之间的摩擦系数 $\mu = 0.1$；齿轮 8 的直径 $D_8 = 500\text{mm}$；传动齿轮的齿数为 $Z_1 = 15$，$Z_2 = 47$，$Z_3 = 22$，$Z_4 = 58$，$Z_5 = 18$，$Z_6 = 58$，$Z_7 = 14$，$Z_8 = 46$；齿轮的飞轮力矩 $GD_1^2 = 3.1\text{N}\cdot\text{m}^2$，$GD_2^2 = 15.2\text{N}\cdot\text{m}^2$，$GD_3^2 = 8\text{N}\cdot\text{m}^2$，$GD_4^2 = 24\text{N}\cdot\text{m}^2$，$GD_5^2 = 14\text{N}\cdot\text{m}^2$，$GD_6^2 = 38\text{N}\cdot\text{m}^2$，$GD_7^2 = 26\text{N}\cdot\text{m}^2$，$GD_8^2 = 42\text{N}\cdot\text{m}^2$，电动机转子的飞轮力矩 $GD_R^2 = 200\text{N}\cdot\text{m}^2$。试求：

（1）折算到电动机轴上的总飞轮力矩及负载转矩（包括切削转矩及摩擦转矩两部分）；

（2）切削时电动机输出的功率。

2-13　某拖动系统的传动机构如图 2-16 所示。根据工艺要求，生产机械轴平均加速度必须为 $\text{d}n_m/\text{d}t = 3\text{r/(min}\cdot\text{s)}$，但按现有传动系统起动加速度过大。为此用增加飞轮的办法来减小起动加速度。现只有一个飞轮，其飞轮力矩为 $GD^2 = 625\text{N}\cdot\text{m}^2$。问将此飞轮装在哪根轴上才能满足要求？图中各轴的飞轮力矩及转速如下：

$$GD_1^2 = 80\text{N}\cdot\text{m}^2,\quad n_1 = 2500\text{r/min};$$
$$GD_2^2 = 250\text{N}\cdot\text{m}^2,\quad n_2 = 1000\text{r/min};$$
$$GD_3^2 = 750\text{N}\cdot\text{m}^2,\quad n_3 = 500\text{r/min}。$$

负载转矩 $T_m = 100\text{N}\cdot\text{m}$，电动机电磁转矩 $T = 30\text{N}\cdot\text{m}$，不计电动机的空载转矩 T_0。

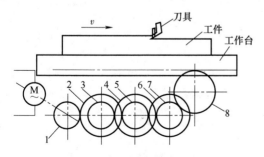

图 2-15　龙门刨床传动系统图

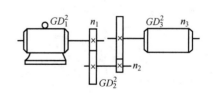

图 2-16　题 2-13 中拖动系统传动机构图

2-14 一台卷扬机，其传动系统如图 2-17 所示，其各部分的数据如下：

$$Z_1 = 20，\ GD_1^2 = 1\text{N} \cdot \text{m}^2；$$
$$Z_2 = 100，\ GD_2^2 = 6\text{N} \cdot \text{m}^2；$$
$$Z_3 = 30，\ GD_3^2 = 3\text{N} \cdot \text{m}^2；$$
$$Z_4 = 124，\ GD_4^2 = 10\text{N} \cdot \text{m}^2；$$
$$Z_5 = 25，\ GD_5^2 = 8\text{N} \cdot \text{m}^2；$$
$$Z_6 = 92，\ GD_6^2 = 14\text{N} \cdot \text{m}^2。$$

卷筒直径 $d = 0.6\text{m}$，质量 $m_T = 130\text{kg}$，卷筒回转半径 ρ 与卷筒半径 r 之比 $\rho/r = 0.76$，重物质量 $m = 6000\text{kg}$，吊钩和滑轮的质量 $m_0 = 200\text{kg}$，重物提升速度 $v_m = 12\text{m/min}$，每对齿轮的传动效率 $\eta_{cz} = 0.95$，滑轮的传动效率 $\eta_{cn} = 0.97$，卷筒效率 $\eta_{cT} = 0.96$，略去钢绳的质量。电动机数据为 $P_N = 20\text{kW}$，$n_N = 950\text{r/min}$，$GD_R^2 = 21\text{N} \cdot \text{m}^2$。试求：

（1）折算到电动机轴上的系统总飞轮力矩；

（2）以 $v_m = 12\text{m/min}$ 提升和下放重物时折算到电动机轴上的负载转矩。

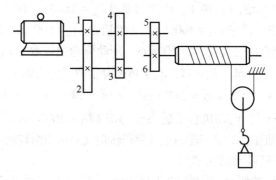

图 2-17 卷扬机传动系统图

第三章
直流电动机的电力拖动

第一节 他励直流电动机的机械特性

一、他励直流电动机机械特性的一般概念

他励直流电动机的机械特性是指当电源电压 U、气隙磁通 Φ 以及电枢回路总电阻 R_a+R_c 均为常数时，电动机的电磁转矩与转速之间的函数关系，即 $n=f(T)$。

图 3-1 所示为他励直流电动机拖动系统。根据图中给出的正方向，可写出电枢回路的电压平衡方程式

$$U=E_a+(R_a+R_c)I_a$$

把电枢电动势公式 $E_a=C_e\Phi n$ 和 $T=C_T\Phi I_a$ 代入上式，整理后可得

$$n=\frac{U}{C_e\Phi}-\frac{R_a+R_c}{C_e\Phi C_T\Phi}T \tag{3-1}$$

当 U、Φ 及 R_a+R_c 都保持为常数时，式（3-1）表示 n 与 T 之间的函数关系，即他励直流电动机的机械特性方程式。

可以把式（3-1）写成如下的形式：

$$n=n_0-\beta T \tag{3-2}$$

式中，$n_0=U/C_e\Phi$ 称为理想空载转速；$\beta=(R_a+R_c)/C_e\Phi C_T\Phi$ 为机械特性的斜率。

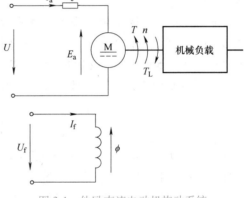

图 3-1 他励直流电动机拖动系统

式（3-2）用曲线表示时如图 3-2 所示，它是穿越三个象限的一条直线。

首先讨论机械特性上的两个特殊点。在图 3-2 中的 A 点，$T=0$，因而 $I_a=0$，电枢压降 $I_a(R_a+R_c)=0$，电枢电动势 $E_a=U$，电动机的转速 $n=n_0=U/(C_e\Phi)$，n_0 称为理想空载转速。

电动机在实际的空载状态下运行时，虽然轴输出转矩 $T_2=0$，但电动机必须产生电磁转矩用以克服空载转矩 T_0。所以实际空载转速

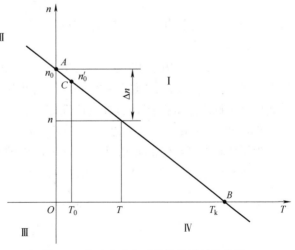

图 3-2 他励直流电动机的机械特性曲线

n_0' 为

$$n_0' = n_0 - \beta T_0$$

可见 $n_0' < n_0$。这并不是说理想空载转速不能实现。当电动机空载运行时，如果在电动机轴上施加一个与转速 n 方向相同的转矩，用来克服空载转矩 T_0，维持电动机继续旋转，使电磁转矩 $T=0$，这时电动机的转速即可达到理想空载转速 n_0。

在图 3-2 中的 B 点，$n=0$，因而 $E_a=0$。此时外加电压 U 与电枢压降 $I_a(R_a+R_c)$ 平衡，电枢电流 $I_a = U/(R_a+R_c) = I_k$，称为堵转电流，它仅由外加电压 U 及电枢回路中的总电阻 R_a+R_c 决定。与 I_k 相应的电磁转矩 $T_k = C_T\Phi I_k$ 称为堵转转矩。

在 A 点和 B 点，因电动机的电磁功率 $P_M = E_aI_a$ 都是零，所以不能实现机电能量转换。

下面讨论在三个象限内的情况，见图 3-2。在第 Ⅰ 象限内，$T>0$，$n>0$，二者方向一致，电磁转矩为拖动转矩。当 T 从零增加到 T 时（$T<T_k$），电动机的转速将从 n_0 降到 $n = n_0 - \beta T$。转速降低的数值为

$$\Delta n = n_0 - n = \beta T \tag{3-3}$$

Δn 称为转速降。

产生 Δn 的原因是由于在 U、Φ 及 R_a+R_c 均为常值的条件下，若 T 增大，即 $I_a = T/C_T\Phi$ 将与 T 成正比地增大，从而引起电枢压降 $I_a(R_a+R_c)$ 增大，电枢电动势 $E_a = U - I_a(R_a+R_c)$ 降低，电动机的转速 $n = E_a/C_e\Phi$ 随着 E_a 下降。

在第 Ⅱ 象限内，机械特性上各点 $n>0$，且 $n>n_0$，所以 $E_a>0$，且 $E_a>U$，电枢电流

$$I_a = \frac{U - E_a}{R_a + R_c} < 0$$

I_a 的方向与 E_a 一致，$T = C_T\Phi I_a$ 改变方向，与 n 相反，成为阻碍运动的制动转矩。随着 n 升高，E_a 不断增大，I_a 及 T 的绝对值也都增大。

在第 Ⅳ 象限内，$n<0$，电机反转，$E_a<0$，变成与 U 同方向。电枢电流

$$I_a = \frac{U - (-|E_a|)}{R_a + R_c} > 0$$

因此 $T>0$，与 n 方向相反，成为制动转矩。电动机反向旋转的转速越高，相应的电枢电流及电磁转矩也越大。

再看式（3-2）中的斜率 β，它与电枢回路总电阻 R_a+R_c 成正比，与气隙磁通 Φ 的二次方成反比。β 越大，机械特性越陡，在相同的电磁转矩下转速降也越大，电动机的转速也就越低。通常把 β 大的机械特性称为软特性。相反，若 β 小，机械特性曲线变平，T 增加时 Δn 减小，这样的机械特性称为硬特性。

为了比较机械特性的软或硬，通常采用机械特性硬度这一概念。所谓机械特性硬度，是指在机械特性曲线的工作范围内某一点的电磁转矩对该点转速的导数，用 α 表示为

$$\alpha = \frac{\mathrm{d}T}{\mathrm{d}n}$$

实际上机械特性的硬度就是机械特性斜率的倒数，所以 β 越小，硬度就越大。

机械特性的硬和软是相对的，没有严格的界限。

二、固有机械特性及人为机械特性

1. 固有机械特性

当电动机外加电压为额定值 U_N，气隙磁通也为额定值 Φ_N，且电枢回路中不外串电阻 R_c 时，电动机的机械特性称为固有机械特性（也称自然机械特性）。固有机械特性方程式为

$$n = \frac{U_N}{C_e\Phi_N} - \frac{R_a}{C_e\Phi_N C_T\Phi_N}T \tag{3-4}$$

图 3-3 为他励直流电动机的固有机械特性曲线，是一条略微向下倾斜的直线。

固有机械特性的理想空载转速及斜率分别为

$n_0 = U_N/C_e\Phi_N$ 及 $\beta_N = R_a/(C_e\Phi_N C_T\Phi_N)$，所以固有机械特性也可表示为

$$n = n_0 - \beta_N T$$

在固有机械特性上，当电磁转矩为额定值 T_N 时，转速也为额定值 n_N，即

$$n_N = n_0 - \beta_N T_N = n_0 - \Delta n_N$$

式中，$\Delta n_N = \beta_N T_N$ 称为额定转速降。

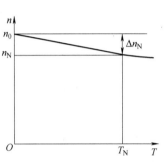

图 3-3 他励直流电动机的固有机械特性曲线

由于电枢回路只有很小的电枢绕组电阻 R_a，所以 β_N 的值较小，属于硬特性。

2. 人为机械特性

在他励直流电动机机械特性方程式（3-1）中，电源电压 U，磁通 Φ 以及电枢回路中外串电阻 R_c 等参数都可以人为地加以改变。当改变这些参数时，电动机的机械特性也随之发生变化。人为机械特性就是通过改变这些参数得到的机械特性。有以下三种人为机械特性。

（1）电枢串电阻时的人为机械特性　电枢回路串电阻时，电动机的接线如图 3-4a 所示。改变电枢回路外串电阻时，电源电压及气隙磁通均保持为额定值不变，因此电枢外串电阻 R_c 的人为机械特性方程式为

$$n = \frac{U_N}{C_e\Phi_N} - \frac{R_a+R_c}{C_e\Phi_N C_T\Phi_N}T$$

由于理想空载转速 n_0 与电枢外串电阻 R_c 无关，而机械特性的斜率 β 则随 R_c 的增加而增大，使机械特性变软。所以当 R_c 为不同值时，可以得到一簇放射形的人为机械特性曲线，如图 3-4b 所示。

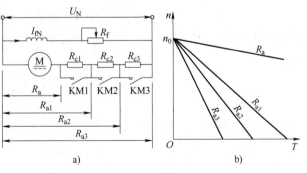

图 3-4 电枢回路串电阻时的接线及人为机械特性曲线

a）电枢回路串电阻时的接线　b）电枢回路串电阻时的人为机械特性曲线

（2）改变电源电压的人为机械特性　他励直流电动机的电枢回路可以由他励直流发电机供电，通过调节发电机的励磁电流来改变电动机的电枢电压，如图3-5a所示。目前广泛采用晶闸管可控整流器给他励直流电动机供电，通过改变晶闸管的控制角来调节电动机的电枢电压，如图3-5b所示。由于电机电压不能超过额定值，所以通常只在额定值以下改变电源电压。此时电动机的人为机械特性方程为

$$n = \frac{U}{C_e \Phi_N} - \frac{R_a}{C_e \Phi_N C_T \Phi_N} T$$

由上式看出，对应不同的电枢电压，人为机械特性的理想空载转速与电源电压成正比，但其斜率则不变，与固有机械特性的斜率 β_N 相等。所以当电源电压为不同值时，各人为机械特性曲线都与固有机械特性曲线平行，如图3-5c所示。

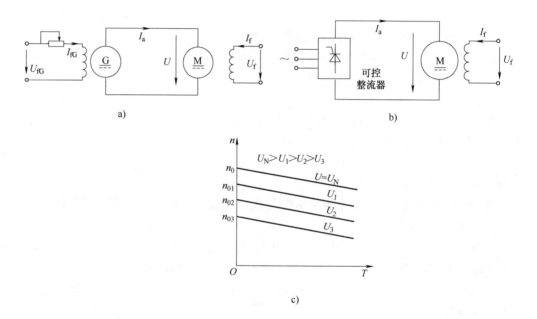

图 3-5　改变电源电压的接线图及人为机械特性曲线

a）用他励直流发电机供电　b）用可控整流器供电　c）改变电源电压的人为机械特性曲线

（3）减弱磁通的人为机械特性　减弱磁通的人为机械特性是指 $U = U_N$、电枢电路不串电阻的条件下，对应不同气隙磁通 $\Phi(\Phi < \Phi_N)$ 的人为机械特性。此时机械特性方程式为

$$n = \frac{U_N}{C_e \Phi} - \frac{R_a}{C_e \Phi C_T \Phi} T$$

图 3-6a 是减弱磁通 Φ 的接线图。当减小励磁电流 I_f 时，即可减弱磁通。因为当 $\Phi = \Phi_N$ 时电机的磁路已接近饱和，所以只能在 Φ_N 的基础上通过减小励磁电流 I_f 使 $\Phi < \Phi_N$。当 Φ 为不同值时相应的人为机械特性曲线如图3-6b所示。从图中可以看出，减弱磁通 Φ 时，不仅人为机械特性的理想空载转速升高，机械特性曲线的斜率也增大，结果使特性变软。

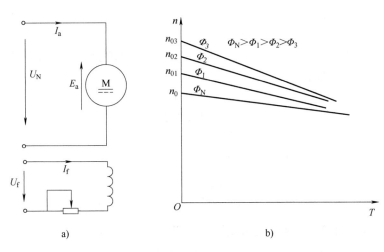

图 3-6 减弱磁通的接线图及人为机械特性曲线

a) 接线图 b) 减弱磁通的人为机械特性曲线

三、电枢反应对机械特性的影响

以上在分析他励直流电动机的固有机械特性和人为机械特性时，都没有考虑电枢反应的影响。实际上即使把电刷放在几何中线的位置上，当电枢电流增加时，考虑到磁路饱和的影响，电枢反应则呈去磁效应，使每极的平均磁通减小。所以，考虑电枢反应的影响时，气隙磁通不再是常数，它将随电枢电流的增大而减小。当电枢电流较小时，电枢反应不显著，可以认为磁通是常数，对机械特性影响不大。若电枢电流较大，电枢反应显著，气隙磁通下降较多，电动机的转速升高，使机械特性出现上翘现象，如图 3-7 所示。

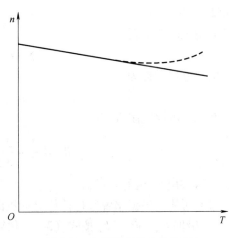

图 3-7 电枢反应的去磁效应
引起的机械特性上翘

为了补偿电枢反应的去磁效应，通常在电机的主磁极上除装有励磁绕组外，还装有一个串励绕组，称为稳定绕组。电枢电流流经稳定绕组时产生的磁动势与主极磁动势方向一致，起助磁作用。合理地选择稳定绕组的匝数，可使电枢反应的去磁效应得到补偿，使机械特性不出现上翘现象。

四、他励直流电动机机械特性的绘制

在设计电力拖动系统时，需要计算电动机的固有机械特性和人为机械特性，有时还要绘制机械特性曲线。在工程设计中，通常是根据产品目录或电动机铭牌上给出的数据进行计算的。

1. 固有机械特性的绘制

忽略电枢反应的去磁效应时，他励直流电动机的固有机械特性是一直线，只要知道机械特性上的两个点，就可以绘出固有机械特性。取理想空载点和额定运行点计算比较方便。在理想空载点，

$$\begin{cases} n = n_0 = \dfrac{U_N}{C_e \Phi_N} \\ T = 0 \end{cases}$$

在额定运行点，

$$\begin{cases} n = n_N \\ T = T_N = C_T \Phi_N I_N \end{cases}$$

式中的 $C_e \Phi_N$ 可根据额定运行时的电压平衡方程式求出：

$$C_e \Phi_N = \frac{U_N - I_N R_a}{n_N} \tag{3-5}$$

求出 $C_e \Phi_N$ 后即可计算出额定电磁转矩

$$T_N = C_T \Phi_N I_N = 9.55 C_e \Phi_N I_N \tag{3-6}$$

在电动机的铭牌上可以查到 U_N、I_N 及 n_N 三个数据，只要再知道电枢回路电阻 R_a 就能算出 n_0 及 T_N。电动机铭牌上是不标出 R_a 的。为了求出 R_a 的值，对小功率的实际电机中采用伏安法实测，如果没有实际电机，则可以根据铭牌数据估算 R_a 的值。估算的依据是，普通直流电动机在额定状态下运行时，其电枢铜耗约占总损耗的 $1/2 \sim 2/3$。

电动机的总损耗为

$$\sum p_N = U_N I_N - P_N$$

额定电枢铜耗为

$$p_{CuaN} = I_N^2 R_a$$

因此，电枢电阻 R_a 为

$$R_a = \left(\frac{1}{2} \sim \frac{2}{3} \right) \frac{U_N I_N - P_N \times 10^3}{I_N^2} \tag{3-7}$$

式中，P_N 为电动机的额定功率，单位为 kW。

综上所述，根据铭牌数据计算电动机固有机械特性的步骤是：

1）根据 U_N、P_N、I_N 按式（3-7）估算 R_a。

2）按式（3-5）计算 $C_e \Phi_N$。

3）求 $n_0 = U_N / (C_e \Phi_N)$。

4）计算 $T_N = 9.55 C_e \Phi_N I_N$。

在坐标纸上标出 $(n_0, 0)$、(n_N, T_N) 两点，过这两点连成一直线，即得到固有机械特性。

2. 人为机械特性的绘制

求出 R_a、$C_e \Phi_N$ 后，人为机械特性就容易计算了。计算电枢串电阻的人为机械特性时，首先计算理想空载转速 $n_0 = U_N / C_e \Phi_N$，得出理想空载点（$n = n_0, T = 0$），再根据

已知的电枢外串电阻 R_c 以及额定电磁转矩 $T_N = 9.55C_e\varPhi_N I_N$，计算在额定负载转矩下电动机的转速 n_{RN}

$$n_{RN} = n_0 - \frac{R_a + R_c}{9.55(C_e\varPhi_N)^2}T_N$$

得出额定负载下的运行点（$n = n_{RN}$，$T = T_N$）。过这两点连一直线，即得到电枢外串电阻 R_c 的人为机械特性。

例 3-1　一台他励直流电动机，铭牌数据如下：$P_N = 40\text{kW}$，$U_N = 220\text{V}$，$I_N = 210\text{A}$，$n_N = 750\text{r/min}$。试求：

（1）固有机械特性；

（2）$R_c = 0.4\Omega$ 的人为机械特性；

（3）$U = 110\text{V}$ 的人为机械特性；

（4）$\varPhi = 0.8\varPhi_N$ 的人为机械特性。

解：

（1）固有机械特性

1）估算电枢电阻 R_a

$$R_a \approx \frac{1}{2}\left(\frac{U_N I_N - P_N \times 10^3}{I_N^2}\right) = \frac{1}{2}\left(\frac{220 \times 210 - 40 \times 10^3}{210^2}\right)\Omega = 0.07\Omega$$

2）计算 $C_e\varPhi_N$

$$C_e\varPhi_N = \frac{U_N - I_N R_a}{n_N} = \frac{220 - 210 \times 0.07}{750} = 0.2737$$

3）理想空载转速 n_0

$$n_0 = \frac{U_N}{C_e\varPhi_N} = \frac{220}{0.2737}\text{r/min} = 804\text{r/min}$$

4）额定电磁转矩 T_N

$$T_N = 9.55C_e\varPhi_N I_N = 9.55 \times 0.2737 \times 210\text{N·m} = 549\text{N·m}$$

5）根据理想空载点（$n_0 = 804\text{r/min}$，$T = 0$）及额定运行点（$n = n_N = 750\text{r/min}$，$T_N = 549\text{N·m}$）绘出固有机械特性曲线，如图 3-8 中直线 1 所示。

（2）$R_c = 0.4\Omega$ 的人为机械特性

1）理想空载转速 $n_0 = 804\text{r/min}$

2）$T = T_N$ 时电动机的转速 n_{RN}

$$n_{RN} = n_0 - \frac{R_a + R_c}{9.55(C_e\varPhi_N)^2}T_N = \left(804 - \frac{0.07 + 0.4}{9.55 \times 0.2737^2} \times 549\right)\text{r/min} = 443\text{r/min}$$

通过（$n = n_0 = 804\text{r/min}$，$T = 0$）及（$n = n_{RN} = 443\text{r/min}$，$T = T_N = 549\text{N·m}$）两点连一直线，即得 $R_c = 0.4\Omega$ 的人为机械特性，如图 3-8 中直线 2 所示。

（3）$U = 110\text{V}$ 的人为机械特性

1）理想空载转速 n_0'

$$n_0' = \frac{U}{C_e\varPhi_N} = \frac{110}{0.2737}\text{r/min} = 402\text{r/min}$$

2）$T = T_N$ 时的转速 n_{UN}

$$n_{UN} = n_0' - \frac{R_a}{9.55(C_e\Phi_N)^2}T_N$$

$$= \left(402 - \frac{0.07}{9.55 \times 0.2737^2} \times 549\right) r/min$$

$$= 348 r/min$$

通过 （$n = n_0' = 402r/min$，$T = 0$）及 （$n = n_{UN} = 348r/min$，$T = T_N = 549N \cdot m$）两点连一直线，即得 $U = 110V$ 的人为机械特性，如图 3-8 中直线 3 所示。

（4）$\Phi = 0.8\Phi_N$ 的人为机械特性

1）理想空载转速 n_0''

$$n_0'' = \frac{U_N}{0.8C_e\Phi_N} = \frac{220}{0.8 \times 0.2737} r/min = 1005 r/min$$

2）$I_a = I_N$ 时的电磁转矩 T''

$$T'' = 0.8 \times 9.55C_e\Phi_N I_N = 0.8 \times 9.55 \times 0.2737 \times 210 N \cdot m = 439.2 N \cdot m$$

3）$T = T''$ 时电动机的转速 n''

$$n'' = n_0'' - \frac{R_a}{0.8^2 \times 9.55(C_e\Phi_N)^2}T'' = \left(1005 - \frac{0.07 \times 439.2}{0.8^2 \times 9.55 \times 0.2737^2}\right) r/min = 938 r/min$$

通过 （$n = n_0'' = 1005r/min$，$T = 0$）及 （$n = n'' = 938r/min$ 及 $T = T'' = 439.2N \cdot m$）两点连一直线，即为 $\Phi = 0.8\Phi_N$ 的人为机械特性，如图 3-8 中直线 4 所示。

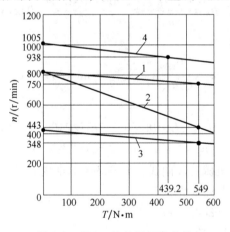

图 3-8　例 3-1 的机械特性曲线

1—固有机械特性　2—$R_c = 0.4\Omega$ 的人为机械特性　3—$U = 110V$ 的人为机械特性　4—$\Phi = 0.8\Phi_N$ 的人为机械特性

五、电力拖动系统稳定运行的条件

为了便于分析电力拖动系统的运行情况，通常把电动机的机械特性和负载的机械特性画在同一个直角坐标系中。例如，在图 3-9 中，直线 1 是恒转矩负载的机械特性 $n = f(T_L)$；直线 2 是他励直流电动机的机械特性 $n = f(T)$。两条机械特性相交于 A 点。在交点处，电动机与等效负载具有相同的转速 n_A，电动机的电磁转矩 T 与负载转矩 T_L 大小相等，方向相反，互相平衡。按照电力拖动系统运动方程式来分析，此时因 $T - T_L = 0$，

72

$\mathrm{d}n/\mathrm{d}t=0$，系统应该在 A 点稳定运行。电动机的机械特性与负载机械特性的交点 A 称为工作点。但是仅根据两条机械特性有交点还不能说明系统就一定能稳定运行。这是因为实际的电力拖动系统运行时，经常会出现一些小的干扰，如电源电压或负载转矩波动等。当电力拖动系统在工作点上稳定运行时，若突然出现了干扰，使原来转矩 T 与 T_L 的平衡变成不平衡，电动机的转速发生变化时，系统仍能在新的工作点上稳定运行；干扰消失后，系统又能回到原来的工作点稳定运行。如果能满足这个条件，则该系统是稳定的，否则系统是不稳定的。下面举例说明这个问题。

在图 3-9 中，原来系统在 A 点上运行，转速为 n_A。当突然出现干扰，如电源电压突然升高，使电动机的机械特性从直线 2 变为直线 3。在电源电压突变瞬间，由于机械惯性即飞轮力矩存在，转速不能突变，所以电枢电动势 E_a 也不变，但电枢电流 I_a 及电磁转矩 T 则因电源电压 U 升高而增大。因为电枢回路中有电感，电流的变化是有个过程的，但与转速的变化过程相比较，电枢电流变化的过程进行得很快。分析时可以忽略电枢电感，认为在电源电压变化的瞬间，由此而引起的电枢电流及电磁转矩的变化也瞬时地完成了。在图 3-9 中表现为电动机从原来的工作点 A 过渡到机械特性 3 的 B 点，B 点的电磁转矩为 T_B。

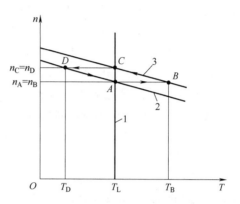

图 3-9　电力拖动系统稳定运行分析

由于电源电压波动，电动机电磁转矩从 T_L 增大为 T_B，而负载转矩未变，根据运动方程式，系统的转矩 $T_B-T_L>0$，系统开始升速。在 n 升高的过程中，电枢电动势 $E_a=C_e\Phi n$ 将随之成正比增大，电枢电流 $I_a=(U-E_a)/R_a$ 则因 E_a 增大而减小，电磁转矩 $T=C_T\Phi I_a$ 也随之减小。电动机的运行点沿着机械特性 3 上升，直到直线 3 与直线 1 的交点 C，$T=T_L$，$\mathrm{d}n/\mathrm{d}t=0$，系统升速过程结束，达到了新的稳定运行状态，以转速 n_C 稳定运行。

当干扰消失，电源电压又降到原来的数值时，电动机的机械特性又恢复为原来的直线 2，在电压降低瞬间，转速 n_C 不能突变，E_a 不变，$I_a=(U-E_a)/R_a$ 因 U 下降而减小，T 减小，电动机运行点从 C 点过渡到 D 点。因 $T_D<T_L$，系统开始降速过程。随着 n 下降，E_a 减小，I_a 及 T 增大，n 及 T 沿机械特性 2 从 D 点向 A 点变化，直到 A 点，$T=T_L$，系统又恢复到原来的工作点 A 稳定运行，转速仍为 n_A。

从以上分析可见，系统在 A 点以转速 n_A 稳定运行时，当电源电压向上波动后，系统能够稳定运行于 C 点，其转速为 n_C；电压波动消失后，系统又回到原工作点 A 上稳定运行，转速仍为 n_A。因此 A 点的运行情况是稳定的，A 点是稳定的工作点。

对于在机械特性与负载机械特性的交点上不能稳定运行的情况，可以通过图 3-10 的例子说明。图中曲线 1 是没有稳定绕组的他励直流电动机机械特性，当电磁转矩较大时，电枢反应效应显著，使机械特性上翘（没有稳定绕组的他励直流电动机的机械特性不一定都上翘）。直线 2 是负载的机械特性。两条机械特性相交于 A 点。当系统在 A 点运行时，电磁转矩 $T_A=T_{LA}$，转速为 n_A。当出现干扰，如负载转矩突然从 T_{LA} 降到 T_{LB}，在负载转矩降低的瞬间，转速 n_A 不能突变，因而电枢电动势 E_a 不变。同时因电

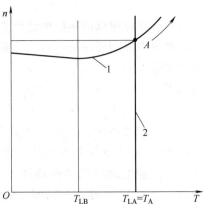

压没变，电枢电流 I_a 及电磁转矩 T 也都不变，于是 $T_A > T_{LB}$，转矩失去了平衡，系统开始加速。在加速过程中，电磁转矩和转速沿着电动机机械特性曲线向上变化，随 n 的升高，T 不断增大，而负载转矩则保持 T_{LB} 不变，$T - T_{LB}$ 将继续增大，使系统持续不断地加速，最后导致电动机因转速过高和电枢电流过大而损坏。可见，系统不能在原来的工作点 A 的附近继续稳定运行。电力拖动系统运行时，干扰是经常出现的，因此，这个电力拖动系统不能稳定运行在图 3-10 的 A 点上。

图 3-10　电力拖动系统的不稳定运行

从以上两个例子可以看出，电力拖动系统在电动机机械特性与负载机械特性的交点上，不一定都能稳定运行，就是说，$T = T_L$ 仅是系统稳定运行的必要条件，还不够充分。

可以证明，一个电力拖动系统能够稳定运行的充分必要条件是：

1）电动机的机械特性与负载的机械特性必须相交，在交点处 $T = T_L$，实现了转矩平衡。

2）在交点处 $(dT/dn) < (dT_L/dn)$。

在实际应用中，可以应用上面的两条来判断拖动系统的运行稳定性。在图 3-9 所示系统中，电动机的机械特性是下倾的，在两线的交点 A 处 $(dT/dn) < 0$，即 n 增加时 T 减小，负载转矩为常值 $(dT_L/dn) = 0$，因此，在交点 A 处 $(dT/dn) < (dT_L/dn)$，系统能在 A 点稳定运行。在图 3-10 中，在两线的交点 A 处，电动机的机械特性曲线是上翘的，$(dT/dn) > 0$，负载的机械特性仍为恒转矩负载，$(dT_L/dn) = 0$。因此有 $(dT/dn) > (dT_L/dn)$。可见在图 3-10 所示的拖动系统中，不符合上述稳定运行的第二个条件，系统不能稳定运行。

第二节　他励直流电动机的起动和反转

一、他励直流电动机的起动

把一台处于静止状态的电动机接通电源后，拖动负载转动起来，达到要求的转速稳定运行，称为起动。

起动他励直流电动机时，应当先给电动机的励磁绕组通入额定励磁电流，以便在气隙中建立额定磁通，然后再接通电枢回路。

把他励直流电动机的电枢绕组直接接到额定电压的电源上，这种起动方法称为直接起动。采用直接起动方法时，在电枢刚接到电源的瞬间，因 $n = 0$，$E_a = 0$，若忽略电枢回路电感，则电枢电流瞬间达到最大值 $I_a = U/R_a$。由于 R_a 很小，I_a 可能达到额定电流的 10～20 倍。这么大的电枢电流将使换向器产生强烈的火花，甚至产生环火，烧坏换向器及电刷；而且这个瞬间大电流产生的转矩冲击也会造成拖动系统传动机构损坏。所以，只有容量为数百瓦或更小的微型直流电动机，才允许采用直接起动方法（因为这类直流电动机有较大的电枢电阻，转动惯量也较小，起动时转速上升较快）。一般直流电动机的最大允许电流为 $(1.5～2)I_N$，所以不能采用直接起动方法，必须把起动电流限制在允许范围之内。

为了限制起动电流，可以采用降低电源电压或在电枢回路中串电阻的方法。

1. 降低电源电压起动

图 3-11a 是降低电源电压起动时的接线图。电动机的电枢由可调直流电源（直流发电机或可控整流器）供电。起动时，先将励磁绕组接通电源，并将励磁电流调到额定值，然后从低向高调节电枢回路的电压。开始时加到电枢两端的电压 U_1 在电枢回路中产生的电流 $I_a = U_1/R_a$。应不超过（$1.5 \sim 2$）I_N。这时电动机的机械特性为图 3-11b 中的直线 1，电磁转矩 $T_1 > T_L$，电动机开始转动。随着转速升高，E_a 增大，电枢电流 $I_a = (U_1 - E_1)/R_a$ 逐渐减小，相应的电磁转矩也减小。当电磁转矩下降到 T_2 时，将电源电压提高到 U_2，相应的机械特性为图中的直线 2。在升压瞬间，n 不变，E_a 也不变，因而引起 I_a 增大，电磁转矩增大到 T_3，电动机将在机械特性 2 上升速。这样，当逐级升高电源电压，直到 $U = U_N$ 时，电动机将沿图 3-11b 中的点 $a \to b \to c \to \cdots \to k$ 加速到 p 点，电动机稳定运行，起动过程结束。

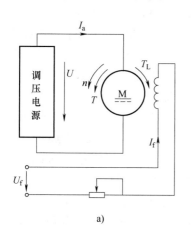
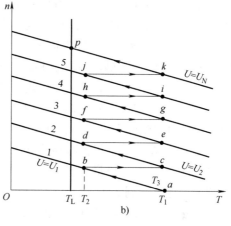

图 3-11　降低电源电压起动时的接线和机械特性
a）接线图　b）机械特性及起动过程

降低电源
电压起动

起动时，先将励磁绕组供电，然后从低向高调节电枢回路的电压，直至升压到额定电压起动结束。

在调节电源电压时，不能升得过快，否则会引起过大的电流冲击。如果采用自动控制，起动时通过调节器自动调节电源电压，使电枢电流在整个起动过程中始终保持最大允许值，电动机就能以允许的最大转矩加速，从而缩短了起动时间。

降压起动方法在起动过程中能量损耗小，起动平稳，便于实现自动化，但需要一套可调的直流电源，增加了初投资。

2. 电枢回路串电阻起动

串接在电枢回路中用以限制起动电流的电阻称为起动电阻，以 R_{st} 或 r_{st} 表示。

为了把起动电流限制在最大允许值 I_1，电枢回路中应串入的起动电阻值为

$$R_{st} = \frac{U_N}{I_1} - R_a \tag{3-8}$$

起动后如果仍把 R_{st} 串在电枢回路中，则电动机就会在电枢串电阻 R_{st} 的人为机械特性上以低速运行。为了使电动机能运转在固有机械特性上，应把 R_{st} 切除。若把 R_{st} 一次

全部切除，会引起过大的电流冲击。为保证在起动过程中电枢电流不超过最大允许值，可以先切除一部分，待转速上升后再切除一部分，如此逐步地每次切除一部分，直到 R_{st} 全部被切除为止。这种起动方法称为串电阻分级起动。

在分级起动过程中，若忽略电枢回路电感，并合理地选择每次切除的电阻值时，就能做到每切除一段起动电阻，电枢电流就瞬间增大到最大起动电流 I_1。此后，随着转速上升，电枢电流逐渐下降。每当电枢电流下降到某一数值 I_2 时就切除一段电阻，电枢电流就又突增至 I_1。这样，在起动过程中就可以把电枢电流限制在 I_1 和 I_2 之间。I_2 称为切换电流。

下面以三级起动为例，说明分级起动过程，图 3-12a 为三级起动时的接线图，起动电阻分为三段，即 r_{st3}、r_{st2} 和 r_{st1}，它们分别与接触器的触头 KM3、KM2 和 KM1 并联。控制这些接触器，使其触头依次闭合，就可以实现分级起动，起动过程如下：

起动开始瞬间，KM1、KM2、KM3 都断开，电枢回路的总电阻为 $R_{st3} = R_a + r_{st1} + r_{st2} + r_{st3}$，运行点在图 3-12b 中的 a 点，起动电流为 I_1，起动转矩为 $T_1 > T_L$，电动机开始升速，转速沿着 R_{st3} 特性变化，起动电流下降，到图中的 b 点时，起动电流降到切换电流 I_2，在此瞬间 KM3 闭合，切除一段电阻 r_{st3}，电枢总电阻变为 $R_{st2} = R_a + r_{st1} + r_{st2}$，相应的机械特性为 $n_0 dc$ 直线。切除电阻瞬间转速不变，电流则突增至 I_1，运行点从 b 点过渡到 c 点。此后转速又沿着 R_{st2} 特性的 cd 段变化，起动电流下降。当转速上升到 d 点对应的数值时，起动电流刚好下降到 I_2，此刻 KM2 闭合，切除第二段起动电阻 r_{st2}，电枢回路总电阻变为 $R_{st1} = R_a + r_{st1}$，机械特性为 $n_0 fe$ 直线，运行点从 d 点过渡到 e 点，起动电流则从 I_2 增加到 I_1，电动机沿 ef 段升速，起动电流下降。当转速升高到 f 点时，起动电流又降到 I_2，在此时刻 KM1 闭合，切除最后一段电阻 r_{st1}，运行点从 f 点过渡到固有机械特性上的 g 点，电流增加到 I_1。此后电动机在固有机械特性上升速，直到 w 点，$T = T_L$，电动机稳定运行，起动过程结束。

电枢回路串
电阻起动

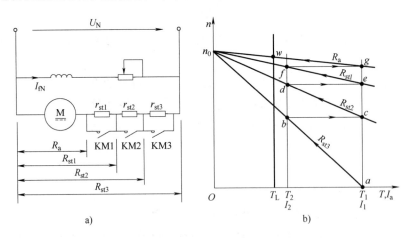

a)　　　　　　　　　b)

图 3-12　电枢串电阻三级起动的接线及机械特性

a）接线图　b）机械特性及起动过程

3. 起动电阻的计算

各级起动电阻的计算，应以在起动过程中最大起动电流 I_1（或最大起动转矩 T_1）

及切换电流 I_2（或切换转矩 T_2）不变为原则。对普通型直流电动机通常取

$$\begin{cases} I_1 = (1.5 \sim 2)I_N \\ I_2 = (1.1 \sim 1.2)I_N \end{cases}$$

切换起动电阻瞬间，电动机的转速不能突变，所以在图 3-12b 中 b、c 两点的电枢电动势相等，而电源电压为额定值不变，因此 b、c 两点的电枢压降也相等，即

$$I_2 R_{st3} = I_1 R_{st2}$$

令 $I_1/I_2 = \lambda$，λ 称为起动电流（或起动转矩）比，于是有

$$R_{st3} = \lambda R_{st2} \tag{3-9}$$

同理，在 d、e 两点和 f、g 两点有

$$\begin{cases} R_{st2} = \lambda R_{st1} \\ R_{st1} = \lambda R_a \end{cases} \tag{3-10}$$

把式（3-10）代入式（3-9）可得

$$R_{st3} = \lambda^3 R_a \tag{3-11}$$

推广到一般情况，若起动级数为 m，则 R_{stm} 为

$$R_{stm} = \lambda^m R_a \tag{3-12}$$

起动电流比为

$$\lambda = \sqrt[m]{\frac{R_{stm}}{R_a}} \tag{3-13}$$

计算起动电阻时可能有以下两种情况：

（1）起动级数尚未确定　这时可按以下步骤计算起动电阻：

1）根据电动机的铭牌数据估算 R_a。

2）根据生产机械对起动时间、起动的平稳性以及电动机的最大允许电流，确定 I_1 及 I_2，并计算 R_{stm} 及 λ，即

$$R_{stm} = \frac{U_N}{I_1}$$

$$\lambda = \frac{I_1}{I_2}$$

要求起动时间短时，可取较大的 I_1；要求起动平稳、起动转矩冲击小时，需要较多的起动级数，这时应取较小的 λ 值。

3）由 R_a、R_{stm} 及 λ 按下式计算起动级数：

$$m = \frac{\ln \dfrac{R_{stm}}{R_a}}{\ln \lambda} \tag{3-14}$$

应把求出的 m 凑成整数 m'。

4）由 m' 求出新的起动电流比 λ'

$$\lambda' = \sqrt[m']{\frac{R_{stm}}{R_a}}$$

77

5）计算各段起动电阻

$$r_{st1} = R_{st1} - R_a = \lambda' R_a - R_a = (\lambda' - 1)R_a$$
$$r_{st2} = R_{st2} - R_{st1} = \lambda' R_{st1} - R_{st1} = \lambda' r_{st1}$$
$$r_{st3} = R_{st3} - R_{st2} = \lambda' r_{st2}$$
$$\vdots$$
$$r_{stm} = \lambda' r_{st(m-1)}$$

(3-15)

（2）起动级数 m 已知　这时可根据电动机最大允许电流确定 I_1 并计算 λ

$$\lambda = \sqrt[m]{\frac{R_{stm}}{R_a}} = \sqrt[m]{\frac{U_N}{I_1 R_a}}$$

(3-16)

由求得的 λ 值可计算出 $I_2 = I_1/\lambda$，然后校核 I_2，一般情况下 I_2 应在 $(1.1 \sim 1.2)I_N$ 的范围内，如果 I_2 过大或过小，如 $I_2 < I_L$，说明级数确定得不合理，应增加级数。最后按式（3-15）计算各段起动电阻。

二、他励直流电动机的反转

由直流电动机的转矩公式 $T = C_T \Phi I_a$ 可知，当改变气隙磁通 Φ 的方向，或改变电枢电流 I_a 的方向时，都能改变电磁转矩 T 的方向，从而实现电动机的反转。他励直流电动机气隙磁通 Φ 的方向由励磁电压 U_f 的极性决定；电枢电流 I_a 的方向可以用改变电枢电压极性的方法实现。所以他励直流电动机反转的方法有：①电枢绕组接线不变，将励磁绕组反接，这种方法称为磁场反向。②励磁绕组接线不变，电枢绕组反接，称为电枢反向。

他励直流电动机励磁绕组的匝数多，具有较大的电感，反向磁通建立的过程缓慢，反转时间较长，仅适合于不要求频繁正、反转的场合。对要求频繁、快速正/反转的直流拖动系统，通常采用电枢反向。图 3-13 是采用接触器控制的电枢反向的接线图。当正向接触器 KMF 触头闭合时，电动机正转；反向接触器触头 KMR 闭合时，电动机反转。两者不允许同时闭合。

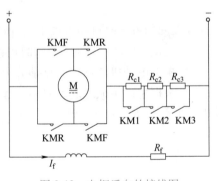

图 3-13　电枢反向的接线图

按正方向规定，若正转时 U、n、T 均为正，则当改变电枢电压极性时，U 为负，T 也为负，机械特性方程式为

$$n = \frac{-|U|}{C_e \Phi} - \frac{R_a + R_c}{C_e \Phi C_T \Phi}(-|T|) = -|n_0| + |\Delta n|$$

它位于第Ⅲ象限，如图 3-14 所示。

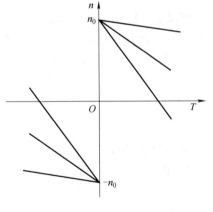

图 3-14　反转运行的机械特性

第三节 他励直流电动机的调速

一、电动机调速的基本概念

在生产实践中，有许多生产机械根据工艺要求需要调节转速。例如，龙门刨床在切削过程中，当刀具切入和退出工件时要求较低的转速；中间一段切削用较高的速度；工件台返回时则用高速。又如轧钢机，在轧制不同截面与品种钢材时，需要采用最合适的转速。可逆初轧机在轧辊咬入轧件时要用较低的转速，轧件进入轧辊后要以最高转速轧制，甩出轧件时又需要降速，随轧件的辗长，轧制转速也要增加。可见，调节生产机械的转速是生产工艺的要求，目的在于提高生产率和产品的质量。

改变生产机械的转速可以采用改变传动机构的速比实现，这种方法称为机械调速。在生产中应用较多的是电气调速，即人为地改变电动机的参数，从而得到不同的转速。

从机械特性看，电动机拖动负载运行时，其转速是由工作点决定的，工作点变了，电动机的转速也就变了。若负载不变，工作点便由电动机的机械特性确定，因此改变电动机的参数使其机械特性发生变化，就能改变电动机的转速。例如，在图 3-15 中电动机的固有机械特性 1 与负载机械特性 2 的交点 A 所对应的转速为 n_A，如果在电枢回路中串入电阻，那么，电动机的机械特性将变为图中的直线 3，它与负载机械特性 2 相交于 B 点，电动机将在工作点 B 以转速 n_B 稳定运行，实现了转速调节。

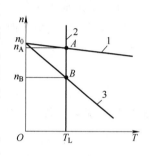

图 3-15 电动机的调速

在调节电动机转速时，通常取电动机的额定转速 n_N 为基本转速，称为基速。当向高于基速的方向调速时称为向上调速，相反，向低于基速方向调速，称为向下调速。在某些场合下，既要求向上调速，又要求向下调速，这称为双向调速。

在调速过程中，如果电动机的转速可以平滑地加以调节，称为无级调速，或连续调速。无级调速时，电动机的转速变化均匀，适应性强，在工业装置中被广泛采用。如果转速不能连续调节，只有有限的几级，如二速、三速、四速等，这种调速称为有级调速。它适合于只要求几种转速的生产机械，如普通车床、桥式起重机等。

他励直流电动机具有优良的调速性能，它能在很宽的范围内实现平滑的无级调速，主要用于对调速性能要求较高的生产机械，如龙门刨床、精密车床、轧钢机、大型矿井提升机等。

二、他励直流电动机的调速方法

从他励直流电动机的机械特性方程式

$$n = \frac{U}{C_e \Phi} - \frac{R_a + R_c}{C_e \Phi C_T \Phi} T$$

可以看出，改变电枢回路外串电阻 R_c、电源电压 U 和气隙磁通 Φ 中的任何一个参数，都可以改变电动机的机械特性，从而实现转速调节。

（一）电枢串电阻调速

他励直流电动机保持电源电压和气隙磁通为额定值，在电枢回路中串入不同阻值的电阻时，可以得到如图 3-16 所示的一簇人为机械特性。它们与负载机械特性的交点，即工作点，都是稳定的，电动机在这些工作点上运行时，可以得到不同的转速。外串电阻 R_c 的阻值越大，机械特性的斜率就越大，电动机的转速也越低。在负载转矩 T_L 不变时，随着电枢所串电阻的增大，机械特性变软，转速也就越低。

电枢回路串电阻调速

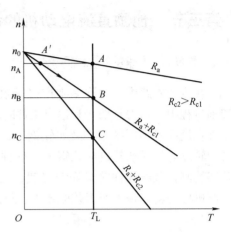

图 3-16　电枢串电阻调速时的机械特性

在额定负载下，电枢串电阻调速时能达到的最高转速（$R_c = 0$ 时）为额定转速，所以其调速方向是由基速向下。

电枢回路串电阻调速时，如果负载转矩 T_L 为常数，那么，当电动机在不同的转速下稳定运行时，由于电磁转矩都与负载转矩相等，因此电枢电流

$$I_a = \frac{T}{C_T \Phi_N} = \frac{T_L}{C_T \Phi_N} = 常数$$

即 I_a 与 n 无关。若 $T_L = T_N$，则 I_a 将保持额定值 I_N 不变。

电枢串电阻调速时，外串电阻 R_c 上要消耗电功率 $I_a^2 R_c$，使调速系统的效率降低。调速系统的效率可用系统输出的机械功率 P_2 与输入的电功率 P_1 之比的百分数表示。当电动机的负载转矩 $T_L = T_N$ 时，$I_a = I_N$，$P_1 = U_N I_N = 常数$。忽略电动机的空载损耗 p_0，则 $P_2 = P_M = E_a I_N$。这时，调速系统的效率为

$$\eta_s = \frac{P_2}{P_1} \times 100\% = \frac{E_a I_N}{U_N I_N} \times 100\% = \frac{n}{n_0} 100\%$$

可见调速系统的效率将随 n 的降低成正比地下降。当把转速调到 $0.5n_0$ 时，输入功率将有一半损耗在 $R_a + R_c$ 上。所以这是一种耗能的调速方法。

电枢串电阻的人为机械特性，是一簇通过理想空载点的直线，串入的调速电阻越大，机械特性越软。这样，在低速下运行时，负载在不大的范围内变化，就会引起转速发生较大的变化，也就是转速的稳定性较差。

外串电阻 R_c 只能分段调节，所以这种调速方法不能实现无级调速。

在调速时，电动机可能在不同转速下较长时间运行，所以应按允许长期通过额定电枢电流来选择外串电阻 R_c 的功率，这使得电阻器的体积大、笨重。

尽管电枢串电阻调速方法所需设备简单，但由于上述的功率损耗大、低速运行时转速稳定性差、不能无级调速等缺点，只能适合于对调速性能要求不高的中、小功率电动机，大功率电动机不采用。

（二）降低电源电压调速

保持他励直流电动机的磁通为额定值，电枢回路不串电阻，若将电源电压降低为 U_1、U_2、U_3 等不同数值时，则可得到与固有机械特性互相平行的人为机械特性，如

图 3-17 所示。该图中所示的负载为恒转矩负载，当电源电压为额定值 U_N 时，工作点为 A，电动机转速为 n_A；电压降低到 U_1 后，工作点为 B，转速为 n_B；电压为 U_2 时，工作点 C，转速为 n_C，…电源电压越低，转速也越低，调速方向是从基速向下调节。

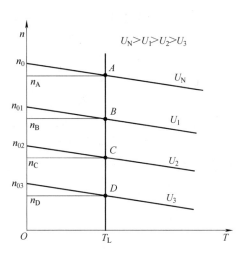

降低电源电压调速时，$\Phi = \Phi_N$ 不变，若电动机拖动恒转矩负载，那么，在不同转速下稳定运行时，电磁转矩 $T = T_L =$ 常数，电枢电流

$$I_a = \frac{T_L}{C_T \Phi_N} = 常数$$

图 3-17　降低电源电压调速时的机械特性

如果 $T_L = T_N$，则 $I_a = I_N$ 不变，与转速无关。调速系统的铜耗为 $I_N^2 R_a$ 也与转速无关，而且数值较小，所以效率高。

当电源电压为不同值时，机械特性的斜率都与固有机械特性的斜率相等，特性较硬，当降低电源电压，在低速下运行时，转速随负载变化的幅度较小，与电枢回路串电阻调速方法比较，转速的稳定性要好得多。

降低电源电压调速需要独立可调的直流电源，可以采用单独的他励直流发电机或晶闸管可控整流器。无论采用哪种方法，输出的直流电压都是连续可调的，因此能实现无级调速。

他励直流电动机降低电源电压调速是一种性能优越的调速方法，广泛应用于对调速性能 要求较高的电力拖动系统中。

（三）减弱磁通调速

保持他励直流电动机电源电压为额定值，电枢回路不串电阻，改变电动机磁通时，其机械特性方程式为

$$n = \frac{U_N}{C_e \Phi} - \frac{R_a}{C_e C_T \Phi^2} T = n_0 - \Delta n$$

减弱磁通 Φ 时，n_0 与 Φ 成反比地增加；Δn 与 Φ^2 成反比地增加。如果负载不是很大，则 n_0 增加较多，Δn 增加较少，减弱磁通后电动机的转速将升高。例如，当电动机拖动恒转矩负载 $T_L = T_N$ 在固有特性上运行时，$\Delta n_N = 0.05 n_0$，$n = 0.95 n_0$。若将 Φ 降至 $0.8 \Phi_N$，则理想空载转速 $n_0' = n_0/0.8 = 1.25 n_0$；转速降 $\Delta n' = \Delta n_N/0.8^2 = 0.078 n_0$，电动机的转速为

$$n' = n_0' - \Delta n' = 1.25 n_0 - 0.078 n_0 = 1.17 n_0$$

高于在固有机械特性上运行的转速。

他励直流电动机拖动恒转矩负载弱磁升速的过程，可用图 3-18 的机械特性来说明。设电动机拖动恒转矩负载原在固有机械特性上的 A 点运行，转速为 n_A，当磁通从 Φ_N 降到 Φ_1 时，瞬间转速 n_A 不变，而电枢电动势 $E_a = C_e \Phi n_A$ 则因 Φ 下降而减小，电枢电流 $I_a = (U - E_a)/R_a$ 增大。由于 R_a 较小，E_a 稍有变化就能使 I_a 增加很多，此时虽然 Φ

弱磁调速

减小了，但它减小的幅度小于 I_a 增加的幅度，所以电磁转矩 $T=C_T\Phi I_a$ 还是增大了。增大后的电磁转矩即为图 3-18 中的 T'，于是 $T'-T_L>0$，电动机开始升速。随着转速升高，E_a 增大，I_a 及 T 下降，直到 B 点，$T=T_L$，达到新的平衡，电动机在 B 点稳定运行 $n=n_B>n_A$。这里需要注意的是：虽然弱磁前后电磁转矩不变，但弱磁后在 B 点运行时，因磁通减小，电枢电流将与磁通成反比地增大。

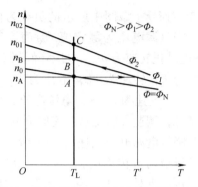

图 3-18　他励直流电动机弱磁调速机械特性

弱磁调速方法具有以下特点：

1）弱磁调速只能在基速以上的范围内调节转速，属于向上调速。

2）在电流较小的励磁回路内进行调节，因此控制方便，功率损耗小。

3）用于调节励磁电流的变阻器功率小，可以较平滑地调节转速。如果采用可以连续调节电压的可调直流电源控制励磁电压进行弱磁，则可实现无级调速。

4）由于受电动机换向能力和机械强度的限制，弱磁调速时转速不能升得太高。一般只能升到 $(1.2\sim1.5)n_N$。特殊设计的弱磁调速电动机，可升到 $(3\sim4)n_N$。

在实际生产中，通常把降压调速和弱磁调速配合起来使用，以实现双向调速。扩大转速的调节范围。

例 3-2　一台他励直流电动机的铭牌数据为 $P_N=22kW$，$U_N=220V$，$I_N=115A$，$n_N=1500r/min$，已知 $R_a=0.1\Omega$。该电动机拖动额定负载运行，要求把转速降低到 $n=1000r/min$，不计电动机的空载转矩 T_0，试计算：

（1）采用电枢串电阻调速时需串入的电阻值。

（2）采用降低电源电压调速时需把电源电压降低到多少伏？

（3）上述两种情况下拖动系统输入的电功率和输出的机械功率。

解：（1）电枢串入电阻值的计算

1）$C_e\Phi_N=\dfrac{U_N-I_N R_a}{n_N}=\dfrac{220-115\times0.1}{1500}=0.139$

2）$n_0=\dfrac{U_N}{C_e\Phi_N}=\dfrac{220}{0.139}r/min=1582.7r/min$

3）$\Delta n_N=n_0-n_N=(1582.7-1500)r/min=82.7r/min$

4）在人为机械特性上运行时的转速降

$$\Delta n=n_0-n=(1582.7-1000)r/min=582.7r/min$$

5）$T=T_N$ 时

$$\frac{\Delta n}{\Delta n_N}=\frac{R_a+R_c}{R_a}$$

故　　$R_c=\left(\dfrac{\Delta n}{\Delta n_N}-1\right)R_a=\left(\dfrac{582.7}{82.7}-1\right)\times0.1\Omega=0.604\Omega$

以上计算是应用转速降与电阻成正比的方法。也可以用其他方法，例如，将要求的转速直接代入串电阻人为机械特性公式计算，算法如下：

$$n = \frac{U_N}{C_e \Phi_N} - \frac{R_a + R_c}{C_e \Phi_N C_T \Phi_N} T_N = \frac{U_N - (R_a + R_c) I_N}{C_e \Phi_N}$$

$$R_c = \frac{U_N - C_e \Phi_N n}{I_N} - R_a = \left(\frac{220 - 0.139 \times 1000}{115} - 0.1 \right) \Omega$$

$$= 0.604 \Omega$$

（2）降低电源电压的计算

1）降压后的理想空载转速

$$n_{01} = n + \Delta n_N = (1000 + 82.7) \, \text{r/min} = 1082.7 \, \text{r/min}$$

2）降低后的电源电压

$$U_1 = \frac{n_{01}}{n_0} U_N = \frac{1082.7}{1582.7} \times 220 \text{V} = 150.5 \text{V}$$

也可以将要求的转速直接代入降压人为机械特性公式的方法，计算所需电压 U_1。

（3）降速后系统输出功率与输入功率的计算

1）输出转矩

$$T_2 = T_N = 9550 \frac{P_N}{n_N} = 9550 \times \frac{22}{1500} \text{N} \cdot \text{m} = 140.1 \text{N} \cdot \text{m}$$

2）输出功率

$$P_2 = \frac{T_2 n}{9550} = \frac{140.1 \times 1000}{9550} \text{kW} = 14.67 \text{kW}$$

3）电枢串电阻调速时系统输入的电功率

$$P_e = U_N I_N = (220 \times 115) \text{W} = 25300 \text{W} = 25.3 \text{kW}$$

4）降低电源电压调速时系统输入的电功率

$$P_e = U_1 I_N = (150.5 \times 115) \text{W} = 17308 \text{W} = 17.3 \text{kW}$$

例 3-3　电动机的数据与例 3-2 相同，采用弱磁调速，$\Phi = 0.8\Phi_N$。如果不使电动机超过额定电枢电流，求电动机能输出的最大转矩是多少？电动机输出的功率是多少？

解：（1）$\Phi = 0.8\Phi_N$、$I_a = I_N$ 时允许输出的转矩

$$T = 9.55 \times 0.8 C_e \Phi_N I_N = 9.55 \times 0.8 \times 0.139 \times 115 \text{N} \cdot \text{m} = 122 \text{N} \cdot \text{m}$$

（2）理想空载转速

$$n_0' = \frac{n_0}{0.8} = \frac{1582.7}{0.8} \text{r/min} = 1978.4 \text{r/min}$$

（3）转速降

$$\Delta n' = \frac{R_a I_N}{0.8 C_e \Phi_N} = \frac{0.1 \times 115}{0.8 \times 0.139} \text{r/min} = 103.42 \text{r/min}$$

（4）电动机的转速

$$n' = n_0' - \Delta n' = (1978.4 - 103.42) \text{r/min} = 1875 \text{r/min}$$

（5）电动机输出功率

$$P_2 = \frac{T n'}{9550} = \frac{122 \times 1875}{9550} \text{kW} = 23.95 \text{kW}$$

$$\frac{P_2}{P_N}=\frac{23.95}{22}=1.088$$

可见，弱磁调速时，若保持 $I_a=I_N$ 不变，则电动机输出的功率接近恒定。

三、调速的性能指标

电动机的调速方法有多种，为了比较各种调速方法的优劣，要用调速的性能指标来评价。主要的调速性能指标有以下几项：

1. 调速范围

调速范围是指电动机在额定负载下调节转速时，它的最高转速 n_{max} 与最低转速 n_{min} 之比，用 D 表示为

$$D=\frac{n_{max}}{n_{min}} \tag{3-17}$$

最高转速受电动机换向条件及机械强度的限制；最低转速则受生产机械对转速的相对稳定性要求的限制。

2. 静差率

静差率是指在某一调节转速下，电动机从理想空载到额定负载时转速的变化率，用 δ 表示为

$$\delta=\frac{n_0-n}{n_0}\times100\% \tag{3-18}$$

静差率越小，负载变动时转速的变化就越小，转速的相对稳定性也就越好。

由式（3-18）可知，静差率取决于理想空载转速 n_0 及在额定负载下的转速降。在调速时，若 n_0 不变，那么，机械特性越软，在额定负载下转速降就越大，静差率也大。例如，在图3-19中所示的他励直流电动机固有机械特性和电枢串电阻的人为机械特性，在 $T=T_N$ 时，它们的静差率就不相同。前者静差率小，后者静差率则较大。所以，在电枢串电阻调速时，外串电阻越大，转速就越低，在 $T=T_N$ 时的静差率也越大。如果生产机械要求静差率不能超过某一最大值 δ_{max}，那么，电动机在 $T=T_N$ 时的最低转速 n_{min} 也就确定了。于是，满足静差率 δ_{max} 要求的调速范围也就相应地被确定了。

如果在调速过程中理想空载转速变化，但机械特性的斜率不变，如他励直流电动机改变电源电压调速时就是如此，这时，由于各人为机械特性都与固有机械特性平行，$T=T_N$ 时转速降相等，都等于 Δn_N。因此理想空载转速越低，静差率就越大。当电动机电源电压最低的一条人为机械特性在 $T=T_N$ 时的静差率能满足要求时，其他各条机械特性的静差率就都能满足要求。这条电压最低的人为机械特性，在 $T=T_N$ 时的转速就是调速时的最低转速 n_{min}，于是，调速范围 D 也就被确定了，如图3-20所示。

通过以上分析可以看出，调速范围 D 与静差率 δ 互相制约。当采用某种调速方法时，允许的静差率 δ 值大，即对静差率要求不高时，可以得到较大的调速范围；反之，如果要求的静差率小，调速范围就不能太大。当静差率一定时，采用不同的调速方法，能得到的调速范围也不同。由此可见，对需要调速的生产机械，必须同时给出静差率和调速范围两项指标，这样才能合理地确定调速方法。

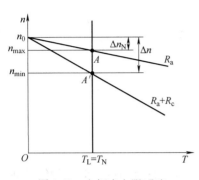

图 3-19 电枢串电阻调速
时静差率及调速范围

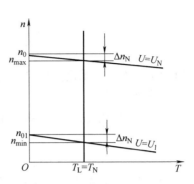

图 3-20 降低电源电压调速
时静差率与调速范围

各种生产机械对静差率和调速范围的要求是不一样的，例如，车床主轴要求 $\delta \le 30\%$，$D = 10 \sim 40$；龙门刨床 $\delta \le 10\%$，$D = 10 \sim 40$；造纸机 $\delta \le 0.1\%$，$D = 3 \sim 20$。

例 3-4 一台他励直流电动机，数据为 $P_N = 60\text{kW}$，$U_N = 220\text{V}$，$I_N = 305\text{A}$，$n_N = 1000\text{r/min}$，$R_a = 0.04\Omega$。生产机械要求的静差率 $\delta \le 20\%$，调速范围 $D = 4$，最高转速 $n_{\max} = 1000\text{r/min}$，试问采用哪种调速方法能满足要求？

解：（1）电动机的 $C_e\Phi_N$

$$C_e\Phi_N = \frac{U_N - I_N R_a}{n_N} = \frac{220 - 305 \times 0.04}{1000} = 0.2078$$

（2）理想空载转速

$$n_0 = \frac{U_N}{C_e\Phi_N} = \frac{220}{0.2078}\text{r/min} = 1058.7\text{r/min}$$

由于是向下调速，所以只能采用降低电源电压及电枢串电阻两种调速方法。

（3）采用电枢串电阻方法

1）最低转速

$$n_{\min} = n_0 - \delta n_0 = n_0(1 - \delta) = 1058.7(1 - 0.2)\text{r/min} = 847\text{r/min}$$

2）调速范围

$$D = \frac{n_{\max}}{n_{\min}} = \frac{1000}{847} = 1.181$$

不能满足要求。

（4）采用降低电源电压调速

1）额定转速降

$$\Delta n_N = n_0 - n_N = (1058.7 - 1000)\text{r/min} = 58.7\text{r/min}$$

2）最低转速时的理想空载转速

$$n_{0\min} = \frac{\Delta n_N}{\delta} = \frac{58.7}{0.2}\text{r/min} = 293.5\text{r/min}$$

3）最低转速

$$n_{\min} = n_{0\min} - \Delta n_N = (293.5 - 58.7)\text{r/min} = 234.8\text{r/min}$$

4）调速范围

$$D = \frac{n_{\max}}{n_{\min}} = \frac{1000}{234.8} = 4.26$$

可以满足要求，应采用降低电源电压调速。

3. 调速的平滑性

用调速时相邻两级转速之比来说明调速的平滑性，即

$$k = \frac{n_i}{n_{i-1}}$$

k 值越接近1，调速的平滑性就越好。在一定的调速范围内，调速的级数越多，平滑性就越好。当 k 趋近于1时为无级调速，转速可以平滑调节。

4. 经济指标

选择调速方案时，除考虑上述技术指标外，还必须考虑设备投资、电能消耗、维修工作量和费用等经济指标的好坏。

四、电动机调速时允许输出的转矩和功率

允许输出的转矩和功率是表示电动机在调速时所具备的带负载能力，它的前提条件是合理地使用电动机，即在使用电动机时，既要使它得到充分利用，又要保证它的使用寿命。为了做到这一点，应当使电动机在不同转速下长期运行时，电枢电流都等于额定值不变。这是因为电动机工作时内部有损耗，这些损耗最终都转变成热能，使电动机的温度升高。如果损耗过大，长期运行时由于电动机的温度过高会使电动机绝缘材料的性能变坏，降低了电动机的使用寿命，甚至被烧毁。在电动机的损耗中，电枢绕组的铜耗 $I_a^2 R_a$ 由电枢电流决定。电动机长期运行时，如果电枢电流不超过额定值，就不会因过热而使电动机降低使用寿命。但是，电动机长期在 $I_a < I_N$ 的条件下运行也不合理，因为 I_a 小，输出的转矩和功率也小，电动机不能得到充分利用。所以，为了合理地使用电动机，应保证电动机长期运行时 $I_a = I_N$ 不变。

在调速时，由于采用的调速方法不同，当电动机在不同的调节转速下保持 $I_a = I_N$ 不变长期运行时，电动机允许输出的转矩和功率也不相同，因此就有所谓恒转矩和恒功率两种不同类型的调速方式。

1. 恒转矩调速方式

恒转矩调速方式是指在某种调速方法中，若保持 $I_a = I_N$ 不变时，电动机允许输出的转矩也保持 $T = T_N$ 不变，与转速 n 无关。这时允许输出的功率则与转速 n 成正比。他励直流电动机电枢串电阻调速和降低电源电压调速，因 $\Phi = \Phi_N$ 不变，在 $I_a = I_N$ 条件下，电磁转矩 $T = C_T \Phi_N I_N = T_N$ 也不变，与 n 无关，所以属于恒转矩调速方式。

2. 恒功率调速方式

恒功率调速方式是指在某种调速方法中，若保持 $I_a = I_N$ 不变，则电动机允许输出的功率也基本保持不变，与转速 n 无关。这时允许输出的转矩则与 n 成反比变化。在他励直流电动机弱磁调速方法中，$U = U_N$，Φ 是变化的，保持 $I_a = I_N$ 不变时，允许输出的转矩 $T = C_T \Phi I_N$。Φ 与 n 有如下关系：

$$\Phi = \frac{U_N - I_N R_a}{C_e n} = \frac{C_1}{n}$$

式中，$C_1 = (U_N - I_N R_a)/C_e$ 为比例常数。电磁转矩可表示为

$$T = C_T \frac{C_1}{n} I_N = C_2 \frac{1}{n}$$

式中，$C_2 = C_1 C_T I_N$ 为常数。

上式表明 T 与 n 成反比变化，电动机输出功率为

$$P = \frac{Tn}{9550} = \frac{1}{9550} \frac{C_2}{n} n = \frac{C_2}{9550} = 常数$$

可见，弱磁调速时电动机允许输出的功率为常数，与转速无关；允许输出的转矩则与 n 成反比变化，属恒功率调速方式。

五、电动机的调速方式与负载类型的配合

恒转矩调速方式和恒功率调速方式，都是用来表征电动机采用某种调速方法时的负载能力，并不是指电动机的实际输出。它们都是以 $I_a = I_N$ 为前提条件，目的是合理地使用电动机。但是，电动机运行时，电枢电流 I_a 的实际大小取决于所拖动的负载。如他励直流电动机，在 $\Phi = \Phi_N$ 不变的条件下，T_L 越大，T 越大，电枢电流 $I_a = T/C_T I_N$ 也越大。电动机的负载有不同的类型，如恒转矩负载、恒功率负载、泵类负载等。这样，从合理使用电动机的角度考虑，就有一个调速方式与负载类型相互配合的问题。

当电动机拖动恒转矩负载时，若采用恒转矩调速方式，并使电动机的额定转矩等于负载转矩。那么，当电动机在不同转速下运行时，电枢电流和电磁转矩都等于额定值，不仅电动机得到了合理使用，也满足了负载的恒转矩要求。这种恒转矩调速方式与恒转矩负载的配合关系称为匹配。

当电动机的负载为恒功率负载时，若采用恒功率调速方式，并使电动机的额定功率等于负载要求的功率，那么，在不同转速下运行时，电枢电流 $I_a = I_N$ 也不变，电动机得到合理使用。所以，恒功率调速方式与恒功率负载相配合，也可以做到匹配。

如果采用恒功率调速方式拖动恒转矩负载，或采用恒转矩调速方式拖动恒功率负载，那么，调速方式与负载就不能做到匹配。例如，图 3-21 所示为恒转矩调速方式拖动恒功率负载的情况。其中曲线 1 为负载的机械特性，即在 n_N 以下具有恒转矩特性；$n_N \sim n_{max}$ 之间为恒功率特性。如取电动机的额定转矩 T_N 与 $n = n_N$ 时的负载转矩相等，那么，采用恒转矩调速方式时，电动机允许输出的转矩与转速的关系如图中曲线 2 所示。不难看出，在 $n < n_N$ 时，调速方式与负载是匹配的，但在 $n_N < n < n_{max}$ 之间，电动机允许输出的转矩为 T_N，它大于 T_L，即电动机未能被充分利用。如果取电动机的额定转矩 T_N 与 $n = n_{max}$ 时的负载转矩 T_L 相等，显然只有在 $n = n_{max}$ 时是匹配的，在其他转速下电动机将过载，不能长期运行。又如图 3-22 所示的恒功率调速方式与恒转矩负载相配合的情况，图中曲线 1 为负载的机械特性；曲线 2 为电动机允许输出的转矩与转速的关系曲线，即在 n_N 以下为恒转矩调速方式，在 n_N 至 n_{max} 之间为恒功率调速方式。如果取电动机的额定转矩等于负载转矩，那么，在 n_N 以下，调速方式与负载是匹配的，但在 n_N 以上，电动机将过载。如果取电动机在最高转速时允许输出的转矩等于负载转

矩，那么，在所有低于 n_{max} 的范围内，电动机允许输出的转矩都大于负载转矩，电动机不能充分利用，如图 3-22 中的曲线 3 所示。

对于泵类负载，若采用单一的恒转速和恒功率的调速方式与之配合，则会造成电机过热或者电机负载能力难以充分发挥的问题。一般可以采用恒转矩和恒功率联合的调速方式与泵类负载匹配。

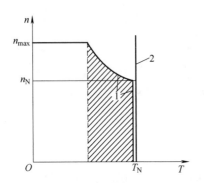 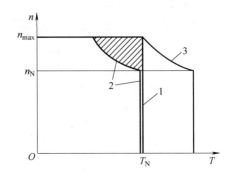

图 3-21 恒转矩调速方式与恒功率负载的配合　　图 3-22 恒功率调速方式与恒转矩负载的配合

第四节　他励直流电动机的制动

一、制动的一般概念

所谓制动，就是使拖动系统从某一稳定转速开始减速到停止，或者限制位能性负载的速度（如起重机下放重物、电机车下坡行驶等），使其在某一转速下稳定运行。

电动机在运行时，如果切断电源，则整个拖动系统的转速将慢慢下降，直到转速为零而停止，这也是一种制动减速过程，一般称为自由停车。这种制动减速是靠很小的摩擦阻转矩实现的，因而制动时间很长。如果采用机械闸进行制动，虽然可以加快制动过程，但闸皮磨损严重，增加了维修工作量。所以对需要频繁快速起动、制动和反转的生产机械，一般都采用电气制动的方法，就是让电动机产生一个与旋转方向相反的电磁转矩来实现制动。电气制动方法便于控制，容易实现自动化，比较经济。

电动机在运行时，若电磁转矩 T 与转速 n 方向一致时，T 是拖动转矩，根据正方向规定，T 与 n 符号相同，电磁功率 $P_M = T\Omega = E_a I_a > 0$，它表示电动机把大小为 $|E_a I_a|$ 的电功率转变为数量相等的机械功率 $|T\Omega|$，我们把这部分功率称为电磁功率，并以 P_M 表示。这时，电动机的工作状态为电动状态。采用电气制动时，电动机的 T 与 n 方向相反，是制动性的阻转矩，电磁功率 $P_M = T\Omega = E_a I_a < 0$，表示吸收了电磁功率 $|T\Omega|$，转变为 $|E_a I_a|$ 后输出，电动机成为一台发电机，但与一般发电机不同。它输入的机械功率不是由原动机供给，而是来自拖动系统在降速过程中释放出来的动能，或者来自位能负载运行中（如起重机下放重物或电车下坡行驶）位能的减少；发出的电功率不是供给用电设备而是转变为电阻上的损耗功率，或者回馈电网。电动机的这种工作状态称为制动状态。

电动机的制动状态在实际应用中有两种情况：

（1）用于拖动系统的减速停车　这时，电动机的制动状态仅出现在降速过程中，是一个过渡过程，通常把这种制动称为制动过程。

（2）用于位能负载限速运行　例如，起重机下放重物时，位能负载转矩成为拖动转矩，电动机产生的制动转矩则用于阻止负载按自由落体规律不断升速。随着转速的升高，电动机的制动转矩也不断增大，当制动转矩与负载转矩平衡时，拖动系统不再升速，电动机以制动状态稳定运行。由于这种制动状态是稳定运行，因此称为制动运行。显然，只有位能负载才能使电动机处于制动运行状态。

二、能耗制动

1. 能耗制动过程

图 3-23 是他励直流电动机能耗制动时的接线图。当接触器 KM1 的触头闭合，KM2 的触头断开时，电动机拖动反抗性恒转矩负载在正向电动状态下运行，这时 n、T 及 T_L 均为正，如图 3-23a 所示。为了快速停车，将 KM1 断开，电动机电枢与电源脱离，$U=0$；KM2 闭合，电枢回路通过电阻 R_c 构成闭合回路。在电路切换瞬间，电动机转速不能突变，因而电枢电动势 E_a 也不变。忽略电枢电感时，电枢电流 $I_a = -E_a/(R_c+R_a)$ 为负，产生制动转矩，如图 3-23b 所示。在制动转矩作用下转速迅速下降。当 $n=0$ 时，$E_a=0$，$I_a=0$，$T=0$，制动过程结束。

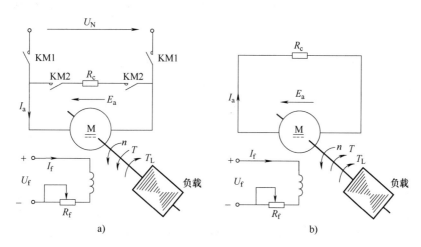

图 3-23　他励直流电动机能耗制动原理

a）正向电动状态　　　　b）能耗制动过程

（KM1 闭合、KM2 断开）（KM1 断开、KM2 闭合）

在制动过程中，因 $U=0$，电动机与电源没有能量转换关系，而电磁功率 $P_M = E_aI_a = T\Omega < 0$，说明电动机从轴上输入机械功率，扣除空载损耗功率后，其余的功率通过电磁作用转变成电功率，消耗在电枢回路中的电阻上，即 $I_a^2(R_a+R_c)$。电动机输入的机械功率来自降速过程中系统单位时间释放的动能 $(J\Omega^2)/2$。当制动到 $n=0$ 时，系统储存的动能全部释放完毕，制动过程结束。因此，把这种制动称为能耗制动过程。其功率流程图如图 3-24 所示。

能耗制动时 $U=0$，$\Phi = \Phi_N$，因此其机械特性方程式为

$$n = -\frac{R_a + R_c}{C_e C_T \Phi_N^2} T \qquad (3\text{-}19)$$

它是通过原点的一条直线，如图 3-25 所示。

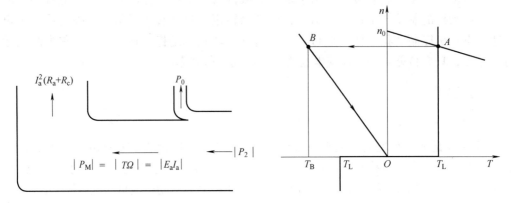

图 3-24　能耗制动过程的功率流程图　　　图 3-25　能耗制动过程的机械特性

　　假定制动前电动机在固有机械特性的 A 点稳定运行。开始切换到能耗制动瞬间，转速 n_A 不能突变，电动机从工作点 A 过渡到能耗制动机械特性的 B 点上。因 B 点电磁转矩 $T_B < 0$，拖动系统在转矩 $-|T_B| - T_L$ 的作用下迅速减速，运行点沿能耗制动机械特性下降，制动转矩的绝对值也随之减小，直到原点，电磁转矩及转速都降到零，拖动系统停止运转。

　　能耗制动开始瞬间的电枢电流 $|I_a|$ 与电枢回路的总电阻 $R_a + R_c$ 成反比。外串电阻 R_c 越小，$|I_a|$ 及 $|T_a|$ 就越大，制动效果好，停车迅速。但 $|I_a|$ 受电机换向条件限制不能太大，制动开始时应将 I_a 限制在最大允许值 I_{max}。这时电枢回路外串电阻的最小值为

$$R_{cmin} = \frac{E_a}{I_{amax}} - R_a \qquad (3\text{-}20)$$

式中，E_a 为制动开始时电动机的电枢电动势。

　　从图 3-25 所示的机械特性可见，在制动过程中，制动转矩随转速 n 的降低而减小，制动作用减弱，拖长了制动时间。为了克服这个缺点，在某些生产机械中采用多级能耗制动。图 3-26a 为两级能耗制动时的接线。制动开始时触头 KM1、KM2 断开，电阻 R_{c1}、R_{c2} 全部串入电枢电路中，机械特性为图 3-26b 中的直线 1，随着转速下降，运行点沿 B→C 下降，在 C 点，KM1 闭合，切除电阻 R_{c1}，瞬间电磁转矩增大，运行点从 B 过渡到特性 2 的 D 点。此后 n 及 T 将沿 D→E 变化，至 E 点时，KM2 闭合，切除电阻 R_{c2}，运行点从 E 过渡到 F，并沿 F→O 变化，直到 O 点，$n = 0$，系统停车。

　　采用分级能耗制动，增大了平均制动转矩，缩短了制动时间。

2. 能耗制动运行

　　他励直流电动机拖动位能性负载在固有机械特性的 A 点运行，以转速 n_A 提升重物，如图 3-27a 所示。为了放下重物，首先采用能耗制动过程使电动机停止。电动机的工作点从 A→B→O 变化，如图 3-27b 所示。在 O 点，T 和 n 均为零，重物被吊在空中，

如果不用机械闸抱住电动机轴，那么，在位能负载 T'_L 的作用下电动机将反转，重物下降，$n<0$，$E_a<0$，$I_a>0$，$T>0$，T 与 n 方向相反，为阻碍运动的制动转矩，电动机的运行点将沿图 3-27c 中的 $O \to C$ 变化。随着电动机反转速度升高，E_a 不断增大，因而 I_a 及 T 也增大，直到 C 点，$T=T'_L$，电动机将在第Ⅳ象限中的工作点 C 以稳定转速 $-n_C$ 下放重物，这时电动机产生的制动转矩起到了限制重物下降速度的作用，否则，在重力作用下重物的下降速度将持续升高。电动机在 C 点的稳定运行状态，称为能耗制动运行。

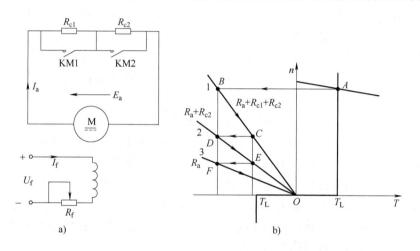

图 3-26　两级能耗制动的线路及机械特性

a）两级能耗制动线路　b）两级能耗制动的机械特性

二级能耗制动的线路及机械特性

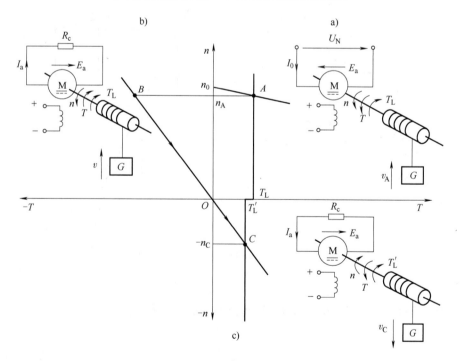

能耗制动运行

图 3-27　能耗制动运行原理

a）电动运行　b）能耗制动过程　c）能耗制动运行

能耗制动运行时的功率关系与能耗制动过程时是一样的，不同的只是能耗制动运行状态下，机械功率的输入是靠重物下降时减少的位能提供的。

三、反接制动

1. 电压反接制动

为了实现快速停车，在生产中除采用能耗制动外，还采用电压反接制动。

图 3-28a 为电压反接制动时的接线图。当接触器的触头 KM1 闭合、KM2 断开时，电动机拖动反抗性恒转矩负载在固有机械特性的 A 点运行，如图 3-28b 所示。制动时，触头 KM1 断开，KM2 闭合，将电源电压反极性，同时在电枢回路中串入了电阻 R_c。这时 $U = -U_N$；电枢回路总电阻为 $R_a + R_c$；$\Phi = \Phi_N$。电动机的机械特性方程式变为

$$n = \frac{-U_N}{C_e\Phi_N} - \frac{R_a + R_c}{C_e\Phi_N C_T\Phi_N}T = -n_0 - \beta T \tag{3-21}$$

相应的机械特性为图 3-28b 中第 Ⅱ 象限的直线 2。在电路切换瞬间，转速 n_A 不能突变，工作点从 A 过渡到机械特性 2 的 B 点。在 B 点，电磁转矩 $T = T_B < 0$，$n > 0$，二者方向相反，电磁转矩成为制动转矩，电动机减速，T 及 n 沿机械特性 2 的 $B \to C$ 向下变化。在 C 点 $n = 0$，停车过程结束，触头 KM2 断开，将电动机的电源切除。在这一过程中，电动机运行于第 Ⅱ 象限，是转速从稳定值 n_A 降到零的过渡过程。这种制动是通过把电源电压极性反接实现的，所以称为电压反接制动。

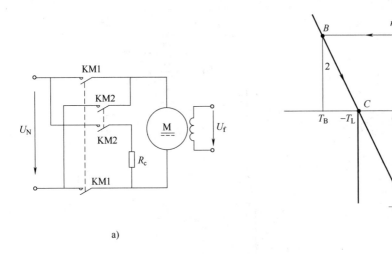

图 3-28　电压反接制动的接线和机械特性
a）接线图　b）机械特性

电压反接制动时，$U = U_N < 0$，$n > 0$，$E_a > 0$，电枢电流

$$I_a = \frac{U_N - E_a}{R_a + R_c} < 0$$

因此，系统输入的电功率 $U_N I_a > 0$。电动机轴上的功率 $P_2 = T_2\Omega < 0$，电磁功率 $P_M = E_a I_a = T\Omega < 0$。根据拖动系统功率平衡关系

$$U_N I_a - E_a I_a = I_a^2 (R_a + R_c)$$

可知，在电压反接制动过程中，电动机从轴上输入的机械功率 $P_2 < 0$，扣除空载损耗功率 p_0 后即转变为电功率 $P_M = E_a I_a < 0$，这部分功率和从电源输入的电功率 $U_N I_a > 0$，两者都消耗在电枢回路的电阻上。其功率流程图如图 3-29 所示。

电压反接制动开始瞬间，电枢电流的大小取决于电源电压 U_N、制动开始时电枢电动势 E_a 及电枢回路电阻 $R_a + R_c$。如果制动前电动机在固有特性上运行，$E_a \approx U_N$，为

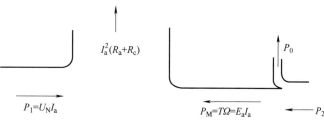

图 3-29　电压反接制动过程中的功率流程图

了把电枢电流限制在最大允许值 I_{amax}，电枢外串电阻的最小值应为

$$R_{cmin} = \frac{U_N + E_a}{I_{max}} - R_a \approx \frac{2U_N}{I_{amax}} \tag{3-22}$$

对同一台电动机，由换向条件决定的最大允许电枢电流 I_{cmax} 只有一个，所以采用电压反接制动时电枢回路外串电阻的最小值差不多比采用能耗制动时增大了一倍，机械特性的斜率也差不多比能耗制动时增大了一倍，如图 3-30 所示。由图不难看出，如果制动开始时两种制动方法的电枢电流都等于最大允许值 I_{amax}，那么，在制动停车的过程中电压反接制动的制动转矩比能耗制动大，因此制动停车的时间短。

在电压反接制动过程结束瞬间 $n = 0$，但电磁转矩 T 却不为零。此时若 $|T|$ 大于反抗性负载转矩 $|T_L|$，如图 3-30 中的 C 点所示，则为了停车就应立即切断电源，否则电动机就要反向起动，直到 D 点，以 $-n_D$ 稳定运行。可见

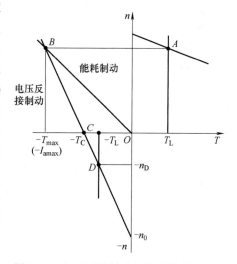

图 3-30　电压反接制动与能耗制动的比较

采用电压反接制动不如能耗制动容易实现准确停车。但对于要求频繁正、反转的生产机械来说，采用反接制动可以使正向停车和反向起动连续进行，缩短了从正转到反转的过渡过程时间。

2. 电动势反接制动

见图 3-31a，他励直流电动机拖动位能性负载，假定接触器触头 KM 闭合，电阻 R_c 被短路，电动机工作在正向电动状态，工作点在固有机械特性 1 的 A 点，以转速 n_A 提升重物。为了低速下放重物，可使触头 KM 断开，将电阻 R_c 串入电枢回路中。此时，电动机将从固有机械特性 1 的 A 点过渡到人为机械特性 2 上的 B 点，在 B 点，$T_B < T_L$，电动机减速，T 及 n 沿人为机械特性 2 从 $B \rightarrow C$ 变化。随着 n 下降，E_a 减小，I_a 增大，T 相应增大。至 C 点，$n = 0$，$E_a = 0$，重物停止上升。此时，电磁转矩 $T = T_c$ 小于位能负载转矩 T'_L，故 T'_L 将拖动电动机反转，$n < 0$，电枢电动势 E_a 也改变方向，变成与电

源电压 U_N 同方向，而电枢电流 $I_a = (U_N - E_a)/(R_a + R_c)$ 仍为正，因此 $T>0$，成为阻碍运动的制动转矩。随着电动机反转速度升高，E_a 不断增大，I_a 及 T 也相应增大，电动机的运行点将沿机械特性 2 在第 Ⅳ 象限从 C 点向 D 点变化。直到 D 点电磁转矩 $T = T_D = T'_L$，转速不再增加，以稳定转速 $-n_D$ 下放重物，从而限制了重物下降的速度。

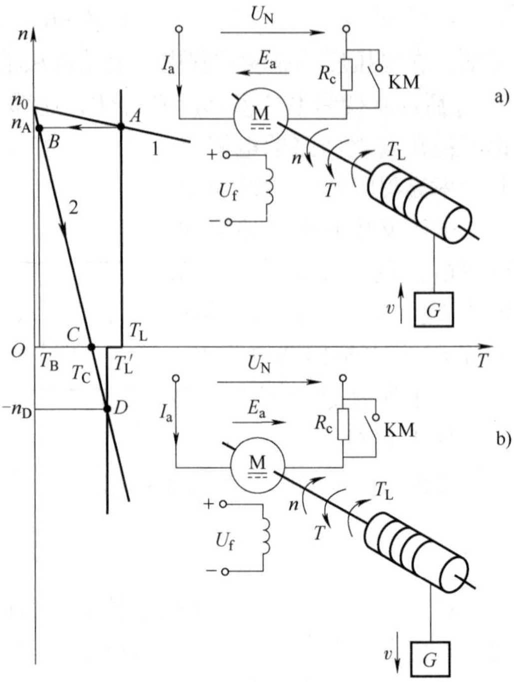

反接制动

电动机在第 Ⅳ 象限的 D 点运行时 $T>0$，$n<0$，二者方向相反，为制动状态。在这种制动方法中，电动机按正转运行接线，但 $n=0$ 时电磁转矩小于位能负载转矩，结果电动机被位能负载转矩拖动着反向旋转，电磁转矩则成为制动转矩。同时电枢电动势 E_a 也因电动机反转而改变方向，变成与电源电压相加，共同产生电枢电流。随着电动机反转速度升高，E_a 增大，I_a 及 T 也相应增大。可见这种制动方法与电压反接制动都是在 $U + E_a$ 的情况下工作，只不过电压反接制动是把电源电压反接，而这种制动则是把 E_a 反向，因此称为电动势反接制动。

由于电动势反接制动可以在第 Ⅳ 象限稳定运行，所以是制动运行工作状态。这种运行状态主要用于起重机提升机构低速下放重物。

电动势反接制动的功率关系与电压反接制动的功率关系一样，功率流程图如图 3-29 所示，其差别仅在于电压反接制动时电动机输入的机械功率是由系统释放的动能提供的，而电动势反接制动则是由位能负载减少的位能提供。

图 3-31 他励直流电动机的电动势反接制动
a) 正向电动状态 b) 电动势反接制动

四、回馈制动

1. 他励直流电动机回馈制动的基本概念

他励直流电动机在电动状态下运行时，电源电压 U 与电枢电动势 E_a 方向相反，且 $|U|>|E_a|$，电枢电流 I_a 从电源流向电枢，产生拖动转矩，电动机从电源输入的电功率 $UI_a>0$。如果能设法使他励直流电机的实际转速 $n = \dfrac{E_a}{C_e \Phi}$ 高于理想空载转速 $n_0 = \dfrac{U}{C_e \Phi}$，亦即 $|E_a|>|U|$，则 E_a 将迫使 I_a 改变方向，电磁转矩也改变方向成为制动转矩，电动机进入制动状态。此时由于 U 与 I_a 方向相反，I_a 从电枢流向电源，$UI_a<0$，电动机向电源馈送功率 UI_a，所以把这种制动称为回馈制动。

在回馈制动状态下运行时，电动机轴功率 $P_2 = T_2 \Omega < 0$，即从轴上输入机械功率，扣除空载损耗功率 p_0 后即转变为电功率 $E_a I_a$，其中一小部分损耗在电枢回路中的电阻

上（$I_a^2 R_a$），剩余的大部分 $U I_a = E_a I_a - I_a^2 R_a$ 则回馈电网。其功率流程图如图 3-32 所示。可见，此时电动机已成为与电网并联运行的发电机，向电网回馈电功率。这是回馈制动与其他制动方法的主要区别。

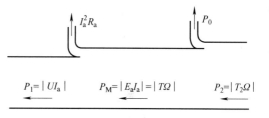

图 3-32 回馈制动时的功率流程图

在实际的拖动系统中，当电动机在电动状态下运行而突然降低电源电压；或者当电动机按反向运转接线，拖动位能负载高速下放重物时，都能出现回馈制动状态。

2. 降低电源电压的回馈制动

如图 3-33 所示，一台他励直流电动机由可调直流电源供电，拖动恒转矩负载在固有机械特性曲线 1 的 A 点上稳定运行，转速为 n_A。如果突然把电源电压降到 U_1，则电动机的机械特性将变为图中的人为机械特性曲线 2，其理想空载转速为 $n_{01} = U_1/C_e \Phi_N$。在降低电压瞬间 n_A 不能突变，电动机的工作点将从 A 点过渡到机械特性曲线 2 的 B 点上。由于 $n_A > n_{01}$ 所以 $E_a > U_1$，电枢电流将改变方向，$I_a < 0$，电磁转矩 $T = T_B < 0$，与 n 的方向相反，成为制动转矩，电动机进入回馈制动状态。在 T 与 T_L 作用下，电动机减速，运行点沿机械特性 2 位于第 II 象限的 BC 段变化。至 C 点，$n = n_{01}$，$E_a = U_1$，I_a 及 T 均降到零，回馈制动结束。此后，系统在负载转矩

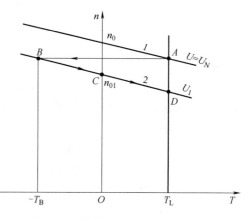

图 3-33 降低电源电压的回馈制动

T_L 的作用下继续减速，电动机的运行点进入第 I 象限，$n < n_{01}$，$E_a < U_1$，I_a 及 T 均变为正，电动机又恢复为正向电动状态，但由于 $T < T_L$，n 将继续下降，直到 D 点，$T = T_L$，$n = n_D$，电动机稳定运行。

3. 位能负载下放重物时的回馈制动

当起重机把重物提升到一定高度时，如欲停止提升，可切断电动机电源，同时施以机械闸，使电动机转速 $n = 0$，重物被吊在空中。

为了高速下放重物，在松开机械闸后反向起动电动机。此时电动机的机械特性位于第 III 象限，电动机工作在反向电动状态，如图 3-34 所示。在反向起动过程中，电动机的电磁转矩 $T < 0$，位能负载转矩 $T_L > 0$，二者方向一致，都是拖动转矩。在它们的共同作用下，电动机转速迅速升高。运行点从电动机机械特性的 A 点向 B 点变化。随着反向转速的升高，$|E_a|$ 增大，$|I_a|$ 减小，$|T|$ 也相应减小，直到 B 点，$n = -n_0$，$T = 0$，但在位能负载转矩 T_L 作用下系统仍将继续反向升速。当 $|n| > |n_0|$ 时，电动机进入第 IV 象限。此时 $|E_a| > |U_N|$，电枢电流改变了方向，$I_a > 0$，电磁转矩也相应改变方向，成为制动转矩，电动机的工作状态变成回馈制动状态。由于电磁转矩的制动作用，重物下降的加速度减小，并且随着 $|n|$ 增加，电磁转矩不断增大，制动作用不断加强，

重物下降的加速度也越来越小。直到 C 点，$T=T_L$，电动机稳定运行，重物以恒定的速度下降。这种回馈制动称为反向回馈制动。

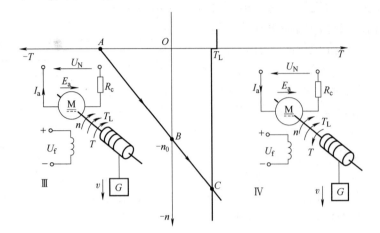

图 3-34　下放重物时的回馈制动

从图 3-34 可以看出，电枢外串电阻 R_c 越大，电动机的机械特性斜率就越大，反向回馈制动运行的转速也就越高。为了防止重物下放的速度过高，通常在电枢回路中不串电阻。即使这样，电动机的转速仍高于 n_0，所以这种制动方法仅在起重机下放较轻的重物时才采用。

例 3-5　一台他励直流电动机的数据为 $P_N = 22\text{kW}$，$U_N = 220\text{V}$，$I_N = 115\text{A}$，$n_N = 1500\text{r/min}$，$R_a = 0.1\Omega$，最大允许电流 $I_{amax} \leq 2I_N$，原在固有机械特性上运行，负载转矩 $T_L = 0.9T_N$，试计算：

（1）拖动反抗性恒转矩负载，采用能耗制动停车，电枢回路中应串入的最小电阻为多少？

（2）拖动位能性恒转矩负载，如起重机，传动机构的损耗转矩 $\Delta T = 0.1T_N$，要求电动机以 $n = -200\text{r/min}$ 恒速下放重物，采用能耗制动运行，电枢回路中应串入多少欧姆电阻？该电阻上消耗的功率是多少？

（3）拖动反抗性恒转矩负载，采用反接制动停车，电枢回路中应串入的电阻最小值是多少？

（4）拖动位能性恒转矩负载，电动机运行在 $n = -1000\text{r/min}$，恒速下放重物，采用电动势反接制动，电枢中应串入的电阻值是多少？该电阻上消耗的功率是多少？

（5）拖动位能性恒转矩负载，采用反向回馈制动运行下放重物，电枢回路中不串电阻，电动机的转速是多少？

解：先求 $C_e\Phi_N$、n_0 及 Δn_N。

$$C_e\Phi_N = \frac{U_N - I_N R_a}{n_N} = \frac{220 - 115 \times 0.1}{1500} = 0.139$$

$$n_0 = \frac{U_N}{C_e\Phi_N} = \frac{220}{0.139}\text{r/min} = 1582.7\text{r/min}$$

$$\Delta n_N = n_0 - n_N = (1582.7 - 1500)\text{r/min} = 82.7\text{r/min}$$

（1）反抗性恒转矩负载能耗制动过程应串电阻值的计算

额定运行时的电枢电动势 E_{aN}

$$E_{aN} = C_e\Phi_N n_N = 0.139 \times 1500 V = 208.5 V$$

负载为 $0.9T_N$ 时的转速降 Δn

$$\Delta n = \frac{T_L}{T_N}\Delta n_N = 0.9\Delta n_N = 0.9 \times 82.7 r/min = 74.4 r/min$$

$T_L = 0.9T_N$ 时的转速 n

$$n = n_0 - \Delta n = (1582.7 - 74.4) r/min = 1508.3 r/min$$

制动开始时的电枢电动势 E_a

$$E_a = \frac{n}{n_N}E_{aN} = \frac{1508.3}{1500} \times 208.5 V = 209.7 V$$

能耗制动过程应串入的电阻值 R_{cmin}

$$R_{cmin} = \frac{E_a}{I_{amax}} - R_a = \left(\frac{209.7}{2 \times 115} - 0.1\right)\Omega = 0.812\Omega$$

（2）位能性恒转矩负载能耗制动运行时，电枢回路串入的电阻值及消耗功率的计算

反转时的负载转矩 T_{L2}

$$T_{L2} = T_{L1} - 2\Delta T = 0.9T_N - 2 \times 0.1T_N = 0.7T_N$$

稳定运行时的电枢电流 I_a

$$I_a = \frac{T_{L2}}{T_N}I_N = 0.7I_N = 0.7 \times 115 A = 80.5 A$$

转速为 $-200r/min$ 时的电枢电动势 E_a

$$E_a = C_e\Phi_N n = 0.139 \times (-200) V = -27.8 V$$

电枢回路中应串入的电阻值

$$R_c = -\frac{E_a}{I_a} - R_a = \left[-\frac{(-27.8)}{80.5} - 0.1\right]\Omega = 0.245\Omega$$

R_c 上消耗的功率 p_R

$$p_R = I_a^2 R_c = 80.5^2 \times 0.245 W = 1588 W$$

（3）反接制动停车时，电枢串入附加电阻最小值 R_{cmin} 的计算

$$R_{cmin} = \frac{U_N + E_a}{I_{amax}} - R_a = \left(\frac{220 + 209.7}{2 \times 115} - 0.1\right)\Omega = 1.768\Omega$$

（4）拖动位能性恒转矩负载，电动势反接制动运行时电枢回路串入的电阻及其功率损耗的计算

转速为 $-1000r/min$ 时的电枢电动势 E_a

$$E_a = \frac{n}{n_N}E_{aN} = \frac{-1000}{1500} \times 208.5 V = -139 V$$

电枢回路中应串入的电阻值 R_c

$$R_c = \frac{U_N - E_a}{I_a} - R_a = \left[\frac{220 - (-139)}{80.5} - 0.1\right]\Omega = 4.36\Omega$$

R_c 上消耗的功率 p_R

$$p_R = I_a^2 R_c = 80.5^2 \times 4.36W = 28254W$$

（5）拖动位能性恒转矩负载，反向回馈制动运行时电动机转速的计算

$$n = \frac{-U_N}{C_e \Phi_N} - \frac{I_a R_a}{C_e \Phi_N} = -n_0 - \frac{I_a}{I_N}\Delta n_N = (-1582.7 - 0.7 \times 82.7)r/min = -1641r/min$$

五、他励直流电动机四象限运行的分析方法

他励直流电动机机械特性方程式的一般形式为

$$n = \frac{U}{C_e \Phi} - \frac{R_a + R_c}{C_e C_T \Phi} T = n_0 - \beta T$$

当按规定正方向用曲线表示机械特性时，电动机的固有机械特性及人为机械特性将位于直角坐标的四个象限之中。在 I、III 象限内为电动状态；II、IV 象限内为制动状态。

电动机的负载有反抗性负载、位能性负载及风机泵类负载等。它们的机械特性也位于直角坐标的四个象限之中。

在电动机机械特性与负载机械特性的交点处，$T = T_L$，$dn/dt = 0$，电动机稳定运行。该交点即为电动机的工作点。所谓运转状态就是指电动机在各种情况下稳定运行时的工作状态。图 3-35 示出了他励直流电动机的各种运转状态。

四象限
运行演示

电动机在工作点以外的机械特性上运行时，$T \neq T_L$，系统将处于加速或减速的过渡过程之中。

利用位于四个象限的电动机机械特性和负载机械特性，就可以分析运转状态的变化情况，其方法如下：

假设电动机原来运行于机械特性的某点上，处于稳定运转状态。当人为地改变电动机参数时，如降低电源电压、减弱磁通或在电枢回路中串电阻等，电

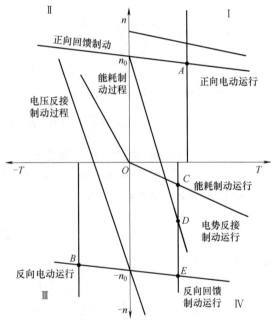

图 3-35　他励直流电动机的各种运转状态

动机的机械特性将发生相应的变化。在改变电动机参数瞬间，转速 n 不能突变，电动机将以不变的转速从原来的运转点过渡到新特性上来。在新特性上电磁转矩将不再与负载转矩相等，因而电动机便运行于过渡过程之中。这时转速是升高还是降低，由 $T - T_L$ 为正或负来决定。此后运行点将沿着新机械特性变化，最后可能有两种情况：

1）电动机的机械特性与负载机械特性相交，得到新工作点，在新的稳定状态下运行。

2）电动机将处于静止状态。例如，电动机拖动反抗性恒转矩负载，在能耗制动过程中当 $n = 0$ 时，$T = 0$。

上述方法是分析电力拖动系统运动过程最基本的方法，它不仅适用于他励直流电动机拖动系统，也适用于交流电动机拖动系统。

第五节 电力拖动系统的过渡过程

一、电力拖动系统过渡过程的一般概念

在电力拖动系统中，如果电动机的电磁转矩与负载转矩大小相等方向相反，互相平衡时，拖动系统将处于稳定运行状态。这时，电磁转矩 T、电枢电流 I_a、转速 n 及电枢电动势 E_a 等都不再随时间变化。如果转矩平衡关系 $T = T_L$ 被破坏了，拖动系统就会从一个稳定状态过渡到另一个新的稳定状态。

电力拖动系统的过渡过程就是指拖动系统从一个稳定状态到另一个稳定状态中间的过程。在过渡过程中，T、n、I_a 等都将随时间而变化，它们都是时间的函数。

过渡过程总是需要一定时间的，这是因为拖动系统中存在着惯性环节。如拖动系统中的运动部分都具有一定的质量，作旋转运动时具有一定的转动惯量。如果折算到电动机轴上的拖动系统总转动惯量为 J，那么，当电动机的角速度为 Ω 时，系统储存的动能为 $J\Omega^2/2$。在过渡过程中角速度变化时，系统动能的变化为

$$\frac{\mathrm{d}}{\mathrm{d}t}\left(\frac{1}{2}J\Omega^2\right) = J\Omega\frac{\mathrm{d}\Omega}{\mathrm{d}t} = \Omega(T - T_L)$$

如果过渡过程不需要时间，即角速度可以突变，$\mathrm{d}\Omega/\mathrm{d}t = \infty$，那么，只有电动机输出功率 $T\Omega = \infty$ 才行，这显然是不可能的。另外，电动机电枢回路都具有一定的电感 L_a，电感中电流也不能突变，所以电流变化也需要一定的时间。

总之，由于拖动系统具有机械惯性和电磁惯性，而电源和电动机能够输出的功率是有限的，Ω 和 I_a 都不能突变，因此，电力拖动系统从一个稳定状态向另一个稳定状态过渡时要有一个变化过程，这就是电力拖动系统的过渡过程。

前面讲的电动机的机械特性、调速以及制动等内容属于电力拖动系统的稳态特性。主要研究在同一时间内 T 与 n 之间的函数关系。电力拖动系统过渡过程研究的问题则是 T、n、I_a 等随时间变化的规律，是电力拖动系统的动态特性。研究拖动系统的动态特性需要建立系统的微分方程式，并求出其解 $n = f(t)$、$T = f(t)$ 及 $I_a = f(t)$ 等。对于他励直流电动机，当磁通 $\Phi = \Phi_N$ 并保持恒定时，系统的动态特性可用如下的微分方程组来描述：

$$\begin{cases} U = L_a \dfrac{\mathrm{d}I_a}{\mathrm{d}t} + E_a + I_a R_a \\[2mm] T - T_L = \dfrac{GD^2}{375}\dfrac{\mathrm{d}n}{\mathrm{d}t} \\[2mm] E_a = C_e \Phi_N n \\[2mm] T = C_T \Phi_N I_a \end{cases} \tag{3-23}$$

求出该微分方程组的解就得到了拖动系统的动态特性。这种把电磁惯性 L_a 及机械惯性 GD^2 都考虑的过渡过程，称为机电过渡过程。

通常电枢回路的电感 L_a 比较小，电磁惯性比机械惯性小很多，因此可以忽略电磁惯性对过渡过程的影响，认为 $L_a = 0$。这时微分方程组中电压平衡方程式变为代数方程式，使问题得到简化。这种只考虑机械惯性的过渡过程称为机械过渡过程。

应用电力拖动装置的各类生产机械，对电力拖动系统过渡过程提出的要求是不一样的。例如，可逆式轧钢机及轧钢机的辅助机械、龙门刨床的工作台等，要求起动、制动及反转的过渡过程尽量快，以缩短过渡过程时间，提高生产率；高楼电梯、矿井卷扬机、地铁电车等，从安全以及乘客生理感觉条件出发，要求起动和制动平稳，加速度和减速度不能过大。此外生产机械在过渡过程中在能量损耗大小、准确停车、协调运转、精密稳速调节等方面，也都对电力拖动系统的过渡过程提出不同的要求。

为了满足生产机械对过渡过程的不同要求，需要对电力拖动系统过渡过程的规律，即电流、转矩和转速等量对时间的变化规律进行分析，从而正确地选择及合理使用电力拖动装置，以求达到提高生产率、提高产品质量、减轻劳动强度的目的。

二、他励直流电动机拖动系统过渡过程的数学分析

1. 机械过渡过程的一般表达式

电力拖动系统过渡过程是两个稳定状态之间的过程，这一过程在机械特性曲线上就是运行点从过渡过程的起始点向稳定点变化的过程。例如，图 3-36 所示他励直流电动机在切除电枢外串电阻 R_c 时的机械过渡过程。原来电动机在 A 点稳定运行，切除 R_c 时运行点将沿 $A \rightarrow B \rightarrow C$ 变化，其中 B 点是过渡过程的起始点，C 点是过渡过程结束后的稳定工作点。

下面讨论在从 $B \rightarrow C$ 的机械过渡过程中，n、T 及 I_a 等随时间的变化规律。

在以下的讨论中，除假定 $L_a = 0$ 以外，还假定电源电压 U、磁通 Φ 及负载转矩 T_L 都保持不变，并用 n_i、T_i 及 I_{ai} 表示各量在过渡过程开始瞬间的数值，称为初始值；用 n_s、T_s 及 I_{as} 分别表示过渡过程结束时的值，称为稳态值，如图 3-36 所示。

（1）转速的变化规律 $n = f(t)$ 分析转速 n 的过渡过程的依据是拖动系统的运动方程式，已知条件为电动机及生产机械的机械特性；过渡过程的起始点、稳定点及折算到电动机轴上的拖动系统总飞轮力矩 GD^2。

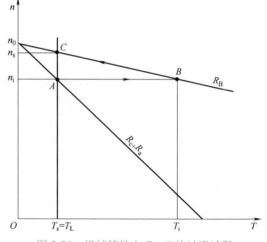

图 3-36 机械特性上 $B \rightarrow C$ 的过渡过程

拖动系统的运动方程式为

$$T - T_L = \frac{GD^2}{375} \frac{dn}{dt}$$

由该式求出电磁转矩 T，代入他励直流电动机的机械特性方程式中得到

$$n = n_0 - \beta \left(\frac{GD^2}{375} \frac{dn}{dt} + T_L \right) = n_0 - \beta T_L - \beta \frac{GD^2}{375} \frac{dn}{dt}$$

式中，$n_0 - \beta T_L$ 就是过渡过程结束后电动机转速的稳态值 n_s，因此上式可写成

$$n = n_s - \beta \frac{GD^2}{375} \frac{dn}{dt}$$

令 $T_M = \beta \dfrac{GD^2}{375}$，代入上式可得

$$T_M \frac{\mathrm{d}n}{\mathrm{d}t} + n = n_s \tag{3-24}$$

式（3-24）是关于 n 的一阶常系数非齐次微分方程式。它的通解为

$$n = n_s + Ce^{-\frac{t}{T_M}} \tag{3-25}$$

式中的积分常数 C 由初始条件确定。当 $t=0$ 时，$n=n_i$，代入式（3-25）得

$$C = n_i - n_s$$

最后得式（3-24）的解为

$$n = n_s + (n_i - n_s)\,e^{-\frac{t}{T_M}} \tag{3-26}$$

式（3-26）即为转速 n 的机械过渡过程解析式 $n=f(t)$。

（2）电磁转矩的变化规律 $T=f(t)$　在机械过渡过程中，n 与 T 之间的关系仍由电动机的机械特性确定。例如，在图 3-36 中的机械特性上，有

$$\begin{cases} n = n_0 - \beta T \\ n_s = n_0 - \beta T_L \\ n_i = n_0 - \beta T_i \end{cases} \tag{3-27}$$

把式（3-27）代入式（3-26）中，整理后可得

$$T = T_s + (T_i - T_s)\,e^{-\frac{t}{T_M}} \tag{3-28}$$

（3）电枢电流的变化规律 $I_a=f(t)$　因为 Φ 为常数，$T \propto I_a$，所以只要用 $C_T\Phi$ 除式（3-28）的两边，即得电枢电流的变化规律

$$I_a = I_{as} + (I_{ai} - I_{as})\,e^{-\frac{t}{T_M}} \tag{3-29}$$

2. 机械过渡过程解析式的讨论

比较式（3-26）、式（3-28）、式（3-29），可见：

1）这三个式子具有相同的形式，它们都包含有两个分量，一个是强制分量，即过渡过程结束时的稳态值 n_s、T_s 及 I_{as}；另一个是自由分量 $(n_i - n_s)\,e^{-\frac{t}{T_M}}$、$(T_i - T_s)\,e^{-\frac{t}{T_M}}$ 及 $(I_{ai} - I_{as})\,e^{-\frac{t}{T_M}}$。这些自由分量在过渡过程中按指数规律衰减至零。所以各量在过渡过程中都是从初始值 $(n_i、T_i、I_{ai})$ 开始，按指数规律变化，直到过渡过程结束时的稳态值 $(n_s、T_s、I_{as})$，画成曲线如图 3-37 所示。

2）过渡过程持续的时间取决于自由分量衰减的快慢，即取决于 T_M 的大小。T_M 为

$$T_M = \beta \frac{GD^2}{375} = \frac{R_a + R_c}{C_e C_T \Phi^2} \frac{GD^2}{375} = \frac{\Delta n}{T_s} \frac{GD^2}{375} = \frac{n_s - n_i}{T_i - T_s} \frac{GD^2}{375} \tag{3-30}$$

T_M 的量纲为

$$\frac{\dfrac{1}{s}}{N \cdot m} \dfrac{N \cdot m^2}{\dfrac{m}{s^2}} = s$$

101

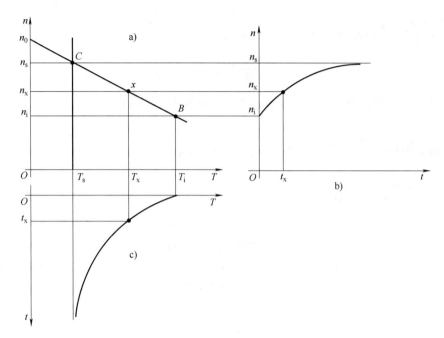

图 3-37　他励直流电动机的机械过渡过程曲线

a）机械特性　b）$n=f(t)$ 曲线　c）$T=f(t)$ 曲线

所以 T_M 为时间量，单位为 s。因为 T_M 与机械量（GD^2）和电量（R、Φ、I_a）都有关系，并且在过渡过程中 T_M 的值不变，所以把 T_M 称为机电时间常数。

3）初始值、稳态值和机电时间常数是决定机械过渡过程的三个要素。如果它们被确定了，相应的机械过渡过程曲线也就唯一地被确定了。三个要素中初始值及稳态值是电动机机械特性上的运行点；机电时间常数则与机械特性的斜率成正比，所以过渡过程与机械特性有密切的联系。通过机械特性的计算，求得过渡过程的三个要素后，即可利用机械过渡过程的解析式计算过渡过程曲线。

4）过渡过程时间的计算：从过渡过程解析式可见，只有 $t=\infty$ 时，自由分量才能衰减到零，结束过渡过程。但实际上当 $t=4T_M$ 时，各量即可达到稳态值的 98%，这时就可以认为过渡过程已经结束。

在工程设计中，有时需要计算过渡过程中各量达到某数值时所经历的时间。例如，在图 3-37 中需求出 $n=n_x$ 时所需时间 t_x。这时可根据式（3-26）令 $n=n_x$，从而可求得 $t=t_x$，即

$$t_x = T_M \ln \frac{n_i - n_s}{n_x - n_s} \tag{3-31}$$

同理，当过渡过程进行到 $T=T_x$ 或 $I_a=I_{ax}$ 时，所经历的时间 t_x 可分别由式（3-27）、式（3-28）求得

$$t_x = T_M \ln \frac{T_i - T_s}{T_x - T_s} \tag{3-32}$$

$$t_x = T_M \ln \frac{I_{ai} - I_{as}}{I_{ax} - I_{as}} \tag{3-33}$$

三、起动的过渡过程

1. 起动过渡过程曲线的计算

图 3-38a 是电枢串电阻起动时的机械特性。图中 B 点是起动的初始点，初始转速 $n_i=0$，初始转矩 $T_i=T_{si}$；稳定转速 $n_s=n_A$，稳定转矩为 $T_s=T_L$；机电时间常数为

$$T_M=\beta\frac{GD^2}{375}=\frac{n_0}{T_{si}}\frac{GD^2}{375}=\frac{n_0-n_A}{T_L}\frac{GD^2}{375}=\frac{n_A}{T_{st}-T_L}\frac{GD^2}{375}$$

把按机械特性计算得出的三个要素值代入式（3-26）、式（3-28），即可得到计算起动过渡过程的解析式

$$\begin{cases}n=n_A\left(1-e^{-\frac{t}{T_M}}\right)\\ T=T_L+(T_{st}-T_L)e^{-\frac{t}{T_M}}\end{cases}\quad(3\text{-}34)$$

按式（3-34）可计算得出过渡过程曲线 $n=f(t)$、$T=f(t)$ 曲线及起动时间。如图 3-38b、c 所示。

2. 逐级切除起动电阻时过渡过程的计算

逐级切除起动电阻的起动过程在前面已有定性说明，现在利用机械过渡过程的解析式定量计算 $n=f(t)$ 及 $T=f(t)$ 曲线及起动时间。

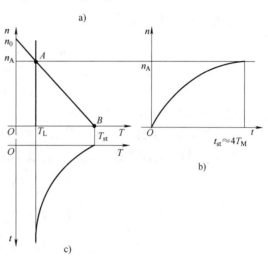

图 3-38　起动过渡过程
a) 机械特性　b) $n=f(t)$ 曲线　c) $T=f(t)$ 曲线

（1）$n=f(t)$ 曲线的计算　图 3-39a 是三级起动时的机械特性。其中第一起动级的初始转速 $n_{i1}=0$，稳定转速为 n_{s1}，机械特性斜率 $\beta_1=\frac{n_0-n_{s1}}{T_L}$，故机电时间常数为

$$T_{M1}=\frac{n_0-n_{s1}}{T_L}\frac{GD^2}{375}$$

求得 n_{s1} 及 T_{M1} 后，按起动时的过渡过程的解析式

$$n_1=n_{s1}\left(1-e^{-\frac{t}{T_{M1}}}\right)$$

即可计算第一起动级的 $n_1=f(t)$ 曲线。

第一起动级经历的时间为

$$t_{st1}=T_{M1}\ln\frac{n_{s1}}{n_{s1}-n_{x1}}$$

式中，n_{x1} 为切除第一起动电阻瞬间电动机的转速，见图 3-39a。

第二起动级转速的初始值 $n_{i2}=n_{x1}$，稳态值为 n_{s2}，机电时间常数为

$$T_{M2}=\beta_2\frac{GD^2}{375}=\frac{n_0-n_{s2}}{T_L}\frac{GD^2}{375}$$

转速过渡过程解析式为

$$n_2 = n_{s2} + (n_{x1} - n_{s2}) e^{-\frac{t}{T_{M2}}}$$

加速到 n_{x2} 的时间

$$t_{st2} = T_{M2} \ln \frac{n_{s2} - n_{x1}}{n_{s2} - n_{x2}}$$

第三起动级起动特性的初试转速为 n_{x2}，稳态值为 n_s，机电时间常数为

$$T_{M3} = \frac{n_0 - n_s}{T_L} \frac{GD^2}{375}$$

过渡过程解析式为

$$n = n_s + (n_{x2} - n_s) e^{-\frac{t}{T_{M3}}}$$

加速到 n_s 的时间为 $t_{s3} = 4T_{M3}$。总起动时间为

$$t_{st} = t_{s1} + t_{s2} + t_{s3}$$

转速过渡过程曲线如图 3-39b 所示。

（2）$T = f(t)$ 曲线的计算　由图 3-39a 可知，各起动级的初始值都等于 T_{st1}，稳态值都是 T_L，机电时间常数为 T_{M1}、T_{M2} 及 T_{M3}，因此各段过渡过程的解析式为

$$T_1 = T_L + (T_{st1} - T_L) e^{-\frac{t}{T_{M1}}}$$

$$T_2 = T_L + (T_{st1} - T_L) e^{-\frac{t}{T_{M2}}}$$

$$T_3 = T_L + (T_{st1} - T_L) e^{-\frac{t}{T_{M3}}}$$

各段加速时间与前面求得的 t_{st1}、t_{st2}、t_{st3} 一致，过渡过程曲线如图 3-39c 所示。

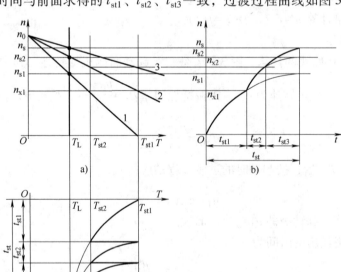

逐级切除
起动电阻的
过渡过程

图 3-39　分级起动时的过渡过程

a）机械特性　b）$n = f(t)$ 曲线　c）$T = f(t)$ 曲线

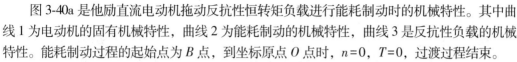

四、能耗制动过渡过程

1. 拖动反抗性恒转矩负载

图 3-40a 是他励直流电动机拖动反抗性恒转矩负载进行能耗制动时的机械特性。其中曲线 1 为电动机的固有机械特性，曲线 2 为能耗制动的机械特性，曲线 3 是反抗性负载的机械特性。能耗制动过程的起始点为 B 点，到坐标原点 O 点时，$n=0$，$T=0$，过渡过程结束。

由于反抗性恒转矩负载在 $n=0$ 时发生突变，$n \geqslant 0$ 时为 T_L，$n \leqslant 0$ 时为 $-T_L$，这与推导过渡过程解析式时 $T_L=$ 常数的假定条件不符，所以式（3-26）、式（3-28）、式（3-29）等已不适用。在这种情况下，为了计算过渡过程，可将负载机械特性延长到第 Ⅳ 象限，使它与电动机的能耗制动机械特性相交于 C 点，如图 3-40a 中的细实线所示。这就是说，假如在 O 点负载转矩不发生突变，仍为 T_L，那么，过渡过程就将从初始点 B 经过中间点 O 一直进行到稳定点 C。

在这个完整的过渡过程中，初始值为 $n_i=n_A$，$T_i=T_B<0$；稳态值为 $n_s=n_C<0$，$T_s=T_L$。过渡过程的解析式为

$$\begin{cases} n=n_C+(n_A-n_C)\,\mathrm{e}^{-\frac{t}{T_M}} \\ T=T_L+(T_B-T_L)\,\mathrm{e}^{-\frac{t}{T_M}} \end{cases} \tag{3-35}$$

但实际的能耗制动停车过渡过程仅是这完整的过渡过程从 B 到 O 的这一段。在 O 点因负载转矩突变，过渡过程中断了。所以对能耗制动停车的过渡过程来说，式（3-35）仅在 $n \geqslant 0$ 及 $T \leqslant 0$ 的范围内才适用。从 $O \rightarrow C$ 这段过渡过程并未实现，因此把稳定点 C 称为虚稳定点。据此，他励直流电动机拖动反抗性恒转矩负载能耗制动停车过渡过程的解析式可表示为

$$\begin{cases} n=n_C+(n_A-n_C)\,\mathrm{e}^{-\frac{t}{T_M}} & (n \geqslant 0) \\ T=T_L+(T_B-T_L)\,\mathrm{e}^{-\frac{t}{T_M}} & (T \leqslant 0) \end{cases} \tag{3-36}$$

过渡过程曲线如图 3-40b 及 c 的实线所示。由于 $O \rightarrow C$ 这段过渡过程实际并未实现，所以在图中这段过渡过程曲线用细实线表示。

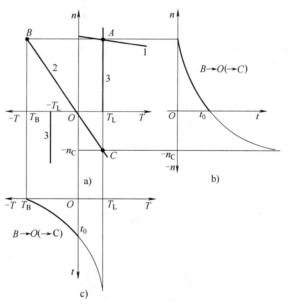

图 3-40　拖动反抗性负载时能耗制动过渡过程
a）机械特性　b）$n=f(t)$ 曲线　c）$T=f(t)$ 曲线

在 $n=f(t)$ 曲线上 $n=0$ 的点，其时间坐标 t_0 就是能耗制动所用的停车时间。把初始点及稳定点的转速值以及 $n=0$ 代入式（3-36），可得到制动时间为

$$t_0=T_M \ln \frac{n_A-n_C}{-n_C} \tag{3-37}$$

也可以根据 $T=f(t)$ 线求出 t_0，即当 $t=t_0$ 时，$T=0$，由式（3-36）得到

$$t_0 = T_\mathrm{M} \ln \frac{T_\mathrm{B}-T_\mathrm{L}}{-T_\mathrm{L}} \tag{3-38}$$

在利用以上公式计算时，式中的 n_C 及 T_B 应代负值。

在图 3-40b 和 c 中，$B \rightarrow O(\rightarrow C)$ 是表示过渡过程的符号，即 B 为初始点，C 为虚稳定点，O 为中间点，$B \rightarrow O$ 为所分析的实际过程，括号中的（$\rightarrow C$）这一段并未真正进行。

2. 拖动位能性恒转矩负载

他励直流电动机拖动位能性恒转矩负载进行能耗制动的机械特性如图 3-41a 所示。其中曲线 1 为固有机械特性，曲线 2 为能耗制动机械特性，曲线 3 为位能性负载的机械特性。

如果能耗制动只用于停车，那么，从 B 点开始，制动到 O 点 $n=0$ 时，应采用机械闸将电动机制动住。这时过渡过程为 $B \rightarrow O(\rightarrow C)$，$C$ 点为虚稳定点。这一过程与拖动反抗性恒转矩负载时相同，其 $n=f(t)$、$T=f(t)$ 曲线为图 3-41b 与 c 中的 $B \rightarrow O(\rightarrow C)$ 段。

如果制动到 $n=0$ 时不采用机械闸制动，那么制动过程将从 O 点开始继续进行，电动机反向加速，直到 D 点稳定运行，D 点为实际的稳定点。这段过渡过程用 $O \rightarrow D$ 表示，初始值为 $n=0$，$T=0$；稳态值为 $n=n_\mathrm{D}<0$，$T=T_\mathrm{L2}$，代入到过渡过程的一般公式［式（3-26）、式（3-28）］，得到

$$\begin{cases} n = n_\mathrm{D}(1-\mathrm{e}^{-\frac{t}{T_\mathrm{M}}}) \\ T = T_\mathrm{L2}(1-\mathrm{e}^{-\frac{t}{T_\mathrm{M}}}) \end{cases} \tag{3-39}$$

过渡过程曲线 $n=f(t)$、$T=f(t)$ 分别如图 3-41b 及 c 中的 $O \rightarrow D$ 段。应当指出，式（3-39）中的时间 t 是从 $t=t_0$ 算起的。

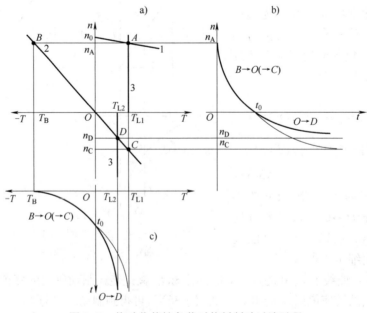

图 3-41　拖动位能性负载时能耗制动过渡过程
a）机械特性　b）$n=f(t)$ 曲线　c）$T=f(t)$ 曲线

制动停车时间 t_0 可按式（3-37）或式（3-38）计算；$O \to D$ 段的过渡过程时间为 $4T_M$，过渡过程总时间为 $t_0 + 4T_M$。

五、反接制动过渡过程

1. 拖动反抗性恒转矩负载

他励直流电动机拖动反抗性恒转矩负载进行反接制动时的机械特性如图 3-42a 所示。其中曲线 1 为电动机的固有机械特性；曲线 2 为电动机反接制动机械特性；曲线 3 为 $n \geq 0$ 时的负载机械特性；曲线 4 为 $n \leq 0$ 时负载的机械特性。

如果反接制动只用于停车而不需要反转，则过渡过程为 $B \to E(\to C)$ 这一段，当过渡过程进行到 E 点 $n=0$ 时，应立即断电抱闸。在这一段过渡过程中，B 为初始点，$n_i = n_A$，$T_i = T_B < 0$；C 点为虚稳定点，$n_s = n_C < 0$，$T_s = T_L$。过渡过程解析式为

$$\begin{cases} n = n_C + (n_A - n_C)\,e^{-\frac{t}{T_M}} & (n \geq 0) \\ T = T_L + (T_B - T_L)\,e^{-\frac{t}{T_M}} & (T \leq T_E) \end{cases} \tag{3-40}$$

过渡过程曲线 $n = f(t)$ 及 $T = f(t)$，如图 3-42b 及 c 中的 $B \to E(\to C)$ 段。从 E 到虚稳定点 C 这段未能实现，用细实线表示。

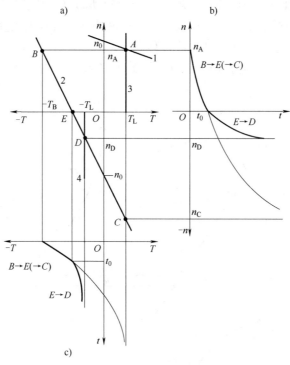

图 3-42　拖动反抗性负载时反接制动过渡过程
a) 机械特性　b) $n = f(t)$ 曲线　c) $T = f(t)$ 曲线

制动到 $n = 0$ 的时间为

$$t_0 = T_M \ln \frac{n_A - n_C}{-n_C}$$

或

$$t_0 = T_M \ln \frac{T_s - T_L}{T_E - T_L}$$

计算时，n_C、T_B 和 T_E 均应取负值。

如果反接制动是用于电动机反转，这时应分成两段计算过渡过程。第一段为 $B \rightarrow E(\rightarrow C)$，计算方法与反接制动停车时相同；第二段从 E 点开始，电动机反向起动，最后在 D 点稳定运行。这段过渡过程的初始值为 $n_i = 0$，$T_i = T_E < 0$，D 点为实际的稳定点，稳态值为 $n_s = n_D < 0$，$T_s = T_L < 0$，机电时间常数 T_M 不变，其解析式为

$$\begin{cases} n = n_D(1 - e^{-\frac{t}{T_M}}) \\ T = T_L + (T_E - T_L)e^{-\frac{t}{T_M}} \end{cases} \tag{3-41}$$

式中，时间 t 的起点为 t_0。过渡过程曲线 $n = f(t)$ 和 $T = f(t)$ 如图 3-42b、c 中 $E \rightarrow D$ 这一段所示。电动机反转过渡过程曲线即由 $B \rightarrow E(\rightarrow C)$ 及 $E \rightarrow D$ 这两段曲线组成。

反转过渡过程经历的时间为反接制动停车时间 t_0 与反向起动时间 $4T_M$ 之和。

2. 拖动位能性恒转矩负载

他励直流电动机拖动位能性恒转矩负载反接制动的机械特性如图 3-43 所示。图中曲线 1 为固有机械特性，曲线 2 为反接制动的机械特性。负载机械特性为曲线 3 及 4。

如果仅考虑反接制动停车，则过渡过程为 $B \rightarrow E(\rightarrow C)$ 这一段，它与前述拖动反抗性负载反接制动停车的过渡过程相同。$n = f(t)$ 及 $T = f(t)$ 曲线分别为图 3-43b 及 c 中的 $B \rightarrow E(\rightarrow C)$ 这一段。

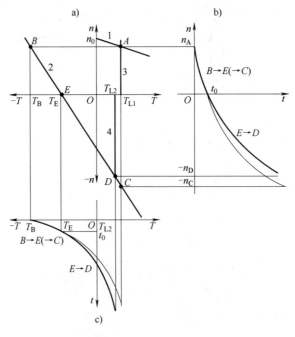

图 3-43　拖动位能性恒转矩负载时反接制动过渡过程
a）机械特性　b）$n = f(t)$ 曲线　c）$T = f(t)$ 曲线

如果制动到 $n=0$ 时不断电抱闸，则过渡过程将继续进行。电动机首先进入反向电动状态，然后进入反向回馈制动状态，最后稳定运行于 D 点。整个过渡过程由两段组成：

1）从 $B \rightarrow E(\rightarrow C)$ 这一段与拖动反抗性负载反接制动停车的过渡过程相同。

2）从 $E \rightarrow D$ 这段是一个完整的过渡过程，初始点为 $E(n_i=0, T_i=T_E<0)$，稳定点为 $D(n_s=n_D<0, T_s=T_{L2}>0)$，过渡过程解析式为

$$\begin{cases} n=n_D\left(1-e^{-\frac{t}{T_M}}\right) \\ T=T_{L2}+(T_E-T_{L2})e^{-\frac{t}{T_M}} \end{cases} \tag{3-42}$$

式中，t 的起始点为 t_0。过渡过程曲线为图 3-43b 及 c 中的 $E \rightarrow D$ 段。

例 3-6　他励直流电动机的数据为 $P_N=15\text{kW}$，$n_N=1000\text{r/min}$，$U_N=220\text{V}$，$I_N=80\text{A}$，$R_a=0.2\Omega$，$GD_R^2=20\text{N}$。电动机拖动反抗性恒转矩负载，$T_L=0.8T_N$，在固有机械特性上运行。停车时先采用反接制动，为了使电动机不致反转，当反接制动到 $n=0.3n_N$ 时换成能耗制动。设反接制动和能耗制动开始瞬间制动转矩都是 $2T_N$，并取系统总飞轮力矩为 $1.25GD_R^2$。

（1）画出上述制动停车的机械特性；

（2）计算停车时间；

（3）定性地画出上述停车过程的 $n=f(t)$ 曲线。

解：（1）制动停车的机械特性

制动停车的机械特性如图 3-44a 所示。图中曲线 1 为固有机械特性；曲线 2 为反接制动机械特性；曲线 3 为能耗制动机械特性；C 点和 F 点分别为反接制动和能耗制动时的虚稳定点；D 点为能耗制动的初始点，$n_D=0.3n_N$。

（2）反接制动停车时间的计算

电动机的 $C_e\Phi_N$

$$C_e\Phi_N=\frac{U_N-I_N R_a}{n_N}=\frac{220-80\times0.2}{1000}=0.204$$

制动前电枢电流

$$I_a=\frac{0.8T_N}{T_N}I_N=0.8\times80\text{A}=64\text{A}$$

制动前电枢电动势

$$E_a=U_N-\frac{0.8T_N}{T_N}I_N R_a=(220-0.8\times80\times0.2)\text{V}=207.2\text{V}$$

反接制动开始时的电流

$$I_{a1}=\frac{-2T_N}{T_N}I_N=-2\times80\text{A}=-160\text{A}$$

反接制动时电枢回路电阻

$$R_{c1}+R_a=\frac{-U_N-E_a}{I_{a1}}=\frac{-220-207.2}{-160}\Omega=2.67\Omega$$

反接制动时的机电时间常数

$$T_{M1} = \frac{R_{c1}+R_a}{9.55(C_e\Phi_N)^2}\frac{GD^2}{375} = \frac{2.67}{9.55\times0.204^2}\frac{1.25\times20}{375}\text{s} = 0.448\text{s}$$

反接制动开始时的转速

$$n_A = \frac{E_a}{C_e\Phi_N} = \frac{207.2}{0.204}\text{r/min} = 1016\text{r/min}$$

反接制动虚稳定点的转速

$$n_C = \frac{-U_N}{C_e\Phi_N} - \frac{R_a+R_{c1}}{C_e\Phi_N}I_a = \left(\frac{-220}{0.204} - \frac{2.67}{0.204}\times64\right)\text{r/min} = -1916\text{r/min}$$

反接制动的时间

$$t_{01} = T_{M1}\ln\frac{n_A-n_C}{n_E-n_C} = \left(0.448\ln\frac{1016-(-1916)}{0.3\times1000-(-1916)}\right)\text{s} = 0.125\text{s}$$

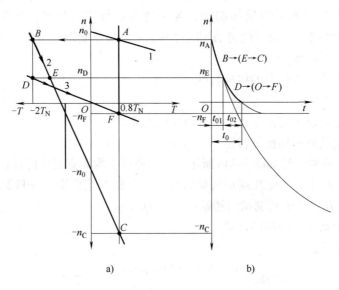

图 3-44 例 3-6 的答案

a) 制动停车的机械特性   b) $n = f(t)$ 曲线

（3）能耗制动停车时间的计算

能耗制动开始时的电枢电动势

$$E_{a2} = C_e\Phi_N n_D = 0.204\times0.3\times1000\text{r/min} = 61.2\text{r/min}$$

能耗制动时电枢回路电阻

$$R_{c2}+R_a = \frac{E_{a2}}{2I_N} = \frac{61.2}{2\times80}\Omega = 0.383\Omega$$

反接制动时的机电时间常数

$$T_{M2} = \frac{R_{c2}+R_a}{9.55(C_e\Phi_N)^2}\frac{GD^2}{375} = \left(\frac{0.383}{9.55\times0.204^2}\times\frac{1.25\times20}{375}\right)\text{s} = 0.0642\text{s}$$

能耗制动虚稳定点的转速

$$n_F = -\frac{(R_{c2} + R_a)I_a}{C_e \Phi_N} = -\frac{0.383}{0.204} \times 64 \text{r/min} = -120 \text{r/min}$$

能耗制动的停车时间

$$t_{02} = T_{M2} \ln \frac{n_D - n_F}{-n_F} = \left(0.0642 \ln \frac{300 - (-120)}{-(-120)}\right) \text{s} = 0.08 \text{s}$$

（4）整个制动停车时间

$$t_0 = t_{01} + t_{02} = (0.125 + 0.08) \text{s} = 0.205 \text{s}$$

（5）停车过渡过程曲线如图 3-44b 所示。其中反接制动为 $B \rightarrow E(\rightarrow C)$ 段，能耗制动为 $D \rightarrow O(\rightarrow F)$ 段。

六、过渡过程中的能量损耗

电力拖动系统在起动、制动和反转的过渡过程中，由于电流较大，在电动机内部产生较大的能量损耗。对于经常处于起动、制动和反转状态下的电动机，过渡过程能量损耗将反复发生，致使电动机温度升高，严重时甚至烧坏电动机。同时，过大的能量损耗也使拖动系统的效率降低。因此，研究过渡过程中的能量损耗，并探讨减少这种能量损耗的方法，具有重要意义。

1. 过渡过程能量损耗的一般情况

他励直流电动机的总损耗 Δp 中包括空载损耗 p_0 和电枢回路的铜耗 p_{Cua}。在过渡过程中因电枢电流 I_a 较大，p_{Cua} 在 Δp 中占主要部分，相比之下 p_0 则较小。为了使问题得到简化，在分析过渡过程的能量损耗时，只考虑 p_{Cua} 而忽略 p_0，$\Delta p \approx p_{Cua}$。此外，分析时还假定：

1）磁通 $\Phi = \Phi_N$。

2）电源电压 $U = $ 常数。

3）电枢外串电阻 R_c，电枢回路总电阻为 $R_{a1} = R_c + R_a$。

4）电动机为理想空载，即 $T_L = T_0 + T_m = 0$。

在拖动系统的机械过渡过程中，因忽略电枢回路电感的影响，电动机的电压方程式为

$$U = E_a + I_a R_{a1}$$

将上式等号两边同乘以 I_a 并移项得到

$$I_a^2 R_{a1} = UI_a - E_a I_a$$

等式右边的电磁功率 $E_a I_a = T\Omega$；输入功率 UI_a 可表示成

$$UI_a = \left(\frac{\Omega_0}{\Omega} E_a\right) I_a = T\Omega_0$$

式中，$\Omega_0 = 2\pi n_0 / 60$ 为理想空载角速度。

因假定 $T_L = 0$，由运动方程式可知，电磁转矩为

$$T = J\frac{d\Omega}{dt}$$

式中，J 为拖动系统的转动惯量，单位为 $\text{kg} \cdot \text{m}^2$。于是有

$$I_a^2 R_{a1} = J\frac{\mathrm{d}\Omega}{\mathrm{d}t}\Omega_0 - J\frac{\mathrm{d}\Omega}{\mathrm{d}t}\Omega$$

设过渡过程从 t_1 时刻进行到 t_2 时刻时，相应的电动机角速度为 Ω_1 和 Ω_2，那么在这段过渡过程中能量损耗为

$$\Delta A = \int_{t_1}^{t_2}\Delta p\,\mathrm{d}t = \int_{t_1}^{t_2}I_a^2 R_{a1}\,\mathrm{d}t = \int_{\Omega_1}^{\Omega_2}J\Omega_0\,\mathrm{d}\Omega - \int_{\Omega_1}^{\Omega_2}J\Omega\,\mathrm{d}\Omega$$

$$= J\Omega_0(\Omega_2 - \Omega_1) - \frac{1}{2}J(\Omega_2^2 - \Omega_1^2) = A - A_k \tag{3-43}$$

式中，$A = J\Omega_0(\Omega_2 - \Omega_1)$ 为在过渡过程中电枢回路输入的能量；$A_k = \frac{1}{2}J(\Omega_2^2 - \Omega_1^2)$ 为在过渡过程中系统动能的变化。

式（3-43）是计算他励直流电动机拖动系统在理想空载下机械过渡过程中能量损耗的通用公式。它表明过渡过程中的能量损耗仅取决于拖动系统的转动惯量 J、理想空载角速度 Ω_0 以及过渡过程开始及终止时的角速度 Ω_1、Ω_2，与过渡过程的时间无关。根据起动、制动及反转等各种典型过渡过程中的 Ω_0、Ω_1、Ω_2 的大小及符号和 J 的值，代入式（3-43）中即可求得相应的能量损耗。

2. 理想空载起动过程中的能量损耗

设他励直流电动机电枢回路串电阻 R_c 在理想空载下起动，其机械特性为图 3-45 的曲线 1。此时初始角速度 $\Omega_1 = 0$，终止角速度 $\Omega_2 = \Omega_0$，电枢回路输入的能量 A 及系统动能的变化分别为

$$A = J\Omega_0(\Omega_2 - \Omega_1) = J\Omega_0^2$$

$$A_k = \frac{1}{2}J(\Omega_2^2 - \Omega_1^2) = \frac{1}{2}J\Omega_0^2$$

过渡过程中的能量损耗为

$$\Delta A = A - A_k = \frac{1}{2}J\Omega_0^2$$

可见此时电枢回路输入的能量有一半转变为系统的动能 $\frac{1}{2}J\Omega_0^2$ 储存起来，另一半则在过渡过程中消耗掉了。

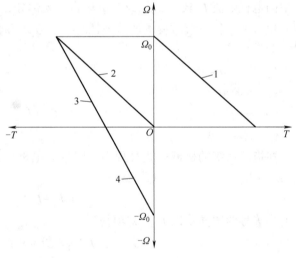

图 3-45　过渡过程的机械特性

3. 理想空载能耗制动过程的能量损耗

如图 3-45 中的曲线 2 所示。能耗制动时电枢与电源脱离，电动机与电网没有能量转换关系，$A = 0$。制动开始和结束时的角速度分别为 $\Omega_1 = \Omega_0$，$\Omega_2 = 0$。故能量损耗为

$$\Delta A = A - A_k = \frac{1}{2}J\Omega_0^2$$

这说明在理想空载能耗制动的过渡过程中，拖动系统储存的动能 $J\Omega_0^2/2$ 被释放出来，并转变为损耗能量。

4. 理想空载反接制动过程中的能量损耗

如图 3-45 曲线 3 所示。反接制动时 $U<0$，$\Omega_0<0$；$\Omega_1=\Omega_0$；$\Omega_2=0$，因此

$$A=J(-\Omega_0)(-\Omega_0)=J\Omega_0^2$$

$$A_k=\frac{1}{2}J(-\Omega_0^2)=-\frac{1}{2}J\Omega_0^2$$

$$\Delta A=A-A_k=J\Omega_0^2-\left(-\frac{1}{2}J\Omega_0^2\right)=\frac{3}{2}J\Omega_0^2$$

即在反接制动停车的过渡过程中，电枢输入的能量 $J\Omega_0^2$ 和系统释放的动能 $-J\Omega_0^2/2$ 全部在过渡过程中消耗掉，它是系统储存动能的三倍。

5. 理想空载反转过程中的能量损耗

理想空载反转时的机械特性如图 3-45 中的曲线 3 及 4 所示。电动机从 Ω_0 开始反接制动，至 $\Omega=0$ 后反转，直到 $n=-\Omega_0$ 反转过程结束。在过渡过程中 $\Omega_0<0$；$\Omega_1=\Omega_0$；$\Omega_2=-\Omega_0$，故有

$$A=J(-\Omega_0)(-\Omega_0-\Omega_0)=2J\Omega_0^2$$

$$A_k=\frac{1}{2}J\left[(-\Omega_0)^2-\Omega_0^2\right]=0$$

$$\Delta A=2J\Omega_0^2=4\times\frac{1}{2}J\Omega_0^2$$

可见理想空载反转时能量损耗最大，它是系统储存动能的四倍，其中 $3\times J\Omega_0^2/2$ 是在反接制动过程中损耗的能量，另外的 $J\Omega_0^2/2$ 则为反向起动时的能量损耗。

6. 减少过渡过程中能量损耗的方法

从以上的分析可知，他励直流电动机拖动系统在理想空载下几种典型过渡过程中的能量损耗都与 $J\Omega_0^2$ 成正比。因此，可以采用减小 J 及降低 Ω_0 的方法来减小 ΔA。

（1）减小拖动系统转动惯量 J　对经常起动、制动和反转的拖动系统，可采用专门设计的起重冶金型（ZZJ 系列）直流电动机。这种类型的电动机电枢细而长，与普通直流电动机相比，当额定功率和额定转速相同时，其转动惯量约减小一半。

为了减小转动惯量 J 也可以采用双电动机拖动，每台电动机的功率为生产机械所需功率的 1/2。这相当于电枢的等效长度增加而直径减小，从而减小了系统的转动惯量。

（2）降低电动机的理想空载角速度 Ω_0　由于 $\Omega_0 \propto U$，可用降低电源电压 U 的办法来降低 Ω_0。例如，可以把理想空载下的起动过程分成两级电压来实现，即先在电枢回路施加 $U_N/2$，相应的理想空载角速度为 $\Omega_{01}=\Omega_0/2$，当角速度升高到 Ω_{01} 时，再将电源电压升高到 U_N，继续升速，直到 $\Omega=\Omega_0$。在这种情况下，电动机在第一及第二级起动过程中电枢回路从电网吸收的能量分别为

$$A_1=J\left(\frac{\Omega_0}{2}\right)\left(\frac{\Omega_0}{2}\right)=\frac{1}{4}J\Omega_0^2$$

$$A_2 = J\Omega_0\left(\Omega_0 - \frac{1}{2}\Omega_0\right) = \frac{1}{2}J\Omega_0^2$$

从电网吸收的总能量为

$$A = A_1 + A_2 = \frac{3}{4}J\Omega_0^2$$

拖动系统在起动过程中增加的动能仍为 $J\Omega_0^2/2$，因此两级起动时的总能量损耗为

$$\Delta A = A - A_k = \frac{3}{4}J\Omega_0^2 - \frac{1}{2}J\Omega_0^2 = \frac{1}{4}J\Omega_0^2$$

它是一级起动时能量损耗 $J\Omega_0^2/2$ 的一半。

为了减小过渡过程中的能量损耗，还应注意合理地选择制动方法。从以上分析可知，能耗制动时能量损耗最小，仅为反接制动时的 1/3。因此，从减小能量损耗来考虑，应尽量采用能耗制动。

思考题与习题

3-1 他励直流电动机的机械特性指的是什么？是根据哪几个方程式推导出来的？

3-2 什么叫硬特性？什么叫软特性？他励直流电动机机械特性的斜率与哪些量有关？什么叫机械特性的硬度？

3-3 什么叫固有机械特性？从物理概念上说明为什么在他励直流电动机固有机械特上对应额定电磁转矩 T_N 时，转速有 Δn_N 的降落？

3-4 什么叫人为机械特性？从物理概念说明为什么电枢外串电阻越大，机械特性越软？

3-5 为什么降低电源电压的人为机械特性是互相平行的？为什么减弱气隙每极磁通后机械特性会变软？

3-6 什么是电力拖动系统的稳定运行？能够稳定运行的充分必要条件是什么？

3-7 他励直流电动机稳定运行时，电枢电流的大小由什么决定？改变电枢回路电阻或改变电源电压的大小时，能否改变电枢电流的大小？

3-8 他励直流电动机为什么不能直接起动？直接起动会引起什么不良后果？

3-9 起动他励直流电动机前励磁绕组断线，没发现就起动了，下面两种情况会引起什么后果？（1）空载起动；（2）负载起动，$T_L = T_N$。

3-10 他励直流电动机有几种调速方法？各有什么特点？

3-11 静差率与机械特性的硬度有何区别？

3-12 调速范围与静差率有什么关系？为什么要同时提出才有意义？

3-13 什么叫恒转矩调速方式和恒功率调速方式？他励直流电动机的三种调速方法各属于哪种调速方式？

3-14 电动机的调速方式为什么要与负载性质匹配？不匹配时有什么问题？

3-15 是否可以说他励直流电动机拖动的负载只要转矩不超过额定值，不论采用哪一种调速方法，电动机都可以长期运行而不致过热损坏？

3-16 如何判断他励直流电动机是处于电动运行状态还是制动运行状态？

3-17　电动机在电动状态和制动状态下运行时机械特性位于哪个象限？

3-18　能耗制动过程和能耗制动运行有何异同点？

3-19　电压反接制动与电动势反接制动有何异同点？

3-20　他励直流电动机拖动反抗性恒转矩负载，最大起动转矩为 $2T_N$，最大制动转矩也为 $2T_N$，负载转矩为 T_N，采用三级起动和反接制动。试画出机械特性和原理性电路图，说明电动机从静止状态正向起动到额定运行点，再经反接制动停车，再反向起动到额定运行点的整个过程。

3-21　拖动位能性恒转矩负载的他励直流电动机，有可能在反向电动状态下运行吗？若有可能请举一例，并说明条件及在机械特性上标出工作点。

3-22　如果一台他励直流电动机拖动一台电动小车，向前行驶转速方向规定为正，当小车是在斜坡路上，负载的摩擦转矩比位能转矩小。试分析小车在斜坡上前进和后退时电动机可能工作在什么运行状态？请在机械特性上标出工作点。

3-23　什么叫电力拖动系统的过渡过程？引起电力拖动系统过渡过程的原因是什么？在过渡过程中为什么电动机的转速不能突变？

3-24　什么是机械过渡过程？推导他励直流电动机拖动系统机械过渡过程解析式时作了哪些假定？

3-25　什么是他励直流电动机拖动系统机械过渡过程的三要素？机电时间常数的大小与哪些量有关？

3-26　试根据图 3-46 所示各机械特性，求出相应的机电时间常数并定性地画出 $n=f(t)$ 及 $T=f(t)$ 曲线。

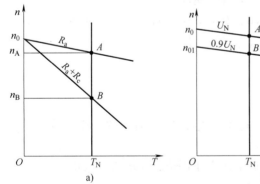
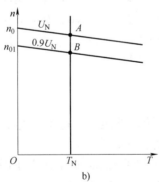
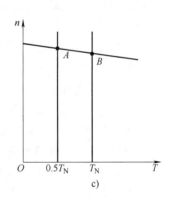

图 3-46　思考题 3-26 的机械特性

a）电枢中突然串入电阻 R_c　b）电源电压突然降低　c）负载转矩突然增加

3-27　图 3-47 是他励直流电动机机械特性及负载的机械特性，试问其起动过渡过程 $n=f(t)$ 是否也为指数曲线？求其机电时间常数 T_M。

3-28　一台他励直流电动机 $P_N=60kW$，$U_N=220V$，$I_N=305A$，$n_N=1000r/min$，试求：

（1）固有机械特性并画在坐标纸上；

（2）$T=0.75T_N$ 时的转速；

（3）转速 $n=1100r/min$ 时的电枢电流。

3-29 电动机的数据同题 3-28，试计算并画出下列机械特性：

（1）电枢回路总电阻为 $0.5R_N$ 时的人为机械特性；

（2）电枢回路总电阻为 $2R_N$ 的人为机械特性；

（3）电源电压为 $0.5U_N$，电枢回路不串电阻时的人为机械特性。

（4）电源电压为 U_N，电枢不串电阻，$\Phi=0.5\Phi_N$ 时的人为机械特性。

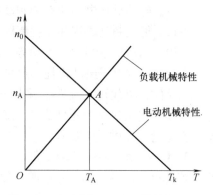

图 3-47　思考题 3-27 的机械特性

注：$R_N=U_N/I_N$ 称为额定电阻，它相当于电动机额定运行时从电枢两端看进去的等效电阻。

3-30 Z2—71 型他励直流电动机，$P_N=7.5\text{kW}$，$U_N=110\text{V}$，$I_N=85.2\text{A}$，$n_N=750\text{r/min}$，$R_a=0.129\Omega$，采用电枢串电阻分三级起动，最大起动电流为 $2I_N$，试计算各级起动电阻值。

3-31 一台他励直流电动机，$P_N=7.5\text{kW}$，$U_N=220\text{V}$，$I_N=41\text{A}$，$n_N=1500\text{r/min}$，$R_a=0.376\Omega$，拖动恒转矩负载运行，$T=T_N$。当把电源电压降到 $U=180\text{V}$ 时，问：

（1）降低电源电压瞬间电动机的电枢电流及电磁转矩是多少？

（2）稳定运行时转速是多少？

3-32 题 3-31 中的电动机拖动恒转矩负载运行，$T=T_N$，若把磁通减小到 $\Phi=0.8\Phi_N$，计算稳定运行时电动机的转速是多少？电动机能否长期运行？为什么？

3-33 他励直流电动机的数据为 $P_N=13\text{kW}$，$U_N=220\text{V}$，$I_N=68.7\text{A}$，$n_N=1500\text{r/min}$，$R_a=0.224\Omega$，采用电枢串电阻调速，要求 $\delta_{max}=30\%$，求：

（1）电动机拖动额定负载时的最低转速；

（2）调速范围；

（3）电枢需串入的电阻值；

（4）拖动额定负载在最低转速下运行时电动机电枢回路输入的功率，输出功率（忽略 T_0）及外串电阻上消耗的功率。

3-34 题 3-33 中的电动机，如果采用降低电源电压调速，要求 $\delta_{max}=30\%$，求：

（1）电动机拖动额定负载运行时最低转速；

（2）调速范围；

（3）电源电压需调到的最低数值；

（4）电动机拖动额定负载运行在最低转速时，从电源输入的功率及输出功率（不计 T_0）。

3-35 他励直流电动机 $P_N=29\text{kW}$，$U_N=440\text{V}$，$I_N=76\text{A}$，$n_N=1000\text{r/min}$，$R_a=0.376\Omega$，采用降低电源电压及弱磁调速，要求最低理想空载转速 $n_{0min}=250\text{r/min}$，最高理想空载转速 $n_{0max}=1500\text{r/min}$，试求：

（1）$T=T_N$ 时的最低转速及此时的静差率；

（2）拖动恒功率负载 $P_2=P_N$ 时的最高转速；

（3）调速范围。

3-36 一台他励直流电动机 $P_N = 3kW$，$U_N = 110V$，$I_N = 35.2A$，$n_N = 750r/min$，$R_a = 0.35\Omega$。电动机原工作在额定电动状态下，已知最大允许电枢电流为 $I_{amax} = 2I_N$，试求：

（1）采用能耗制动停车，电枢应串入多大电阻？

（2）采用电压反接制动停车，电枢中应串入多大电阻？

（3）两种制动方法在制动 $n=0$ 时，电磁转距各是多大？

（4）要使电动机以 $-500r/min$ 的转速下放位能负载，$T = T_N$，采用能耗制动运行时电枢应串入多大电阻？

3-37 他励直流电动机，$P_N = 13kW$，$U_N = 220V$，$I_N = 68.7A$，$n_N = 1500r/min$，$R_a = 0.195\Omega$，拖动一台起重机的提升结构。已知重物的负载转距 $T_L = T_N$，为了不用机械闸而由电动机的电磁转距把重物吊在空中不动，此时电枢电路中应串入多大电阻？

3-38 他励直流电动机的技术数据为 $P_N = 29kW$，$U_N = 440V$，$I_N = 76A$，$n = 1000r/min$，$R_a = 0.377\Omega$，$I_{amax} = 1.8I_N$，$T_L = T_N$。问电动机拖动位能负载以 $-500r/min$ 的转速下放重物时可能工作在什么状态？每种运行状态电枢回路中应串入多大电阻（不计传动机构中的损耗转矩和电动机的空载转矩）？

3-39 电动机的数据同题 3-38，拖动一辆电车，摩擦负载转矩 $T_{L1} = 0.8T_N$，下坡时位能负载转矩 $T_{L1} = 1.2T_N$，问：

（1）电车下坡时，在位能负载转矩作用下电动机运行状态将发生什么变化？

（2）分别求出电枢不串电阻及电枢串有 0.5Ω 电阻时电动机的稳定转速。

3-40 一台他励直流电动机的数据与题 3-38 相同，拖动起重机的提升结构，不计传动机构的损耗转矩和电动机的空载转矩，求：

（1）电动机在反向回馈制动状态下下放重物，$I_a = 60A$，电枢回路不串电阻，求电动机的转速及转矩各为多少？回馈到电源的功率多大？

（2）采用电动势反接制动下放同一重物，要求转速 $n = -850r/min$，问电枢回路中应串入多大电阻？电枢回路从电源吸收的功率是多大？电枢外串电阻上消耗的功率是多少？

（3）采用能耗制动运行下放同一重物，要求转速 $n = -300r/min$，问电枢回路中应串入的电阻值为多少？该电阻上消耗的功率为多少？

3-41 设题 3-38 中的电动机原工作在固有特性上，$T = 0.8T_N$，如果把电源电压突然降低到 $400V$，求：

（1）降压瞬间电动机产生的电磁转矩 $T = ?$ 画出机械特性曲线并说明电动机工作状态的变化；

（2）电动机最后的稳定转速是多少？

3-42 Z2—52 型他励直流电动机，$P_N = 4kW$，$U_N = 220V$，$I_N = 22.3A$，$n_N = 1000r/min$，$R_a = 0.91\Omega$。拖动位能性恒转矩负载，$T_L = T_N$，采用反接制动停车，已知电枢外串电阻 $R_c = 9\Omega$，求：

（1）制动开始时电动机产生的电磁转距；

（2）制动到 $n=0$ 时如不切断电源，不用机械闸制动，电动机能否反转？为什么？

3-43　他励直流电动机的数据为 $P_N = 17\text{kW}$，$U_N = 110\text{V}$，$I_N = 185\text{A}$，$n_N = 1000\text{r/min}$，$R_a = 0.035\Omega$，$GD_R^2 = 30\text{N·m}^2$，拖动恒转矩负载运行，$T_L = 0.85T_N$，采用能耗制动或反接制动停车，最大允许电枢电流为 $1.8I_N$。求两种停车方法的停车时间是多少？（系统总飞轮力矩 $GD^2 = 1.25GD_R^2$）

3-44　他励直流电动机的数据为 $P_N = 5.6\text{kW}$，$U_N = 220\text{V}$，$I_N = 31\text{A}$，$n_N = 1000\text{r/min}$，$R_a = 0.45\Omega$，系统总飞轮力矩 $GD^2 = 9.8\text{N·m}^2$，在固有特性上从额定转速开始电压反接制动，制动的起始电流为 $2I_N$，试就反抗性负载及位能性负载两种情况，求：

（1）反接制动使转速自 n_N 降到零的制动时间；

（2）从制动到反转整个过渡过程的 $n = f(t)$ 及 $I_a = f(t)$ 的解析式，并大致画出过渡过程曲线。

第四章

变压器

第一节　变压器的工作原理及结构

一、变压器的用途

变压器是一种静止电器，主要用于将一种电压等级的交流电能变换为同频率的另一种电压等级的交流电能。为了把发电厂发出的电能传输和分配给用户，要经过多次变压。发电机发出的交流电压常为 10kV，而远距离输电的电网常为 500kV，部分电网现在已经采用 750kV 送电，因此发电厂发出的电能首先要用升压变压器升压，然后由高压电网送电。传送一定功率的电能，电压越高，电流越小。这样可以减少线路损耗，同时也可以节省输电线路的用铜量。电能传输到用户地区，首先要降压，然后再配电到用户。从发电、输电到配电要经过几次变压，所以变压器的总容量常为发电机装机容量的 5~8 倍，因此变压器的质量与性能对电力系统的经济和安全运行十分重要。

除上述用于电力系统的电力变压器外，各种用途的控制变压器，仅用互感器等特殊变压器也应用得十分广泛。

变压器

二、变压器的简单工作原理

在一个闭合铁心磁路上，绕制两个或两个以上的线圈就构成一台最简单的变压器。其示意图如图 4-1 所示。闭合的磁路把两个互不连接的电路交链在一起，通过电磁感应来实现两个电路间的能量传递，铁心常由硅钢片叠成。线圈也称绕组，接电源的线圈称一次绕组。一次侧各量均以下标"1"表示，如 U_1、I_1、N_1（匝数）等；接负载的线圈称为二次绕组，二次侧各量均以下标"2"表示，如 U_2、I_2、N_2 等。当一次侧接通电源，绕组中流过电流，它在磁路中建立起交变磁动

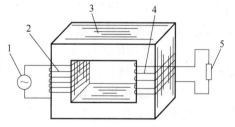

图 4-1　双绕组变压器
1—交流电源　2—一次绕组
3—铁心　4—二次绕组　5—负载

势，产生交变磁通。由电磁感应定律可知，交变磁通在一次绕组和二次绕组中产生感应电动势，且有 $e_1 = -N_1 \mathrm{d}\Phi/\mathrm{d}t$，$e_2 = -N_2 \mathrm{d}\Phi/\mathrm{d}t$，由这两式可知，一次绕组和二次绕组感应电动势与匝数成正比。令 $N_1/N_2 = k$，则 k 称为变压器的电压比。当变压器空载时，二次绕组无电流，$E_2 = U_{20}$，一次绕组只流过很小的空载电流，阻抗压降很小，可以认为 $U_1 \approx E_1$，所以有 $U_1/U_{20} \approx E_1/E_2 = k$。可见，只要改变变压器的匝数，就可以改变它的输出电压，从而满足各种不同用户的要求。这就是变压器的简单工作原理。

三、变压器的分类

变压器的种类很多，分类方法也不一样。

按用途分，有电力变压器（如升压变压器、降压变压器等）、特殊变压器（如电炉变压器、整流变压器及电焊变压器等）、仪用互感器等。

按铁心结构分，有心式变压器、壳式变压器。

按绕组数目分，有双绕组变压器、三绕组变压器、多绕组变压器及自耦变压器。

按相数分，有单相变压器、三相变压器等。

按冷却方式分，有用空气冷却的干式变压器和用油冷却的油浸式变压器。

四、变压器的基本结构

图 4-2 是一台三相油浸式电力变压器的外形图，它主要由铁心、绕组、油箱、绝缘套管及一些附件组成，现分述如下：

（1）铁心　铁心是变压器的磁路，由铁心柱和铁轭两部分组成。铁心柱上安放绕组，铁轭使磁路闭合。为了减少磁滞和涡流损耗，铁心都是由 0.35mm 厚两面涂有绝缘漆的硅钢片叠成。硅钢片有热轧和冷轧两种，冷轧硅钢片由于导磁性能好，损耗小，用得越来越多。铁心主要有心式和壳式两种结构。在心式变压器中，铁轭靠着绕组的顶面和底面，不包围绕组的侧面。结构简单，散热条件好，绕组的安装和绝缘也比较容易，有很多优点，所以电力变压器绝大多数都是三相心式变压器。图 4-3a 绘出了三相心式变压器。在硅钢片叠片时，为了减小缝隙从而减小磁阻和励磁电流，总是

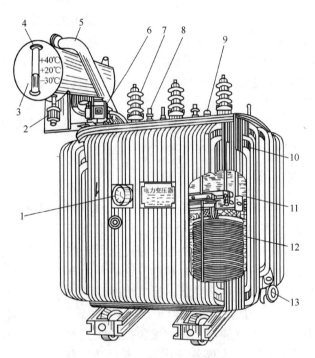

图 4-2　三相油浸式电力变压器

1—信号式温度计　2—吸湿器　3—储油柜　4—油表
5—安全气道　6—气体继电器　7—高压套管　8—低压套管
9—分接开关　10—油箱　11—铁心　12—线圈　13—放油阀门

把相邻两层硅钢片接缝错开，如图 4-3b、c 所示。这样交错叠片也使铁心结构坚固，少用紧固件，结构简单。冷轧硅钢片由于顺碾压方向有较高的磁导率和较小的铁损耗，因此铁心常采用 45°斜接缝，如图 4-3d 所示。

铁心柱的截面积在小容量变压器中常为方形或长方形。而在大容量变压器中，为

了充分利用绕组内的圆形空间常制成阶梯形，如图 4-4 所示。

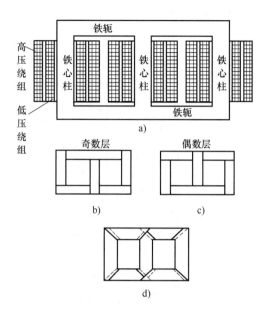

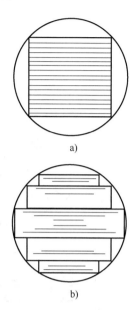

图 4-3　三相心式变压器

a）三相心式变压器　b）、c）铁心冲片叠装　d）45°斜接缝

图 4-4　铁心柱截面积

a）矩形　b）阶梯形

　　壳式变压器的铁轭不仅靠着绕组的顶面和底面，而且还包围着绕组的侧面。这种结构的散热条件不好，制造工艺复杂，用料多，只适用于一些特殊变压器，如小容量电源变压器等。图 4-5 绘出了单相壳式变压器。

　　除心式和壳式铁心外，个别还有渐开线式和辐射式等，现在用的不多，不再一一叙述。

　　（2）绕组　绕组是变压器的电路，它由绝缘扁导线或圆导线绕成，多为铜线。但由于铜的供应比较紧张，当前铝线变压器也日渐增多，多用于中小型变压器。变压器绕组按高、低压绕组形状及在铁心柱上的排放方法分为同心式和交叠式两种。图 4-3a 所示三相心式变压器高、低压绕组均制成圆筒形，同心地套在铁心柱上，这种结构就是同心式绕组。同心式绕组结构简单、制造方便，国产电力变压器都是这种结构。这种绕组总是把低压绕组套在里面靠铁心柱，高压绕组套在外面，这样有利于绝缘。如果绕组电流较大，用几股导线并行绕制线圈时，里层导线和外层导线可能长短不等，在磁场中的位置也不相同，可能引起各股导线参数不等，电流不均匀。为此，在绕制线圈时在适当的位置要安排换位。

　　另一种绕组是交叠式，它的线圈制成圆饼状。高、低压线圈相互交叠式放置，如图 4-6 所示。这种绕组机械强度好，引出线的布置和焊接比较方便，漏抗小，易于接成多路并联，所以多用于低电压、大电流的电焊变压器、电炉变压器及壳式变压器中。

　　（3）油箱及变压器油　变压器油箱用钢板焊接而成，一般呈椭圆形，带绕组的变压器铁心称为器身，放在油箱里。其余空间用变压器油充满。为减少油与空气接触的面积，以降低油的老化速度和浸入油中的水分，在油箱上面装有一个储油槽（也称油枕或膨胀器）。油枕与油箱有一管道相通，在油受热膨胀和遇冷收缩时，油面均限制在储油槽内。变压器油是一种从石油中提取的矿物油，它在变压器中有两方面的作用，一是绝缘，二是散热。通过油的对流把铁心和绕组中产生的热量传给油箱壁，由油箱壁把热量散出去。大型变压器为增加油箱壁的散热面积常焊接 1~3 排钢管，有的还加装散热器。

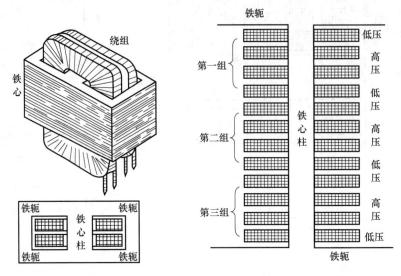

图 4-5　单相壳式变压器　　　　图 4-6　交叠式绕组

（4）绝缘套管及其他附件　绕组引出线穿过油箱盖时，需用瓷绝缘套管将其与油箱绝缘。电压较低时可用实心瓷套管，电压较高时则用空心充气或充油瓷绝缘套管。为增加瓷套管表面放电距离，多制成多级伞形。电压越高，级数越多。

变压器还有其他一些附件，如测温装置、气体继电器、分接开关等。

五、变压器的额定值

在变压器的铭牌上标有变压器的各种额定值，主要有：

（1）额定容量 S_N　额定容量是变压器的额定视在功率，三相变压器指的是三相总容量，以 V·A 或 kV·A 表示。对于双绕组电力变压器，总是把一次绕组和二次绕组的额定容量设计得相等。

（2）额定电压 U_{1N} 和 U_{2N}　一次额定电压 U_{1N} 是电源加到一次绕组上的额定电压。二次额定电压 U_{2N} 是变压器空载时，一次绕组加 U_{1N}，二次绕组的空载电压，以 V 或 kV 表示。三相变压器的额定电压在不加特殊说明时指的是线电压。

（3）额定电流 I_{1N} 和 I_{2N}　额定一次电流 I_{1N} 和额定二次电流 I_{2N} 是根据变压器额定容量 S_N 和额定电压 U_{1N}、U_{2N} 算出的额定线电流，以 A 表示。

对于单相变压器，一次绕组和二次绕组的额定电流为

$$I_{1N} = \frac{S_N}{U_{1N}} \qquad I_{2N} = \frac{S_N}{U_{2N}}$$

对于三相变压器

$$I_{1N} = \frac{S_N}{\sqrt{3}\,U_{1N}} \qquad I_{2N} = \frac{S_N}{\sqrt{3}\,U_{2N}}$$

（4）额定频率　我国规定标准工业用电频率为50Hz。

此外，在变压器的铭牌上还给出相数、联结组别、短路电压、运行方式、冷却方式及温升等。大型变压器，为了运输和安装方便，有时还标出总重量、油重、器身重及外形尺寸等。

第二节　变压器的空载运行

　　将变压器的一次绕组接到额定电压和额定频率的电网上，二次绕组开路，这时变压器工作在空载状态。这是变压器运行的一种极限状态，二次绕组无电流。我们先从空载状态开始分析，然后再分析负载状态。先讲单相，再讲三相，这样由简到繁，易于理解。

一、空载运行时的电磁状况

　　图4-7绘出了空载运行的单相变压器，在一次侧加上电压u_1之后，绕组流过空载电流i_0，它建立了空载磁动势$N_1 i_0$，这一磁动势作用在铁心磁路上产生主磁通Φ，主磁通交链着一次绕组和二次绕组，当i_0和Φ以频率f_1交变时，在一次绕组和二次绕组中分别感应出电动势e_1和e_2。空载磁动势同时也作用在漏磁路上，漏磁通分布十分复杂，为便于分析，通常把它等效为交链全部绕组的漏磁通$\Phi_{\sigma 1}$，如图4-7所示。它在一次绕组中也感应电动势，称为漏抗电动势，以$e_{\sigma 1}$表示，i_0流过一次绕组也有相应的电阻压降$i_0 r_1$，r_1是一次绕组的电阻。从而可知e_1、$e_{\sigma 1}$和$i_0 r_1$一起平衡电源电压。二次绕组只产生感应电动势e_2，因二次绕组开路$i_2 = 0$，无阻抗压降，所以变压器空载输出电

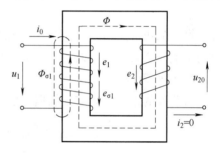

图4-7　变压器空载运行

变压器的
空载运行

压u_{20}等于电动势e_2。变压器空载时电流很小，仅为额定电流的百分之几，变压器空载时的电磁关系可表示如下：

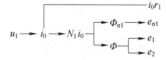

二、变压器中各量正方向的规定

　　变压器中电压、电流、磁通和电动势等都是交流量，在学习交流电路时我们已经知道这些量的正方向是可以任意设定的，正方向规定的不一样，写出的方程式也不一样，方程式必须与正方向相适应，否则就不能正确地反映电路的真实规律。在分析电机原理的过程中，为了学习和阅读参考文献的方便，常按习惯的方式规定各量的正方向。变压器的一次绕组相当于用电器，按用电惯例规定各量的正方向，如图4-7所示。电流i_0的正方向与产生它的电源电压u_1正方向相同。i_0产生的磁通（包括主磁通Φ和漏磁通$\Phi_{\sigma 1}$）正方向与i_0的正方向符合右手螺旋定则。电动势的正方向与产生它的磁通正方向也符合右手螺旋定则，这样电动势e_1与i_0的正方向一致。按上述正方向的规定可以写成$e_1 = -N_1 \mathrm{d}\Phi/\mathrm{d}t$，$e_2 = -N_2 \mathrm{d}\Phi/\mathrm{d}t$，$e_{\sigma 1} = -N_1 \mathrm{d}\Phi_{\sigma 1}/\mathrm{d}t$。当变压器空载时，一次绕组的电压方程式可以写成

$$u_1 = -e_1 - e_{\sigma 1} + i_0 r_1 \tag{4-1}$$

变压器的二次绕组对外相当于一个电源，所以二次绕组各量正方向的规定按发电惯例。电动势 e_2 与磁通 Φ 也符合右手螺旋定则，电流 i_2 的正方向与 e_2 的正方向一致。加在外电路上的变压器输出电压 u_2 的正方向与 i_2 相同，如图 4-7 所示。空载时 $i_2 = 0$，$u_{20} = e_2$。

三、磁通、电动势与空载电流

1. 磁通 Φ

变压器空载时，在一次绕组的电压方程式式（4-1）中，$e_{\sigma 1}$ 和 $i_0 r_1$ 在数值上比 e_1 要小得多，两者之和也不足 e_1 的 1%，所以可以将其略去。方程式可以近似写成

$$u_1 \approx -e_1 \tag{4-2}$$

即 e_1 基本上与 u_1 大小相等，相位相反，或者说 e_1 是 u_1 的倒影。如果变压器外加电压 u_1 为正弦波，那么 e_1 也按正弦规律变化。由式 $e_1 = -N_1 \mathrm{d}\Phi/\mathrm{d}t$ 可知主磁通 Φ 也应按正弦规律变化，因此可以假定磁通是正弦量，写成

$$\Phi = \Phi_{\mathrm{m}} \sin\omega t$$

并在以后的相量图中以磁通为参考相量，将它画在横坐标轴上，磁通把一次侧和二次侧两个电路联系起来，以它为参考相量比较方便。

2. 电动势 e_1 和 e_2

由前面的正方向规定，依据电磁感应定律可以写出 e_1 和 e_2 的表达式为

$$e_1 = -N_1 \frac{\mathrm{d}\Phi}{\mathrm{d}t} = -N_1 \frac{\mathrm{d}(\Phi_{\mathrm{m}}\sin\omega t)}{\mathrm{d}t} = -\omega N_1 \Phi_{\mathrm{m}} \cos\omega t$$
$$= E_{1\mathrm{m}} \sin(\omega t - 90°)$$

式中，$E_{1\mathrm{m}} = \omega N_1 \Phi_{\mathrm{m}} = 2\pi f_1 N_1 \Phi_{\mathrm{m}}$ 是一次绕组电动势的最大值，其有效值为

$$E_1 = E_{1\mathrm{m}}/\sqrt{2} = 4.44 f_1 N_1 \Phi_{\mathrm{m}} \tag{4-3}$$

式（4-3）是以后经常用到的公式之一，如果磁通单位为 Wb，算出的电动势单位为 V。

同理可得

$$e_2 = E_{2\mathrm{m}} \sin(\omega t - 90°)$$
$$E_{2\mathrm{m}} = \omega N_2 \Phi_{\mathrm{m}}$$
$$E_2 = 4.44 f_1 N_2 \Phi_{\mathrm{m}} \tag{4-4}$$

式（4-3）和式（4-4）写成相量形式有

$$\begin{cases} \dot{E}_1 = -\mathrm{j}4.44 f_1 N_1 \dot{\Phi}_{\mathrm{m}} \\ \dot{E}_2 = -\mathrm{j}4.44 f_1 N_2 \dot{\Phi}_{\mathrm{m}} \end{cases} \tag{4-5}$$

由上面的关系式可以看出，一次绕组与二次绕组产生的感应电动势与匝数成正比，二者感应电动势之比等于二者的匝数比，即

$$\frac{E_1}{E_2} = \frac{N_1}{N_2} = k$$

当变压器空载时，一次绕组流过很小的空载电流，式（4-1）中的 $e_{\sigma 1}$ 和 $i_0 r_1$ 很小，可以认为 $u_1 \approx -e_1$，其有效值为 $U_1 \approx E_1$。二次绕组无电流，所以有 $u_{20} = e_2$，其有效值为

$U_{20} = E_2$，因此，变压器空载时一次绕组和二次绕组的电压比为

$$\frac{U_1}{U_{20}} \approx \frac{E_1}{E_2} = \frac{N_1}{N_2} = k$$

所以，变压器一次绕组和二次绕组的电压比可以认为是二者的匝数比 k。

3. 空载电流 i_0

变压器空载时，一次绕组流过空载电流 i_0，它的主要作用是在磁路中产生磁动势建立磁通。因此也把它叫作励磁电流。由前面的分析可知，如果变压器外加电压为正弦波形时，它的磁通波形也基本上是正弦的，磁通是空载电流产生的，那么空载电流又是什么样的波形呢？下面就来分析这个问题。

磁通 Φ 与空载电流的关系是由变压器铁心磁路的磁化曲线和磁滞回线决定的。如果先不考虑铁心的饱和影响，也不考虑磁滞的影响，磁通与空载电流呈线性关系。当磁通 Φ 为正弦波时，i_0 也是正弦波，且两者相位相同。当外加电压很低磁路不饱和时，变压器工作在磁化曲线的直线部分，就属于这种情况。在变压器正常工作时，电压为额定值，磁路出现饱和现象，铁心也有磁滞和涡流损耗产生，这时变压器空载电流的波形就发生了变化。下面分别来看一下饱和磁滞对空载电流波形的影响。

当只考虑磁路的饱和作用，不考虑磁滞和涡流影响时，变压器的空载电流由图 4-8a 所示磁路的基本磁化曲线所决定。当磁通 Φ 为正弦波形时，由作图法可以求得 i_0 为一尖顶波，如图 4-8b 所示。找出该尖顶波的等效正弦波，它与磁通 Φ 同相位，如果用 i_μ 表示这一等效正弦波，它与 $-\dot{E}_1$ 差 90° 相位角，是一个纯无功分量。我们把这一电流称为磁化电流，它是用来建立磁场的。

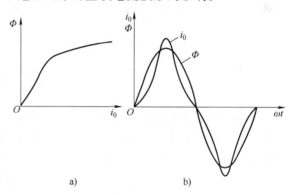

图 4-8 只考虑饱和时的 i_0 波形

a）基本磁化曲线 b）$i_0 = f(t)$ 波形

当考虑饱和影响又考虑磁滞影响时，Φ 与 i_0 的关系是图 4-9a 所示磁滞回线。当 Φ 为正弦形时，由作图法可得 i_0 为一不对称尖顶波，如图 4-9b 所示。我们可以把这个不对称的尖顶波分成两个分量，如图中虚线所示。其中一个分量是对称的尖顶波，这就是只考虑饱和影响时的磁化电流 i_μ。另一个分量 i_h 数值很小，近似正弦波，如果把它看成正弦波以相量 $\dot{I}_h$ 表示，它与 $-\dot{E}_1$ 同相位，是一个有功分量，对应铁心中的磁滞损耗。如果再把铁心中的涡流损耗考虑进

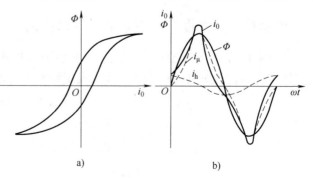

图 4-9 考虑磁滞回线时的 i_0 波形

a）磁滞回线 b）$i_0 = f(t)$ 波形

去，这一有功分量还要加大。加大后的有功分量以 $\dot{I}_{Fe}$ 表示。i_{Fe} 也可以由考虑涡流损耗时的动态磁滞回线用作图法求得的不对称尖顶波分解得到。动态磁滞回线比图 4-9a 所示静态磁滞回线宽。如果把这时的不对称尖顶波也等效成相应的正弦波，以 $\dot{I}_0$ 表示，则有

$$\dot{I}_0 = \dot{I}_\mu + \dot{I}_{Fe} \tag{4-6}$$

$\dot{I}_0$ 超前磁通 Φ 一个小角度，称为磁滞角，常以 α_{Fe} 表示，$\dot{I}_0$、$\dot{I}_\mu$ 及 $\dot{I}_{Fe}$ 的相量图将在图 4-12 中画出。

4. 漏磁通、漏电抗

变压器空载运行时，存在仅与一次绕组交链的漏磁通 $\Phi_{\sigma1}$。$\Phi_{\sigma1}$ 也是随时间交变的，因而也会在一次绕组中感应产生漏电动势 $e_{\sigma1}$。与推导 E_1 和 E_2 方法一样，同样可得到漏感应电动势 $e_{\sigma1}$ 的有效值和相量表达式为

$$E_{\sigma1} = \frac{E_{\sigma1m}}{\sqrt{2}} = \frac{\omega N_1 \Phi_{\sigma1}}{\sqrt{2}} = \frac{2\pi}{\sqrt{2}} f N_1 \Phi_{\sigma1} = 4.44 f N_1 \Phi_{\sigma1} \tag{4-7}$$

$$\dot{E}_{\sigma1} = -\text{j}4.44 f N_1 \dot{\Phi}_{\sigma1} \tag{4-8}$$

为了分析的方便，引入一个参量，一次绕组漏电抗 x_1，则有

$$\dot{E}_{\sigma1} = -\text{j}\dot{I}_0 x_1 \tag{4-9}$$

由式（4-7）、式（4-8）和式（4-9）可得

$$I_0 x_1 = \frac{\omega N_1 \Phi_{\sigma1}}{\sqrt{2}} \tag{4-10}$$

由于漏磁磁路主要由非磁性物质（空气或油）组成，非磁性物质的磁导率是常数，其磁阻 $R_{m\sigma}$ 远远大于铁心的磁阻。因此，可以忽略铁心上的磁压降。这样，将漏磁路等效为均匀磁场，并设漏磁磁路的磁导用 Λ_σ 表示（$\Lambda_\sigma = 1/R_{m\sigma}$），则有

$$\Phi_{\sigma1} = F_0 \Lambda_\sigma = N_1 \sqrt{2} I_0 \Lambda_\sigma \tag{4-11}$$

将式（4-11）代入式（4-10）可得

$$x_1 = \omega N_1^2 \Lambda_\sigma = \omega L_{\sigma1}$$

式中，$L_{\sigma1} = N_1^2 \Lambda_\sigma$，称为一次绕组的漏电感。

可见，绕组的漏电感与绕组匝数的二次方成正比，与漏磁路的磁导成正比。

四、电动势平衡方程式、等效电路及相量图

式（4-1）是变压器空载时一次电压瞬时值方程。各量的正方向符合用电惯例，将变压器空载运行时电动势平衡方程写成相量形式则有

$$\dot{U}_1 = \dot{I}_0 r_1 + (-\dot{E}_{\sigma1}) + (-\dot{E}_1)$$
$$= \dot{I}_0 r_1 + \text{j}\dot{I}_0 x_1 + (-\dot{E}_1)$$
$$= \dot{I}_0 Z_1 + (-\dot{E}_1) \tag{4-12}$$
$$\dot{U}_{20} = -\dot{E}_2 \tag{4-13}$$

式中，$Z_1 = r_1 + \text{j}x_1$，称为一次绕组的漏阻抗。

对应式（4-12）的等效电路如图 4-10a 所示。

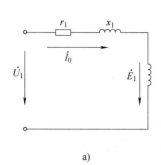 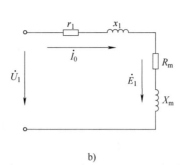

$$a) \qquad\qquad b)$$

图 4-10 变压器空载等效电路

由式（4-6）可知，空载电流 $\dot{I}_0$ 可分为磁化分量 $\dot{I}_\mu$ 和铁损耗分量 $\dot{I}_{\mathrm{Fe}}$，$\dot{I}_\mu$ 代表产生主磁通的电流分量，$\dot{I}_{\mathrm{Fe}}$ 代表产生铁损耗的电流分量。因此，主磁通 $\varPhi_{\mathrm{m}}$、一次绕组感应电动势 E_1、磁化电流 I_μ、铁损电流 I_{Fe} 和铁损耗 p_{Fe} 之间有下列关系

$$\varPhi_{\mathrm{m}} = N_1 I_\mu \varLambda_{\mathrm{m}}$$

$$X_\mu = \omega N_1^2 \varLambda_{\mathrm{m}} = \omega L_{1\mu}$$

$$-\dot{E}_1 = \mathrm{j}\dot{I}_\mu X_\mu \tag{4-14}$$

$$-\dot{E}_1 = \dot{I}_{\mathrm{Fe}} R_{\mathrm{Fe}} \tag{4-15}$$

$$p_{\mathrm{Fe}} = I_{\mathrm{Fe}}^2 R_{\mathrm{Fe}} \tag{4-16}$$

式中，$\varLambda_{\mathrm{m}}$ 为主磁路的磁导，因为主磁路为铁心，磁导率不是常量，$\varLambda_{\mathrm{m}}$ 随磁路饱和而减小；$L_{1\mu}$ 为一次绕组铁心线圈的磁化电感，$L_{1\mu} = N_1^2 \varLambda_{\mathrm{m}}$；$X_\mu$ 称为变压器的磁化电抗，它是表征铁心磁化性能的一个参数，$X_\mu = \omega L_{1\mu}$；R_{Fe} 称为铁耗电阻，它是表征铁心损耗的一个参数，$p_{\mathrm{Fe}} = I_{\mathrm{Fe}}^2 R_{\mathrm{Fe}}$。

由式（4-14）和式（4-15）就可得到空载电流 $\dot{I}_0$ 与一次绕组感应电动势 $\dot{E}_1$ 之间的关系为

$$\dot{I}_0 = \dot{I}_{\mathrm{Fe}} + \dot{I}_\mu = \frac{-\dot{E}_1}{R_{\mathrm{Fe}}} + \frac{-\dot{E}_1}{\mathrm{j}X_\mu} \tag{4-17}$$

图 4-11a 为式（4-17）对应的等效电路，此电路由磁化电抗 X_μ 和铁耗电阻 R_{Fe} 两个并联分支构成。若进一步用一个等效的串联阻抗 Z_{m} 去代替这两个并联分支，如图 4-11b 所示，则式（4-17）可改写为

$$-\dot{E}_1 = \dot{I}_0 Z_{\mathrm{m}} = \dot{I}_0 (R_{\mathrm{m}} + \mathrm{j}X_{\mathrm{m}}) \tag{4-18}$$

式中，$Z_{\mathrm{m}} = R_{\mathrm{m}} + \mathrm{j}X_{\mathrm{m}}$ 称为变压器的励磁阻抗，它是表征铁心磁化性能和铁心损

图 4-11 铁心线圈的等效电路

a）并联电路 b）串联电路

耗的一个综合参数；R_{m} 称为励磁电阻，它是表征铁心损耗的一个等效参数，$R_{\mathrm{m}} = R_{\mathrm{Fe}} \dfrac{X_\mu^2}{R_{\mathrm{Fe}}^2 + X_\mu^2}$；$X_{\mathrm{m}}$ 称为励磁电抗，它是表征铁心磁化性能的一个等效参数，$X_{\mathrm{m}} = X_\mu \dfrac{R_{\mathrm{Fe}}^2}{R_{\mathrm{Fe}}^2 + X_\mu^2}$。

一次绕组感应电动势 $-\dot{E}_1$、励磁阻抗 $Z_{\mathrm{m}}(= R_{\mathrm{m}} + \mathrm{j}X_{\mathrm{m}})$ 与铁心损耗 p_{Fe} 之间存在以下

关系

$$Z_m = \frac{E_1}{I_0}$$

$$R_m = \frac{p_{Fe}}{I_0^2}$$

$$X_m = \sqrt{Z_m^2 - R_m^2}$$

由于铁心磁路的磁化曲线是非线性的，所以 E_1 和 I_m 之间亦是非线性关系，即励磁阻抗 Z_m 不是常值，而是随着工作点饱和程度的增加而减小。变压器实际运行时，考虑到要求电源电压的变化范围不大，对应铁心中主磁通 $\varPhi$ 的变化也不是很大，Z_m 的值基本上可视为常值。

将式（4-18）代入式（4-12），空载时电动势平衡方程可表示为

$$\dot{U}_1 = \dot{I}_0(r_1 + jx_1) + \dot{I}_0(R_m + jX_m) = \dot{I}_0 Z_1 + \dot{I}_0 Z_m \quad (4\text{-}19)$$

对应式（4-19）的等效电路如图4-10b所示，这就是变压器空载时一次侧的等效电路。

由式（4-6）和式（4-19）可画出变压器空载时的相量图，如图4-12所示。图中的漏阻抗压降 $\dot{I}_0(r_1 + jx_1)$ 实际很小，为了看得清楚，在绘图时人为将其放大了。

方程式、等效电路和相量图都是分析变压器和交流电机电磁关系的重要工具，三者是完全一致的。此外，按照磁路性质的不同，把磁通分成主磁通和漏磁通两部分，把不受铁心饱和影响的漏磁通分离出来，用常值参数 x_1（负载运行时还有 x_2）来表征，把受铁心饱和影响的主磁路用 $Z_m = R_m + jX_m$ 来表征，这是分析变压器和交流电机的重要方法之一。

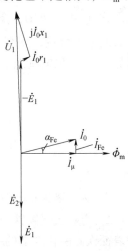

图4-12　变压器空载相量图

变压器空载向量图

第三节　变压器的负载运行

一、负载运行时的电磁状况

变压器空载时只有一次侧的空载电流 $\dot{I}_0$。二次侧没有向外供电，没有电流，因此主磁路上只有一个磁动势 $N_1\dot{I}_0$，它在主磁路中建立了主磁通 $\varPhi$。变压器负载后，二次绕组作为一个电源向负载供电，如图4-13所示。由于二次绕组流过电流 $\dot{I}_2$，它也产生一个磁动势 $N_2\dot{I}_2$，$N_2\dot{I}_2$ 也作用在主磁路上，它改变了变压器原来空载时的磁动势关系。$\dot{I}_2$ 的出现使一次绕组电流由 $\dot{I}_0$ 增加到 $\dot{I}_1$。因此，变压器负载运行时，主磁路上存在两个磁动势，即 $N_1\dot{I}_1$ 和 $N_2\dot{I}_2$。两者相加才是在主磁路中产生磁通的合成磁动势。二次绕组磁动势 $N_2\dot{I}_2$ 在二次侧漏磁路中也产生漏磁通 $\varPhi_{\sigma2}$，它在二次绕组中产生的漏电动势同样也可以表示成漏抗压降 $\dot{E}_{\sigma2} = -j\dot{I}_2 x_2$ 形式。所以这时二次侧电路电动势 $\dot{E}_2$ 减去漏阻抗压降 $\dot{I}_2 r_2$ 和 $j\dot{I}_2 x_2$ 才是供给负载的输出电压 U_2。变压器负载之后它的电磁关

系可表示为:

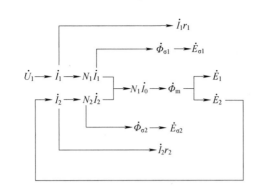

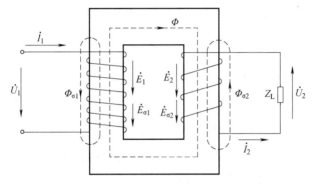

图 4-13 变压器负载运行

变压器空
载和负载
工作分析

二、基本方程式

1. 磁动势平衡方程式

变压器空载时磁路上只有磁动势 $N_1\dot{I}_0$,它产生主磁通 Φ,并在一次绕组中感生电动势 $-\dot{E}_1$,因这时 $Z_1 = r_1 + jx_1$ 很小,$\dot{I}_0$ 也很小,所以可以略去一次侧漏阻抗压降 $\dot{I}_0 Z_1$,认为 $\dot{U}_1 \approx -\dot{E}_1$。当变压器负载后,由于二次侧磁动势 $N_2\dot{I}_2$ 的出现,磁路上存在两个磁动势,即 $N_1\dot{I}_1$ 和 $N_2\dot{I}_2$。如图 4-13 所示,两个磁动势正方向相同,因此磁路中的总磁动势为 $N_1\dot{I}_1 + N_2\dot{I}_2$,这一合成磁动势产生负载后磁路的总磁通为 Φ。因一次侧漏阻抗 $Z_1 = r_1 + jx_1$ 很小,尽管 $\dot{I}_1$ 比 $\dot{I}_0$ 增加了很多,但压降 $\dot{I}_1 Z_1$ 比起 $-\dot{E}_1$ 还是很小,仍可忽略,认为 $\dot{U}_1 \approx -\dot{E}_1$。空载运行和负载运行外加电压 $\dot{U}_1$ 并无变化,略去一次侧阻抗压降,可以认为空载和负载时一次绕组的感应电动势 $-\dot{E}_1$ 并无变化。因此可以认为空载和负载时磁路中的主磁通 Φ 无变化。从而得出负载时磁路的总磁动势 $N_1\dot{I}_1 + N_2\dot{I}_2$ 与空载时磁路的总磁动势 $N_1\dot{I}_0$ 相等。即

$$N_1\dot{I}_1 + N_2\dot{I}_2 = N_1\dot{I}_0 \tag{4-20}$$

这就是变压器负载后的磁动势平衡方程式,将式(4-20)写成下面形式

$$N_1\dot{I}_1 = N_1\dot{I}_0 - N_2\dot{I}_2$$

也可以作如下的解释:变压器负载后一次侧磁动势 $N_1\dot{I}_1$ 有两个分量,一个是空载时的

励磁磁动势 $N_1\dot{I}_0$，它产生磁路中的主磁通 Φ；另一个分量$-N_2\dot{I}_2$ 用来抵消二次侧磁动势 $N_2\dot{I}_2$，二次侧磁动势有多大，一次侧就出来一个与它大小相等、方向相反的分量与之平衡，从而保证磁路中的总磁动势仍为 $N_1\dot{I}_0$ 不变。正是磁动势中的$-N_2\dot{I}_2$ 这一分量把变压器一次侧的电功率传送给变压器二次侧。

2. 电动势平衡方程式

通过上面的分析，按照图 4-13 中所示一次绕组和二次绕组正方向（一次绕组符合用电惯例，二次绕组符合发电惯例），很容易写出变压器负载后的一次侧和二次侧电动势平衡方程式

$$\dot{U}_1 = -\dot{E}_1 + \dot{I}_1 r_1 + j\dot{I}_1 x_1$$

$$\dot{U}_2 = \dot{E}_2 - \dot{I}_2 r_2 - j\dot{I}_2 x_2$$

三、折算

由以上分析可以写出描述变压器负载运行的一组方程式

$$\left\{ \begin{array}{ll} \text{一次侧电动势方程式} & \dot{U}_1 = -\dot{E}_1 + \dot{I}_1 Z_1 \\ \text{二次侧电动势方程式} & \dot{U}_2 = \dot{E}_2 - \dot{I}_2 Z_2 \\ \text{磁动势平衡方程式} & N_1\dot{I}_1 = N_1\dot{I}_0 - N_2\dot{I}_2 \\ \text{励磁回路电压降} & \dot{I}_0 Z_m = -\dot{E}_1 \\ \text{负载电压} & \dot{U}_2 = \dot{I}_2 Z_L \\ \text{匝数比} & \dfrac{N_1}{N_2} = \dfrac{E_1}{E_2} = k \end{array} \right. \tag{4-21}$$

应用这组方程式可以对变压器负载运行进行定量计算。当已知 $\dot{U}_1$、Z_1、Z_2、Z_m、Z_L 及电压比 k 时，就可以解出 $\dot{I}_1$、$\dot{I}_2$、$\dot{I}_0$、$\dot{E}_1$、$\dot{E}_2$ 及 $\dot{U}_2$。但因式（4-21）中的六个方程式多为复数方程式，计算起来十分繁杂，特别是电压比 k 较大时，一次和二次电压、电流、阻抗数值差别很大，计算很不方便，绘制相量图也比较困难，为了解决这些问题，引入一种新的方法——折算法。

由于变压器一次侧和二次侧电路上并无直接电的联系，只有磁的耦合，二次侧电路的变化完全是通过磁动势 $N_2\dot{I}_2$ 感应到一次侧去的。因此我们想到找一台一次侧和二次侧匝数相等、电压比为 1 的变压器，使它的二次侧磁动势与原变压器二次侧磁动势完全一致。这样的变压器从一次侧看上去与原变压器各电磁量完全相同，有同样的电压、电流及功率因数，有相同的磁动势和功率关系，称这台变压器与原变压器等效。下面的推导将告诉我们，这台等效变压器 $\dot{E}_1 = \dot{E}_2$，把二次侧电路接到一次侧电路上去，相接前后一次侧电路和二次侧电路各量均无变化。这样就使一台由两个电路一个磁路组成的变压器化为一个单纯的等效电路，使变压器的计算大为简化。这台电压比 $k=1$ 的等效变压器二次侧各量称为原变压器二次侧各量的折算值。折算过的量以在符号右上方加 "′" 来表示。折算的原则是保证二次侧磁动势关系不变、功率关系不变。依据这样的原则，下面介绍二次侧各量折算值的求法。

1. 二次侧电流的折算

因等效变压器电压比 $k=1$，二次侧等效匝数为 $N_2'=N_1$，依据折算前后磁动势不变的原则，有

$$N_2'I_2'=N_2I_2$$

所以

$$I_2'=\frac{N_2I_2}{N_2'}=\frac{N_2I_2}{N_1}=\frac{N_2}{k}$$

2. 二次侧电动势、电压的折算

因折算后的变压器二次绕组与一次绕组有相同的匝数，因此有 $E_2'=E_1$ 或 $E_2'=kE_2$。这一关系也可由折算前后二次侧功率关系不变即 $E_2'I_2'=E_2I_2$ 得出。

同样二次侧的电压 U_2，漏电动势 $E_{\sigma2}$ 也可按同样的规律折算，有

$$U_2'=kU_2 \qquad E_{\sigma2}'=kE_{\sigma2}$$

3. 二次侧电阻、电抗及阻抗的折算

依据折算前后二次侧的铜耗和无功功率不变，有 $I_2'^2r_2'=I_2^2r_2$，$I_2'^2x_2'=I_2^2x_2$，可得

$$\begin{cases} r_2'=\dfrac{I_2^2r_2}{I_2'^2}=k^2r_2 \\[3mm] x_2'=\dfrac{I_2^2x_2}{I_2'^2}=k^2x_2 \end{cases} \tag{4-22}$$

同样 $Z_2'=k^2Z_2$，$Z_L'=k^2Z_L$。

综上分析可知，二次侧各量折算的规律为：电压、电动势乘以 k；电流除以 k；电阻、电抗及阻抗乘以 k^2，k 为变压器电压比。

以上是把二次侧折算到一次侧，同样变压器一次侧也可以折算到二次侧，折算的规律只要把电压比换为 N_2/N_1 即可。

四、等效电路及相量图

1. 等效电路

变压器折算以后，描述变压器负载运行的基本方程式变为以下形式：

$$\begin{cases} \dot{U}_1=-\dot{E}_1+\dot{I}_1Z_1 \\ \dot{U}_2'=\dot{E}_2'-\dot{I}_2'Z_2' \\ \dot{I}_1=\dot{I}_0-\dot{I}_2' \\ -\dot{E}_1=\dot{I}_0Z_m \\ \dot{U}_2'=\dot{I}_2'Z_L' \\ \dot{E}_1=\dot{E}_2' \end{cases} \tag{4-23}$$

应用这组基本方程式可以找出变压器负载运行时的等效电路。

由式（4-23）可以推导出

$$\dot{I}_1=\dot{I}_0-\dot{I}_2'=\frac{-\dot{E}_1}{Z_m}-\frac{\dot{E}_2'}{Z_2'+Z_L'}=\frac{-\dot{E}_1}{Z_m}+\frac{-\dot{E}_1}{Z_2'+Z_L'}=-\dot{E}_1\left(\frac{1}{Z_m}+\frac{1}{Z_2'+Z_L'}\right)$$

$$-\dot{E}_1 = \cfrac{\dot{I}_1}{\cfrac{1}{Z_m} + \cfrac{1}{Z_2' + Z_L'}}$$

将上式代入一次侧电动势方程式则有

$$\dot{U}_1 = \dot{I}_1 \left(\cfrac{1}{\cfrac{1}{Z_m} + \cfrac{1}{Z_2' + Z_L'}} + Z_1 \right) = \dot{I}_1 Z_{eq} \tag{4-24}$$

显然，式（4-24）中的 Z_{eq} 是变压器负载运行时的等效阻抗，绘出它对应的电路则如图 4-14 所示。这就是变压器负载运行时的等效电路。因这一等效电路的形状像字母"T"，所以称为 T 形等效电路。

经过上面的分析与推导，得出了变压器的等效电路，这个电路与实际变压器完全等效。这样，就把一个通过磁路将两个电路耦合到一起的变压器转化为一个单纯的等效电路，使变压器稳态情况下的分析与计算变为对等效电路的求解，使问题大为简化。解出的一次侧各量就是变压器一次侧各量的实际值，二次侧各量为折算值。如求二次侧各量的实际值，只需按照折算规律将其折回二次侧即可。

2. 相量图

变压器的基本电磁关系，除了可以用基本方程式和等效电路表示外，还可以用相量图来表示。相量图能更直观地表示出变压器各电磁量的大小和相位关系，看上去一目了然，它也是分析变压器和交流电机的有效工具。

相量图的作法必须与方程式的写法及等效电路中正方向规定相一致。按基本方程式式（4-23）和等效电路图 4-14 中规定的正方向，画出变压器感性负载时的相量图如图 4-15 所示。

变压器感性负载时向量图

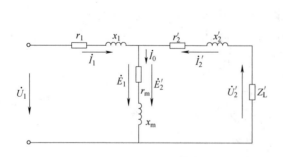

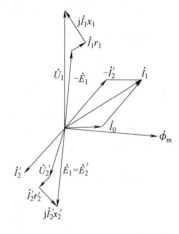

图 4-14　变压器负载运行时的 T 形等效电路　　　　图 4-15　变压器感性负载时的相量图

在画相量图时，首先要选一个参考相量，参考相量的选法不是唯一的，这要视已知条件而定。常选 $\dot{\Phi}_m$ 或 $\dot{U}_2'$ 为参考相量，在此选 $\dot{\Phi}_m$ 为参考相量（视 $\dot{\Phi}_m$ 与匝数 N_1 为已知），并把它画在横坐标轴上，在已知变压器各参数 Z_1、Z_2'、Z_m 及负载阻抗 Z_L' 情况下，可按下述步骤画出感性负载的变压器相量图。

1）在横坐标轴上画出参考相量 $\dot{\Phi}_{\mathrm{m}}$。

2）根据 $\dot{E}_1 = \dot{E}_2' = -\mathrm{j}4.44f_1N_1\Phi_{\mathrm{m}1}$ 画出 $E_1 = E_2'$。

3）根据 $\dot{I}_2' = \dot{E}_2'/(Z_2' + Z_L')$ 和 $\dot{E}_2' = \dot{U}_2' + \dot{I}_2'Z_2'$ 画出 $\dot{I}_2'$ 和 $\dot{U}_2'$。

4）由 $\dot{I}_0 = -\dot{E}_1/Z_{\mathrm{m}}$ 画出 $\dot{I}_0$。

5）由 $\dot{I}_1 = \dot{I}_0 - \dot{I}_2'$ 画出 $\dot{I}_1$。

6）由 $\dot{U}_1 = -\dot{E}_1 + \dot{I}_1Z_1$ 画出 $\dot{U}_1$。

相量图虽然能反映各量的大小和相位，但由于作图很难精确，特别是书中的相量图，为了看得清楚各阻抗压降都人为地加大了。因此，相量图主要还是用来做定性分析。

五、Γ形等效电路与简化等效电路

1. Γ形等效电路

T形等效电路虽然把变压器等效为一个单纯的电路，但计算起来仍然比较复杂。在要求精度不是很高的情况下，可以把电路进一步简化。考虑到变压器中 $Z_{\mathrm{m}} \gg Z_1$，将励磁电路前移到输入端，如图 4-16 所示。这样引起的误差并不很大，但计算却简化了许多。因等效电路的形状像字母"Γ"，所以称为Γ形等效电路，在Γ形等效电路中可将 r_1 和 r_2' 合并为一个电阻 r_{k}，把 x_1 和 x_2' 合并为一个电抗 x_{k}，即 $r_{\mathrm{k}} = r_1 + r_2'$，$x_{\mathrm{k}} = x_1 + x_2'$，$Z_{\mathrm{k}} = Z_1 + Z_2'$。$r_{\mathrm{k}}$、$x_{\mathrm{k}}$ 和 Z_{k} 分别称为短路电阻、短路电抗和短路阻抗。把它们称为短路参数是因为它们可以由短路试验求得。短路试验将在下节予以介绍。

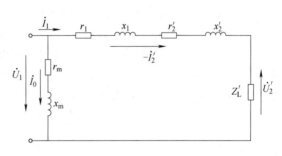

图 4-16　Γ形等效电路

2. 简化等效电路

如果对等效电路作更进一步简化，完全略去励磁支路，认为励磁电流 $\dot{I}_0$ 为零，电路就变为图 4-17 所示形状，称为变压器的简化等效电路。它变成为一条串联电路，虽然误差稍大，但使变压器的计算大为简化。对分析变压器负载运行十分方便，在工程中，如果对计算精度要求不高，则完全可以使用。按图 4-17 所示各量正方向写出电压平衡方程式，则有

$$\dot{U}_1 = \dot{I}_1 r_{\mathrm{k}} + \mathrm{j}\dot{I}_1 x_{\mathrm{k}} - \dot{U}_2'$$

绘出它的相量图，如图 4-18 所示。图中绘出了电感性负载和电容性负载两种情况，以 $\dot{I}_1 = -\dot{I}_2'$ 为参考相量，将它画在纵坐标轴上。在电感性负载时，电压 $-\dot{U}_2'$ 引前于 $\dot{I}_1 = -\dot{I}_2'$，功率因数角为 φ_{21}，相量图如图中左部所示。电容性负载时电压 $-\dot{U}_2'$ 落后于电流 $\dot{I}_1 = -\dot{I}_2'$，功率因数角为 φ_{22}，相量图如图中右部所示。由图 4-18 可知，两者在电源电压相同时，输出电压有所不同，电感性负载时 $U_2' < U_1$，随着电流的增加 U_2' 总是下降。电容性负载情况就有所不同，在容性大到一定程度时，U_2' 可能随负载电流的增加而增加，

完全可能达到 $U_2' > U_1$。

变压器
负载向量

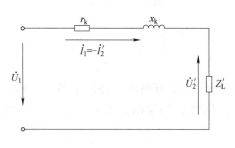

图 4-17 简化等效电路

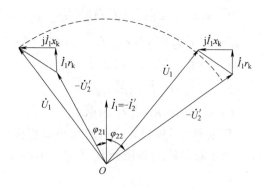

图 4-18 简化相量图

第四节 变压器参数的试验测定

通过上面的分析与推导，已经得到了变压器的等效电路，要想通过等效电路对变压器运行性能进行具体的分析与计算，就必须知道等效电路中的各个参数，即 r_1、r_2'、x_1、x_2'、r_m、x_m。这些参数在设计变压器时是可以用计算的方法得到的。但变压器生产厂并不把这些参数标在铭牌和产品目录中，用户不易得到。因此，用试验的方法测定这些参数在工程实践中具有重要的实际意义。下面就来介绍变压器参数的试验测定方法。

一、空载试验

通过空载试验可以测定变压器的电压比，铁心损耗和励磁参数 r_m、x_m、Z_m。空载试验的接线图如图 4-19 所示，图 4-19a 为单相变压器接线图，图 4-19b 为三相变压器接线图。

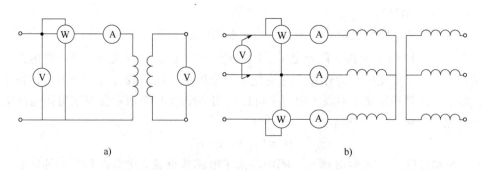

空载曲线

图 4-19 空载试验线路
a）单相线路　b）三相线路

对于单相变压器，可直接由测得数据 U_1、I_0、p_0、U_{20} 对变压器空载参数进行计算。对于三相变压器，必须将测得数据换算成每相值，即相电压、相电流和每相功率，然后按下列公式算出变压器等效电路的空载参数，即

$$\begin{cases} Z_0 = \dfrac{U_1}{I_0} = Z_1 + Z_m \approx Z_m \\[3mm] r_0 = \dfrac{p_0}{I_0^2} = r_1 + r_m \approx r_m \\[3mm] x_0 = \sqrt{Z_0^2 - r_0^2} = x_1 + x_m \approx x_m \\[3mm] k = \dfrac{U_1}{U_{20}} \end{cases}$$

由变压器空载等效电路图 4-10b 可知，由测得的数据 U_1、I_0、p_0 直接算出的参数，是空载参数 $Z_0 = Z_1 + Z_m$、$r_0 = r_1 + r_m$、$x_0 = x_1 + x_m$。但因变压器中 x_1 为一次侧漏磁通对应的电抗，x_m 为主磁通对应的电抗，主磁通远大于漏磁通，所以有 $x_m \gg x_1$，因此可以略去 x_1，认为 $x_m \approx x_0$。空载损耗中包括一次侧铜损和铁损。空载时因 I_0 很小，r_1 也很小，所以铜损 $I_0^2 r_1$ 远小于铁损 $p_{Fe} = I_0^2 r_m$。即 $r_m \gg r_1$，所以可以略去 r_1，认为 $r_m \approx r_0$，从而也可以得出 $Z_0 \approx Z_m$。因此也可以认为由空载试验测得数据 U_1、I_0、p_0 直接算出来的就是变压器励磁参数 Z_m、r_m、x_m。

需要指出的是，变压器励磁参数是随饱和程度变化的。变压器正常情况下是在接近额定电压下运行，因此空载试验应在额定电压下进行，这样求得的参数才能反映变压器运行时的真实情况。

变压器空载试验可以在高压侧进行（在高压侧加电源并测量 U_1、I_0、p_0，低压侧开路），也可以在低压侧进行。但因电力变压器一般高压侧电压很高，为了安全，空载试验常在低压侧进行。这样算出的参数是低压侧的参数，如果需要画折算到高压侧的等效电路，这些参数还要按折算规律折算到高压侧。

二、短路试验

短路试验可以测变压器的铜损耗，并根据测得数据计算变压器的短路参数 Z_k、r_k、x_k。短路试验接线图如图 4-20 所示，图中 a 为单相变压器接线图，b 为三相变压器接线图。

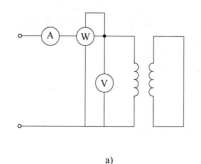

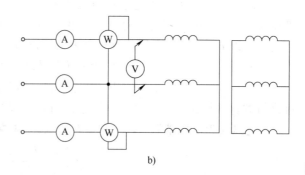

短路曲线

a)　　　　　　　　　　　　　b)

图 4-20　短路试验线路

a）单相线路　b）三相线路

短路试验常在高压侧进行，即将低压侧短路，在高压侧加电压并测量电压、电流和功率。因低压侧直接短路，高压侧加的电压必须降得很低，如果高压侧加较大电压，变压器将流过很大的短路电流；如果高压侧加额定电压，变压器的短路电流可达 $10\sim 20$ 倍的额定电流，这是绝对不允许的。因此，在短路试验时常用调压器为高压侧供电，使电压由零逐渐升高，直到电流达到额定值时为止。这时，测量并记录 U_k、I_k、p_k。

　　因短路试验时 U_k 很小，一般电力变压器仅为额定电压的5%左右，所以励磁电流 I_0 很小，磁通与铁损也很小，可以忽略。这时的输入功率全部用于绕组的铜损，因此可以应用图4-17简化等效电路图对变压器进行短路参数计算。因低压侧直接短路，U_2' 为零，所以有下列公式

$$\begin{cases} Z_k = \dfrac{U_k}{I_k} \\[2mm] r_k = \dfrac{p_k}{I_k^2} \\[2mm] x_k = \sqrt{Z_k^2 - r_k^2} \end{cases} \tag{4-25}$$

　　与空载试验相同，对于三相变压器，式（4-25）中各量也应采用每相的数值，即相电压、相电流及每相功率。

　　绕组电阻 r_k 随温度的不同阻值有一定的变化，变压器正常工作时比试验时温度高，因此，r_k 算出后应换算到正常工作温度时的数值。按国家标准规定，绕组的电阻要换算到75℃时的阻值。对于一般铜线变压器，按下式进行换算

$$r_{k75℃} = r_k \frac{234.5 + 75}{234.5 + \theta}$$

式中，θ 为实验时的室温。

　　电阻换算后阻抗也变为

$$Z_{k75℃} = \sqrt{r_{k75℃}^2 + x_k^2} \tag{4-26}$$

　　短路试验可以在高压侧进行也可以在低压侧进行，两者测得的数值不等。高压侧和低压侧的参数值符合折算规律。

　　短路试验时 $I_k = I_{1N}$，这时短路电压 $U_{kN} = I_{1N}Z_k$，称为额定短路电压，它正好等于变压器额定工作时的阻抗压降，这是变压器的一个重要数据，常把它标在变压器的铭牌上，并以 U_{kN} 占额定电压的百分值表示，或用标幺值表示。

　　标幺值是一种相对值，在工程计算中可以化繁为简。它首先要选定一个基值（一般选额定值为基值），将各物理量用对基值的相对值来表示，即标幺值=绝对值/基值。标幺值的符号是在右上角加"*"号，如 U_1^*、I_1^* 等。

　　当选 U_{1N} 为电压基值、$Z_N = U_{1N}/I_{1N}$ 为阻抗基值时，有下列关系：

$$U_{kN}^* = \frac{U_{kN}}{U_{1N}} = \frac{I_{1N}Z_k}{U_{1N}} = Z_k^* \tag{4-27}$$

也就是说额定短路电压的标幺值与短路阻抗的标幺值相等。因此，在变压器的铭牌上有的标 U_{kN}^*，有的标 Z_k^*，两者是一致的。

　　例4-1　一台三相电力变压器额定容量 $S_N = 100\text{kV} \cdot \text{A}$，额定电压 $U_{1N}/U_{2N} = 6000\text{V}/$

400V，额定电流 $I_{1N}/I_{2N}=9.63A/144A$，Yy 联结，频率 $f=50Hz$，试验时室温为 25℃，在低压侧做空载试验，测得数据为 $U_2=U_{2N}$、$I_{20}=9.37A$、$p_0=600W$。在高压侧做短路试验，测得数据为 $U_{1k}=317V$、$I_k=9.4A$、$p_k=1920W$。假定 $r_1=r_2'$，$x_1=x_2'$，试计算一相等效电路各参数。

解：（1）励磁参数计算

首先计算低压侧空载试验时每相的电压 U_{2p}、电流 I_{0p} 及空载损耗 p_{0p}。

$$U_{2p}=\frac{400}{\sqrt{3}}V=230.9V$$

$$I_{0p}=9.37A$$

$$p_{0p}=\frac{600}{3}W=200W$$

计算低压侧励磁参数，即

$$Z_m'\approx Z_0'=\frac{U_{2p}}{I_{0p}}=\frac{230.9}{9.37}\Omega=24.6\Omega$$

$$r_m'\approx r_0'=\frac{p_{0p}}{I_{0p}^2}=\frac{200}{9.37^2}\Omega=2.28\Omega$$

$$x_m'\approx x_0'=\sqrt{Z_0'^2-r_0'^2}=\sqrt{24.6^2-2.28^2}\Omega=24.5\Omega$$

将励磁参数折算到高压侧，即

$$电压比 \quad k=\frac{U_{1p}}{U_{2p}}=\frac{6000/\sqrt{3}}{400\sqrt{3}}=15$$

$$Z_m=k^2Z_m'=15^2\times24.6\Omega=5535\Omega$$

$$r_m=k^2r_m'=15^2\times2.28\Omega=513\Omega$$

$$x_m=k^2x_m'=15^2\times24.5\Omega=5513\Omega$$

（2）短路参数计算

首先算出短路试验测得的每相电压 U_{kp}、每相电流 I_{kp} 及每相功率 p_{kp}。

$$U_{kp}=\frac{317}{\sqrt{3}}V=183V$$

$$I_{kp}=9.4A$$

$$p_{kp}=\frac{1920}{3}W=640W$$

计算短路参数，即

$$Z_k=\frac{U_{kp}}{I_{kp}}=\frac{183}{9.4}\Omega=19.5\Omega$$

$$r_k=\frac{p_{kp}}{I_{kp}^2}=\frac{640}{9.4^2}\Omega=7.24\Omega$$

$$x_k=\sqrt{Z_k^2-r_k^2}=\sqrt{19.5^2-7.24^2}\Omega=18.1\Omega$$

换算到 75℃ 时的数值，即

$$r_{k75℃} = \frac{234.5+75}{234.5+25} \times 7.24\,\Omega = 8.64\,\Omega$$

$$Z_{k75℃} = \sqrt{r_{k75℃}^2 + x_k^2} = \sqrt{8.64^2 + 18.1^2}\,\Omega = 20\,\Omega$$

如果 $r_1 = r_2'$、$x_1 = x_2'$，则有

$$r_1 = r_2' = \frac{1}{2}r_{k75℃} = \frac{8.64}{2}\,\Omega = 4.32\,\Omega$$

$$x_1 = x_2' = \frac{1}{2}x_k = \frac{18.1}{2}\,\Omega = 9.05\,\Omega$$

第五节 变压器的运行特性

反映变压器运行性能的特性主要有两种，一种是反映输出电压随负载电流变化的外特性，另一种是反映效率随负载电流变化的效率特性。下面分别予以介绍。

一、外特性与电压调整率

由于变压器一次侧和二次侧都有电阻和漏电抗，因此，当变压器负载时漏阻抗上要产生一定的压降，它引起变压器输出电压的变化，这种变化用外特性曲线来表示。输出电压的变化不仅与漏阻抗和负载电流有关，而且与负载性质有关。变压器的外特性是指一次电压和负载性质不变时，输出电压随负载电流变化的关系曲线。即当 $U_1 =$ 常数（常为额定值），$\cos\varphi_2 =$ 常数时 $U_2 = f(I_2)$ 的关系曲线。图 4-21 绘出了 $U_1 = U_{1N}$ 时，$\cos\varphi_2 = 1$、$\cos\varphi_2 = 0.8$（滞后）和 $\cos\varphi_2 = 0.8$（超前）三条外特性曲线。由图可以看出，纯电阻性负载时，外特性曲线比较平直，电压下降不多。电感性负载 $\cos\varphi_2 = 0.8$（滞后）时，电压下降的比纯电阻负载时大。对于电容性负载 $\cos\varphi_2 = 0.8$（超前）时，随电流 I_2 的增加电压不但不下降反而有所升高，特性上翘，这一点前面已经提到过，请见本章第三节及图 4-18。

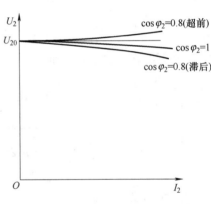

图 4-21 变压器外特性曲线

输出电压的变化程度常用电压调整率（也称电压变化率）来表示。电压调整率是指一次侧加额定电压、二次侧负载性质功率因数一定的情况下，二次侧空载电压与负载电压之差对空载电压的比值，常用百分值来表示，也可用标幺值表示。用百分值表示时有

$$\Delta U\% = \frac{U_{20} - U_2}{U_{20}} \times 100\% = \frac{U_{2N} - U_2}{U_{2N}} \times 100\% \qquad (4\text{-}28)$$

如果用折算到一次侧的电压值表示，则有

$$\Delta U = \frac{U_{1N} - U_2'}{U_{1N}} \times 100\% \qquad (4\text{-}29)$$

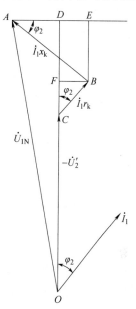

外特性和电压调整率反映了变压器输出电压的变化程度。在一定程度上它表明了变压器的供电质量，是变压器的重要指标之一。

电压调整率与短路阻抗、负载电流及负载性质有关。应用变压器简化等效电路负载时的相量图，可以推出电压调整率的计算公式。

图 4-22 绘出了对应变压器简化等效电路的相量图。为了看得清楚，图中的阻抗压降都人为地放大了。图中 $\overline{OA}=U_{1N}$，$\overline{OC}=-U_2'$，$\overline{CB}=I_1r_k$，$\overline{BA}=I_1x_k$，过 A 点作 $\overline{AD}$ 垂直于 $\overline{OC}$ 的延长线，并与延长线相交于 D 点。过 B 点作辅助线 $\overline{BE}$ 垂直于 $\overline{AD}$ 的延长线，并与延长线交于 E 点，再过 B 点作 $\overline{BF}\perp\overline{OD}$。

因相量 $\dot{U}_{1N}$ 与 $-\dot{U}_2'$ 相位角很小（图中已经放大），可以认为 $\overline{OD}=\overline{OA}$，由图可知 $\angle BAE=\angle BCD=\angle\varphi_2$，所以可以得出

$$
\begin{aligned}
U_{1N}-U_2' &= \overline{OA}-\overline{OC}=\overline{OD}-\overline{OC} \\
&= \overline{CD}=\overline{CF}+\overline{FD}=\overline{CF}+\overline{BE} \\
&= \overline{BC}\cos\varphi_2+\overline{AB}\sin\varphi_2 \\
&= I_1r_k\cos\varphi_2+I_1x_k\sin\varphi_2
\end{aligned}
$$

图 4-22 用简化相量图求 ΔU

故

$$
\Delta U=\frac{U_{1N}-U_2'}{U_{1N}}\times100\%=\left(\frac{I_1r_k}{U_{1N}}\cos\varphi_2+\frac{I_1x_k}{U_{1N}}\sin\varphi_2\right)\times100\% \tag{4-30}
$$

额定负载时 $I_1=I_{1N}$，有

$$
\Delta U=\left(\frac{I_{1N}r_k}{U_{1N}}\cos\varphi_2+\frac{I_{1N}x_k}{U_{1N}}\sin\varphi_2\right)\times100\% \tag{4-31}
$$

用标幺值表示则有

$$
\Delta U=r_k^*\cos\varphi_2+x_k^*\sin\varphi_2 \tag{4-32}
$$

如果电流不为额定值，把 $I_1/I_{1N}=\beta$ 定义为负载系数，则有

$$
\Delta U=\beta\left(r_k^*\cos\varphi_2+x_k^*\sin\varphi_2\right) \tag{4-33}
$$

由上面公式可以看出，电压调整率 ΔU 除了与负载系数 β 及短路参数 r_k、x_k 有关外，还与负载性质有关，感性负载时 $\varphi_2>0$，$\cos\varphi_2$ 和 $\sin\varphi_2$ 均为正值，ΔU 为正值，说明负载后电压有所下降。如果是容性负载，$\varphi_2<0$，$\cos\varphi_2$ 为正而 $\sin\varphi_2$ 为负，$|I_1r_k\cos\varphi_2|<|I_1x_k\sin\varphi_2|$ 时，ΔU 为负值，说明变压器负载后二次电压不是下降，而是升高。

常用的电力变压器 $\beta=1$，$\cos\varphi_2=0.8$ 滞后时，$\Delta U\%$ 约为 $5\%\sim8\%$。

二、变压器的效率与效率特性

变压器输出有功功率与输入有功功率之比称为变压器的效率，用符号 η 表示，有

$$
\eta=\frac{P_2}{P_1}\times100\% \tag{4-34}
$$

因变压器无旋转部件，在能量传递过程中无机械损耗，所以它的效率比旋转电机高。

一般电力变压器效率多在 95% 以上，大型变压器的效率可达 99% 以上。用直接加负载的办法测定变压器效率有一定困难，这是因为一方面电力变压器容量都很大，很难找到相应的负载；另一方面变压器效率很高，P_1 与 P_2 差值很小，由于测量仪表的误差，很难得到准确的结果。因此工程上常用间接的方法计算变压器的效率，即通过空载和短路试验测得的变压器铁损耗和铜损耗来计算变压器任意负载时的效率。下面介绍这一计算方法。

变压器工作时主要有两大类损耗，即铁损耗 p_{Fe} 和铜损耗 p_{Cu}。变压器的输入功率 P_1 可以用输出功率 P_2 加损耗来表示，因此有

$$\eta = \frac{P_2}{P_1} = \frac{P_1 - p_{Fe} - p_{Cu}}{P_1} = 1 - \frac{p_{Fe} + p_{Cu}}{P_2 + p_{Fe} + p_{Cu}} \tag{4-35}$$

式中的铁损耗 p_{Fe} 包括磁滞损耗、涡流损耗和附加铁损耗。当 $U_1 = U_{1N}$ 时，铁损耗 p_{Fe} 近似等于空载试验时测得的空载损耗 p_0。因空载损耗也是在 $U_1 = U_{1N}$ 时测得的，它主要是铁损耗。空载时的励磁电流很小，铜损耗比铁损耗小很多，完全可以忽略不计，因此可以认为 $p_{Fe} \approx p_0$。

式 (4-35) 中铜损耗 $p_{Cu} = I_1^2 r_1 + I_2'^2 r_2'$，应用简化等效电路则有 $\dot{I}_1 = -\dot{I}_2'$，可以写成 $p_{Cu} = I_1^2 r_k$。在做短路试验时因电流额定，因此有 $p_{kN} = I_{1N}^2 r_k$。所以任意负载下变压器的铜损耗 p_{Cu} 可以用 p_{kN} 表示，有

$$p_{Cu} = I_1^2 r_k = (\beta I_{1N})^2 r_k = \beta^2 p_{kN}$$

如果不计负载电流引起的二次侧端电压的变化，可以认为 $P_2 = \beta S_N \cos\varphi_2$，这样式 (4-35) 可以写成

$$\eta = \left(1 - \frac{p_0 + \beta^2 p_{kN}}{\beta S_N \cos\varphi_2 + p_0 + \beta^2 p_{kN}}\right) \times 100\% \tag{4-36}$$

这就是工程上用来计算变压器效率的公式。对三相变压器，p_0、p_{kN} 和 S_N 均为三相之值。由式 (4-36) 可知，只要通过空载和短路试验测得 p_0 和 p_{kN}，知道负载电流的大小和性质，就可以算出变压器的效率。

在一定的 $\cos\varphi_2$ 下，效率随电流的变化规律，即 $\eta = f(I_2)$ 或 $\eta = f(\beta)$ 称为变压器的效率特性，效率特性曲线如图 4-23 所示。

由效率特性曲线可以看出，$\beta = 0$ 时，变压器空载，$P_2 = 0$，效率为零。负载较小时，空载损耗占输入功率的比值较大，效率较低。随负载的增加，效率上升较快，负载增加到一定程度，效率

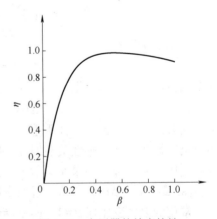

图 4-23 变压器的效率特性

η 出现最大值。此后负载再增加，因铜损耗与 β^2 成正比，效率反而略有下降。可以用求极大值的方法求最大效率 η_{max}。令 $d\eta/d\beta = 0$ 求出 β_m 值，将该值代入式 (4-36) 就得到了最大效率 η_{max}。在效率最大时，变压器的可变损耗 $\beta_m^2 p_{kN}$ 刚好与不变损耗 p_0 相等，即

$$\beta_m^2 p_{kN} = p_0 \qquad \text{或} \qquad \beta_m = \sqrt{\dfrac{p_0}{p_{kN}}} \qquad\qquad (4\text{-}37)$$

一般变压器多设计成 $\beta_m = 0.5 \sim 0.6$ 时效率最高，这时 p_{kN} 为 p_0 的 $3 \sim 4$ 倍。这是因为变压器并不经常满载运行，铜损耗随昼夜和季节的变化而变化，铁损耗只要投入运行就基本保持不变，因此把铁损耗设计得小些是合理的，这对变压器常年效率是有利的。

第六节　三相变压器

在电力系统中，普遍采用的是三相变压器，三相变压器在平衡负载下由于三相对称，只需取其一相按单相变压器进行分析即可。单相变压器的基本方程式、等效电路、相量图以及各项性能的分析完全适用于三相变压器，在此不再重复。本节着重讨论几个三相变压器的特殊问题，即它的磁路系统、电路系统、三相变压器联结组及磁通和电动势中的高次谐波等。

一、三相变压器的磁路系统

三相变压器的磁路分为两大类：一类是各相磁路互不相关的，如三相变压器组（也称三相组式变压器）；另一类是三相磁路相互关联的，如三铁心柱变压器（也称三相心式变压器）。

三相变压器组是由三个独立的单相变压器组成，如图 4-24 所示。它的磁路各相彼此无关，自成回路。三个单相变压器完全相同，三相对称运行时，各相磁动势和励磁电流完全对称。特大型三相变压器有时采用这样的三相变压器组。其优点是制造运输方便，备用变压器容量小（只需一台单相变压器）；缺点是占地面积大、所用硅钢片多，成本高。

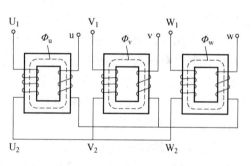

图 4-24　三相变压器组的磁路系统

三铁心柱变压器的磁路是由三相变压器组演变而来，把三个单相变压器合并成图 4-25a 所示结构。在三相对称时，三相磁通也对称，其瞬时表达式为

$$\begin{cases} \Phi_u = \Phi_m \sin\omega t \\ \Phi_v = \Phi_m \sin(\omega t - 120°) \\ \Phi_w = \Phi_m \sin(\omega t - 240°) \end{cases} \qquad\qquad (4\text{-}38)$$

显然，在图 4-25a 中，中间铁心柱通过的磁通为 $\Phi_u + \Phi_v + \Phi_w = 0$，即中间铁心柱没有磁通通过。这与三相 Y 联结电路对称时中性线无电流道理是一样的。这样就可以把中间铁心柱省去，成为图 4-25b 所示形状。为了结构简单、制造方便和节省硅钢片，将三个铁心柱排在一个平面上，如图 4-25c 所示，这就是当前广泛采用的三铁心柱变压器的磁路结构。它的特点是三相磁路相互关联，每相磁通都要经过另两相磁路闭合。其中中间一相（图中 v 相）磁路较短，磁阻较小，因此励磁电流也小一些，通常 $I_{u0} = I_{w0} =$

$(1.2\sim1.5)I_{v0}$。但因励磁电流仅为额定电流的百分之几，所以这种不平衡在变压器负载时是微不足道的，完全可以忽略不计。三铁心柱变压器比三相变压器组用的硅钢片少，重量轻，价格低，占地面积小，这些都是它的优点。

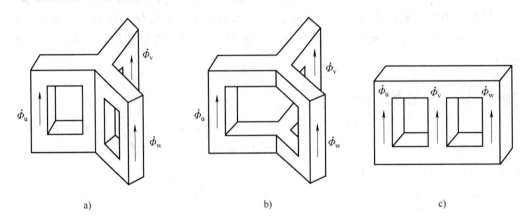

a)　　　　　　　　　　　　b)　　　　　　　　　　　　c)

图 4-25　三铁心柱变压器的磁路系统

a）由三个单相铁心合并　b）省去中间铁心柱　c）平行铁心

二、三相变压器的电路——绕组联结组

变压器一次侧电动势和二次侧电动势的大小由匝数比决定，它们的相位关系又是怎样的呢？这也是一个十分重要的问题。电力系统中并联运行的变压器，不但要求二次电压大小相等，而且要求二次电压相位相同。在晶闸管电路中，要求主电路电压与晶闸管控制极电压信号满足一定的相位关系。这就对同步变压器一次侧电动势和二次侧电动势的相位关系提出了严格的要求。变压器一次侧和二次侧对应电动势和相位关系用联结组表示，下面就来分析联结组问题。

1. 三相绕组的联结法

三相绕组之间的联结方法主要有三种类型：星形联结、三角形联结和曲折形联结。星形、三角形和曲折形联结的高压绕组分别用符号 Y、D 和 Z 表示，中压和低压绕组分别用符号 y、d 和 z 表示。有中性点时分别用 YN、ZN 和 yn、zn 表示。

高压绕组的首端分别用大写字母 U_1、V_1、W_1 表示，尾端以 U_2、V_2、W_2 表示。低压绕组首端用小写字母 u_1、v_1、w_1 表示，尾端以 u_2、v_2、w_2 表示。如果低压绕组有两套或多套时，第一套分别以 u_1、v_1、w_1 及 u_2、v_2、w_2 表示，第二套分别以 u_3、v_3、w_3 及 u_4、v_4、w_4 表示，依此类推。

星形联结分有中性线引出和无中性线引出两种。这在三相交流电路中大家早已熟悉。三角形联结有按 u_1u_2—v_1v_2—w_1w_2 顺序联结的，也有按 u_1u_2—w_1w_2—v_1v_2 顺序联结的，如图 4-26a、b 所示，后者较为常用。曲折联结也称 Z 联结，它的三相绕组也接成星形，但每相绕组是由套在不同铁心柱上的两部分线圈串联而成。图 4-26c 绘出了一种曲折联结的线路图。

2. 单相变压器联结组

在分析三相变压器联结组前，先看一下单相变压器联结组。三相变压器单看一相，

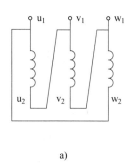

a)

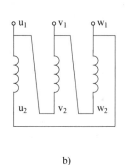

b)

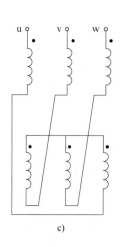

c)

图 4-26 三相绕组联结法

a)、b) 三角形联结 c) 曲折联结

就是一个单相变压器，它的一次绕组和二次绕组套在同一个铁心柱上，交链一个主磁通，一次绕组和二次绕组电动势的相位关系只有两种：一种是同相位，另一种是反相位（相位差180°）。它一方面与绕组的绕制方向有关，另一方面也与首尾端标号的标法有关。绕向不同对应电动势的相位不同，首尾端的标法不同相应电动势的相位也不同，按绕向和首尾端标志方法可有下面四种情况：

1）绕向相同，标号也相同，如图 4-27a 所示。这时一次绕组和二次绕组的首端 U_1 与 u_1 正是互感线圈的同名端，电动势 $\dot{E}_{U2U1}$ 与 $\dot{E}_{u2u1}$ 同相位。

2）绕向相同，标号位置不同，如图 4-27b 所示。这时一次绕组和二次绕组的首端 U_1 与 u_1 是异名端，电动势 $\dot{E}_{U2U1}$ 和 $\dot{E}_{u2u1}$ 相位相反，差180°。

3）绕向不同，标号位置相同，如图 4-27c 所示，这时一次绕组和二次绕组首端 U_1 与 u_1 为异名端，电动势 $\dot{E}_{U2U1}$ 与 $\dot{E}_{u2u1}$ 相位相反，差180°。

4）绕向不同，标号位置也不同，如图 4-27d 所示。这时一次绕组与二次绕组首端 U_1 与 u_1 是同名端，电动势 $\dot{E}_{U2U1}$ 和 $\dot{E}_{u2u1}$ 相位相同。

由以上四种情况可以看出单相变压器一次绕组和二次绕组电动势的相位是相同还是相反，决定于两绕组的首端（或尾端）是否是同名端，如果是同名端则电动势相位相同，如果不是同名端电动势相位相反，差180°。

变压器的联结组用时钟表示法来表示一次绕组和二次绕组对应电动势的相位关系。它是使一次绕组电动势相量指向时钟表面的"12"，这时对应的二次绕组电动势相量指向时钟的几点，就是第几组。单相变压器一次绕组和二次绕组电动势相量只有同相位和反相位两种，对应时钟的 0 点和 6 点，所以按照这样的表示法，图 4-27a 和 d 属于 I,I0 联结组，图 4-27b 和 c 属于 I,I6 联结组，其中 I,I 表示单相变压器。

3. 三相变压器联结组

三相变压器各相绕组在联结成星形或三角形时必须注意各相的极性，各相绕组自首端至尾端的绕向应当一致，否则联结成三相就会出现各种不正常现象，甚至造成严重事故。

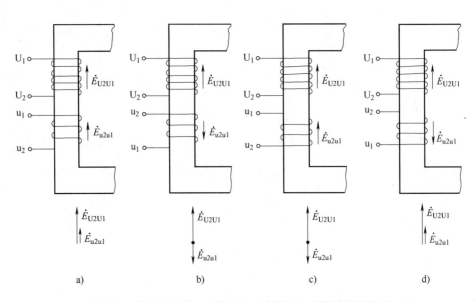

图 4-27　单相变压器一次绕组和二次绕组电动势的相位关系

a）绕向相同标号相同　b）绕向相同标号不同　c）绕向不同标号相同　d）绕向不同标号不同

　　三相变压器一次绕组和二次绕组线电动势之间的相位关系，不仅与绕组绕向、首尾端的标志方法有关，而且与三相之间的联结方法有关。由前面的分析我们已经知道，同一相一次绕组和二次绕组电动势的相位关系，不画绕组绕向也可由两绕组首端（或尾端）是否为同名端来判断。因此在画三相绕组联结图时我们不再画出绕组的绕向，而用标同名端的方法来表明同一相绕组一次侧电动势和二次侧对应电动势的相位关系。三相变压器的一次绕组和二次绕组的联结方式用 Yy、Yd、Dz 等标号表示。其中前面的大写字母表示一次绕组的联结法，后面的小写字母表示二次绕组的联结方法。无论三相变压器的一次绕组和二次绕组分别采用哪一种联结法，一次绕组和二次绕组对应线电动势之间的相位差只能是 30° 的整数倍，这样用时钟表面上的 12 点钟来表示这一相位关系就显得十分直观、方便和简单。把一个一次侧线电动势相量和二次侧对应的线电动势相量分别看作是时钟的分针和时针，使一次侧的线电动势相量指向时钟的 12点，这时对应的二次侧线电动势相量指向时钟的几点，我们就称它为第几联结组。

　　（1）Yy 联结　在图 4-28a 中，三相变压器一次绕组和二次绕组均接成星形，对应各相同名端标号相同。因此 $\dot{E}_{U2U1}$ 与 $\dot{E}_{u2u1}$ 相位相同；$\dot{E}_{V2V1}$ 与 $\dot{E}_{v2v1}$ 相位相同；$\dot{E}_{W2W1}$ 与 $\dot{E}_{w2w1}$ 相位相同。先画出一次绕组三相电动势相量图，成对称星形，这也是一个位形图。然后根据同一相一次绕组与二次绕组电动势相位相同画出二次三相绕组的电动势相量图。再在图中画出一次侧和二次侧对应线电动势 $\dot{E}_{U1V1}$ 和 $\dot{E}_{u1v1}$ 的相量图（也可以选其他对应的线电动势）。两者相位也相同。如果把相量 $\dot{E}_{U1V1}$ 指向时钟的 12 点，则相量 $\dot{E}_{u1v1}$ 也指向时钟的 12 点，两者相位差为零，是 Yy0 联结组。

　　图 4-28b 也是 Yy 联结，所不同的是一次绕组和二次绕组的首端是异名端，如图中"·"所示。判断它的联结组别也要根据相量图。先画出一次侧三相电动势相量图，然后根据 $\dot{E}_{U2U1}$ 与 $\dot{E}_{u2u1}$ 相位相反；$\dot{E}_{V2V1}$ 与 $\dot{E}_{v2v1}$ 相位相反；$\dot{E}_{W2W1}$ 与 $\dot{E}_{w2w1}$ 相位相反，画出

144

二次绕组三相电动势相量图。再画出对应线电动势相量图 $\dot{E}_{U1V1}$ 和 $\dot{E}_{u1v1}$，将 $\dot{E}_{U1V1}$ 相量指向时钟的 12 点，则 $\dot{E}_{u1v1}$ 相量指向时钟的 6 点，因此这是 Yy6 联结组。

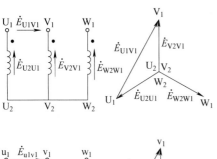
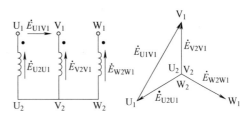

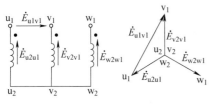
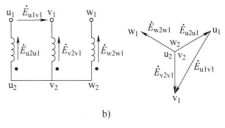

a) b)

图 4-28 Yy 联结组

a) Yy0 b) Yy6

Yy 联结组

如果在图 4-28a 中让一次侧不动，把二次侧的 v 相标成 u 相；w 相标成 v 相，u 相标成 w 相，如图 4-29 所示。这时一次侧的 U 相绕组与二次侧的 w 相绕组套在同一个铁心柱上；V 相绕组与 u 相绕组套在同一个铁心柱上；W 相绕组与 v 相绕组套在同一个铁心柱上。画出它的相量图，找出对应的线电动势相量 $\dot{E}_{U1V1}$ 和 $\dot{E}_{u1v1}$，可知这是 Yy4 联结组。同样，把图 4-28a 中的 u、v、w 相标成 v、w、u 相可以得到 Yy8 联结组。同样，也可由图 4-28b 推移二次绕组各相的位置得到 Yy10 和 Yy2 联结组。这样 Yy 联结可有 0、2、4、6、8、10 六种联结组。

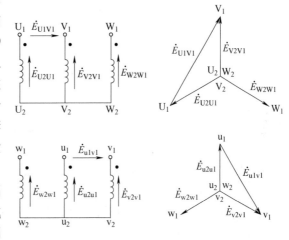

图 4-29 Yy4 联结组

应当注意的是，在上述推移的过程中，二次侧的相序不能改变，必须与一次侧相序保持一致。

（2）Yd 联结 图 4-30a 画出了一种 Yd 联结方式，它的一次侧联结成星形，二次侧联结成三角形。二次侧的联结顺序为 u_1u_2—w_1w_2—v_1v_2，由图中的首尾端及同名端标法可知，一次侧和二次侧同一相绕组对应的电动势相位相同，据此画出一次侧和二次侧的电动势相量图，一次侧为对称星形，二次侧为三角形。在一次侧画出线电动势相量 $\dot{E}_{U1V1}$，在二次侧找出相对应的线电动势相量 $\dot{E}_{u1v1} = \dot{E}_{v2v1}$，由 $\dot{E}_{U1V1}$ 和 $\dot{E}_{u1v1}$ 的相位关系可知，这是 Yd11 联结组。

图 4-30b 画出的也是一种 Yd 联结方式，只不过它的二次侧三角形联结顺序为 u_1u_2—v_1v_2—w_1w_2。画出它的一次侧和二次侧电动势相量图并找出对应的线电动势 $\dot{E}_{U1V1}$ 和 $\dot{E}_{u1v1}$，可知这是 Yd1 联结组，在这里 $\dot{E}_{u1v1}=-\dot{E}_{u2u1}$。

图 4-30a 的 Yd11 联结组或图 4-30b 中的 Yd1 联结组都可以通过改变二次绕组同名端的标法和把 u、v、w 三相推移为 w、u、v 或 v、w、u 的办法得到 Yd 联结的六种奇数联结组，即 1、3、5、7、9 及 11 联结组。

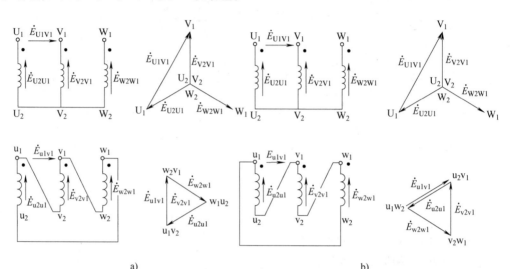

图 4-30　Yd 联结组

a）Yd11　b）Yd1

Yd 联结组

此外，D，d 联结也可以得到与 Yy 联结一样的六种偶数联结组。Dy 联结也可以得到与 Yd 联结一样的六种奇数联结组，其中联结组号正是二次侧线电动势落后于一次侧对应线电动势30°的倍数。

应用同样的方法，也可以判断具有曲折联结的三相变压器的联结组别，由于篇幅所限，在此就不再一一叙述了。

联结组的种类虽然很多，但经常用的只有以下几种：Yyn0、Yd11、YNd11、YY0、YNy0、Yz11、Dz0。

在我国电力变压器的新旧标准中，有关联结组标号的规定见表 4-1。

表 4-1　新旧变压器绕组联结组标号的对照

名　称	GB 1094—1979			GB 1094.1~5—1985			GB 1094.1~5—1996		
	高压	中压	低压	高压	中压	低压	高压	中压	低压
星形联结	Y	Y	Y	Y	y	y	Y	y	y
星形联结并有中性点引出	Y0	Y0	Y0	YN	yn	yn	YN	yn	yn
三角形联结	△	△	△	D	d	d	D	d	d
曲折形联结	Z	Z	Z	Z	z	z	Z	z	z
曲折形联结并有中性点引出	Z0	Z0	Z0	ZN	zn	zn	ZN	zn	zn

（续）

名　称	GB 1094—1979			GB 1094. 1~5—1985			GB 1094. 1~5—1996		
	高压	中压	低压	高压	中压	低压	高压	中压	低压
自耦变压器	联结组代号前加 O			有公共部分两绕组额定电压较低的用 a			有公共部分两绕组额定电压较低的用 a		
组别数	用 1~12，且前加横线			用 0~11			用 0~11		
联结符号间	联结符号间用斜线			联结组符号间用逗号			联结组符号间不加逗号		
联结组标号的举例	Y/Y₀-12			Y, yn0			Yyn0		
	Y₀/△-11			YN, d11			YNd11		
	O-Y₀/△-12-11			YN, a0, d11			YNa0d11		

三、三相变压器绕组联结方式和磁路系统对电动势波形的影响

在分析单相变压器空载运行时已经讲过，由于外加电压为正弦波形，它决定了电动势和磁通也基本上是正弦波形。由于磁路的饱和和磁滞的影响，励磁电流为一尖顶波，它含有奇次谐波，其中三次谐波最大，而三次谐波在三相中时间上是同相位的，即

$$\begin{cases} i_{03U} = I_{03m}\sin3\omega t \\ i_{03V} = I_{03m}\sin3(\omega t - 120°) = I_{03m}\sin3\omega t \\ i_{03W} = I_{03m}\sin3(\omega t - 240°) = I_{03m}\sin3\omega t \end{cases} \quad (4\text{-}39)$$

励磁电流中的三次谐波是否能在三相绕组中流通，这与三相绕组的联结方式有关，当一次绕组为 YN 或三角形联结时，绕组中三次谐波电流能够流通，这时励磁电流为尖顶波，对三相电动势波形无影响，电动势仍为正弦波。

当一次侧星形联结无中性线时，励磁电流的三次谐波没有通路，不能流通，致使相电动势波形发生变化，下面我们着重分析这种情况。

1. Yy 联结

因一次侧为 Y 联结无中性线，所以励磁电流中三次谐波无法流通。而五次以上谐波电流很小，可以略去，所以励磁电流接近正弦波形。在磁路接近饱和时，这种接近正弦的励磁电流波形产生怎样的磁通和电动势，又与磁路系统有关，下面分两种情况进行分析。

（1）三相变压器组 Yy 联结　接近正弦波形的励磁电流产生的磁通波形可以由磁化曲线借助于作图法求得，如图 4-31 所示。由图可知，这时的磁通近似一个平顶波，把这一平顶波磁通再分解成基波和高次谐波，可知在高次谐波磁通中三次谐波最大，影响也最严重。三次谐波磁通在 U、V、W 三相中虽然在时间上同相位，但因三相变压器组的三相磁路彼此独立，三次谐波磁通可以在铁心磁路中自由流通，并在一次绕组和二次绕组中感应相应的电动势。在

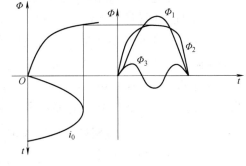

图 4-31　正弦励磁电流产生的平顶波形磁通

图 4-32 中上部画出了平顶波磁通 Φ 和它分解出的基波磁通 Φ_1、三次谐波磁通 Φ_3，下部画出了各磁通感应的相应电动势 e、e_1 和 e_3，三次谐波电动势的频率为 $f_3 = 3f_1$，所以有

$$E_1 = 4.44 f_1 N_1 \Phi_1$$
$$E_3 = 4.44 \times 3 f_1 N_1 \Phi_3$$

因此有 $E_3/E_1 = 3\Phi_3/\Phi_1$。三次谐波电动势有较大的数值，可达基波电动势的 45%~60%，由图 4-32 还可以看出 e_1 落后于 Φ_1 90°，e_3 落后于 Φ_3 90°（在三次谐波标尺上量度）。e_1 和 e_3 的峰值正好出现在同一时刻，这对变压器绝缘是一个很大的威胁，严重时可能击穿绕组的绝缘，因此 Yy 联结不宜用于三相变压器组。对于三相壳式变压器，因为三次谐波磁通可以在铁心中构成回路，它与组式变压器同样，不宜采用 Yy 联结。

（2）三铁心柱变压器 Yy 联结　与三相变压器组相比，三铁心柱变压器磁路是彼此关联的，对于基波磁通 Φ_1，可以三相之间互相构成通路。而对三次谐波磁通 Φ_3，三相在时间上是同相位的，无法在三铁心柱中闭合流通，只能通过铁心夹件、油箱壁等构成回路，如图 4-33 所示。三次谐波磁通实际上走的是漏磁路，所以遇到的磁阻很大，使三次谐波磁通大为减小。所以相电动势中的三次谐波也大为减小，致使电动势波形仍然接近正弦。

因三次谐波磁通经铁轭夹件、油箱壁等构成通路，并以三倍电网频率脉振，产生较大的附加铁损耗，使变压器效率 η 降低，因此只在中、小容量变压器中采用，大于 1800kV·A 的不宜采用。

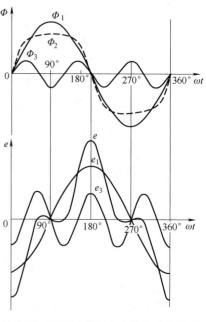

图 4-32　平顶波磁通产生的电动势波形

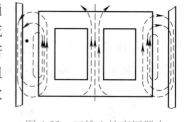

图 4-33　三铁心柱变压器中三次谐波磁通的路径

2. Yd 联结

这种联结法一次侧也是 Y 联结无中性线，励磁电流中的三次谐波也无法流通。因此，磁通趋向平顶波，其中的三次谐波磁通 Φ_3 将在二次绕组中产生感应电动势 e_{23}，e_{23} 落后于 Φ_3 90°。虽然三相中的 e_{23} 在时间上同相位，但因二次侧为三角形联结，e_{23} 仍可在三角形闭合回路中产生三次谐波电流 i_{23}。由于绕组中的电阻远小于电抗，i_{23} 差不多也落后于 e_{23} 90°，而 i_{23} 在磁路中将产生 Φ_{23}，Φ_{23} 又落后 i_{23} 一个小的磁滞角，因此 Φ_{23} 几乎落后于 Φ_3 180°，它差不多可以把 Φ_3 完全消掉。$\dot{\Phi}_3$、$\dot{E}_{23}$、$\dot{I}_{23}$、$\dot{\Phi}_{23}$ 的相量图如图 4-34 所示。因 $\dot{\Phi}_{23}$ 抵消了 $\dot{\Phi}_3$，所以 Yd 联结的三相变压器相电动势接近正弦形，这和一次侧联结成三角形有同样的效果。可见三相

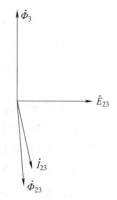

图 4-34　Yd 联结时 $\dot{I}_{23}$ 的作用

148

变压器只要一次侧或二次侧有一侧联结成三角形，就不存在 Yy 联结中所出现的那些问题。

四、Yyn 联结

二次侧为 yn 联结时，为三次谐波电流 i_{23} 提供了闭合通路，但它是通过负载构成回路。空载时 i_{23} 没有通路，负载时 i_{23} 的大小和相位取决于负载阻抗 Z_L，i_{23} 产生的 $\dot{\Phi}_{23}$ 大小和相位都受到限制，它对 Φ_3 的消减作用大大地降低了。因此磁通和电动势的波形得不到很大的改善，这种联结与 Yy 联结一样，在三铁心柱变压器中可以采用，在三相变压器组中不宜采用。

第七节 特殊变压器

一、自耦变压器

自耦变压器是一种单绕组变压器，有升压和降压之分，我们以降压自耦变压器为例来说明它的工作原理。自耦变压器的二次绕组是一次绕组的一部分，它可以看成是由双绕组变压器演变而来。图 4-35a 绘出了一台双绕组降压变压器，一次侧数据为 U_{1N}、I_{1N}、N_1，二次侧数据为 U_{2N}、I_{2N}、N_2。因一次绕组和二次绕组绕在同一铁心柱上，交链同一个主磁通，所以每匝的感应电动势相等。绕组 $u_1'U_2$ 是一次绕组的一部分，其匝数与二次绕组 u_1u_2 匝数相等。如果 $u_1'U_2$ 和 u_1u_2 两部分绕组绕法相同，把 U_2 和 u_2 连到一起后，这时 u_1' 和 u_1 必然是等位点，将 u_1' 和 u_1 接到一起不会改变变压器内部的电磁关系。进而将并联的两部分合并形成一个自耦变压器，如图 4-35b 所示。图中各量的正方

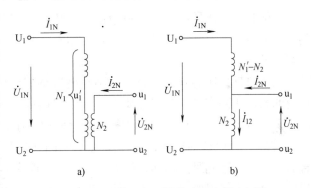

图 4-35 由双绕组变压器演变为自耦变压器

a）公共部分合并的双绕组变压器 b）自耦变压器

向与普通变压器一致，绕组中的 u_1u_2 部分称为公共部分，U_1u_1 部分称为串联部分，自耦变压器的额定容量仍为

$$S_N = U_{1N}I_{1N} = U_{2N}I_{2N} \tag{4-40}$$

自耦变压器中，公共部分的电流按图 4-35b 所示正方向有

$$\dot{I}_{12} = \dot{I}_{1N} + \dot{I}_{2N} \tag{4-41}$$

自耦变压器空载时，一次侧流过励磁电流 $\dot{I}_{10}$，磁路中的磁动势为 $N_1\dot{I}_{10}$。当变压器负载之后，磁路中的磁动势为两部分绕组磁动势之和，即为 $N_{U1u1}\dot{I}_{1N} + N_2\dot{I}_{12}$，与普通变压器一样，略去一次侧漏阻抗压降，认为 $\dot{U}_1 = -\dot{E}_1$，空载和负载时一次绕组的电动势 $\dot{E}_1$，可以认为不变，从而可以得出空载磁动势和负载磁动势相等，即

$$N_{U1u1}\dot{I}_{1N} + N_2\dot{I}_{12} = N_1\dot{I}_{10} \tag{4-42}$$

149

励磁电流很小，如果忽略不计，则有

$$N_{Ulul}\dot{I}_{1N}+N_2\dot{I}_{12}=0 \tag{4-43}$$

将式（4-41）代入式（4-43）可得

$$N_1\dot{I}_{1N}+N_2\dot{I}_{2N}=0$$

$$\dot{I}_{1N}=-\frac{1}{k}\dot{I}_{2N} \tag{4-44}$$

式中，$k=N_1/N_2$ 是自耦变压器的电压比。

再将式（4-44）代入式（4-41）可得

$$\dot{I}_{12}=\left(1-\frac{1}{k}\right)\dot{I}_{2N} \tag{4-45}$$

电压比 $k>1$，所以 $\dot{I}_{12}<\dot{I}_{2N}$，$k$ 越接近 1，$\dot{I}_{12}$ 越小。

由普通双绕组变压器简化相量图 4-18 可知，略去励磁电流 $\dot{I}_0$ 时，$\dot{I}_1$ 与 $\dot{I}_2$ 相位总是差 180°。于是 $\dot{I}_{1N}$、$\dot{I}_{2N}$ 和 $\dot{I}_{12}$ 之间的相量关系变为标量关系，有

$$I_{12}=I_{2N}-I_{1N} \tag{4-46}$$

从而可以得出自耦变压器的额定容量为

$$S_N=U_{1N}I_{1N}=U_{2N}I_{2N}=U_{2N}(I_{12}+I_{1N})$$
$$=U_{2N}I_{12}+U_{2N}I_{1N} \tag{4-47}$$

该式表明自耦变压器额定容量由两部分组成，一部分是通过电磁感应作用传到二次侧的电磁容量 $U_{2N}I_{12}$，另一部分是直接由电路传到二次侧的传导容量 $U_{2N}I_{1N}$，传导容量占总容量的 $1/k$。

由于自耦变压器有一部分容量不经电磁感应作用直接由电路传到二次侧，所以它所用的材料比同容量双绕组变压器少。以用铜量为例，自耦变压器的串联部分（U_1u_1 段）与普通变压器一次绕组电流相同，截面积一样。但 U_1u_1 段的匝数为普通变压器一次绕组的 $(1-1/k)$ 倍，因此用铜量也是它的 $(1-1/k)$ 倍。自耦变压器的公共部分与普通变压器二次侧匝数相同，但 I_{12} 比 I_{2N} 小，仅为 I_{2N} 的 $(1-1/k)$ 倍。用铜量也为普通变压器二次绕组的 $(1-1/k)$ 倍。所以自耦变压器用铜总量为同容量普通变压器的 $(1-1/k)$ 倍，因为 $k>1$，所以 $(1-1/k)$ 小于 1，而 k 越接近于 1，$(1-1/k)$ 越小，所用铜线越省。因此，电力自耦变压器常用于电压等级相差不大的输电线路，这时自耦变压器节省材料的效果明显。

自耦变压器的优点是节省原材料、体积小、重量轻、安装运输方便、价格低、损耗小、效率高。它的缺点是一次绕组和二次绕组有电的联系，因此，低压绕组及低压方的用电设备的绝缘强度及过电压保护等均需接高压方考虑。

自耦变压器除用于电力系统外，还常用来起动异步电动机，实验室用的小型调压器很多是二次侧装有滑动触头的自耦变压器。

二、电流互感器

仪用互感器是用于测量的变压器，分电压互感器和电流互感器两类。电压互感器把被测量的高电压变为低电压（常为 100V），然后用普通电压表测量。电压互感器与

普通变压器原理基本相同，只是为了提高精度有些特殊要求，在此不再赘述。电流互感器用来测量电网中的大电流，它把大电流变换为适于测量的量级（一般为5A），用普通电流表测量。图4-36画出了电流互感器的原理图，它的一次侧为一匝或几匝，串联在被测电路中，二次侧匝数很多，直接接电流表，可见电流互感器是一台短路运行的升压变压器。

电流互感器虽然也是基于电磁感应原理工作的，但它与普通变压器却有些区别，普通变压器（包括电压互感器）属于恒电压器件，即一次侧电压恒定。如果略去漏阻抗压降，则有$-\dot{E}=\dot{U}_1$，也就是说它的电动势和磁通基本不变。当二次电流增加时，一次电流也增加，两者的磁动势相互抵消，保持铁心中的励磁磁动势基本不变，这是分析像普通变压器这样的恒电压器件的基本方法。电流互感器与此不同，它的一次侧串联在被测电路中，属恒电流器件。一次电流不变，它不随二次电流的增减而变化，因此，当二次

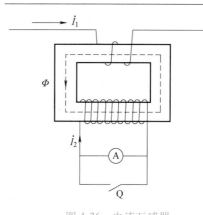

图 4-36 电流互感器

电流变化时，电流互感器的电磁状况与普通变压器不同。在正常工作时，它的磁动势平衡关系也是

$$N_1\dot{I}_1+N_2\dot{I}_2=N_1\dot{I}_0 \tag{4-48}$$

因励磁电流$\dot{I}_0$很小，可以略去，因此式（4-48）可以写成

$$N_1\dot{I}_1+N_2\dot{I}_2=0$$

$$\dot{I}_1=-\frac{N_2}{N_1}\dot{I}_2 \tag{4-49}$$

可见，一次和二次电流与匝数成反比，据此可由$\dot{I}_2$推算出$\dot{I}_1$的量值和相位。

由于式（4-49）是在忽略$\dot{I}_0$的情况下得到的，因此由$\dot{I}_2$换算出的$\dot{I}_1$会有一定的量误差和角误差。为了减小电流互感器的误差，它的铁心磁通密度设计得很低，常在0.08T以下，电流互感器按精度分为0.2、0.5、1.0、3.0和10五个等级，每个等级的误差请查阅有关标准。

电流互感器属恒电流器件，当二次侧开路时，$N_2\dot{I}_2$消失，而一次电流不变，因此铁心中的磁动势为$N_1\dot{I}_1$。它比正常工作时的励磁磁动势$N_1\dot{I}_0$大得多，铁心出现高饱和，铁损增加，铁心发热，磁通出现平顶波，在磁通过零时$\mathrm{d}\Phi/\mathrm{d}t$很大，二次绕组匝数又很多，因此，这时二次绕组感生很高的尖峰电动势，这对绕组绝缘和操作人员的安全都是一个威胁，是不允许的。

电流互感器在使用时必须注意以下各项：

1）为了安全，二次侧应牢固地接地。

2）二次侧不允许开路。在换接电流表时要先按下短路开关，以防二次绕组开路，否则二次绕组会产生很高的尖峰电动势。

3）二次绕组回路接入的阻抗不能超过允许值，否则会使电流互感器的精度下降。

三、整流变压器

整流变压器作为整流装置的电源变压器，用来把电网电压转换成整流装置所需的电压。在多相整流装置中也用来实现相数的变换，如把三相变成六相、十二相等。

整流变压器的电源电压 $\dot{U}_1$ 虽然是正弦交流，但二次侧经整流输出的却是直流，因此整流变压器中电流可能不再是连续的正弦波。这必然给整流变压器带来一些特殊问题，如一次电流、二次电流与直流电流的关系；一次侧容量、二次侧容量和输出容量的关系；变压器的利用率及磁路中的直流磁动势等。这些都与整流电路形式以及负载性质有关。在此，仅以单相半波和单相桥式整流电路电阻性负载为例来介绍整流变压器的分析方法。

1. 单相半波整流电路中的变压器

图 4-37 画出了单相半波整流电路及二次电压 u_2、电流 i_2 和直流输出电压 u_d、电流 i_d 的波形。如果二次电压为 $u_2 = \sqrt{2}\,U_2\sin\omega t$，则整流电路输出的直流平均电压为

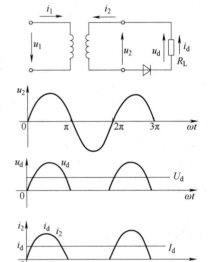

图 4-37　单相半波整流电路及波形

$$U_d = \frac{1}{2\pi}\int_0^\pi \sqrt{2}\,U_2\sin\omega t\,\mathrm{d}\omega t = 0.45U_2 \qquad (4\text{-}50)$$

输出电流平均值为

$$I_d = \frac{U_d}{R_L} = 0.45\frac{U_2}{R_L} \qquad (4\text{-}51)$$

二次电流有效值为

$$I_2 = \sqrt{\frac{1}{2\pi}\int_0^\pi \left(\frac{\sqrt{2}\,U_2}{R_L}\sin\omega t\right)^2 \mathrm{d}\omega t} = \frac{U_2}{\sqrt{2}\,R_L} = 1.57I_d \qquad (4\text{-}52)$$

如果不计励磁电流，一次电流应当是二次电流在一次侧引起的负载分量。在此，二次电流为一半波正弦脉动电流，其中的直流部分不能反映到一次侧，因此一次电流为

$$I_1 = \frac{1}{k}\sqrt{I_2^2 - I_d^2} = 1.21\frac{I_d}{k} \qquad (4\text{-}53)$$

以上是一次电流、二次电流与直流电流的关系。下面我们再来看一下一次侧容量、二次侧容量与输出容量的关系。

二次侧容量　　　　　$$S_2 = U_2 I_2 = \frac{U_d}{0.45}\times\frac{\pi}{2}I_d = 3.49P_d \qquad (4\text{-}54)$$

一次侧容量　　　　　$$S_1 = U_1 I_1 = kU_2 I_1 = \frac{U_d}{0.45}\times 1.21I_d = 2.69P_d$$

可见这时变压器一次侧容量与二次侧容量不等，把一次侧容量和二次侧容量的平均值称为整流变压器的计算容量，以 S_N 表示，有

$$S_N = \frac{S_1 + S_2}{2} = 3.09P_d \qquad (4\text{-}55)$$

如果把直流输出功率对各容量之比称为利用系数，则一次侧和二次侧的利用系数分别为 0.372 和 0.286，平均利用系数为 0.324。

由上面的分析可知，半波整流电路变压器的利用率很低。由于二次电流有直流分量，而一次电流没有，因此在磁路中有一不变的直流磁动势，导致铁心饱和，对变压器影响很大，因此半波整流很少采用。

2. 单相桥式整流电路中的变压器

图 4-38 绘出了单相桥式整流电路及二次电压、二次电流、直流输出电压、电流波形。由输出直流电压 u_d 的波形可知，它是半波整流时的两倍

$$U_d = 2 \times 0.45 U_2 = 0.9 U_2 \qquad (4-56)$$

这时二次电流为连续的正弦形，其值为

$$I_2 = \frac{U_2}{R_L} = \frac{1.11 U_d}{R_L} = 1.11 I_d \qquad (4-57)$$

式中，I_d 为直流输出电流。

桥式整流二次电流无直流分量，略去励磁电流可得

$$I_1 = \frac{I_2}{k}$$

因二次侧无直流分量，它的一次侧容量和二次侧容量相等

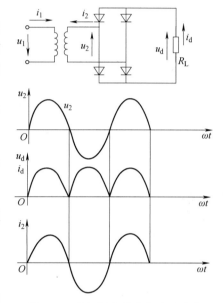

图 4-38　单相桥式整流电路及波形

$$S_1 = S_2 = S_N = 1.11 U_d \times 1.11 I_d = 1.23 P_d \qquad (4-58)$$

变压器的利用系数为

$$\frac{P_d}{S_N} = \frac{1}{1.23} = 0.815 \qquad (4-59)$$

可见，在单相桥式整流装置中，变压器的利用系数大为提高，铁心中也没有直流磁化问题，性能比单相半波好得多。

3. 三相及多相整流电路中的变压器

三相和多相整流变压器的分析方法和单相整流变压器类似，在此不再具体分析，而把各种整流变压器分析结果的数据和上述单相变压器数据一起列于表 4-2 中。

表 4-2　各种整流电路中整流变压器的数据

	负载性质	$\dfrac{U_2}{U_d}$	$\dfrac{I_2}{I_d}$	$\dfrac{P_2}{P_d}$	$\dfrac{P_1}{P_d}$	$\dfrac{P}{P_d}$
单相半波	电阻	2.22	1.57	3.48	2.68	3.08
	电感	2.22	1.41	3.14	2.22	2.68
单相全波	电阻	2×1.11	0.785	1.75	1.23	1.49
	电感	2×1.11	0.707	1.57	1.11	1.34

（续）

	负载性质	$\dfrac{U_2}{U_d}$	$\dfrac{I_2}{I_d}$	$\dfrac{P_2}{P_d}$	$\dfrac{P_1}{P_d}$	$\dfrac{P}{P_d}$
单相桥式	电阻	1.11	1.11	1.23	1.23	1.23
	电感	1.11	1.00	1.11	1.11	1.11
三相零式	电阻	0.855	0.587	1.51	1.24	1.38
	电感	0.855	0.577	1.48	1.21	1.34
三相桥式[①]	电阻	0.428	0.817	1.05	1.05	1.05
	电感	0.428	0.817	1.05	1.05	1.05
带平衡电抗器的 三相双反星形	电阻	0.855	0.288	1.48	1.05	1.265
	电感	0.855	0.288	1.48	1.05	1.265

① 三相半控桥时，除 $I_2/I_d = 0.47$ 外，其余数据不变。

在三相整流变压器中，有的也有直流磁化问题，如果是三铁心柱变压器，三相的直流磁动势方向相同，无法在铁心中形成直流磁通，直流磁通被挤到漏磁路大为减弱。

有些大型三相整流变压器，为了消除直流磁化的影响，二次绕组采用曲折联结（Z 联结），如图 4-39 所示。它是把每相的二次绕组分成两半装在不同的铁心柱上，图 4-39a 是它的线路图，图 4-39b 是它的相量图，图中为了简单，以符号 $\dot{E}_{U1}$ 表示 $\dot{E}_{U2U1}$，以 $\dot{E}_{u1}$ 表示 $\dot{E}_{u2u1}$，以 $\dot{E}_{u3}$ 表示 $\dot{E}_{u4u3}$，等等。由相量图可知，它的二次侧三相电动势也是三相对称。这种曲折联结使每个铁心柱上的直流磁动势相互抵消，从而消除了铁心中的单方向磁化问题。

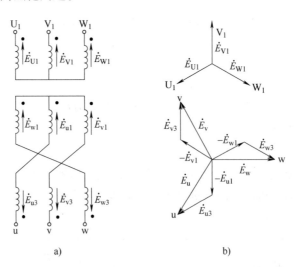

图 4-39　三相变压器中的曲折联结

a）线路图　b）相量图

在一些大型整流装置中，为了获得平稳的直流，减少输出直流中的脉动，有时采用六相或十二相整流。图 4-40 画出的三相/六相整流变压器，一次侧为星形联结，二次侧为双反星形联结，由相量图可知，它的输出是对称的六相。图 4-41 画出了另一种三相/六相整流变压器，它的一次侧也是星形联结，二次侧为双曲折联结，由相量图可知，它的二次侧也形成六相对称输出电动势。

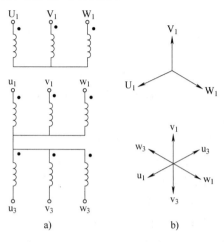

a)　　　　　　　　b)

图 4-40　三相/六相整流变压器，二次侧为双反星形联结
a）线路图　b）相量图

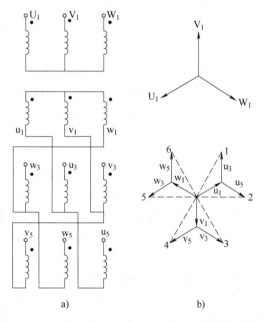

a)　　　　　　　　b)

图 4-41　三相/六相整流变压器二次侧为双曲折联结
a）线路图　b）相量图

思考题与习题

4-1　变压器有哪些主要额定值？它们的含义是什么？

4-2　一台三相变压器 $S_N = 5000 \text{kV} \cdot \text{A}$，$U_{1N}/U_{2N} = 10 \text{kV}/6.3 \text{kV}$，Yd 联结，求一次侧和二次侧额定电流。

4-3 变压器中主磁通和漏磁通的性质和作用有什么不同？在等效电路中是怎样反映它们的作用的？

4-4 一台变压器加额定电压，在下列情况下励磁电流将怎样变化：（1）变压器铁心截面积变大；（2）铁心柱变长；（3）硅钢片接缝空隙变大；（4）一次绕组匝数增加数匝。

4-5 变压器等效电路中 r_m 代表什么电阻？这个电阻能否用加直流的方法测出来？

4-6 励磁电抗 x_m 的物理意义如何？希望变压器的 x_m 是大好还是小好？若将变压器铁心抽出，x_m 将怎样变化？

4-7 一台变压器 $U_{1N}/U_{2N} = 220V/110V$，$f_N = 50Hz$，如果把它接到 380V、50Hz 的电源上，会出现什么现象？如把它接到 220V、60Hz 的电源上，主磁通和励磁电流将怎样变化？能否把这台变压器接到 220V 的直流电源上？为什么？

4-8 单相变压器 $S_N = 5000kV \cdot A$，$U_{1N}/U_{2N} = 35kV/6.6kV$，铁心柱有效截面为 $S = 1120cm^2$，$B_m = 1.45T$，求高、低压绕组匝数。

4-9 一台单相变压器 $U_{1N}/U_{2N} = 220V/110V$，$N_1 = 300$ 匝，$N_2 = 150$ 匝，$f_1 = 50Hz$，铁心磁密为 $B_m = 1.2T$，求铁心柱有效截面积。

4-10 试述磁动势平衡的概念及其在分析变压器工作原理时的作用。

4-11 变压器二次侧短路时，短路电流是否等于 U_{2N}/Z_2？为什么？试从等效电路和物理概念两个方面加以说明。

4-12 两台单相变压器电压相同，$U_{1N}/U_{2N} = 220V/110V$，一次侧匝数相等，但一台空载电流是另一台的2倍，今将两台变压器一次绕组顺极性串联，加上440V电压，问两台变压器空载电压是否相等，如果磁路工作在线性区，两个二次绕组空载电压各为多少？

4-13 一台单相变压器 $U_{1N}/U_{2N} = 220V/110V$，一次绕组 U_1U_2，二次绕组 u_1u_2。U_1u_1 为同名端，当一次绕组 U_1U_2 加上额定电压时，空载电流 I_0，主磁通为 Φ_v。如果把 U_2 与 u_1 联在一起，在 U_1u_2 间加 330V 电压，此时励磁电流和主磁通各为多大？若把 U_2 与 u_2 接在一起，在 U_1u_2 间加 110V 电压，励磁电流和主磁通又各为多少？

4-14 两台相同的单相变压器 $U_{1N}/U_{2N} = 220V/110V$，将两台变压器的一次绕组串联起来加上 220V 交流电压，二次绕组一台开路一台短路，问一次电压怎样分配？假定两台变压器的 $I_0^* = 0.05$，$U_{kN}^* = 0.05$，试近似计算两台变压器一次电压各为多少？

4-15 一台变压器 $S_N = 5kV \cdot A$，一次绕组由两个同样的额定电压为 3000V 的线圈组成。二次绕组由两个同样的额定电压为 230V 的线圈组成。问这台变压器可以有哪几种不同电压比的联结法，每种联结法一次侧和二次侧的额定电压和额定电流各为多少？

4-16 试证明用标幺值表示的变压器短路阻抗 Z_k^* 与短路电压 U_{kN}^* 相等。

4-17 为什么变压器的空载损耗可以看成铁耗？短路损耗可以看成铜耗？负载时的铁耗与空载损耗有多大差别？负载时的铜耗与短路损耗有多大差别？

4-18 单相变压器 $S_N = 200kV \cdot A$，$U_{1N}/U_{2N} = 10kV/0.38kV$，在低压侧加电压做空载试验测得数据为 $U_{2N} = 380V$，$I_{20} = 39.5A$，$p_0 = 1100W$。在高压侧加电压做短路试验测得数据为 $U_k = 450V$，$I_k = 20A$，$p_k = 4100W$，室温为 25℃，求折算到高压侧的励磁参数和短路参数，画出 Γ 型等效电路。

4-19 变压器的电压调整率 $\Delta U\%$ 与哪些因素有关？变压器的效率与哪些因素有关？

4-20 单相变压器 $S_N = 3kV \cdot A$，$U_{1N}/U_{2N} = 230V/115V$，$f_N = 50Hz$，$r_1 = 0.3\Omega$，$r_2 = 0.05\Omega$，$x_1 = 0.8\Omega$，$x_2 = 0.1\Omega$，试求：

（1）折算到高压侧的 r_k、x_k 及 Z_k；

（2）折算到低压侧的 r_k、x_k 及 Z_k；

（3）将上面参数用标幺值表示；

（4）计算变压器额定短路电压 U_{kN}；

（5）求满载且 $\cos\varphi_2 = 1$、$\cos\varphi_2 = 0.8$（滞后）及 $\cos(-\varphi_2) = 0.8$（超前）三种情况下的 $\Delta U\%$。

4-21 三相变压器 $S_N = 750kV \cdot A$，$U_{1N}/U_{2N} = 10kV/0.4kV$，Yyn0 联结组。从低压侧做空载试验测得 $U_{2N} = 400V$，$I_{20} = 60A$，$p_0 = 3800W$。从高压侧加电压做短路试验测得 $U_{kN} = 440V$，$I_k = 43.3A$，$p_k = 10900W$，室温为 20℃，试求：

（1）变压器参数，画出 T 形等效电路（假定 $r_1 = r_2'$，$x_1 = x_2'$）；

（2）额定负载时 a）$\cos\varphi_2 = 0.8$；b）$\cos\varphi_2 = 1$；c）$\cos(-\varphi_2) = 0.8$ 三种情况下的电压调整率 $\Delta U\%$ 和效率 η。

4-22 三相变压器 $S_N = 1800kV \cdot A$，$U_{1N}/U_{2N} = 6.3kV/3.15kV$，Yd11 联结组，加额定电压时空载损耗 $p_0 = 6.6W$，短路电流额定时的短路损耗为 $p_k = 21.2kW$，求额定负载 $\cos\varphi_2 = 0.8$ 时的效率及效率最大时的负载系数 β。

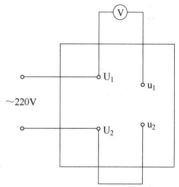

图 4-42 变压器极性试验接线图

4-23 一台 220V/110V 单相变压器，在出厂前做"极性"试验，如图 4-42 所示，将 U_2u_2 联结在一起，在 U_1U_2 端加 220V 电压，用电压表量 U_1u_1 间电压，当 U_1u_1 为同极性（同名端）和不同极性时，表的读数各为多少？

4-24 画出三相变压器 Yy8、Yy10、Yd7、Yd9 联结组的接线图。

4-25 画出图 4-43 所示各三相变压器的电动势相量图，判断其联结组别。

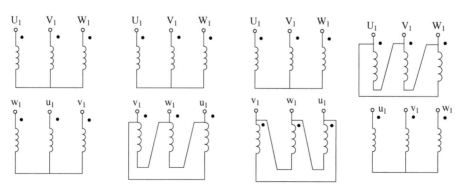

图 4-43 联结组接线图

4-26 一台三相变压器为 Yy0 联结组，如图 4-28a 所示。$U_{1N}/U_{2N} = 220V/110V$，如

果把 U_1 和 u_1 联结在一起，用电压表量 V_1 与 v_1，W_1 与 w_1 之间的电压，表的读数应为多少？

4-27 一台 Yd11 联结组的三相变压器，一次侧与二次侧的线电压比为 k，接线图如图 4-30a 所示。如果把 U_1 和 u_1 联结在一起，合闸后用电压表量 V_1v_1 间的电压。试证明 $U_{V1v1} = U_{u1v1}\sqrt{1 - \sqrt{3}k + k^2}$。

4-28 有两台线电压均为 6000V/400V 的三相心式变压器，一台为 Yy 联结，另一台为 Yd 联结，如图 4-44 所示，将两台变压器一次侧接入同一 6000V 电网，试问：

（1）两台变压器各是什么联结组；

（2）如将两台的 u_1u_1' 联在一起，U_{v1v1}' 和 U_{w1w1}' 各为多少伏？

4-29 Yy0 三相变压器组，如果一次侧的 V_1 和 V_2 接反，二次侧联结无误，会出现什么现象？能否在二次侧予以改正？如果上述错误出现在一台三相心式变压器上，会出现什么现象？这时如何改正？

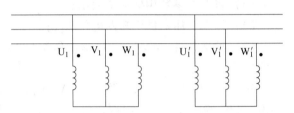

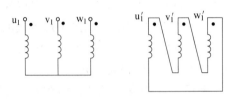

图 4-44 题 4-28 接线图

4-30 为什么三相变压器组不宜采用 Yyn 联结，而三铁心柱变压器却可以采用 Yyn 联结？

4-31 自耦变压器的额定容量、电磁容量和传导容量之间的相互关系是怎样的？

4-32 当电压比 k 较大时，一般不宜采用自耦变压器，为什么？

4-33 一台自耦变压器 $U_1 = 220V$，$U_2 = 180V$，$\cos\varphi_2 = 1$，$I_2 = 200A$，试求绕组各部分电流、传导功率和感应功率。

4-34 电流互感器正常工作时相当于普通变压器的什么状态？使用时有哪些注意事项？为什么二次侧不能开路？为了减少误差，设计时应注意什么？

4-35 整流变压器一次侧容量与二次侧容量不等时，怎样计算它的容量？

4-36 什么是整流变压器的利用系数？

第五章

异步电动机原理

第一节　异步电动机的用途、结构及基本原理

一、异步电动机的用途

交流电机根据电机转子速度与旋转磁场速度是否相同分为同步电机和异步电机两类。同步电机主要用作发电机，同步电动机过去主要用于少数不调速的大、中型生产机械，如空压机、球磨机等；由于异步发电机的性能较差，异步电机主要用作电动机，应用领域极广，涉及各行各业，例如，在工业应用中，它可以拖动风机、泵、压缩机、中小型轧钢设备、各种金属切削机床、轻工机械、矿山机械等；在农业应用中，可以拖动水泵、脱粒机、粉碎机以及其他农副产品的加工机械等。

20 世纪 70 年代以前，约占电力拖动总容量 80% 的不调速和对调速要求不高的生产机械都用交流电动机拖动，其中，大多数用异步电动机，少量用同步电动机；对于调速性能要求高的调速系统用直流电动机。70 年代以后，随着电力电子器件、微处理器技术和交流调速理论的迅速发展，交流变频调速发展很快，在很多领域逐渐取代直流调速系统。

异步电动机的主要优点是结构简单、容易制造、价格低廉、运行可靠、坚固耐用、运行效率较高。缺点是异步电动机直接起动时转矩不大，以及运行时必须从电网里吸收感性的无功功率，它的功率因数总是小于 1。

二、三相异步电动机的结构

异步电动机的型式和种类较多，从不同角度看，有不同的分类法。例如：

按定子相数分，有单相异步电动机、两相异步电动机和三相异步电动机等。其中，三相异步电动机应用最广泛。

按转子结构分，有绕线转子异步电动机和笼型转子异步电动机。后者又包括单笼转子异步电动机、双笼转子异步电动机和深槽转子异步电动机等。

异步电动机的种类虽然很多，但其基本结构是相同的，它们都由定子、转子和定转子铁心之间的气隙三部分组成。此外，还有端盖、轴承、接线盒、吊环等其他附件。三相笼型异步电动机的结构图如图 5-1 所示。

1. 定子部分

三相电动机的定子一般由外壳、定子铁心、定子绕组等部分组成。

（1）外壳　三相电动机外壳包括机座、端盖、轴承、接线盒及吊环等部件。

机座：铸铁或铸钢浇铸成型，它的作用是保护和固定电动机的定子铁心和绕组。通常，机座的外表面要求散热性能好，所以一般都有散热筋，以扩大散热面积。

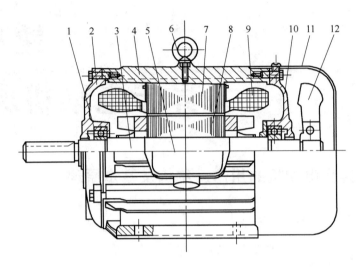

图 5-1　三相笼型异步电动机结构图

1—轴承　2—前端盖　3—转轴　4—机座　5—接线盒　6—吊环　7—定子铁心
8—转子　9—定子绕组　10—后端盖　11—风扇罩　12—风扇

端盖：用铸铁、铸铝或铸钢浇铸成型，它的作用是把转子封装在定子内腔中心，使转子能够在定子中均匀地旋转。

轴承：轴上装有轴承（装配时将轴承固定在端盖上），用以支撑转子轴。根据电机转速和适用场合的不同，轴承可分类为滚珠轴承、油膜轴承、空气轴承、磁悬浮轴承等。

接线盒：一般是用铸铁浇铸或铁板冲压成型，其作用是保护和固定绕组的引出线端子。

吊环：一般是用铸钢制造，安装在机座的上端或两侧，用来起吊、搬抬电动机。

（2）定子铁心　异步电动机定子铁心是电动机磁路的一部分，由 $0.35 \sim 0.5 \mathrm{mm}$ 厚表面有绝缘层的薄硅钢片叠压而成，如图 5-2 所示。由于硅钢片较薄而且片与片之间是绝缘的，所以减少了由于交变磁通通过而引起的铁心涡流损耗。铁心内圆开有均匀分布的槽，用来嵌放定子绕组。

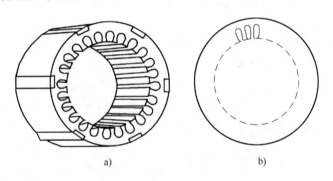

a)　　　　　　　　　　b)

图 5-2　定子铁心及冲片示意图

a) 定子铁心　b) 定子冲片

（3）定子绕组　定子绕组是电动机的电路部分，三相电动机有三相对称绕组，三相绕组由三相彼此独立的绕组组成，且每相绕组又由若干线圈连接而成。每相绕组在空间相差 120° 电角度。线圈由绝缘铜导线或绝缘铝导线绕制而成，按一定规律嵌入定子铁心槽内。一般情况下，定子三相绕组的六个出线端都引至接线盒中，首端分别标为 U_1、V_1 和 W_1，末端分别标为 U_2、V_2 和 W_2。这六个出线端在接线盒里的排列如图 5-3 所示，可以接成星形或三角形。

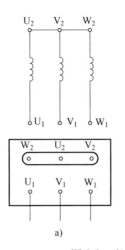 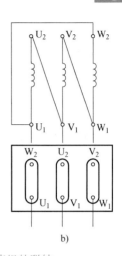

图 5-3　定子绕组的联结
a）星形联结　b）三角形联结

2. 转子部分

三相电动机的转子主要由转子铁心、转子绕组和转轴组成。

（1）转子铁心　转子铁心是用 0.3~0.5mm 厚的硅钢片叠压而成，套在转轴或转子支架上。作用和定子铁心相同，一方面作为电动机磁路的一部分，一方面用来安放转子绕组。

（2）转子绕组　异步电动机的转子绕组分为绕线型和笼型两种，由此分为绕线型转子异步电动机和笼型转子异步电动机。

① 绕线型转子绕组：与定子绕组一样，也是一个对称三相绕组，一般接成星形。三相引出线分别接到转轴上的三个与转轴绝缘的集电环上，通过电刷装置与外电路相连，这就有可能在转子电路中串接电阻或电动势以改善电动机的运行性能，如图 5-4 所示。

② 笼型转子绕组：在转子铁心的每一个槽中插入一根铜条，在铜条两端各用一个铜环（称为端环）把导条连接起来，称为铜条转子，如图 5-5a 所示。也可用铸铝的方法，把转子导条和端环风扇叶片用铝液一次浇铸而成，称为铸铝转子，如图 5-5b 所示。笼型转子上没有集电环，结构简单、制造方便、运行可靠。

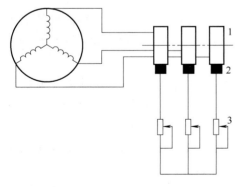

图 5-4　绕线型转子与外加变阻器的连接
1—集电环　2—电刷　3—变阻器

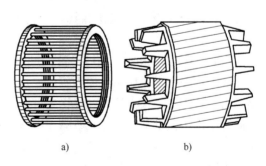

图 5-5　笼型转子绕组
a）铜条转子　b）铸铝转子

3. 气隙

三相异步电动机的定子与转子之间的空气隙宽度，一般仅为 0.2~1.5mm。气隙越大，磁阻会越大，产生同样的旋转磁场需要的励磁电流越大，电动机运行时的功率因数降低；气隙太小，会使装配困难和运转不安全。

4. 其他部分

其他部分包括铭牌、冷却电机的风扇、监控电机温度的传感器等。

三、三相异步电动机的基本工作原理

三相异步电动机的工作原理，就是通过在电动机气隙圆周上产生一个旋转磁场，转子绕组自身短路且处于旋转磁场内，由于电磁感应的关系，在转子绕组中产生电动势、电流，从而产生电磁转矩拖动转子旋转。所以，异步电动机又叫感应电动机。

在三相异步电动机中实现机电能量转换的前提是产生旋转磁场。因此，在叙述三相异步电动机的工作原理之前，先说明如何产生旋转磁场的问题。

1. 旋转磁场的产生

所谓旋转磁场，就是一种极性和大小不变且以一定转速旋转的磁场。根据理论分析和实践证明，在对称多相绕组中流过对称多相电流时会产生圆形旋转磁场。下面以图解法分析在三相异步电动机的三相对称绕组中通入三相对称电流是如何产生圆形旋转磁场的。

（1）一对磁极情况 先分析三相绕组每相仅由一个线圈组成的情况，如图 5-6 所示，U_1-U_2、V_1-V_2、W_1-W_2 三个线圈空间彼此互隔120°，分布在定子铁心内圆的圆周上，构成了对称三相绕组。当三相对称绕组通入三相对称电流时，各相电流的瞬时表达式为

$$\begin{cases} i_U = I_m \cos\omega t \\ i_V = I_m \cos(\omega t - 120°) \\ i_W = I_m \cos(\omega t - 240°) \end{cases} \tag{5-1}$$

规定电流正方向为"尾入首出为正"，即电流为正值时，由线圈末端（U_2、V_2 或 W_2）流入（以"⊗"表示），从线圈的首端（U_1、V_1 或 W_1）流出（以"⊙"表示）。

图解法就是通过分时画出三相对称电流产生的合成磁效应，从而观察磁场的变化趋势，找到合成磁场的规律和特点。为此，选择 $\omega t = 0°$、$\omega t = 120°$、$\omega t = 240°$ 和 $\omega t = 360°$ 四个特定瞬间进行分析，如图 5-6 所示。

当 $\omega t = 0°$ 时，由式（5-1）可得，$i_U = I_m$，$i_V = i_W = -I_m/2$，将各相电流方向表示在各相线圈剖面图上：U 相电流为正值，从 U_2 流入由 U_1 流出；而 B、C 两相电流均为负值，由 V_1、W_1 流入，从 V_2、W_2 流出，如图 5-6a 所示。从图看出，V_2、U_1、W_2 三个线圈边中的电流都从纸面流出，且 V_2、W_2 边中的电流数值相等，根据右手螺旋定则即可画出这三个线圈边中电流产生的合成磁场分布；同理，可画出 V_1、U_2、W_1 三个线圈边中电流产生的合成磁场分布。整个磁场的分布左右对称，因此，从磁回路的图像看，三相绕组（线圈）中电流产生的合成磁场与一对磁极产生的磁场一样。

用同样方法可以画出 $\omega t = 120°$、$\omega t = 240°$ 和 $\omega t = 360°$ 三个特定瞬间的电流方向与磁

场分布情况，分别如图 5-6b、c 和 d 所示。

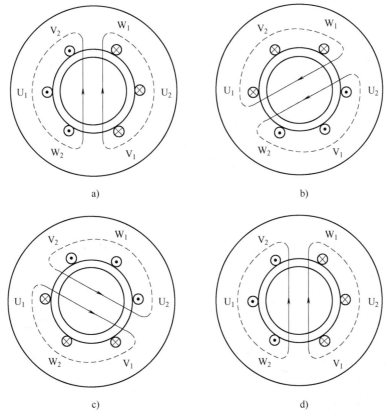

图 5-6　两极旋转磁场示意图

a）$\omega t = 0°$，$i_U = I_m$，$i_V = i_W = -\dfrac{1}{2}I_m$　　b）$\omega t = 120°$，$i_V = I_m$，$i_U = i_W = -\dfrac{1}{2}I_m$

c）$\omega t = 240°$，$i_W = I_m$，$i_U = i_V = -\dfrac{1}{2}I_m$　　d）$\omega t = 360°$，$i_U = I_m$，$i_V = i_W = -\dfrac{1}{2}I_m$

依次观察图 5-6a ~ d，可发现对称三相电流通入对称三相绕组所建立的合成磁场并不是静止不动的，也不是方向交变的，而是如一对磁极旋转产生的磁场，磁场大小不变。从 $\omega t = 0°$、$120°$、$240°$、$360°$ 的瞬间，三相电流合成磁场在空间相应地转过 $120°$、$240°$、$360°$。旋转的方向是从 U 相转向 V 相，再转向 W 相，即按 U→V→W 顺序旋转（图中为逆时针方向）。由此可证实，当对称三相电流通入对称三相绕组时，必然会产生一个大小不变、转速一定的旋转磁场。

综上所述，当三相电流随时间变化一个周期 T，旋转磁场在空间相应地转过 $360°$ 空间机械角度，即电流变化 1 次，旋转磁场转过 1 转。因此，电流每秒钟变化 f_1（即频率）次，则旋转磁场每秒钟转过 f_1 转。由此可得旋转磁场为一对磁极情况下，其转速 n_1（单位为 r/min）与交流电流频率 f_1 的关系为

$$n_1 = 60f_1 \tag{5-2}$$

（2）两对磁极情况　如果把三相绕组按如图 5-7 所示排列，U、V、W 三相绕组每相分别由两个线圈 U_1-U_2 和 U_1'-U_2'、V_1-V_2 和 V_1'-V_2'、W_1-W_2 和 W_1'-W_2' 串联组成，每个

两极旋转磁

场示意图

线圈的跨距为 1/4 圆周。用同样方法画出 $\omega t = 0°$、$\omega t = 120°$、$\omega t = 240°$ 和 $\omega t = 360°$ 四个特定瞬间的电流方向与磁场分布情况，分别如图 5-7a、b、c 和 d 所示。

可见，三相电流所建立的合成磁场仍然是一个旋转磁场，不过磁场的极数变为 4 个，即具有两对磁极，并且当电流变化 1 次，旋转磁场仅转过 1/2 转。

同理，如果将绕组按一定规则排列，可得到 3 对、4 对及 p 对磁极的旋转磁场的情况。可发现对于 p 对磁极，电流变化 1 次，磁场旋转 $1/p$ 转。

综上所述，三相对称绕组流过三相对称电流所建立的合成磁场是一圆形旋转磁场，旋转磁场的转速 n_1 与电流的频率 f_1 和磁场极对数 p 之间的关系为

$$n_1 = \frac{60 f_1}{p} \tag{5-3}$$

旋转磁场的转速 n_1 称为同步转速，单位为 r/min。

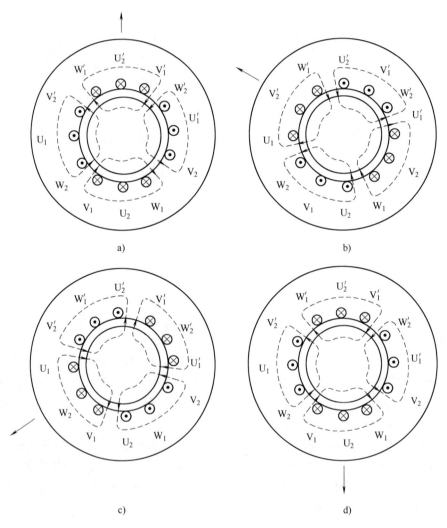

图 5-7　四极旋转磁场示意图

a) $\omega t = 0°$　b) $\omega t = 120°$　c) $\omega t = 240°$　d) $\omega t = 360°$

2. 三相异步电动机的工作原理

以图 5-8 所示的一对磁极异步电动机模型来说明三相异步电动机的基本工作原理。

三相异步电动机的定子铁心上嵌有对称三相绕组；在圆柱体的转子铁心上嵌有均匀分布的导条，导条两端分别用金属环把它们连接成一个整体。

当向定子三相对称绕组中通入对称的三相交流电流时，在电动机气隙圆周上就产生一个转速为 n_1 的旋转磁场（图中以一对旋转的磁极来代替）。由于转子上的导条被这种旋转磁场切割，根据电磁感应定律，转子导条内会感应产生感应电动势，感生电动势的方向可用右手定则判定，如图 5-8 所示。因为转子上的导条为闭合的，在感应电动势的

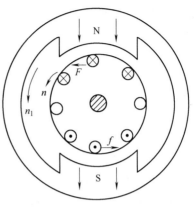

图 5-8　三相异步电动机的工作原理

三相异步电动机的工作原理

作用下，转子导体中将产生与感应电动势方向基本一致的感应电流。有感应电流的转子导体在旋转磁场中将受到电磁力的作用，电磁力 F 的方向用左手定则判定，如图 5-8 所示。作用于转子导体上的电磁力对转子轴产生的电磁转矩与旋转磁场的旋转方向是一致的，从而驱动转子沿着旋转磁场的转动方向旋转。如果转子与生产机械连接，则转子上受到的电磁转矩将克服负载转矩而做功，从而实现了能量的转换，这就是三相异步电动机的工作原理。

3. 转子转速 n 与同步转速 n_1 的关系

在一般情况下，异步电动机的转速 n 不能达到旋转磁场的同步转速 n_1，即 n 总是略小于 n_1。这是由于异步电动机转子导条上之所以能受到电磁转矩，关键在于导条与旋转磁场之间存在一种相对运动而发生电磁感应作用，并感生了电流，从而产生了电磁力的缘故。如果 $n = n_1$，则旋转磁场与转子导条之间不再有相对运动，也就是说导条不再切割磁场，因而不能在导条内感应产生电动势，也不会产生电磁转矩来拖动机械负载。因此，异步电动机的转子转速 n 总是略小于 n_1，即转子与旋转磁场"异步"地转动，异步电动机也由此而命名。把 $\Delta n = n_1 - n$ 称为转速差，而把转速差 Δn 与同步转速 n_1 的比值，称为转差率，用 s 表示，即

$$s = \frac{n_1 - n}{n_1} \tag{5-4}$$

转差率 s 是异步电动机的一个重要参量。在很多情况下，用 s 表示电动机的转速要比直接用转速 n 方便得多。一般情况，三相异步电动机的额定转差率 $s_N = 0.02 \sim 0.05$。

将式（5-3）代入式（5-4）可得，三相异步电动机的转速表达式为

$$n = n_1(1-s) = \frac{60 f_1}{p}(1-s) \tag{5-5}$$

当 $0 < n < n_1 (1 > s > 0)$ 时，异步电动机工作在电动状态（电机的电磁转矩与转子转速方向一致，称为电动状态）；在特殊情况下，电机也可能工作在 $n > n_1 (s < 0)$ 或 $n < 0 (s > 1)$，此时电机分别处于再生发电制动状态和反接制动状态（电机的电磁转矩与转子转速方

向相反，也就是阻止转子的转动，称为制动状态）。

4. 三相异步电动机的铭牌数据

铭牌数据是选择、安装、使用和维修电机的重要依据，异步电动机的铭牌数据主要包括：

（1）型号 我国生产的异步电动机种类很多，例如，中小功率通用笼型三相异步电动机的 Y 系列是按国际电工委员会（IEC）标准设计生产的三相异步电动机，具有国际通用性，它是以电机轴中心高度为依据编制型号谱的；绕线型转子异步电动机的 YR 系列；高起动转矩异步电动机的 YQ 系列等。

（2）额定功率 P_N 额定功率是指在额定运行时三相异步电动机轴上所输出的额定机械功率，以千瓦（kW）或瓦（W）为单位。

（3）额定电压 U_N 额定电压是指接到电动机绕组上的线电压，以千伏（kV）或伏（V）为单位。三相电动机要求所接的电源电压值的变动一般不应超过额定电压的 $\pm 5\%$。电压过高，电动机容易烧毁；电压过低，电动机难以起动，即使起动后电动机也可能带不动负载，容易烧坏。

（4）额定电流 I_N 额定电流是指三相异步电动机在额定电源电压下，输出额定功率时，流入定子绕组的线电流，以安（A）为单位。若超过额定电流，长时间过载运行，电动机就会过热乃至烧毁。

三相异步电动机的额定功率与其他额定数据之间的关系为

$$P_N = \sqrt{3}\, U_N I_N \cos\varphi_N \eta_N \tag{5-6}$$

式中，$\cos\varphi_N$ 是额定功率因数；η_N 是额定效率。

（5）额定频率 f_1 我国规定标准电源频率（工频）为 50Hz。

（6）额定转速 n_N 额定转速指额定运行时三相异步电动机转子的转速，以转/每分钟（r/min）为单位。

此外，铭牌上还标有绕组的相数和接法（星形或三角形）、绝缘等级以及允许温升等。对绕线型异步电动机，还标明转子的额定电动势和额定电流。

第二节　交流电机的绕组及其感应电动势

在三相异步电动机和同步电机（包括电动机和发电机）中，它们的三相对称绕组、绕组产生的感应电动势以及通入电流产生的磁动势是完全一样的。因此，将绕组、感应电动势和磁动势归为交流电机的共同问题，也是学习交流电机的基础知识。本节以三相同步发电机为例说明三相交流电机的绕组及其感应电动势。为了方便理解，先从导体电动势和元件电动势入手，然后分析绕组的联结和整个绕组的电动势。

绕组是电机进行机电能量转换的关键部件。交流电机的绕组种类很多，按槽内层数分为单层、双层和单双混合绕组；按绕组端部的形状分，单层绕组又有同心式、交叉式和链式之分，双层绕组又有叠绕组和波绕组之分；按每极每相所占的槽数是否为整数分为整数槽和分数槽绕组等。但构成绕组的原则是一致的，本节仅以三相单层同心式绕组和三相双层叠绕组为例说明交流电机的绕组及其感应电动势。

一、交流电机绕组的基本知识和概念

1. 电角度与机械角度

电机气隙圆周在几何上分为 360°，这个角度称为机械角度。从电磁观点来看，若磁场在电机气隙圆周空间上按正弦分布，则经过 N、S 一对磁极恰好相当于正弦曲线的 1 个周期。如果用导体去切割这种磁场，经过 N、S 一对磁极，导体中所感应的正弦电动势的变化也为一个周期。变化一个周期即经过 360° 电角度，因此定义一对磁极占有的空间为 360°电角度。若电机有 p 对磁极，则交流电机气隙圆周按电角度计算就为 $p×360°$，而机械角度总是 360°，因此有

$$电角度 = p×机械角度 \tag{5-7}$$

2. 绕组元件

组成绕组的基本单元是绕组元件，它由一匝或多匝线圈组成，它有两个引出端，一个叫首端，一个叫末端。

3. 极距

对称多相绕组通入多相对称电流产生的旋转磁场效应等效为旋转的 p 对磁极产生的效应。相邻的一对磁极 N 和 S 所跨电机定、转子之间气隙圆周上的距离，称为极距，用 τ 表示，一般用定子槽数计算。设定子槽数为 Z，则极距 τ 为

$$\tau = \frac{Z}{2p} \tag{5-8}$$

4. 节距

绕组元件两边所跨电机定、转子之间气隙圆周上的距离，称为节距，用 y 表示，一般用定子槽数计算。节距 y 应接近极距 τ。$y<\tau$ 的绕组，称为短距绕组；$y=\tau$，称为整距绕组；$y>\tau$，称为长距绕组，交流电机一般不采用长距绕组。

5. 槽距角

定子相邻两个槽之间的电角度，称为槽距角，用 α 表示。

$$\alpha = \frac{2p\pi}{Z} \tag{5-9}$$

6. 每极每相槽数

每个磁极下每相绕组所占的槽数，称为每极每相槽数，用 q 表示。

$$q = \frac{Z}{2pm} \tag{5-10}$$

式中，m 为绕组的相数。

二、导体电动势

图 5-9 是一个二极同步发电机模型，当转子磁极以转速 n_1 旋转时，在定子槽中的导体 U_1 中感应出交流电动势 e_{U1}。下面对 e_{U1} 的频率、波形和基波有效值的大小进行分析。

1. 导体电动势的频率

一对磁极的转子每旋转 1 圈，导体电动势 e_{U1} 变化 1 个周期。若转子极对数为 p，

转子以转速 n_1 旋转，则导体电动势的频率 f_1 为

$$f_1 = \frac{pn_1}{60} \qquad (5\text{-}11)$$

2. 导体电动势的波形

当导体 U_1 以线速度 v 切割旋转磁场时，由电磁感应定律可知，感应电动势 e_{U1} 为

$$e_{U1} = B_\delta lv \qquad (5\text{-}12)$$

式中，B_δ 是导体所处位置的气隙磁通密度；l 是导体的有效长度。

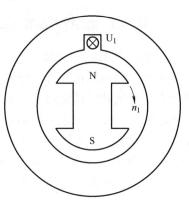

图 5-9　二极同步发电机导体电动势

当电机恒速旋转时，v、l 均为常数，因此导体电动势 e_{U1} 的瞬时值取决于切割时导体所在位置的磁通密度 B_δ，并与 B_δ 成正比。也就是说，e_{U1} 随时间变化的波形与 B_δ 沿空间分布的波形相一致，如图 5-10 和 5-11 所示。

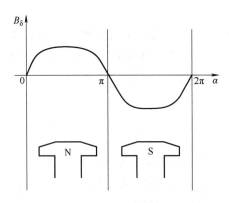

图 5-10　B_δ 沿气隙圆周的空间分布

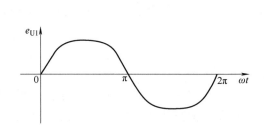

图 5-11　e_{U1} 随时间变化的波形

由于磁通密度 B_δ 波形不是正弦波，用傅里叶级数将其分解，则可得到如图 5-12 所示的基波和 3、5、7 等高次谐波，其数学表达式为

$$B_\delta = B_{1m}\sin\alpha + B_{3m}\sin3\alpha + B_{5m}\sin5\alpha + \cdots \qquad (5\text{-}13)$$

同样，相应的电动势 e_{U1} 也可分解为基波和高次谐波的形式，如图 5-13 所示，其数学表达式为

$$e_{U1} = E_{1m}\sin\omega t + E_{3m}\sin3\omega t + E_{5m}\sin5\omega t + \cdots \qquad (5\text{-}14)$$

值得注意的是，B_δ 的基波和谐波是空间量，e_{U1} 的基波和谐波是时间量。二者是不同的，但也存在联系，即 e_{U1} 变化的时间角度 ωt 与 B_δ 变化的电角度 α 是一致的，均以弧度为单位，有

$$\alpha = p\frac{n_1}{60}2\pi t = 2\pi f_1 t = \omega t \qquad (5\text{-}15)$$

综上所述，交流电机的磁场和导体电动势中除有基波外

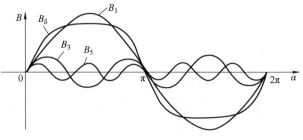

图 5-12　B_δ 的空间谐波

还存在高次谐波。电动势的高次谐波对电机运行性能影响很大，为了有效地削减高次谐波，交流电机绕组多采用短距和分布绕组。

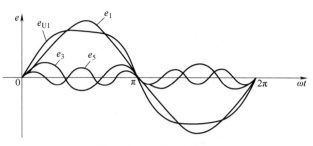

图 5-13　e_{U1} 的时间谐波

3. 导体基波电动势的有效值

由式（5-14）可知，导体基波电动势的表达式为

$$e_{U1} = E_{1m}\sin\omega t \tag{5-16}$$

式中，$E_{1m} = B_{1m}lv$ 是导体基波电动势的幅值，其中，B_{1m} 是磁通密度基波的幅值。

每个磁极下的气隙磁通密度基波的平均值 $B_{1(av)}$ 为

$$B_{1(av)} = \frac{2}{\pi}B_{1m} \tag{5-17}$$

每个磁极的磁通 Φ_{1m} 为

$$\Phi_{1m} = B_{1(av)}l\tau \tag{5-18}$$

磁场旋转的线速度 v 为

$$v = 2p\tau\frac{n_1}{60} \tag{5-19}$$

因此，导体基波电动势的有效值 E_1 为

$$E_1 = \frac{1}{\sqrt{2}}E_{1m} = \frac{1}{\sqrt{2}}B_{1m}lv = \frac{1}{\sqrt{2}}\frac{\pi}{2}\frac{\Phi_{1m}}{l\tau}l2p\tau\frac{n_1}{60}$$

$$= \frac{\pi}{\sqrt{2}}\frac{pn_1}{60}\Phi_{1m} = 2.22f_1\Phi_{1m} \tag{5-20}$$

由于交流电机绕组通常设计为短距和分布，感应电动势的高次谐波大为削减，也就是说，可以认为感应电动势只有基波成分。因此，除了专门讨论谐波外，感应电动势的符号不再标注基波分量下标"1"。

导体 U_1 电动势的有效值为

$$E_{U1} = 2.22f_1\Phi_m \tag{5-21}$$

三、元件电动势

1. 整距元件的电动势

单匝线圈称为线匝，整距线匝（$y = \tau$）的电动势如图 5-14 所示。由于线匝的两根导体 U_1 和 U_2 分别处于 N 极和 S 极的极中心下，并且端接线不切割磁场，不感生电动势。由于 $\dot{E}_{U1}$ 和 $\dot{E}_{U2}$ 的实际方向相反，如图 5-14b 所示，所以线匝电动势 $\dot{E}_{U1U2}$ 为

$$\dot{E}_{U1U2} = \dot{E}_{U1} - \dot{E}_{U2} = 2\dot{E}_{U1} \tag{5-22}$$

线匝电动势的有效值是导体电动势有效值的 2 倍，即

$$E_{U1U2} = 4.44f_1\Phi_m \tag{5-23}$$

在电机中，通常一个绕组元件可能由 N_y 匝串联而成，则一个整矩元件电动势的有

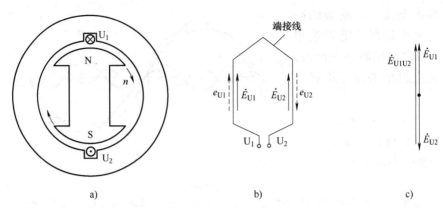

图 5-14　整距线匝的电动势

效值 E_τ 为

$$E_\tau = 4.44 N_y f_1 \Phi_m \tag{5-24}$$

2. 短距元件的电动势

（1）短距元件的电动势　短距线匝（$y < \tau$）的电动势如图 5-15 所示。如果把节距 y 所对应的空间电角度用 β 表示，则有 $\beta = \dfrac{y}{\tau} 180°$。由图 5-15b 所示的短距线匝电动势的相量图可得，短距线匝电动势的有效值为

$$E_{U1U2} = 2E_{U_1} \sin \frac{\beta}{2} = 4.44 f_1 \Phi_m \sin\left(\frac{y}{\tau} 90°\right) = 4.44 k_y f_1 \Phi_m \tag{5-25}$$

式中，$k_y = \sin\left(\dfrac{y}{\tau} 90°\right)$，称为绕组的 短距系数。

从而，短距元件电动势的有效值 E_y 为

$$E_y = 4.44 N_y k_y f_1 \Phi_m \tag{5-26}$$

（2）短距元件的谐波电动势　ν 次谐波电动势是由导体切割 ν 次谐波旋转磁场感应产生的。相对于一对磁极的基波，ν 次谐波电动势是切割 ν 对磁极旋转磁场产生的。也就是说，ν 次谐波导体电动势 $\dot{E}_{U1\nu}$ 和 $\dot{E}_{U2\nu}$ 之间的夹角为 $\nu\beta$ 电角度。因此，短距线匝的 ν 次谐波电动势的相量图如图 5-16 所示。

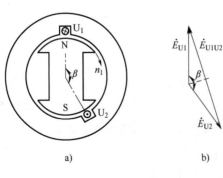

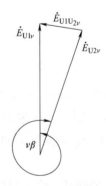

图 5-15　短距线匝的电动势
　　a）矩距线匝　b）相量图

图 5-16　短距线匝 ν 次谐波
电动势相量图

由图 5-16 可得，短距元件的 ν 次谐波电动势的有效值为

$$E_{U1U2\nu} = 2N_y E_{U1\nu} \sin \frac{\nu\beta}{2} = 4.44 N_y k_{y\nu} f_1 \Phi_m \tag{5-27}$$

式中，$k_{y\nu} = \sin\left(\nu \dfrac{y}{\tau} 90°\right)$，称为 ν 次谐波短距系数。

在设计短距绕组时，可以使基波短距系数 $k_y = \sin\left(\dfrac{y}{\tau} 90°\right)$ 接近于 1 的同时而使 ν 次谐波短距系数 $k_{y\nu} = \sin\left(\nu \dfrac{y}{\tau} 90°\right)$ 很小，甚至为零，从而使 ν 次谐波电动势大为减小。这就是短距能有效削减高次谐波的原因。

四、元件组电动势

1. 集中元件组的电动势

将 q 个元件集中放在一个大槽中构成的元件组，称为集中元件组。集中元件组电动势的有效值 E_q 为

$$E_q = qE_y = 4.44 N_y q k_y f_1 \Phi_m \tag{5-28}$$

2. 分布元件组的电动势和谐波电动势

（1）分布元件组的电动势　在电机中，为了充分利用定子圆周空间，总是把定子铁心内圆周均匀地冲满槽，槽中顺序地安放线圈，然后按一定规律把相邻的几个元件串联成元件组，再把元件组连成三相对称绕组。将放置于 q 个相邻槽中的元件串联构成的元件组，称为分布元件组，如图 5-17 所示。图 5-17a 中三个相邻元件（即 1-1′、2-2′、3-3′）依次首尾相连接，串成一个元件组，如图 5-17b 所示。

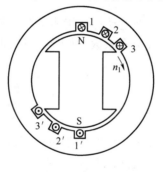

分布元件组

a)　　　　　　　b)

图 5-17　分布元件组

当转子旋转时，在三个元件中产生的感应电动势 $\dot{E}_{y1}$、$\dot{E}_{y2}$ 和 $\dot{E}_{y3}$ 的有效值相等，但相位不同，相量之间夹角等于槽距角 α，如图 5-18a 所示。

元件组的电动势是三个元件电动势的相量和，即 $\sum\dot{E} = \dot{E}_{y1} + \dot{E}_{y2} + \dot{E}_{y3}$，如图 5-18b 所示。如果将定子所有 Z 个槽中元件电动势全画出来，将构成一个圆内接正 Z 边形，其中 O 为圆心，R 为半径，每个元件电动

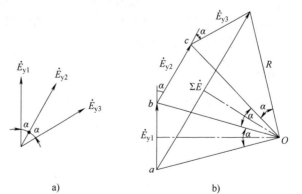

元件组电动
势相量图

a)　　　　　　　　　b)

图 5-18　元件组电动势相量图

a）元件电动势　b）元件组电动势

势相量正是内接正多边形的一个边，它所对应的圆心角正是槽距角 α。

这样，由图 5-18b 就可以得到 q 个元件构成分布元件组的电动势有效值 $\sum E$ 为

$$\sum E = 2R\sin\frac{q\alpha}{2} \tag{5-29}$$

元件电动势有效值 E_y 为

$$E_y = 2R\sin\frac{\alpha}{2} \tag{5-30}$$

由式（5-29）和式（5-30）可得

$$\sum E = E_y\frac{\sin\dfrac{q\alpha}{2}}{\sin\dfrac{\alpha}{2}} = qE_y\frac{\sin\dfrac{q\alpha}{2}}{q\sin\dfrac{\alpha}{2}} = qk_pE_y \tag{5-31}$$

式中，$k_p = \dfrac{\sin\dfrac{q\alpha}{2}}{q\sin\dfrac{\alpha}{2}}$，称为绕组的分布系数。

因此，一个短距、分布的元件组的电动势有效值 $\sum E$ 为

$$\sum E = qk_pE_y = 4.44N_yk_yk_pqf_1\Phi_m = 4.44N_yk_wqf_1\Phi_m \tag{5-32}$$

式中，$k_w = k_yk_p$，称为绕组系数。

（2）分布元件组的谐波电动势　相邻元件所夹空间电角度对基波来说是 α，而对 ν 次谐波则为 $\nu\alpha$。仿照基波分布系数的推导，可以得到 ν 次谐波的分布系数 $k_{p\nu}$ 为

$$k_{p\nu} = \frac{\sin\dfrac{p\nu\alpha}{2}}{q\sin\dfrac{\nu\alpha}{2}} \tag{5-33}$$

因此，分布元件组的 ν 次谐波电动势的有效值 $\sum E_\nu$ 为

$$\sum E_\nu = k_{p\nu}E_{q\nu} = 4.44N_yk_{y\nu}k_{p\nu}qf_1\Phi_m \tag{5-34}$$

由于相邻元件的 ν 次谐波电动势相位差（$\nu\alpha$）很大，完全可能使其相量和大为减小，甚至为零。这就是分布能有效削减高次谐波的原因。

例 5-1　一台异步电动机定子三相绕组的数据：$Z = 18$，$p = 1$，$q = 3$，$y = 7$。试求：k_y、k_p、k_w 和 k_{y5}、k_{q5}、k_{w5}。

解：$\tau = \dfrac{Z}{2p} = \dfrac{18}{2} = 9$

$\alpha = \dfrac{2p\pi}{Z} = \dfrac{2\pi}{18} = 20°$

$k_y = \sin\left(\dfrac{y}{\tau}90°\right) = \sin70° = 0.94$

$k_p = \dfrac{\sin\dfrac{q\alpha}{2}}{q\sin\dfrac{\alpha}{2}} = \dfrac{\sin30°}{3\sin10°} = 0.96$

$$k_w = k_y k_p = 0.902$$

$$k_{y5} = \sin\left(5\frac{y}{\tau}90°\right) = \sin 350° = -0.174$$

$$k_{p5} = \frac{\sin\dfrac{5q\alpha}{2}}{q\sin\dfrac{5\alpha}{2}} = \frac{\sin 150°}{3\sin 50°} = 0.218$$

$$k_{w5} = k_{y5} k_{q5} = 0.0379$$

绕组系数中的负号不必考虑。本例说明了通过采用短距和分布可以大大削减绕组电动势谐波。

五、三相单层对称绕组

从感应电动势的角度来看，三相对称绕组就是当转子以 n_1 速度恒速旋转时，在三相绕组中感应的电动势应当存在幅值相等、相位互差 120° 电角度的三相对称关系。由于三相绕组是由三个在空间互差 120° 电角度的三个独立绕组所组成，所以只要以给定的槽数和极数为依据确立一相的绕组元件在定子槽内的排列以及元件间的联结，其余两相绕组由空间互差 120° 电角度的原则，去进行相似的排列和联结，就可以构成整个对称三相绕组。

依据槽数、极数设计三相对称绕组的一般步骤：

（1）参数计算

极距：$\tau = \dfrac{Z}{2p}$

槽距角：$\alpha = \dfrac{2p\pi}{Z}$

每极每相槽数：$q = \dfrac{Z}{2pm}$

（2）画电动势星形图 因为电机定子各槽导体（或元件边）感应的电动势幅值相等，相邻两槽电动势的相位差等于槽距角 α，依次画出所有槽中导体的电动势相量图正好形成对称星形图，称为槽电动势星形图。利用槽电动势星形图（对于双层绕组为元件电动势星形图）可以形象且方便地确定每相绕组元件组的组成。

（3）确定相带和每相绕组的线圈连接顺序 根据对称的要求，每一相绕组在定子内圆上应占有相等的槽数。一般属于每相的槽数不集中在一起，而是将它们按极距对称而均匀地分组。每个组内含有的槽数即为每极每相槽数 q。每个极距内属于同相的槽所占有的区域对应的电角度，称为相带。

如果按照每极每相槽数构成一个组（相带），由于一个极距为 180° 电角度，对应三相绕组，每个极距内共有 3 个组（相带），则每个相带为 60° 电角度，这样排列的对称三相绕组称为 60° 相带绕组。此外，还有 120° 相带绕组，但由于 120° 相带绕组的分布系数比 60° 相带绕组的分布系数小，其感应电动势幅值也就小，因此，很少采用 120° 相带绕组。

(4) 画出 U 相绕组展开图 为了清楚，一般只画 U 相绕组展开图即可。

单层绕组每槽只有一个元件边，所以元件数等于槽数的一半。在小型三相异步电动机里常采用单层绕组，因为这种绕组下线方便，无层间绝缘，槽利用率高，但它的磁动势和电动势波形比双层绕组稍差。

下面以 4 极 24 槽的电机为例来说明三相单层对称绕组的排列和联结，电机模型如图 5-19a 所示。

1) $\tau = \dfrac{Z}{2p} = \dfrac{24}{4} = 6$

$\alpha = \dfrac{2p\pi}{Z} = \dfrac{4\pi}{24} = 30°$

$q = \dfrac{Z}{2pm} = \dfrac{24}{4 \times 3} = 2$

2) 槽电动势星形图如图 5-19b 所示。由于电机有 4 个磁极（2 对磁极），槽电动势星形图实际上是相互重合的两重电动势星形图。也就是说，处于一对磁极下的槽内元件边电动势与另一对磁极下对应的槽内元件边电动势同幅值同相位，如元件边 1 和 13、2 和 14。

3) 采用 60° 相带，每极每相槽数 $q = 2$，所以 2 个槽构成一个相带，24 个槽就分成 12 个相带。按磁极 N、S 相间（即磁极按 N—S—N—S 排列）和三相绕组对称原则，即可确定每相绕组的构成，如图 5-19b 所示。

U 相绕组由（1、2）、（13、14）、（7、8）和（19、20）四个相带组成。假设（1、2）和（13、14）处于 N 极下，则（7、8）和（19、20）就处于 S 极下，对应的槽电动势幅值相等、相位相反，如图 5-19b 所示。

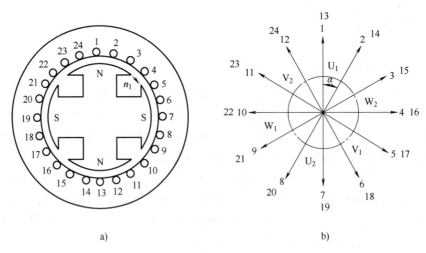

图 5-19 4 极 24 槽电机模型及电动势星形图
a）电机模型 b）槽电动势星形图

由于每个元件由 2 个元件边构成，每相 8 个槽（元件边）即可构成 4 个元件。由于 $q = 2$，4 个元件可以构成 2 个元件组。如何构成元件以及元件组，关键取决于槽电动势的方向（相位）。如果采用等距元件（$y = \tau$），则（1-7）、（2-8）、（13-19）、（14-20）

构成 4 个元件，且（1-7）和（2-8）构成一个元件组，（13-19）和（14-20）构成 1 个元件组。

如果每相绕组支路数 $a=1$，则 U 相绕组连接顺序为

U_1—（1-7）—（2-8）—（13-19）—（14-20）—U_2

同理可以确定 V 相和 W 相绕组连接顺序分别为

V_1—（5-11）—（6-12）—（17-23）—（18-24）—V_2

W_1—（9-15）—（10-16）—（21-3）—（22-4）—W_2

4）画出 U 相绕组展开图，如图 5-20 所示。

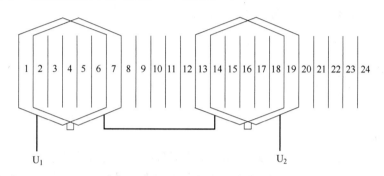

图 5-20　U 相整距线圈绕组展开图

对于元件组由更多元件组成时，采用等距元件组成的元件组，其端接部分重叠层数较多，而所形成的元件组电动势仅与元件边中电动势方向有关，与元件边联结次序无关。也就是说，只要元件组电动势不变，至于由哪两个元件边组成元件，可以是灵活的。如（1-8）构成一个大元件，（2-7）组成一个小元件，小元件放入大元件之内，串联构成元件组。同样将（13-20）和（14-19）构成大、小元件，并串联成元件组。再将两个元件组串联起来就构成 U 相绕组。U 相绕组连接顺序变为

U_1—（1-8）—（2-7）—（13-20）—（14-19）—U_2

画出 U 相绕组展开图，如图 5-21 所示。元件具有这种形式的对称三相绕组称为同心式绕组。同心式绕组的特点是元件组中各元件节距不等，各元件的轴线重合。优点是端接部分互相错开，重叠层数较少，便于布置，散热较好；缺点是元件大小不等，绕线不便。

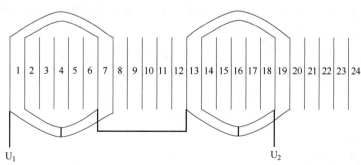

图 5-21　U 相同心式绕组展开图

六、三相双层对称绕组

双层绕组每个槽分为上下两层，每层放一个元件边，中间加有层间绝缘。一个元件的一个元件边放在某一个槽的上层，另一元件边放在相隔节距 y 的槽的下层。整个绕组的元件数等于槽数。双层绕组所有元件尺寸相同，便于绕制，端接部分排列整齐，有利于散热和增强机械强度。双层绕组可以随意安排短距，更好地削减高次谐波，以改善电动势、磁动势波形。

下面以图 5-19a 的 4 极 24 槽电机模型为例来说明三相双层对称叠绕组的排列和联结，要求：并联支路数 $a=1$ 和 $a=2$，节距 $y=5$。

1）$\tau=\dfrac{Z}{2p}=\dfrac{24}{4}=6$

$\alpha=\dfrac{2p\pi}{Z}=\dfrac{4\pi}{24}=30°$

$q=\dfrac{Z}{2pm}=\dfrac{24}{4\times3}=2$

2）根据题中节距 $y=5$ 的要求，如第 1 个元件的两个元件边分别放在 1 号槽的上层和 6 号槽的下层，第 2 个元件的两个元件边分别放在 2 号槽的上层和 7 号槽的下层，按此规律放置下去，24 个槽共放 24 个元件。这 24 个元件的电动势相量显然也构成一个大小相等，相位互差槽距角 $\alpha=30°$ 的对称星形图，称为元件电动势星形图。该电动势星形图与图 5-19b 的槽电动势星形图在图形上完全一样，但实质上有区别。元件电动势与导体（元件边）电动势存在相位差，即第 1 个元件电动势最大值并不出现在磁极中心线经过 1 号槽的时刻。但由于元件电动势星形图构成一个圆周，相位差的存在只是关系到坐标的初始位置，并不影响以元件电动势星形图来确定每相绕组的元件组成。

3）由于元件（或元件电动势）与槽之间存在一一对应关系，所以完全可以依照单层绕组的方法根据每极每相槽数来确定 60° 相带的元件组构成。

由图 5-19b 可得，U 相绕组由（1、2）、（13、14）、（7、8）和（19、20）4 个相带（8 个元件构成的 4 个元件组）组成。其中，（1、2）和（13、14）两个元件组的元件组电动势同幅值、同相位；（7、8）和（19、20）两个元件组的元件组电动势同幅值、同相位。但前两个元件组与后两个元件组的元件组电动势同幅值、相位相反，这一点在元件组联结构成绕组时应特别注意。

每相绕组支路数 $a=1$，则 U 相绕组连接顺序为（单引号表示反向串联）

U$_1$—(1-2)—'(7-8)'—(13-14)—'(19-20)'—U$_2$

同理可以确定 V 相和 W 相绕组连接顺序分别为

V$_1$—(5-6)—'(11-12)'—(17-18)—'(23-24)'—V$_2$

W$_1$—(9-10)—'(15-16)'—(21-22)—'(3-4)'—W$_2$

若每相绕组支路数 $a=2$，则 U 相绕组连接顺序为

$$U_1 \left[\begin{array}{c} -(1\text{-}2) - {}'(7\text{-}8)' - \\ -(13\text{-}14) - {}'(19\text{-}20)' - \end{array} \right] U_2$$

4）以实线表示元件的上层边，虚线表示元件的下层边。并联支路数 $a=1$ 的 U 相绕组展开图如图 5-22 所示，并联支路数 $a=2$ 的 U 相绕组展开图如图 5-23 所示。

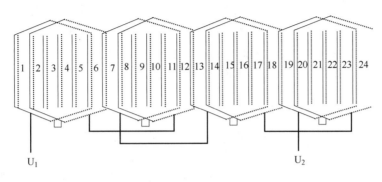

图 5-22 U 相叠绕组展开图（$a=1$）

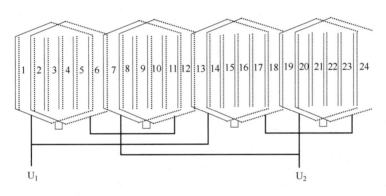

图 5-23 U 相叠绕组展开图（$a=2$）

七、三相对称绕组的相电动势和线电动势

综合图 5-20、图 5-22、图 5-23 和元件组电动势公式（5-32）可知，三相对称单层绕组的相电动势为

$$E_\phi = \frac{p}{a} \times 元件组电势 = \frac{p}{a} \times 4.44 N_y k_w q f_1 \Phi_m \tag{5-35}$$

三相对称双层绕组的相电动势为

$$E_\phi = \frac{2p}{a} \times 元件组电势 = \frac{2p}{a} \times 4.44 N_y k_w q f_1 \Phi_m \tag{5-36}$$

若三相对称绕组为 Y 联结（星形联结），则其线电动势为

$$E = \sqrt{3} E_\phi \tag{5-37}$$

若三相对称绕组为 D 联结（三角联结），则其线电动势为

$$E = E_\phi \tag{5-38}$$

第三节 交流电机绕组的磁动势

交流电机实现能量转换的前提是在气隙圆周上产生旋转磁场。在阐述三相异步电

动机工作原理时，用瞬时电流图解法定性说明了在三相对称绕组中流过对称三相电流产生的磁动势可以建立电机运行需要的圆形旋转磁场。为了分析交流电机三相对称绕组磁动势的大小、波形和属性，本节首先分析单相绕组流过交流电流时所产生的磁动势——脉振磁动势，然后再分析三相绕组的合成磁动势——圆形旋转磁动势。为了简化问题，以一对磁极电机为例（p 对磁极磁动势分布波形仅是周期数增加为 p 倍而已），并假定电机气隙是均匀的，铁心是不饱和的。

一、单相绕组的磁动势——脉振磁动势

为了便于理解，先分析单相整距集中绕组的磁动势，再分析单相短距分布绕组的磁动势。单相绕组流过交流电流产生的脉振磁动势既是空间位置 θ 的函数，又是时间 t 的函数。为了便于说明，先分析一个时刻的瞬时磁动势在空间的分布，再分析它随时间的变化。

图 5-24a 为一对磁极电机单相整距集中绕组 U_1U_2 的磁场分布图（为了清楚，仅画出两条磁力线）。绕组 U_1U_2 的总匝数为 N，电流 i 从绕组的 U_2 端流入，U_1 端流出，由右手螺旋定则可确定磁场的方向如图所示。从图中磁场的分布可以看出，所形成的绕组磁动势建立了一个两极磁场，磁场轴线为垂直轴线，N 极在下，S 极在上。

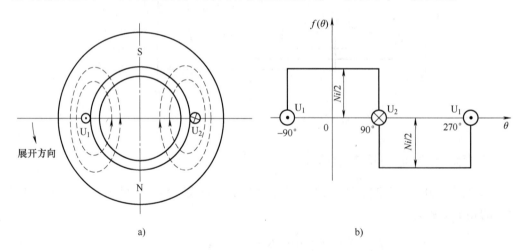

图 5-24 单相整距集中绕组的磁动势

a）磁场分布 b）磁动势分布

根据全电流定律可知，闭合磁路的总磁动势等于该闭合回路所包围的总安匝数，从图中可以看出，无论所选路径距离绕组边 U_1（或 U_2）远近，也无论闭合路径的长短，每条磁力线所包围的总安匝数是相同的，都是 Ni。

因为每条磁力线闭合回路都两次经过气隙，如不计铁磁材料中的磁压降，则磁动势 Ni 全部作用在两段气隙上。因此每段气隙上的磁动势为 $Ni/2$，并且在气隙圆周的不同位置上各点的磁动势相等，只是上半部气隙中磁动势的方向与下半部不同而已。

规定电流的正方向为"尾入首出（即 U_2 端流入，U_1 端流出）"，磁动势的正方向规定为从转子进入定子为正，从定子进入转子为负。如果把电机从绕组边 U_1 处切开并

按如图中所示方向展开抻平，则磁动势沿空间的分布如图 5-24b 所示。图中纵坐标为磁动势 $f(\theta)$，横坐标为气隙圆周的空间电角度 θ，坐标原点为绕组 U_1U_2 的轴线与上半部气隙的交点。

如图 5-24b 所示，气隙磁动势沿空间分布的波形是矩形波，可表示为

$$f(\theta)=\begin{cases} \dfrac{1}{2}Ni & \left(-\dfrac{\pi}{2}<\theta<\dfrac{\pi}{2}\right) \\[2mm] -\dfrac{1}{2}Ni & \left(\dfrac{\pi}{2}<\theta<\dfrac{3\pi}{2}\right) \end{cases} \tag{5-39}$$

将图 5-24b 的空间磁动势进行傅里叶级数分解可得

$$f(\theta)=\frac{Ni}{2}\frac{4}{\pi}\left(\cos\theta-\frac{1}{3}\cos3\theta+\frac{1}{5}\cos5\theta-\cdots\right) \tag{5-40}$$

分解后的基波和高次谐波如图 5-25 所示。

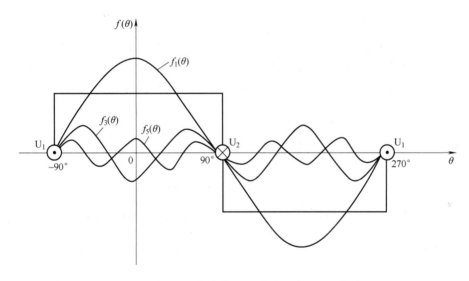

图 5-25　单相整距集中绕组磁动势的傅里叶级数分解

如果再把电流随时间变化的因素考虑进去，假定电流是时间的余弦函数，即 $i=\sqrt{2}I\cos\omega t$，则有

$$f(\theta,t)=\frac{\sqrt{2}NI}{2}\frac{4}{\pi}\left(\cos\theta-\frac{1}{3}\cos3\theta+\frac{1}{5}\cos5\theta-\cdots\right)\cos\omega t \tag{5-41}$$

这时，气隙磁动势既是空间 θ 的函数，又是时间 t 的函数，称为时空函数。

在实际电机中使用的多是短距分布绕组，而不是整距集中绕组。绕组的短距和分布不但对电动势中高次谐波具有削减作用，对磁动势中高次谐波也有削减作用。削减的程度与电动势一样，也由高次谐波的绕组系数 $k_{w\nu}=k_{y\nu}k_{p\nu}$ 决定。分析方法也是按整距元件、短距元件、整距元件组、分布元件组的顺序来分析磁动势即可，与电动势的分析方法完全一样。

由式（5-41）可知，磁动势的高次谐波主要是 3、5、7、9、11 各次谐波，更高次数的谐波其幅值已经很小。3、9 等 3 的倍数的高次谐波在 3 相绕组中被相互抵消掉，

而5、7、11等次谐波由于绕组的短距和分布也已大部分削减掉了。因此，对于短距分布绕组，主要考虑绕组磁动势的基波即可。因此，与绕组电动势一样，除了专门讨论谐波外，基波磁动势的符号不再标注基波分量下标"1"。

考虑到铁心的饱和以及气隙的不均匀性，三相交流电机绕组磁动势在气隙圆周上所产生磁场的磁通密度分布波形并不是理想的正弦波形，而是如图5-10所示的近似正弦平顶波。

由图5-7可知，对于p对磁极而言，每对磁极下的磁动势和磁阻均构成一个独立的对称分支磁路。所以一相绕组的磁动势是指每对极下的磁动势。

假设一相绕组总匝数为N_G，电机极对数为p，则一相绕组在一对磁极下的线圈匝数为$\dfrac{N_G}{p}$。再考虑短距和分布对磁动势的影响，单相绕组基波磁动势可写为

$$f(\theta,t) = \frac{\sqrt{2}}{2}\frac{4}{\pi}\frac{N_G k_w}{p}I\cos\theta\cos\omega t = 0.9\frac{N_G k_w}{p}I\cos\theta\cos\omega t \tag{5-42}$$

式（5-42）正是物理学中的驻波表达式，即单相绕组基波磁动势在空间随电角度θ余弦分布，其幅值随时间t按余弦规律变化。也就是说，单相绕组基波磁动势在电机气隙圆周上形成脉振波，波幅在绕组$U_1 U_2$的轴线上，波结则分别在绕组的两个端点U_1和U_2处。

利用三角函数公式$\cos\alpha\cos\beta = \dfrac{1}{2}\left[\cos(\alpha-\beta)+\cos(\alpha+\beta)\right]$，可将式（5-42）分解为

$$f(\theta,t) = 0.45\frac{N_G k_w}{p}I\cos(\theta-\omega t) + 0.45\frac{N_G k_w}{p}I\cos(\theta+\omega t) \tag{5-43}$$

式（5-43）中的两项正是物理学中的行波表达式，即单相绕组基波磁动势可分解为在气隙圆周上向前和向后旋转的两个旋转磁动势，它们的幅值为单相绕组磁动势幅值的$\dfrac{1}{2}$，旋转速度$n_1 = \dfrac{60f_1}{p}$。

综合以上分析，对单相绕组磁动势的性质归纳如下：

1）单相绕组的磁动势是一种空间位置固定、幅值随时间变化的脉振磁动势，其脉振频率取决于电流的频率f_1。

2）基波磁动势的幅值$F_m = 0.9\dfrac{N_G k_w}{p}I$，$\nu$次谐波磁动势的幅值$F_{m\nu} = 0.9\dfrac{1}{\nu}\dfrac{N_G k_{w\nu}}{p}I$。谐波磁动势从空间上看是一个按$\nu$次谐波分布；从时间上看与基波是一样的，也是按$\omega t$的余弦规律变化的脉振磁动势。

3）定子绕组多采用短距和分布绕组，因而合成磁势中谐波含量大大削弱。一般情况下只考虑基波磁动势的作用。

4）脉振磁动势可分解为两个转速相同，转向相反的旋转磁势，每个旋转磁势的幅值为单相绕组脉振磁动势幅值的$\dfrac{1}{2}$。

二、三相绕组的磁动势——圆形旋转磁动势

在阐述三相异步电动机工作原理时，通过图解法已说明了三相对称绕组流过三相对称交流电流会产生圆形旋转磁场。下面采用解析法证明三相对称绕组流过三相对称交流电流时必然产生圆形旋转磁动势。

当对称三相绕组中通入对称三相电流时，由于三相绕组在空间互差120°电角度，三相电流在时间相位上互差120°，因此若把空间坐标原点取在U相绕组轴线上，U相电流达到最大值的瞬间为时间起始点，则可以写出U、V、W三相绕组各自产生的基波脉振磁动势表达式分别为

$$\begin{cases} f_U(\theta,t) = F_m\cos\theta\cos\omega t \\ f_V(\theta,t) = F_m\cos(\theta-120°)\cos(\omega t-120°) \\ f_W(\theta,t) = F_m\cos(\theta-240°)\cos(\omega t-240°) \end{cases}$$

式中，$\cos\theta$、$\cos(\theta-120°)$ 和 $\cos(\theta-240°)$分别是U、V和W三个单相基波磁动势随空间分布的规律；$\cos\omega t$、$\cos(\omega t-120°)$ 和 $\cos(\omega t-240°)$ 分别是U、V和W三个单相基波磁动势随时间变化的规律。

利用三角函数公式对脉振磁动势分解可得

$$\begin{cases} f_U(\theta,t) = \dfrac{1}{2}F_m\cos(\theta-\omega t) + \dfrac{1}{2}F_m\cos(\theta+\omega t) \\ f_V(\theta,t) = \dfrac{1}{2}F_m\cos(\theta-\omega t) + \dfrac{1}{2}F_m\cos(\theta+\omega t-240°) \\ f_W(\theta,t) = \dfrac{1}{2}F_m\cos(\theta-\omega t) + \dfrac{1}{2}F_m\cos(\theta+\omega t-120°) \end{cases}$$

由于 $\cos(\theta+\omega t)+\cos(\theta+\omega t-240°)+\cos(\theta+\omega t-120°)=0$，所以，三相绕组的合成基波磁动势为

$$\sum f(\theta,t) = \frac{3}{2}F_m\cos(\theta-\omega t) \tag{5-44}$$

式（5-44）为一沿 θ 轴正方向移动的行波，即三相绕组基波磁动势为沿电机气隙圆周旋转的旋转磁动势，其幅值为单相脉振磁动势幅值的1.5倍。

综合图解法和解析法的分析，三相绕组的基波磁动势具有以下性质：

1）三相绕组合成基波磁动势在电机气隙圆周上是旋转的；其幅值为单相脉振磁动势幅值的1.5倍；其转速为 $n_1=60f_1/p$。

2）磁动势的旋转方向取决于电流的相序。电流相序（如：U→V→W）与磁动势旋转方向（也为：U→V→W）相同；任意对调两相绕组的接线，即可改变磁动势旋转方向。

3）合成磁动势的幅值出现在电流达到最大值的绕组的轴线上。

三、磁动势的空间矢量表示法

1. 空间余弦量的矢量表示法

一个时间正弦量，如电流或电压，可以用时间相量来表示。与此相似，一个沿空

间分布的余弦波（或正弦波）也可以用空间矢量来表示。

当单相绕组流过交流电流的某一瞬时（如电流有正向最大瞬时值）产生的基波电动势是一个沿气隙圆周空间分布的余弦波 $f(\theta) = F_m\cos\theta$，如图 5-26a 所示。这个空间余弦波即可用一个空间矢量 $\boldsymbol{F}_m$ 来表示，如图 5-26b。$\boldsymbol{F}_m$ 被画在余弦波正向幅值的位置上，即绕组的轴线上；$\boldsymbol{F}_m$ 的长短表示余弦波幅值的大小。

脉振磁动势的
空间波形图

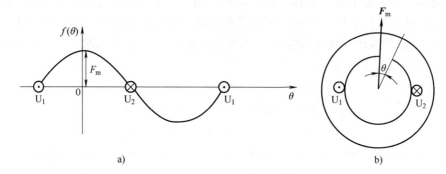

图 5-26　空间余弦波的矢量表示法

a）空间余弦波形　b）空间矢量

2. 脉振磁动势的空间矢量

如果再把电流随时间变化这一因素考虑进去，则磁动势空间矢量的幅值也将随时间变化，即单相绕组流过交流电流产生的脉振磁动势。因此，脉振磁动势可用空间矢量 $\boldsymbol{F}_m\cos\omega t$ 表示。图 5-27a 为不同瞬间磁动势的空间分布波形图；图 5-27b 是对应的磁动势空间矢量图。

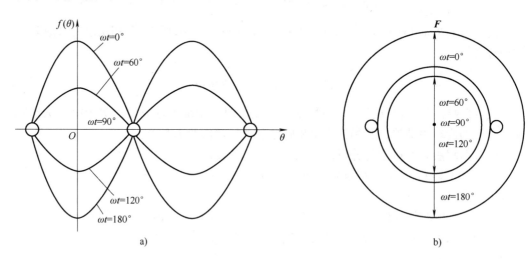

图 5-27　脉振磁动势的空间矢量

a）空间波形　b）空间矢量

3. 旋转磁动势的空间矢量

如同相量分解和合成一样，空间矢量的分解与合成也可以用平行四边形法则求得。因此，应用空间矢量图解法也可以证明三相对称绕组流过三相对称电流时产生的是圆形旋转磁场。

按不同时刻画出 U、V 和 W 三相绕组的磁动势空间矢量，然后利用平行四边形法则分别求出这些时刻的合成磁动势矢量，再比较不同时刻合成磁动势的大小和方向，就可以得出产生圆形旋转磁场的结论。图 5-28a、b 和 c 分别为 $\omega t=0°$、$\omega t=30°$ 和 $\omega t=60°$ 时 U、V 和 W 相的磁动势矢量以及合成矢量图。

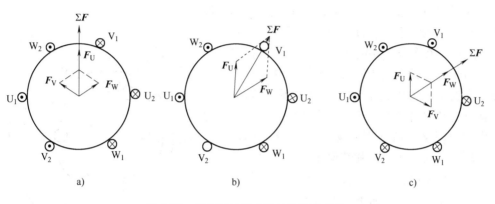

图 5-28　用空间矢量表示的旋转磁动势

a）$\omega t=0°$　　b）$\omega t=30°$　　c）$\omega t=60°$

旋转磁动
势波形图

用空间矢
量表示的
旋转磁动势

当 $\omega t=0°$ 时，由式（5-1）可得，$i_U=I_m$，$i_V=i_W=-\dfrac{1}{2}I_m$，从而可得 F_U 时幅值最大，F_V 和 F_W 的幅值仅为 F_U 的 $1/2$，并且 F_V 和 F_W 的方向与各自绕组轴向正方向相反。三相空间磁动势的矢量和 $\sum F=F_U+F_V+F_W$ 如图 5-28a 所示，其相位与 F_U 同相位，大小为单相脉振磁动势的 1.5 倍。

用同样方法可得到 $\omega t=30°$ 和 $\omega t=60°$ 时的合成磁动势矢量图，分别如图 5-28b 和 c 所示。比较各时刻的情况，可以看出合成磁动势 $\sum F$ 在电机气隙圆周上是以恒定的幅值、恒定的转速向前旋转的。

第四节　转子不转时的三相异步电动机

三相异步电动机是一种机电能量转换的机械，它把从与三相定子绕组连接的交流电源吸收的电功率转换为轴上输出的机械功率。这种转换是通过电机内部的电、磁和机械力三者的相互作用来进行的。由于电机是电、磁和机械力多种关系的统一体，使得分析三相异步电动机的工作原理变得较为复杂。

为了容易理解，按照转子不转并且转子开路、转子堵转和转子转动三个步骤来分析三相异步电动机的工作原理。这么做只是一种分析问题的方法，事实上对于笼型异步电动机转子绕组无法开路，而且异步电动机在施加额定电压时也不允许长时间堵转。

转子不转且转子开路，没有能量传递到转子，主要研究定子的物理情况；转子堵转，没有机械能输出，主要研究电机定、转子之间的磁动势平衡关系；转子转动时着重研究功率平衡和转矩平衡问题。

以三相绕线转子异步电动机为例，设定子绕组相数 $m_1=3$，每相串联匝数为 N_1，极对数为 p_1，绕组系数为 k_{w1}；转子绕组相数 $m_2=m_1=3$，每相串联匝数为 N_2，极对数

$p_2 = p_1 = p$，绕组系数为 k_{w2}。（下标"1"表示定子；下标"2"表示转子）

一、转子开路时的三相异步电动机

1. 物理情况

三相绕线转子异步电动机定、转子绕组的分布图如图 5-29 所示，为了便于分析，定、转子绕组位置相对应，并以 U 相绕组作为基准相。

转子三相绕组开路时，定子绕组外加三相对称电压，在定子三相绕组中产生三相对称电流。由于转子绕组开路，转子绕组中没有电流，没有电磁力作用于转子，转子不会转动，也就没有功率传递到转子。气隙圆周上只有一个由定子绕组电流（定子磁动势）建立的旋转磁场。这与变压器空载情况相似，此时定子电流只是励磁电流。（注意：这时只能说与变压器空载状态相似，而不能说这就是异步电动机的空载状态，因为异步电动机的负载是轴输出的机械负载，它的空载状态是指转子绕组已经闭合，电动机已经正常旋转，只是它的轴上没带机械负载）

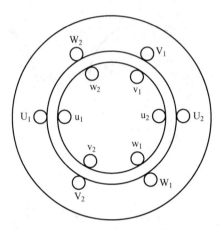

图 5-29 异步电动机定、转子绕组分布图

由于三相异步电动机三相对称，采用与三相变压器一样的分析方法，只分析其中的一相（基准相）。也就是说，无论对于方程式、等效电路还是相量图，以及电量（电动势、电压、电流和阻抗等）均为一相的量，但磁量（主磁通、磁通密度、磁动势等）为三相合成量。

转子绕组开路时，三相定子电流（励磁电流）产生的旋转磁动势 F_{10} 在气隙圆周上建立气隙旋转磁场 B_δ，该旋转磁场切割定、转子绕组，分别在定、转子绕组内感应出定、转子相电动势分别为 $\dot{E}_1$ 和 $\dot{E}_{20}$。由式（5-36）可知，相电动势的有效值 E_1 和 E_{20} 分别为

$$E_1 = 4.44 N_1 k_{w1} f_1 \Phi_m \tag{5-45}$$

$$E_{20} = 4.44 N_2 k_{w2} f_1 \Phi_m \tag{5-46}$$

式中，Φ_m 为同时交链定、转子一相绕组的链磁通，称为主磁通。

由以上两式可得异步电动机的电动势比 k_e 为

$$k_e = \frac{E_1}{E_{20}} = \frac{N_1 k_{w1}}{N_2 k_{w2}} \tag{5-47}$$

与变压器一样，定子相电流（励磁电流）也会产生少量只交链定子绕组而不交链转子绕组的磁通，称为定子漏磁通，用 $\dot{\Phi}_{1\sigma}$ 表示。定子漏磁通在定子绕组中感应产生定子漏抗电动势 $\dot{E}_{1\sigma}$，以定子漏电抗 x_1 与定子相电流（励磁相电流）$\dot{I}_0$ 的乘积形式来表示，有

$$\dot{E}_{1\sigma} = -j\dot{I}_0 x_1 \tag{5-48}$$

在定子绕组中，除外加电压 $\dot{U}_1$、主磁通感生的电动势 $\dot{E}_1$ 和漏磁通感生的漏抗电动势 $\dot{E}_{\sigma1}$ 外，还有定子绕组电阻压降 $\dot{I}_0 r_1$。

转子开路时，转子绕组中只有主磁通感生的电动势 $\dot{E}_{20}$。

综上所述，转子开路时，三相异步电动机内部的电磁关系如图 5-30 所示。

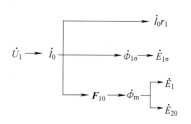

图 5-30 转子开路时的电磁关系

2. 方程式、等效电路和相矢图

与变压器一样，异步电动机定子侧按照用电惯例规定正方向，可以写出转子开路时的方程式为

$$\dot{U}_1 = \dot{I}_0 r_1 + (-\dot{E}_{1\delta}) + (-\dot{E}_1)$$
$$= \dot{I}_0 r_1 + \dot{I}_0 jx_1 + \dot{I}_0(R_m + jX_m)$$
$$= \dot{I}_0 Z_1 + \dot{I}_0 Z_m \qquad (5-49)$$

式中，$Z_1 = r_1 + jx_1$，称为定子绕组的漏阻抗；$Z_m = R_m + jX_m$，称为异步电动机的励磁阻抗。

由式（5-49）可以画出转子开路时三相异步电动机定子侧一相绕组的等效电路，如图 5-31 所示。

转子开路时，三相异步电动机沿气隙圆周旋转的三相合成磁动势 F_{10} 的幅值为

$$F_{10} = \frac{3}{2} \frac{\sqrt{2}}{2} \frac{4}{\pi} \frac{N_{G1} k_{w1}}{p} I_0 \qquad (5-50)$$

旋转速度 n_1 为

$$n_1 = \frac{60 f_1}{p} \qquad (5-51)$$

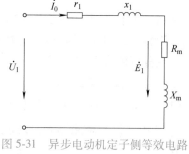

图 5-31 异步电动机定子侧等效电路

如果把三相电流也像磁动势一样按空间对称分布进行矢量合成，可得到"电流空间矢量" I_0，I_0 与合成磁动势矢量 F_{10} 在空间上方向一致，旋转速度相同，幅值相差等效匝数倍（$F = NI$）。若定义旋转磁动势 F_{10} 的空间坐标原点为绕组 $U_1 U_2$ 的轴线与上半部气隙的交点，U 相定子（励磁）电流 I_0 为正最大值时为时间坐标原点。由于空间矢量 F_{10} 和时间相量 $\dot{I}_0$ 在各自的几何空间上以相同的角速度旋转，则 F_{10} 的空间位移角（电角度）等于 $\dot{I}_0$ 在时间上的相位角。由于基准 U 相电流 $\dot{I}_0$ 为正最大值（时间坐标系原点）时，F_{10}（或 I_0）也出现在绕组 $U_1 U_2$ 的轴线与上半部气隙的交点（空间坐标系的原点）处，并且二者的旋转角速度相同（$\omega = 2\pi f_1$），只是 F_{10}（或 I_0）以等幅值旋转，$\dot{I}_0$ 的幅值随时间按余弦规律变化。如果把矢量 F_{10}（或 I_0）和相量 $\dot{I}_0$ 二者画在一个相矢图（相量——矢量图，简称为相矢图）中，（三相合成）磁动势矢量的方向与对应（基准）相电流相量方向是一致的。

由三相合成磁动势矢量 F_{10} 产生的旋转磁场 B_δ 与 F_{10} 在空间上分布是一样的，只是由于磁滞和涡流损耗的存在，B_δ 滞后于 F_{10} 一个小的铁损角 α_{Fe}。当 B_δ 处于 U 相绕组

轴线上时，交链定、转子绕组的主磁通 $\dot{\Phi}_m$（$\Phi = BS$）有最大值，由于气隙磁场 B_δ 在气隙空间按余弦分布，随着磁场的旋转，主磁通 $\dot{\Phi}_m$ 在相矢图中是与 B_δ 同相位的余弦时间函数。也就是说，主磁通 $\dot{\Phi}_m$ 的幅值也以角速度 ω（$\omega = 2\pi f_1$）随时间按余弦规律变化。

综上所述，在相矢图中，矢量 F_{10}（或 I_0）与相量 $\dot{I}_0$ 的方向一致，矢量 B_δ 与相量 $\dot{\Phi}_m$ 的方向一致。在相矢图中如果只画出相量 $\dot{I}_0$ 和 $\dot{\Phi}_m$，那么相矢图就简化为相量图。三相异步电动机在转子开路时的相量图如图 5-32 所示，与变压器空载运行时的相量图一样。差别在于异步电动机主磁路存在气隙，变压器主磁路气隙较小或没有气隙，异步电动机的励磁电流比变压器的大，可占额定电流的 20%～50%；而且异步电动机的漏磁通也比变压器大。因此，异步电动机开路时的漏阻抗压降较大，可达额定电压的 2%～5%，而变压器的漏阻抗压降一般不超过额定电压的 0.5%。

转子开路时的相量图

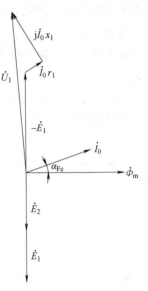

图 5-32 转子开路时的相量图

二、转子堵转时的三相异步电动机

三相异步电动机三相绕组施加对称三相电源电压，由于转子绕组闭合，正常情况电机将旋转，此时采用强制措施把转子堵住使其不转。这样可以暂不考虑机械功率，以便重点分析磁势平衡关系。

1. 磁势平衡关系

（1）分析转子磁势 F_2 的性质 转子接通后，I_2 不再是零，出现了转子磁势 F_2。在图 5-29 中，设气隙磁场 B_δ 以同步转速 n_1 沿顺时针方向旋转（事实上，与 U→V→W 相序方向一致），而转子被堵住 $n = 0$，转子三相对称绕组中将感生三相对称电势，从而会引起三相对称电流。在转子的三相对称绕组中流有三相对称电流必然形成三相合成旋转磁势，也就是说 F_2 是一个旋转磁势。由于转子电势和转子电流的相序均为 U→V→W，所以 F_2 的转向与定子磁势 F_1 同方向，均为顺时针方向。因为转子堵住不转，转子电流频率与定子频率相同，皆为 f_1，且转子极对数与定子极对数严格相等，故转子磁势的转速与定子磁势的转速相同，均为 $n_1 = 60 f_1 / p$。

可见，转子磁势 F_2 也是一个旋转磁势，它与定子磁势 F_1 同极数、同转向、同转速，或者说定、转子磁势同步旋转，两者在空间上相对静止。后面，还将证明在转子转动时，定、转子磁势也是相对静止的，这也是一切电机都必须遵守的普遍规律。因为定、转子磁势相对静止是产生平均转矩维持电机稳定运行的必要条件。形象地看，如果两个磁场之间有相对运动，必然时而出现 N 和 S 相遇，互相吸引；时而 N 和 N 相遇，又互相排斥，平均转矩为零。

（2）磁势平衡关系 当转子磁势 F_2 出现之后，气隙中真实存在的磁势既不是定子磁势也不是转子磁势，而应该是定、转子磁势的合成，称为气隙合成磁势，用符号 $\sum F$ 来表示。由于定、转子磁势相对静止，两者的合成磁势与它们也保持相对静止关系，

即 $\sum \boldsymbol{F}$ 在空间的转速也是同步转速 n_1。由于 $\boldsymbol{F}_2$ 的作用，定子磁势的幅值和相位都会较转子开路时有很大变化，不再是励磁磁势 $\boldsymbol{F}_{10}$，而是一个新的**定子磁势** $\boldsymbol{F}_1$。这样，异步电动机的磁动势平衡方程可写为

$$\sum \boldsymbol{F} = \boldsymbol{F}_1 + \boldsymbol{F}_2 \tag{5-52}$$

在通常情况下，气隙磁场 $\boldsymbol{B}_\delta$ 总是由合成磁势 $\sum \boldsymbol{F}$ 产生的。只有当转子开路或转子以同步转速旋转时，气隙磁势才单独由定子磁势决定，此时气隙磁势即为励磁磁势 $\boldsymbol{F}_{10}$。

与变压器一样，忽略电机定子漏阻抗压降，根据"恒压系统"概念，只要定子外加电压 $\dot{U}_1$ 不变，则其主磁通 $\dot{\Phi}_{\mathrm{m}}$ 也不变。也就是说，产生 $\dot{\Phi}_{\mathrm{m}}$ 的合成磁动势与转子开路时的磁势 $\boldsymbol{F}_{10}$ 基本相同。因此有

$$\sum \boldsymbol{F} = \boldsymbol{F}_1 + \boldsymbol{F}_2 = \boldsymbol{F}_{10} \tag{5-53}$$

2. 物理情况

气隙合成磁势 $\boldsymbol{F}_{10}$ 才是在定、转子绕组中感生电动势 $\dot{E}_1$ 和 $\dot{E}_2$ 的磁动势。转子堵转时，定子侧电路除了电流由 $\dot{I}_0$ 变为 $\dot{I}_1$ 外，其它基本没变化。转子侧电路由于绕组闭合（短路），旋转磁动势在转子绕组中感生的电动势 $\dot{E}_2$ 直接施加在转子绕组漏阻抗 $Z_2 = r_2 + \mathrm{j}x_2$ 上，产生转子电流 $\dot{I}_2$。转子堵转时，三相异步电动机内部的电磁关系如图 5-33 所示。

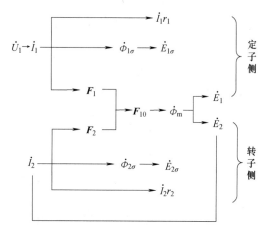

图 5-33 转子堵转时的电磁关系

3. 转子绕组的折算

与变压器一样，转子绕组折算的目标是 $E_2' = E_1$，原则是保证折算前后转子磁动势不变。

（1）电动势折算：

$$\frac{E_2'}{E_2} = \frac{E_1}{E_2} = \frac{4.44 N_1 k_{\mathrm{w}1} f_1 \Phi_{\mathrm{m}}}{4.44 N_2 k_{\mathrm{w}2} f_1 \Phi_{\mathrm{m}}} = k_{\mathrm{e}} \tag{5-54}$$

（2）电流折算 三相对称转子电流产生的旋转磁动势 $\boldsymbol{F}_2$ 的幅值为

$$F_2 = \frac{3}{2} \frac{\sqrt{2}}{2} \frac{4}{\pi} \frac{N_2 k_{\mathrm{w}2}}{p} I_2 \tag{5-55}$$

为保证折算前后转子磁动势不变，有

$$\frac{3}{2} \frac{\sqrt{2}}{2} \frac{4}{\pi} \frac{N_1 k_{\mathrm{w}1}}{p} I_2' = \frac{3}{2} \frac{\sqrt{2}}{2} \frac{4}{\pi} \frac{N_2 k_{\mathrm{w}2}}{p} I_2$$

$$I_2' = \frac{1}{\dfrac{N_1 k_{\mathrm{w}1}}{N_2 k_{\mathrm{w}2}}} I_2 = \frac{1}{k_{\mathrm{i}}} I_2 \tag{5-56}$$

式中，$k_{\mathrm{i}} = \dfrac{m_1 N_1 k_{\mathrm{w}1}}{m_2 N_2 k_{\mathrm{w}2}}$ 称为异步电动机定、转子电流比。对于三相绕线转子异步电动机，

定、转子相数 $m_1 = m_2 = 3$，因此有 $k_{\mathrm{i}} = \dfrac{N_1 k_{\mathrm{w}1}}{N_2 k_{\mathrm{w}2}} = k_{\mathrm{e}}$。

（3）阻抗折算 转子漏阻抗 $Z_2 = r_2 + \mathrm{j}x_2$ 的折算须保证折算前后有功功率和无功功率均不变。

$$m_1 I_2'^2 r_2' = m_2 I_2^2 x_2$$

$$r_2' = \frac{m_2 I_2^2}{m_1 I_2'^2} r_2 = k_e k_i r_2 = k_z r_2 \tag{5-57}$$

电抗的折算关系与电阻折算相同，有

$$x_2' = k_e k_i x_2 = k_z x_2 \tag{5-58}$$

式中，$k_z = k_e k_i$ 称为阻抗折算比。

4. 方程式、等效电路和相量图

三相对称定子电流产生的旋转磁动势 $\boldsymbol{F}_1$ 的幅值为

$$F_1 = \frac{3}{2}\frac{\sqrt{2}}{2}\frac{4}{\pi}\frac{N_1 k_{w1}}{p} I_1 \tag{5-59}$$

根据异步电动机磁势平衡方程式（5-53），综合式（5-50）、（5-55）、（5-59），有

$$\frac{3}{2}\frac{\sqrt{2}}{2}\frac{4}{\pi}\frac{N_1 k_{w1}}{p}\dot{I}_1 + \frac{3}{2}\frac{\sqrt{2}}{2}\frac{4}{\pi}\frac{N_2 k_{w2}}{p}\dot{I}_2 = \frac{3}{2}\frac{\sqrt{2}}{2}\frac{4}{\pi}\frac{N_1 k_{w1}}{p}\dot{I}_0$$

$$\frac{3}{2}\frac{\sqrt{2}}{2}\frac{4}{\pi}\frac{N_1 k_{w1}}{p}\dot{I}_1 + \frac{3}{2}\frac{\sqrt{2}}{2}\frac{4}{\pi}\frac{N_1 k_{w1}}{p}\dot{I}_2' = \frac{3}{2}\frac{\sqrt{2}}{2}\frac{4}{\pi}\frac{N_1 k_{w1}}{p}\dot{I}_0$$

$$\dot{I}_1 + \dot{I}_2' = \dot{I}_0 \tag{5-60}$$

综上所述，可写出转子绕组折算后的异步电动机转子堵转时的基本方程式为

$$\begin{cases} \dot{U}_1 = \dot{I}_1(r_1 + \mathrm{j}x_1) + (-\dot{E}_1) = \dot{I}_1 Z_1 + (-\dot{E}_1) \\ \dot{E}_2' = \dot{I}_2'(r_2' + \mathrm{j}x_2') = \dot{I}_2' Z_2' \\ \dot{I}_1 + \dot{I}_2' = \dot{I}_0 \\ -\dot{E}_1 = -\dot{E}_2' = \dot{I}_0(R_m + \mathrm{j}X_m) = \dot{I}_0 Z_m \end{cases} \tag{5-61}$$

由式（5-61）即可画出堵转时异步电动机的等效电路，如图 5-34 所示，以及其相量图，如图 5-35 所示，图中定子漏阻抗压降部分人为放大了。

堵转时的相量图

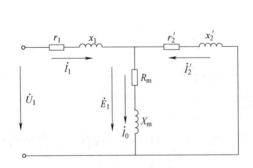

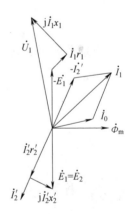

图 5-34 堵转时的等效电路　　　　图 5-35 堵转时的相量图

第五节　转子转动时的三相异步电动机

一、转子电路的物理情况

当三相异步电动机正常运行时，转子以转速 n 旋转，此时转子绕组切割气隙旋转磁场的速度发生了变化，这将导致转子中所有电量（电动势、电流、电抗等）的频率将发生变化，以下标"s"表示电机转子转动时转子电路的电量。

（1）转子频率 f_2　电机气隙旋转磁场的速度 $n_1 = 60f_1/p$，转子以转速 n 旋转时，转子绕组切割旋转磁场的速度 $\Delta n = n_1 - n$，此时转子感应电动势以及电流、电抗的频率为 f_2，称为**转子频率**。由式（5-11）可得转子频率 f_2 为

$$f_2 = \frac{p\Delta n}{60} = \frac{p(n_1 - n)}{60} = \frac{n_1 - n}{n_1}\frac{pn_1}{60} = sf_1 \tag{5-62}$$

当 $n = 0$ 时，$f_2 = f_1$，转子不转的情况；

当 $n \neq 0$ 时，$f_2 \neq f_1$，正常运行时的情况；

当 $n = n_1$ 时，$f_2 = 0$，理想空载时的情况，转子不切割旋转磁场，转子绕组中无电动势和电流。

（2）转子电动势 E_{2s}：

$$E_{2s} = 4.44f_2N_2k_{w2}\Phi_m = 4.44sf_1N_2k_{w2}\Phi_m = sE_{20} \tag{5-63}$$

式中，E_{20} 为转子不转时的感应电动势。

（3）转子阻抗 $Z_{2s} = r_2 + jx_{2s}$：

$$x_{2s} = 2\pi f_2 L_2 = 2\pi sf_1 L_2 = sx_2 \tag{5-64}$$

式中，x_2 为转子不转时的转子漏电抗。

（4）转子电流 $\dot{I}_{2s}$：

$$\dot{I}_{2s} = \frac{\dot{E}_{2s}}{r_2 + jx_{2s}} \tag{5-65}$$

二、磁势平衡关系

三相异步电动机以转速 n 运行时，定子电流产生的旋转磁动势 $\boldsymbol{F}_1$ 相对于定子的速度为同步转速 n_1；由于转子电流 $\dot{I}_{2s}$ 也是三相对称电流，它在转子上也产生一个旋转磁动势 $\boldsymbol{F}_2$，$\boldsymbol{F}_2$ 沿着转子相序 u→v→w 的方向以相对于转子的转速 $n_2 = 60f_2/p = 60sf_1/p = sn_1$ 旋转。因此，$\boldsymbol{F}_2$ 相对于定子的转速为

$$n + n_2 = (1-s)n_1 + sn_1 = n_1$$

可见，无论 n 为何值，转子旋转磁动势 $\boldsymbol{F}_2$ 与定子旋转磁动势 $\boldsymbol{F}_1$ 总是同速同向旋转，两个磁动势相对静止。这一结论十分重要，对于任何正常运行的电机都是适用的。

$\boldsymbol{F}_2$ 和 $\boldsymbol{F}_1$ 在空间相对静止，合成一个气隙旋转磁动势 $\sum\boldsymbol{F}$，$\sum\boldsymbol{F}$ 才是在定、转子绕组中感生电动势的实际磁动势，即

$$\boldsymbol{F}_1 + \boldsymbol{F}_2 = \sum\boldsymbol{F} \tag{5-66}$$

异步电动机磁动势平衡的概念也与变压器相似。如果电机轴上没加负载，并忽略空载转矩，电机转子转速 $n = n_1$，即电机处于理想空载状态，转子不切割旋转磁场，转子绕组中 $\dot{E}_{2s} = 0$、$\dot{I}_{2s} = 0$，因此，磁动势 $F_2 = 0$，电机只有励磁磁动势，即 $F_1 = F_{10}$。如果电机轴上加上一定负载，转子转速 n 就要下降，随之转差率 s 增大，$\dot{E}_{2s}$ 和 $\dot{I}_{2s}$ 也增大，产生转子磁动势 F_2，它力图使主磁通 $\dot{\Phi}_m$ 减小，这将使感应电动势 $\dot{E}_1$ 减小。如果 $\dot{U}_1$ 不变，那么定子电流 $\dot{I}_1$ 将增大，从而维持 $\dot{\Phi}_m$ 和 $\sum F$ 基本不变。也就是说，电机无论运行于空载还是负载状态，气隙（合成）磁动势 $\sum F$ 都保持基本不变，等于 F_{10}。

也可以由"恒压系统"概念来解释：忽略定子绕组漏阻抗压降，只要 $\dot{U}_1$ 不变，$\dot{E}_1$ 就基本不变，从而 $\dot{\Phi}_m$ 和电机的合成磁动势 $\sum F$ 基本不变。因此，当转子磁动势 F_2 出现时，定子磁动势 F_1 必须增加一个 $-F_2$ 与之平衡，以保证合成磁动势 $\sum F = F_{10}$。于是，定子电流 $\dot{I}_1$ 要相应增加，定子将从电网吸收更多的电能转换成机械能，以满足负载增大的需要。这就是磁动势平衡的基本概念。

三、转子频率折算

异步电动机定、转子之间是通过磁动势相联系而无电的联系，转子转动时的异步电动机等效电路图如图 5-36 所示。由于转子旋转后转子电动势 $\dot{E}_{2s}$ 与定子电动势 $\dot{E}_1$ 不仅数值上不等，而且频率也不相同。若要把转子电路折算后接到定子上去，使之有电的联系，就要进行两步折算，首先进行转子频率折算，把 f_2 折算到 f_1，然后再把频率为 f_1 的转子电动势、电

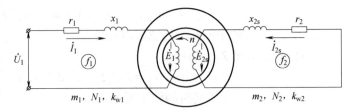

图 5-36 转子转动时定、转子等效电路

流和阻抗折算到定子上去。

异步电动机转子电路频率折算，实质上就是在转子磁场不变的情况下用一个静止的假想转子（频率为 f_1）来代替真实转子（频率为 f_2）。保持转子磁场不变指折算前后 F_2 的转速、转向、幅值与空间相位都保持不变。由于转子频率 f_2 的大小仅仅影响转子旋转磁动势 F_2 相对于转子的转速，而 F_2 相对于定子的转速和转向均与 F_1 相同，所以只要保证 F_2 的幅值和空间相位即可。

为了保持折算前、后 F_2 的幅值和空间相位不变，只要保证折算前后转子电流的幅值和阻抗角不变即可。结合式（5-63）、式（5-64），对转子转动时转子电流式（5-65）进一步变化可得

$$\dot{I}_{2s} = \frac{\dot{E}_{2s}}{r_2 + jx_{2s}} <=> \frac{s\dot{E}_{20}}{r_2 + jsx_2} = \frac{\dot{E}_{20}}{\frac{r_2}{s} + jx_2} = \dot{I}_2 \tag{5-67}$$

式（5-67）中可看出：前半部分是转子转动时的电流 $\dot{I}_{2s} = \dfrac{\dot{E}_{2s}}{r_2 + jx_{2s}}$，各电量的频率为

f_2；后半部分为转子不转时的电流 $\dot{I}_2 = \dfrac{\dot{E}_{20}}{\dfrac{r_2}{s} + jx_2}$，各电量的频率为 f_1。通过这样折算保证

了折算前 $\dot{I}_{2s}$ 与折算后 $\dot{I}_2$ 的幅值和相位角相同，也就保证了折算前后转子磁动势 F_2 不变。折算后转子不转的定、转子等效电路如图 5-37 所示。

对比图 5-36 和图 5-37 可见，用静止转子电路去代替

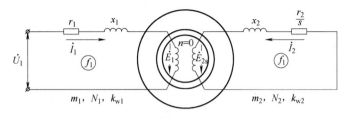

图 5-37 转子频率折算后的定、转子等效电路

实际旋转的转子电路，除改变与频率有关的参数和电动势以外，只要用 $\dfrac{r_2}{s}$ 去代替 r_2，就可达到保持 $\dot{I}_2$ 和 F_2 不变的目的。

四、转子绕组折算、方程式、等效电路和相量图

在完成频率折算之后，电机已变成一个等效的不转的电机。转子绕组的折算与转子不转时异步电动机的折算完全相同。折算之后，转子转动时异步电动机的基本方程为

$$
\begin{cases}
\dot{U}_1 = \dot{I}_1(r_1 + jx_1) + (-\dot{E}_1) \\
\dot{E}_2' = \dot{I}_2'\left(\dfrac{r_2'}{s} + jx_2'\right) \\
\dot{I}_1 + \dot{I}_2' = \dot{I}_0 \\
-\dot{E}_1 = -\dot{E}_2' = \dot{I}_0(R_m + jX_m)
\end{cases}
\tag{5-68}
$$

为了与变压器等效电路对应和更清楚地反映电机内部的能量关系，把转子电阻 $\dfrac{r_2'}{s}$ 分解为两部分，即

$$
\dfrac{r_2'}{s} = r_2' + \dfrac{1-s}{s} r_2' \tag{5-69}
$$

由式（5-69）可知，转子电阻由 r_2' 变为 $\dfrac{r_2'}{s}$，相当于串入一个附加电阻 $\dfrac{1-s}{s} r_2'$。当异步电动机电动运行时（$0 < s < 1$），在电阻上将发生损耗 $I_2'^2 \dfrac{1-s}{s} r_2'$，而实际转子电路中并不存在这部分损耗，而只产生机械功率，因此，静止电路中这部分虚拟的损耗，实质上是表征了异步电动机的机械功率。从附加电阻 $\dfrac{1-s}{s} r_2'$ 本身是转差率 s 的函数（即转子转速的函数）也说明了这一点。也就是说，用静止转子代替旋转转子时，是通过引入附加电阻 $\dfrac{1-s}{s} r_2'$ 来表征电机轴上的机械功率的。

由式（5-68）和式（5-69）可以画出异步电动机转子转动时的 T 形等效电路和相量图，分别如图 5-38 和图 5-39 所示。

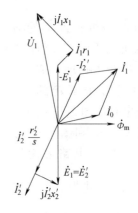

图 5-39 转动时的相量图

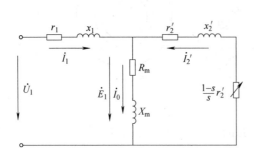

转动时的
相量图

图 5-38 转动时的 T 形等效电路

在工程计算要求精度不是很高的情况下，为了简化计算，把励磁回路前移，并在励磁支路中加入定子绕组漏阻抗，得到如图 5-40 所示的 Γ 形等效电路。由于异步电动机的励磁电流占额定电流的比例并不小，因此励磁支路不能略去。对比图 5-38 和图 5-40，不难看出，用简化的 Γ 形等效电路算出的定、转子电流和励磁电流均稍大，且电动机功率越小相对偏差越大。

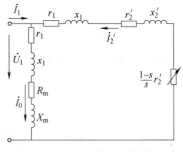

图 5-40 转动时的 Γ 形等效电路

第六节 笼型转子的极数、相数、匝数和绕组系数

一、极数

笼型转子的极数等于定子的极数，即 $2p_2 = 2p_1 = 2p$。因为笼型转子中的电动势和电流是被感生出来的，所以定子有几个磁极，转子导条中电动势和电流的方向就有几个区域。

二、相数

笼型转子是对称多相绕组。电机的相数是由电流的相位来决定的，同一相绕组中电流相位应当一致。当转子槽数 Z_2 能被极对数 p 整除时，转子的相数为 $m_2 = Z_2/p$；如果转子槽数 Z_2 不能被极对数 p 整除时，所有 Z_2 根导体电流相位均不相同，这时转子的相数就等于槽数，即 $m_2 = Z_2$。

三、匝数

由于每相串联线圈只有一根导体，相当于半匝，因此有转子每相串联匝数 $N_2 = 1/2$。

四、转子绕组系数

一根导体不存在短距和分布的问题，因此转子绕组系数 $k_{w2} = 1$。

第七节　三相异步电动机的功率与转矩

一、三相异步电动机的功率传递与损耗

下面根据异步电动机的 T 形等效电路来分析它的功率传递关系及各部分损耗。图 5-41 分别用 T 形等效电路和能流图两种形式画出了异步电动机的功率传递关系。

电动机正常工作时，从电网吸收的总电功率，也就是它的总输入功率 P_1 为

$$P_1 = m_1 U_1 I_1 \cos\varphi_1 \tag{5-70}$$

式中，m_1 是定子相数；U_1、I_1 分别是定子的相电压和相电流；$\cos\varphi_1$ 是定子的功率因数。

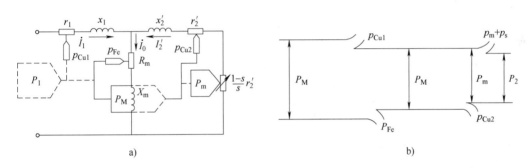

图 5-41　异步电动机的功率传递关系

a）等效电路　b）能流图

P_1 进入电动机后，首先在定子绕组电阻 r_1 上消耗一小部分定子铜损耗 p_{Cu1} 和在定子铁心中消耗的铁损耗 p_{Fe}，铁损耗主要是由旋转磁场在铁心中的磁滞和涡流引起的有功功率，有

$$p_{Cu1} = m_1 I_1^2 r_1 \tag{5-71}$$

$$p_{Fe} = m_1 I_0^2 R_m \tag{5-72}$$

余下的部分通过磁场经过气隙传递到转子上去，这部分功率称为电磁功率，用 P_M 表示，有

$$P_M = P_1 - p_{Cu1} - p_{Fe}$$

$$= m_1 I_2'^2 \frac{r_2'}{s} = m_2 I_2^2 \frac{r_2}{s}$$

$$= m_1 E_2' I_2' \cos\varphi_2 = m_2 E_2 I_2 \cos\varphi_2 \tag{5-73}$$

式中，$\cos\varphi_2$ 是转子功率因数。

电磁功率 P_M 进入转子后，在转子绕组电阻 r_2 上消耗一小部分转子铜损耗 p_{Cu2}，即

$$p_{Cu2} = m_1 I_2'^2 r_2' = m_2 I_2^2 r_2 \tag{5-74}$$

余下部分全部转换为机械功率，称为总机械功率，用 P_m 表示，有

$$P_m = P_M - p_{Cu2} = m_1 I_2'^2 \frac{1-s}{s} r_2' = m_2 I_2^2 \frac{1-s}{s} r_2 \tag{5-75}$$

总机械功率 P_m 并没有全部由电机轴上输出给负载机械，在输出之前还要消耗掉机械摩擦损耗 p_m 和附加损耗 p_s。机械损耗 p_m 主要由电机的轴承摩擦和风阻摩擦构成，绕线型异步电动机还包括电刷摩擦损耗；附加损耗 p_s 是由磁场中的高次谐波磁通和漏磁通等引起的损耗，这部分损耗在小型电机中满载时能占到额定功率的 $1\% \sim 3\%$，在大型电机中所占比例小些，通常在 0.5% 左右。机械摩擦损耗 p_m 和附加损耗 p_s 之和，称为空载机械损耗，用 p_{0m} 表示，有

$$p_{0m} = p_m + p_s \tag{5-76}$$

总机械功率 P_m 减掉空载机械损耗 p_{0m} 之后，才是电机的轴输出功率 P_2，有

$$P_2 = P_m - p_{0m} = P_m - (p_m + p_s) \tag{5-77}$$

由式（5-73）、式（5-74）和式（5-75）可得到转子铜损耗和总机械功率 P_m 与电磁功率 P_M 之间的关系为

$$p_{Cu2} = s P_M \tag{5-78}$$

$$P_m = (1-s) P_M \tag{5-79}$$

$$P_M : P_m : p_{Cu2} = 1 : (1-s) : s \tag{5-80}$$

由式（5-79）可知，由于异步电动机运行时，转差率 s 一般很小，所以转子铜损 p_{Cu2} 通常仅占电磁功率的很小一部分。习惯上把功率 sP_M 称为转差功率，用 P_s 表示，对笼型异步机和转子绕组短路闭合时，$P_s = p_{Cu2}$。

二、三相异步电动机的电磁转矩和转矩平衡

1. 电磁转矩

异步电动机的电磁转矩 T 是指转子电流 I_2 与主磁通 Φ_m 相互作用产生电磁力形成的总转矩。从转子产生机械功率的角度出发，它等于异步电动机总机械功率 P_m 除以转子旋转的角速度 Ω。旋转磁场的同步角速度为 Ω_1，则有 $\Omega = (1-s)\Omega_1$，由式（5-79）可得

$$T = \frac{P_m}{\Omega} = \frac{(1-s)P_M}{(1-s)\Omega_1} = \frac{P_M}{\Omega_1} \tag{5-81}$$

将 $\Omega_1 = \dfrac{2\pi n_1}{60} = \dfrac{2\pi}{60}\dfrac{60f_1}{p} = \dfrac{2\pi f_1}{p}$ 和式（5-73）代入上式，可得电磁转矩 T 的物理表达式为

$$T = \frac{P_m}{\Omega} = \frac{P_M}{\Omega_1} = \frac{m_1 E_2' I_2' \cos\varphi_2}{\Omega_1} = \frac{p}{2\pi f_1} m_1 \times 4.44 f_1 N_1 k_{w1} \Phi_m I_2' \cos\varphi_2$$

$$= C_T' \Phi_m I_2' \cos\varphi_2 \tag{5-82}$$

式中，$C_T' = \dfrac{p}{2\pi f_1} m_1 \times 4.44 k_{w1} N_1 = \dfrac{1}{\sqrt{2}} m_1 p k_{w1} N_1$，称为异步电动机的转矩系数。

2. 转矩平衡关系

当异步电动机负载运行时，从力学的角度看，有 3 个转矩作用在电机的轴上，即

电磁转矩 T、空载转矩 T_0 和负载转矩 T_L。其中，空载转矩 T_0 是电机的风阻摩擦、轴承摩擦及附加损耗等对应的空载阻转矩，也就是由空载机械损耗对应的阻转矩，有

$$T_0 = \frac{p_{0m}}{\Omega} = \frac{p_{0m}}{\frac{2\pi n}{60}} = 9.55\frac{p_{0m}}{n} \tag{5-83}$$

当电机稳态运行时，电机的轴输出转矩 $T_2 = T_L$，转矩的平衡关系式为

$$T = T_0 + T_2 = T_0 + T_L \tag{5-84}$$

电机稳定运行时的转矩平衡也可以由电机轴上的机械功率平衡关系来推导，即

$$\frac{P_m}{\Omega} = \frac{P_{0m}}{\Omega} + \frac{P_2}{\Omega} \tag{5-85}$$

异步电动机的电磁转矩 T 为

$$T = \frac{P_m}{\Omega} = 9.55\frac{P_m}{n} \tag{5-86}$$

异步电动机的额定轴输出转矩 T_{2N} 为

$$T_{2N} = 9.55\frac{P_N}{n_N} \tag{5-87}$$

式中，额定功率 P_N 的单位为 W，额定转速 n_N 的单位为 r/min，额定电磁转矩的单位为 N·m。

若额定功率 P_N 的单位为 kW，则有

$$T_{2N} = 9550\frac{P_N}{n_N} \tag{5-88}$$

例 5-2　三相异步电动机，已知 $P_N = 10\text{kW}$，$U_N = 380\text{V}$，$n_N = 1455\text{r/min}$，额定运行时 $p_m + p_s = 205\text{W}$。求：（1）额定转差率 s_N；（2）总机械功率 P_m 和转子铜损耗 p_{Cu2}；（3）额定输出转矩 T_{2N}、空载转矩 T_0 和额定电磁转矩 T_N。

解：（1）$s_N = \dfrac{n_1 - n_N}{n_N} = \dfrac{1500 - 1450}{1500} = 0.033$

（2）$P_m = P_N + p_m + p_s = 10\text{kW} + 0.205\text{kW} = 10.205\text{kW}$

$$p_{Cu2} = \frac{s}{1-s}P_m = \frac{0.033}{1-0.033} \times 10.205\text{kW} = 0.348\text{kW}$$

（3）$T_{2N} = 9550\dfrac{P_N}{n_N} = 9550 \times \dfrac{10\text{kW}}{1455\text{r/min}} = 65.64\text{N·m}$

$$T_0 = 9550\frac{p_m + p_s}{n_N} = 9550 \times \frac{0.205\text{kW}}{1455\text{r/min}} = 1.35\text{N·m}$$

$$T_N = T_{2N} + T_0 = 65.64\text{N·m} + 1.35\text{N·m} = 66.99\text{N·m}$$

另：$T_N = 9550\dfrac{P_m}{n_N} = 9550 \times \dfrac{10.205\text{kW}}{1455\text{r/min}} = 66.98\text{N·m}$

第八节　三相异步电动机的参数测定

异步电动机等效电路中的各参数可以由制造厂家提供，也可以用试验的方法求得。

与变压器一样，异步电动机也有两种参数，一种是表示空载状态的励磁参数 Z_m、R_m、X_m；另一种是对应堵转电流的短路阻抗 Z_1、r_1、x_1、Z_2'、r_2' 和 x_2'。前者决定电动机主磁路的饱和程度，所以是一种非线性参数；后者基本上与电动机的饱和程度无关，是一种线性参数。与变压器等效电路中参数测定方法一样，励磁参数和短路时的参数可分别通过空载试验和堵转试验测定。

一、空载试验与励磁参数的确定

1. 空载试验

异步电动机的空载运行，是指在额定电压和额定频率下，轴上不带任何负载的运行。试验接线图如图 5-42 所示。

试验时，电动机空载运行，使电动机运转一段时间，让机械损耗达到稳定。然后用调压器调节电动机的输入电压，使其从 $1.2U_N$ 逐渐降低，直到电动机的转速明显下降、电流不降反升为止，测量 7~9 点，每点记录电压 U_0、电流 I_0 和功率 p_0。根据记录数据绘出异步电动机空载特性曲线，即空载电流 $I_0 = f(U_0)$ 和空载损耗 $p_0 = f(U_0)$ 的曲线，如图 5-43 所示。

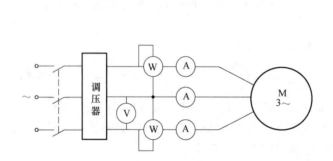

图 5-42　异步电动机试验接线图

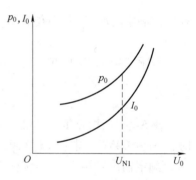

图 5-43　空载特性曲线

2. 励磁参数、铁损和机械损耗的确定

（1）空载机械损耗 p_{0m} 和铁损 p_{Fe} 的分离　异步电动机空载试验测量的数据和计算的参数虽然与变压器空载试验相似，但因电动机空载是旋转的，所以空载损耗 p_0 中所含各项损耗却不一样。实际上此时异步电动机中的各项损耗都有，除有定子铁损耗 p_{Fe} 外，还有定、转子铜损耗 p_{Cu1} 和 p_{Cu2}，也有空载机械损耗 p_{0m}。异步电动机空载时，$s \approx 0$，转子铜损 $p_{Cu2} = sP_M$ 很小，可以忽略，因此有

$$p_0 \approx m_1 I_0^2 r_1 + p_{Fe} + p_{0m} \tag{5-89}$$

在计算励磁阻抗时需要的是铁损耗 p_{Fe}，因此需要把上式中的各项损耗分离开。

对应不同电压可以算出各点的 $p_{Fe} + p_{0m}$，即 $p_{Fe} + p_{0m} = p_0 - m_1 I_0^2 r_1$。

铁损耗 p_{Fe} 与磁通密度二次方成正比，因此可以认为它与 U_1^2 成正比，而空载机械损耗与电压无关，只要转速没有大的变化，可以认为 p_{0m} 是一常数，因此在图 5-44 的 $p_{0m} + p_{Fe} = f(U_0^2)$ 曲线中可以将铁损耗 p_{Fe} 和空载机械损耗 p_{0m} 分开。只要延长曲线，使其与纵轴相交，交点的纵坐标就是空载机械损耗，过这一交点作一与横坐标平行的直

线，该线上面的部分就是铁损耗 p_{Fe}。

（2）励磁参数的确定　空载运行时，转差率 $s \approx 0$，T形等效电路中转子回路附加电阻 $\dfrac{1-s}{s}r_2' \approx \infty$，可认为转子回路呈开路状态。将损耗分离之后，我们就可以根据上面的数据计算空载参数及励磁参数。对应额定电压，找出 I_0 和 p_0，励磁参数的计算为

$$|Z_0| = \frac{U_N}{\sqrt{3}\, I_0} \qquad (5\text{-}90)$$

$$r_0 = \frac{p_0 - p_{0m}}{m_1 I_0^2} \qquad (5\text{-}91)$$

$$x_0 = \sqrt{|Z_0|^2 - r_0^2} \qquad (5\text{-}92)$$

$$R_m = \frac{p_{Fe}}{m_1 I_0^2} \qquad (5\text{-}93)$$

$$X_m = x_0 - x_1 \qquad (5\text{-}94)$$

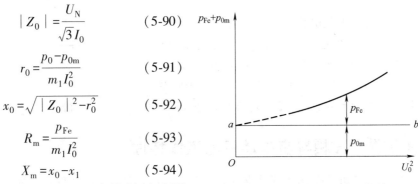

图 5-44　$p_{0m} + p_{Fe} = f(U_0^2)$ 曲线

计算中用到的 r_1、x_1 可由堵转试验测得，r_1 也可直接测得。

二、堵转试验与漏阻抗参数的确定

异步电动机定子电阻和绕线转子电阻都可用加直流电压并测直流电压、电流的方法算出，但得到的是直流电阻，等效电路中的电阻是交流电阻，因趋肤效应的影响，交流电阻比直流电阻稍大，需要加以修正。此外，笼型转子电阻无法用加直流的办法测量，因此堵转参数 $r_k = r_1 + r_2'$ 和 $x_k = x_1 + x_2'$，通常也是用做堵转试验（也称短路试验）的方法求得。

为做异步电动机堵转试验，需把电机转子堵住，使其停转，$n = 0$，这时在等效电路中附加电阻 $\dfrac{1-s}{s}r_2' = 0$，其上的总机械功率也为零。在转子不转的情况下，定子加额定电压相当于变压器的短路状态，这时的电流是短路电流，虽然没有变压器直接短路的电流那样大，但也能达到额定电流的 $4 \sim 7$ 倍。时间稍长就会烧毁电机，这是不允许的。因此，与变压器相似，在做异步电动机堵转试验时也要降压，所加电压开始应使电机的堵转电流略高于额定电流，这时的电压大约为额定电压 U_N 的 $30\% \sim 40\%$，然后调节调压器使电压逐渐下降，测量 $5 \sim 7$ 点，每点记录电压 U_k、电流 I_k 和功率 p_k。绘出堵转特性曲线，$I_k = f(U_k)$ 和 $p_k = f(U_k)$，如图 5-45 所示。

由于电机的铁损耗大致上正比于磁通密度的二次方，因此它也大致上正比于 U_1^2，降压后电机的铁损耗很小，励磁电流也很小，所以在等效电路上可以认为励磁回路开路。

由于堵转试验时电机不转和施加电压远小于额定电压，空载机械损耗、铁损耗很小，可以忽略不计，所以测得的堵转损耗只有定、转子铜损耗。即

$$p_k = m_1 I_k^2 (r_1 + r_2') \qquad (5\text{-}95)$$

根据堵转试验数据，堵转参数的计算为

$$|Z_k| = \frac{U_k}{\sqrt{3}I_k} \qquad (5\text{-}96)$$

$$r_k = \frac{p_k}{m_1 I_k^2} \qquad (5\text{-}97)$$

$$x_k = \sqrt{|Z_k|^2 - r_k^2} \qquad (5\text{-}98)$$

对于大、中型电机，可以认为 $r_1 = r_2'$ 和 $x_1 = x_2'$。如果用直流测出定子电阻 r_{1DC}，考虑趋肤效应，可修正定子电阻为 $r_1 = 1.1r_{1DC}$，然后再算出 r_2'。对于漏抗，在小型电机中一般 x_2' 略大于 x_1。100kW 以下的电机可参考下列数据：2、4、6 极电机 $x_2' = 0.67x_k$，8、10 极电机 $x_2' = 0.57x_k$。

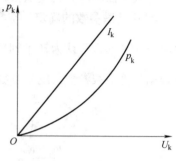

图 5-45 堵转特性曲线

第九节 三相异步电动机的工作特性

异步电动机的工作特性是指在 $U_1 = U_{1N}$、$f = f_N$ 时，电动机转速、定子电流、功率因数、电磁转矩、效率与输出功率的关系。对于中小型电动机，其工作特性可以用直接加负载的办法测得；大容量电动机因设备的限制，通常由空载和堵转试验测出电机的参数，然后再利用等效电路来计算出工作特性。

一、转速特性 $n = f(P_2)$

当电动机空载时，输出功率 $P_2 = 0$，电动机的电磁转矩 T 只用于克服空载转矩 T_0。此时，电动机的转速 $n \approx n_1$，转差率 $s \approx 0$，转子电流 I_2 和转子铜损耗 p_{Cu2} 均很小，可忽略。

随着负载的增加，P_2 增大，转速 n 有所下降，转子电动势 E_{2s} 变大、转子电流 I_2 增大，以产生更大的电磁转矩 T 来平衡负载转矩 T_L。当 $P_2 = P_N$ 时，$s_N = 0.015 \sim 0.05$，也就是说转速下降不大。因此，转速特性 $n = f(P_2)$ 是稍微向下倾斜的一条近似直线，如图 5-46 所示。

二、定子电流特性 $I_1 = f(P_2)$

电动机空载时，转子电流 $I_2' \approx 0$，定子电流近似等于励磁电流，即 $I_1 \approx I_0$。随着负载增加，转速下降，转子电流增大，励磁电流基本不变，定子电流也增大。当 P_2 较大时，定子电流 I_1 几乎随 P_2 按正比例增加，如图 5-46 所示。

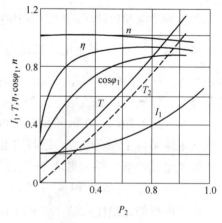

图 5-46 异步电动机的工作特性

三、功率因数特性 $\cos\varphi_1 = f(P_2)$

空载时，$I_1 \approx I_0$，空载电流基本上是无功电流，因此功率因数 $\cos\varphi_1$ 很低，约为 0.1 ~ 0.2。当负载增大时，定子电流中的有功电流增加，使功率因数 $\cos\varphi_1$ 提高，接近额定负载时，功率因数 $\cos\varphi_1$ 最高。负载再增加时，由于转差率迅速增大，转子功率因数角 $\varphi_2 = \arctan\dfrac{sx_2}{r_2}$ 变大，转子电流的无功分量有所增加，相应定子电流无功分量随之增加，功率因数 $\cos\varphi_1$ 反而略有下降，如图 5-46 所示。

四、电磁转矩特性 $T=f(P_2)$

稳态时，$T=T_0+T_2=T_0+P_2/\Omega$。电动机空载时，电磁转矩 $T=T_0$。随着负载增大，P_2 增加，额定负载之前，转速和角速度变化不大，电磁转矩 T 随 P_2 的变化近似为一条直线，如图 5-46 所示。

五、效率特性 $\eta=f(P_2)$

效率公式为

$$\eta = \frac{P_2}{P_1} = 1 - \frac{\sum p}{P_1} = \frac{P_2}{P_2+p_{Cu1}+p_{Fe}+p_{Cu2}+p_{0m}} \tag{5-99}$$

由式（5-99）可知，电机空载时，$P_2=0$，$\eta=0$。随着输出功率 P_2 增加，效率也增加，但效率的高低决定于损耗在输入功率中所占的比重。损耗中的铁损耗和机械损耗基本上不随负载的变化而变化，称为不变损耗；而铜损耗和附加损耗随负载的变化而变化，称为可变损耗。当输出功率增加时，由于可变损耗增加较慢，所以效率上升较快；当可变损耗等于不变损耗时，效率最高，约为 $0.75\sim0.94$，此时负载出现在 $(0.7\sim1.0)\,P_N$ 范围内。当超过额定负载时，可变损耗增加很快，效率反而降低。一般来说，电机容量越大，效率越高。

思考题与习题

5-1 一台三相异步电动机铭牌标明 $n_N=960\text{r/min}$，$f=50\text{Hz}$，该电机的极数是多少？额定转差率 s_N 是多少？

5-2 空间电角度是怎样定义的？机械角度与电角度有什么关系？

5-3 双层绕组和单层绕组的最大并联支路数与极对数有何关系？

5-4 为什么单层绕组一般不采用短距线圈削弱电动势和磁动势中的高次谐波？

5-5 何谓相带？在三相电机中为什么常用 $60°$ 相带绕组，而不用 $120°$ 相带绕组？

5-6 试述分布系数和短距系数的意义。若采用长距线圈，其短距系数是否会大于1？

5-7 已知 $Z=24$，$2p=4$，$a=1$，试画 U 相单层同心式绕组展开图。

5-8 有一双层绕组，$Z=24$，$2p=4$，$a=2$，$y_1=\dfrac{5}{6}\tau$，试绘出叠绕组 U 相展开图。

5-9 为什么说交流绕组产生的磁动势既是时间的函数，又是空间的函数？试以三相合成磁动势的基波来说明。

5-10 脉振磁动势和旋转磁动势各有哪些基本特性？产生脉振磁动势、圆形旋转磁动势和椭圆形旋转磁动势的条件有什么不同？

5-11　一台三相交流电机三角形联结的定子绕组，接到对称的三相电源上，当绕组内有一相断线时，将产生什么性质的磁动势？

5-12　把一台三相交流电机定子绕组的三个首端和三个末端分别连在一起，再通以交流电流，合成磁动势基波是多少？如将三相绕组依次串联起来后通以交流电流，合成磁动势基波又是多少？为什么？

5-13　把三相异步电动机接到电源的三个接线端对调两个后，电动机的转向是否会改变？为什么？

5-14　试述三相绕组产生的高次谐波磁动势的极对数、转向、转速和幅值。它们所建立的磁场在定子绕组内的感应电动势的频率为多少？

5-15　一台额定频率为50Hz的三相交流电机，通以60Hz的三相交流电流，若保持电流的有效值不变，试分析其基波磁动势的幅值大小、极对数、转速和转向将如何变化？

5-16　一台两相交流电机的定子绕组在空间上相差90°电角度，若匝数相等，通入怎样的电流会形成圆形旋转磁场？通入什么样的电流会形成脉振磁场？若两相匝数不等，通入什么样的电流会形成圆形旋转磁场？通入什么样的电流会形成脉振磁场？

5-17　一台三相四极异步电动机，$P_N = 132kW$，$U_N = 380V$，$I_N = 235A$，定子绕组采用三角形联结，双层叠绕组，槽数$Z = 72$，节距$y = 15$，线圈匝数$N_y = 36$，$a = 4$。试求：

（1）脉振磁动势基波和3次、5次、7次谐波的振幅，并写出各相基波脉振磁动势的表达式；

（2）计算三相合成磁动势基波及5次、7次谐波的幅值，写出它们的表达式，并说明各次谐波的转向、极对数和转速；

（3）分析基波和5次、7次谐波的绕组系数值，说明采用短距和分布绕组对磁动势波形有什么影响。

5-18　一台三相六极异步电动机，定子绕组联结成三路并联星形，额定电压为380V，问应该如何接，才能把它接到660V的电网上去？

5-19　异步电动机定子三相绕组星形联结无中性线，说明一相断线后，定子产生的是何种磁动势？

5-20　如果给一个三相对称绕组各相通入大小和相位均相同的单向交流电流（即$i_U = i_V = i_W = I_m cos\omega t$），求绕组中产生的基波合成磁动势。

5-21　在推导异步电动机等效电路过程中，进行了哪些折算？折算所依据的原则是什么？

5-22　异步电动机额定运行时，由定子电流产生的旋转磁动势相对于定子的转速是多少？相对于转子的转速又是多少？由转子电流产生的旋转磁动势相对于转子的转速是多少？相对于定子的转速又是多少？

5-23　异步电动机定子绕组与转子绕组在电路上没有直接联系，为什么输出功率增加时，定子电流和输入功率会自动随之增加？

5-24　试证明异步电动机无论工作在何种状态（包括电动状态，再生发电制动状态和反接制动状态），定、转子旋转磁动势总是相对静止的。

5-25　异步电动机T形等效电路中电阻$r_2'(1-s)/s$的含义如何？它是怎样得来的？

能否用电感或电容代替？为什么？

5-26 一台绕线转子异步电动机，如将定子接入频率为 f_1 的三相电源，转子接入频率为 f_2 的三相电源，如果电动机能够稳定运行，转速可有几种情况？数值各是多少？

5-27 一台绕线转子异步电动机，如将定子绕组短接，转子接至频率为 f_1、电压等于转子额定电压的三相电源上去，问电动机将怎样旋转？转子转速和转向如何？

5-28 异步电动机，$P_N = 75\text{kW}$，$U_N = 380\text{V}$，$I_N = 139\text{A}$，$n_N = 975\text{r/min}$，$\cos\varphi_N = 0.87$，$f_N = 50\text{Hz}$，试问该电动机的极对数 p、额定转差率 s_N 和额定负载时的效率 η_N 各为多少？

5-29 一台异步电动机，输入功率 $P_1 = 8.6\text{kW}$，定子铜损耗 $p_{\text{Cu1}} = 425\text{W}$，铁损耗 $p_{\text{Fe}} = 210\text{W}$，转差率 $s = 0.05$。试求电磁功率 P_M、转子铜损耗 p_{Cu2} 和总机械功率 P_m。

5-30 绕线转子异步电动机，$P_N = 30\text{kW}$，$U_{1N} = 380\text{V}$，定子星形联结，$n_N = 578\text{r/min}$，定子绕组每相串联匝数 $N_1 = 80$ 匝，$k_{\text{w1}} = 0.93$，转子绕组每相串联匝数 $N_2 = 30$ 匝，$k_{\text{w2}} = 0.95$，已知参数 $r_1 = 0.123\Omega$，$x_1 = 0.127\Omega$，$r_2 = 0.0176\Omega$，$x_2 = 0.187\Omega$，$R_m = 1.9\Omega$，$X_m = 9.8\Omega$。

（1）计算转子阻抗折算值 r_2' 和 x_2'；

（2）用简化等效电路计算额定电流 I_{1N}；

（3）求额定时的功率因数 $\cos\varphi_N$ 和效率 η_N。

5-31 三相异步电动机，$P_N = 28\text{kW}$，$U_N = 380\text{V}$，$n_N = 950\text{r/min}$，$\cos\varphi_N = 0.88$，$f_N = 50\text{Hz}$，额定运行时 $p_{\text{Cu1}} + p_{\text{Fe}} = 2.2\text{kW}$，$p_m = 1.1\text{kW}$，忽略 p_s，试求：

（1）额定转差率 s_N；

（2）总机械功率 P_m，电磁功率 P_M 和转子铜损耗 p_{Cu2}；

（3）输入功率 P_1 及效率 η_N；

（4）定子额定电流 I_{1N}。

5-32 一台四极异步电动机，$P_1 = 10.7\text{kW}$，$p_{\text{Cu1}} = 450\text{W}$，$p_{\text{Fe}} = 220\text{W}$，$s = 0.029$，求该电动机的电磁功率 P_M，转子铜损耗 p_{Cu2}，总机械功率 P_m 及电磁转矩 T。

5-33 异步电动机的电磁转矩是转子电流在磁场中受力产生的，为什么异步电动机起动初瞬（$n = 0$）电流为额定电流的 4~5 倍以上，可是起动转矩只有额定转矩的 1.2~2.2 倍左右？

5-34 一台异步电动机，$P_N = 3\text{kW}$，$U_N = 380\text{V}$，$I_N = 7.25\text{A}$，定子星形联结，$r_1 = 2\Omega$，空载试验数据为：$U_0 = 380\text{V}$，$I_0 = 3.64\text{A}$，$p_0 = 264\text{W}$，机械损耗 $p_m = 11\text{W}$，附加损耗忽略不计。短路试验数据为：$U_k = 100\text{V}$，$I_k = 7\text{A}$，$p_k = 470\text{W}$，认为 $x_1 = x_2'$。求：r_2'、x_1、x_2'、R_m、X_m。

第六章

三相异步电动机的电力拖动

第一节 三相异步电动机的三种机械特性表达式

三相异步电动机的机械特性是指在定子电压、频率以及绕组参数固定的条件下，电磁转矩 T 与转速 n（或转差率 s）之间的函数关系。三相异步电动机的机械特性表达式有三种形式，即物理表达式、参数表达式及实用表达式。

一、机械特性的物理表达式

在第五章已推导出三相异步电动机的转矩公式 [式（5-82）] 为

$$T = C_\text{T}' \Phi_\text{m} I_2' \cos\varphi_2 \tag{6-1}$$

上式在形式上与直流电动机的转矩公式 $T = C_\text{T} \Phi I_\text{a}$ 相似，它从物理概念上反映了三相异步电动机的电磁转矩 T 是由气隙磁通 Φ_m 与转子电流的有功分量 $I_2' \cos\varphi_2$ 相互作用产生的，这三个物理量的方向互相垂直且符合左手定则。利用式（6-1）就可以从物理概念上分析异步电动机的机械特性，因此将之称为异步电动机机械特性的物理表达式。

由于 Φ_m、I_2' 和 $\cos\varphi_2$ 均为转差率 s 的函数，通过它们与 s 的关系，可以定性地分析三相异步电动机的机械特性。

1. 气隙磁通 $\Phi_\text{m} = f(s)$

三相异步电动机的气隙磁通为

$$\Phi_\text{m} = \frac{E_1}{4.44 f_1 N_1 k_{\text{w}1}} \tag{6-2}$$

由于 $\left| \dfrac{Z_1}{Z_\text{m}} \right| \ll 1$，忽略 $\dfrac{Z_1}{Z_\text{m}}$（即忽略励磁回路的影响），根据三相异步电动机的 T 形等效电路可得 $\dot{E}_1$ 的有效值为

$$E_1 \approx \left| \frac{Z_2'}{Z_1 + Z_2'} \right| U_1 = \sqrt{\frac{\left(\dfrac{r_2'}{s} \right)^2 + x_2'^2}{\left(r_1 + \dfrac{r_2'}{s} \right)^2 + (x_1 + x_2')^2}} \, U_1 \tag{6-3}$$

将式（6-3）带入式（6-2），并令 $\Phi_{\text{mB}} = \dfrac{U_1}{4.44 f_1 N_1 k_{\text{w}1}}$，则气隙磁通可表示为

$$\Phi_\text{m} = \Phi_{\text{mB}} \sqrt{\frac{\left(\dfrac{r_2'}{s} \right)^2 + x_2'^2}{\left(r_1 + \dfrac{r_2'}{s} \right)^2 + (x_1 + x_2')^2}} \tag{6-4}$$

由式（6-4）可画出 Φ_m 随 s 变化的曲线，如图 6-1 所示。当 $s \approx 0$ 时，$\dfrac{r_2'}{s} \gg r_1$，$\dfrac{r_2'}{s} \gg$ $(x_1 + x_2')$，忽略 r_1 及 $x_1 + x_2'$，则 $\Phi_m \approx \Phi_{mB}$；随着转差率 s 的增大，定子电流 $\dot{I}_1$ 要增大，定子电动势 $\dot{E}_1$ 将随定子漏阻抗压降 $\dot{I}_1 Z_1$ 的增大而减小，因此气隙磁通减小。当 $s = 1$ 时，考虑到 $r_1 \approx r_2'$，$x_1 \approx x_2'$，此时 $\Phi_m \approx 0.5 \Phi_{mB}$。

2. 转子电流 $I_2' = f(s)$

忽略励磁回路的影响，由异步电动机的 T 形等效电路可得

$$I_2' = \frac{U_1}{\sqrt{\left(r_1 + \dfrac{r_2'}{s}\right)^2 + (x_1 + x_2')^2}} \tag{6-5}$$

由式（6-5）可画出 I_2' 随 s 变化的曲线，如图 6-2 所示。同理，当 $s \approx 0$ 时，忽略 r_1 及 $x_1 + x_2'$，则 $I_2' \approx \dfrac{s}{r_2'} U_1$；随着转差率 s 的增大，I_2' 增大。当 s 增加较多时，式（6-5）分母中漏抗起主要作用，此时 I_2' 基本不变。

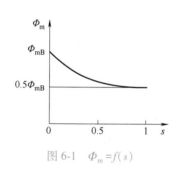

图 6-1 $\Phi_m = f(s)$

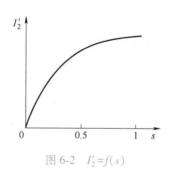

图 6-2 $I_2' = f(s)$

气隙磁通
随转差率
变化曲线

转子电流
随转差率
变化曲线

3. 转子功率因数 $\cos\varphi_2 = f(s)$

转子回路功率因数为

$$\cos\varphi_2 = \frac{\dfrac{r_2'}{s}}{\sqrt{\left(\dfrac{r_2'}{s}\right)^2 + x_2'^2}} = \frac{r_2'}{\sqrt{r_2'^2 + (sx_2')^2}} \tag{6-6}$$

由式（6-6）可画出 $\cos\varphi_2$ 随 s 变化的曲线，如图 6-3 所示。同理，当 $s \approx 0$ 时，忽略 sx_2'，$\cos\varphi_2 \approx 1$。s 增大时，sx_2' 相应增大、$\cos\varphi_2$ 下降。根据上述 Φ_m、I_2'、$\cos\varphi_2$ 等随 s 变化的关系以及式（6-1），可以定性地分析三相异步电动机机械特性曲线的形状。

当 s 较小时，气隙磁通 $\Phi_m \approx \Phi_{mB}$，功率因数 $\cos\varphi_2 \approx 1$，电磁转矩 T 的大小与电流 I_2' 成正比变化。此时，I_2' 几乎与 s 成正比变化，所以 T 也随 s 的增大而成正比增大。当 s 增加很多时，例如，s 接近 1，I_2' 基本不变，Φ_m 和 $\cos\varphi_2$ 下降很多，所以尽管 I_2' 较大但电磁转矩 T 不增反而减小了。因此，可以定性判断：当转差率 s 从 0 增大到 1 时，在某一确定的转差率下，电磁转矩 T 必然会出现一个最大值，即三相异步电动机的最大转矩 T_{max}，如图 6-4 所示。

转子功率因数随转差率变化曲线

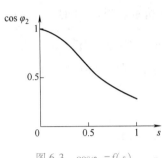

图 6-3 $\cos\varphi_2 = f(s)$

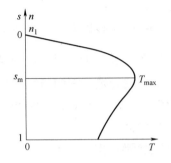

图 6-4 三相异步电动机的机械特性

二、机械特性的参数表达式

结合式（5-73）、式（5-81）和式（6-5），可得三相异步电动机的电磁转矩为

$$T = \frac{P_M}{\Omega_1} = \frac{3I_2'^2 \dfrac{r_2'}{s}}{\dfrac{2\pi f_1}{p}} = \frac{3p}{2\pi f_1} \frac{U_1^2}{\left(r_1 + \dfrac{r_2'}{s}\right)^2 + (x_1 + x_2')^2} \frac{r_2'}{s} \tag{6-7}$$

式（6-7）即为用电动机的电压、频率及绕组参数表示的三相异步电动机机械特性公式，称为机械特性的参数表达式。三相异步电动机机械特性的参数表达式常用来分析电动机的电压 U_1、频率 f_1 和电机绕组参数（r_1、r_2'、x_1 和 x_2'）对机械特性的影响。

由三相异步电动机机械特性的参数表达式（6-7）可绘制出其机械特性曲线，如图 6-5 所示。

从图 6-5 可以看出：

1）在Ⅰ象限，$0<s<1$，电磁转矩 T 与转子转速 n 方向一致，电动机处于电动运行状态。

2）在Ⅱ象限，$s<0$，电磁转矩 T 与转子转速 n 方向相反，电动机处于制动状态，称为回馈制动。

3）在Ⅳ象限内，$s>1$，电磁转矩 T 与转子转速 n 方向相反，电动机处于制动状态，称为反接制动。

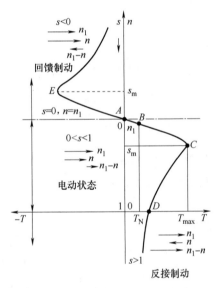

图 6-5 三相异步电动的机械特性曲线

图 6-5 中的 A、C 及 D 三点为三相异步电动机机械特性曲线的三个特殊点，如果这三点确定，机械特性的形状也就基本确定了。

（1）同步转速点 $A(0,0)$ 该点电磁转矩 $T=0$，电机转速 $n = n_1 = \dfrac{60f_1}{p}$，转差率 $s=0$。此时，电动机不进行机电能量转换。

（2）最大转矩点 $C(T_{max}, s_m)$ 该点电磁转矩为最大值 T_{max}，相应的转差率为 s_m，称为临界转差率。当 $s<s_m$ 时，T 随 s 的增大而增大；$s>s_m$ 时，T 随 s 增大而减小。

对式（6-7）求导，并令 $\dfrac{dT}{ds}=0$，可得临界转差率 s_m 为

$$s_m = \pm \frac{r_2'}{\sqrt{r_1^2 + (x_1+x_2')^2}} \tag{6-8}$$

把 s_m 代入式（6-7）可得最大转矩 T_{max} 为

$$T_{max} = \pm \frac{3p}{4\pi f_1} \frac{U_1^2}{\pm r_1 + \sqrt{r_1^2 + (x_1+x_2')^2}} \tag{6-9}$$

式中，"±"号的选取方法为：电动状态（Ⅰ象限）为"+"；回馈制动状态（Ⅱ象限）为"–"。

通常 $r_1 \ll (x_1+x_2')$，忽略 r_1，则有

$$T_{max} \approx \pm \frac{3p}{4\pi f_1} \frac{U_1^2}{x_1+x_2'} \tag{6-10}$$

$$s_m \approx \pm \frac{r_2'}{x_1+x_2'} \tag{6-11}$$

由此可见：

1）当 f_1 及电动机的参数一定时，$T_{max} \propto U_1^2$。

2）当 U_1 和 f_1 一定时，T_{max} 和 s_m 近似与 x_1+x_2' 成反比。

3）T_{max} 与转子电阻 r_2 无关，$s_m \propto r_2'$ 或 $s_m \propto r_2$。对于绕线型异步电动机，当转子电路串某一合适电阻 R_c 时，可使 $s_m=1$，$n=0$，即电动机的起动转矩 $T_{st}=T_{max}$，此时外串电阻称为起动电阻，用 R_{st} 表示，有

$$R_{st} = \sqrt{r_1^2 + (x_1+x_2')^2} - r_2' \tag{6-12}$$

T_{max} 是异步电动机可能产生的最大转矩，如果负载转矩 $T_L>T_{max}$，将导致电动机停转。为保证电动机不会因为短时过载而停转，电动机必须具有一定的过载能力，用过载倍数 λ_m 来表示，即

$$\lambda_m = \frac{T_{max}}{T_N} \tag{6-13}$$

一般异步电动机的 $\lambda_m = 1.6 \sim 2.3$，对于起重、冶金、机械用的电动机，λ_m 可达 3 以上。

（3）起动点 $D(T_{st}, 1)$ 该点电磁转矩为初始起动转矩 T_{st}，$n=0$，$s=1$。由式（6-9）可得起动转矩 T_{st} 为

$$T_{st} = \frac{3p}{2\pi f_1} \frac{U_1^2 r_2'}{(r_1+r_2')^2 + (x_1+x_2')^2} \tag{6-14}$$

由此可见：

1）当 f_1 及电动机的参数一定时，$T_{st} \propto U_1^2$。

2）当 U_1、f_1 一定时，(x_1+x_2') 越大，T_{st} 就越小。

三、机械特性的实用表达式

利用式（6-7）计算三相异步电动机的机械特性时需要知道电动机的绕组参数，在实际应用中，这些参数不易得到。为了便于工程计算，需要推导能根据产品目录中给出的数据而进行计算的实用表达式。

为此，可用式（6-9）去除式（6-7），并考虑式（6-8），化简后可得

$$T = \frac{T_{\max}\left(2 + 2s_m \dfrac{r_1}{r_2'}\right)}{\dfrac{s}{s_m} + \dfrac{s_m}{s} + 2s_m \dfrac{r_1}{r_2'}} = \frac{T_{\max}(2+q)}{\dfrac{s}{s_m} + \dfrac{s_m}{s} + q} \tag{6-15}$$

式中，$q = 2s_m \dfrac{r_1}{r_2'}$。

对任何 s 值，都有 $\left(\dfrac{s}{s_m} + \dfrac{s_m}{s}\right) \geqslant 2$。一般情况下，$s_m \approx 0.1 \sim 0.2$，$r_1 \approx r_2'$，$q \approx 0.2 \sim 0.4$。因此，$q$ 比 2 小很多，忽略 q，式（6-15）可简化为

$$T = \frac{2T_{\max}}{\dfrac{s}{s_m} + \dfrac{s_m}{s}} = \frac{2\lambda_m T_N}{\dfrac{s}{s_m} + \dfrac{s_m}{s}} \tag{6-16}$$

式中，λ_m、T_N 和 s_m 均可由电动机产品目录中的数据求得，故较为实用，称为实用表达式。

下面介绍求三相异步电动机实用表达式的方法。

忽略空载转矩 T_0，可认为额定电磁转矩等于额定轴输出转矩，即

$$T_N \approx T_{2N} = 9550 \frac{P_N}{n_N} \tag{6-17}$$

电动机的额定转差率 s_N 为

$$s_N = \frac{n_1 - n_N}{n_1} \tag{6-18}$$

如果已知机械特性上某点的转矩为 T，转差率为 s，则由式（6-16）可求出 s_m 为

$$s_m = s\left[\frac{\lambda_m T_N}{T} \pm \sqrt{\left(\frac{\lambda_m T_N}{T}\right)^2 - 1}\right] \tag{6-19}$$

考虑到式（6-16）中 s 和 s_m 的对称性，如已知最大转矩点（$T_{\max}$，s_m）和某一点的电磁转矩 T，求 s，只需将式（6-19）中的 s 和 s_m 对调即可。式中"±"号需根据实际情况进行选取，由额定点 s_N 求临界转差率 s_m，通常选"+"号。

将求得的电动机额定运行点的 T_N 和 s_N 代入式（6-19）可求临界转差率 s_m 为

$$s_m = s_N\left(\lambda_m + \sqrt{\lambda_m^2 - 1}\right) \tag{6-20}$$

把求得的 s_m 和 $T_{\max} = \lambda_m T_N$ 代入式（6-16），就可以得到机械特性的实用公式。

当三相异步电动机在额定负载以下运行时（$0 < s \leqslant s_N$），转差率 s 很小，则 $\dfrac{s}{s_m} \ll \dfrac{s_m}{s}$，

忽略 $\dfrac{s}{s_{\mathrm{m}}}$，可得简化实用表达式为

$$T=\frac{2T_{\max}}{s_{\mathrm{m}}}s=\frac{2\lambda_{\mathrm{m}}T_{\mathrm{N}}}{s_{\mathrm{m}}}s \tag{6-21}$$

这说明在 $0<s<s_{\mathrm{N}}$ 的范围内三相异步电动机的机械特性呈线性关系。

第二节　三相异步电动机的固有机械特性

三相异步电动机的固有机械特性是指当定子电压和频率均为额定值，定子绕组按规定方式接线，转子绕组短路（对绕线型异步电动机而言）时的机械特性。对于三相异步电动机固有机械特性（参见图6-5），应注意以下几个特殊点：

（1）同步转速点 $A(0,0)$　$T=0$，$n=n_1=\dfrac{60f_1}{p}$，$s=0$，$I_2'=0$，$I_1=I_0$。同步转速点 A 是电动状态与回馈制动状态的转折点。

（2）额定工作点 $B(T_{\mathrm{N}},s_{\mathrm{N}})$　$T=T_{\mathrm{N}}$，$n=n_{\mathrm{N}}$，$s=s_{\mathrm{N}}$，$I_1=I_{1\mathrm{N}}$。

（3）最大转矩点 $C(T_{\max},s_{\mathrm{m}})$　电动状态最大转矩点 $C(T_{\max},s_{\mathrm{m}})$，$T_{\max}$ 和 s_{m} 分别对应式（6-9）和式（6-8）中的正号时；回馈制动状态最大转矩点 $E(T_{\max}',s_{\mathrm{m}}')$，$T_{\max}'$ 和 s_{m}' 分别对应式（6-9）和式（6-8）中的负号时。由两式可知

$$|s_{\mathrm{m}}'|=|s_{\mathrm{m}}| \tag{6-22}$$
$$|T_{\max}'|>|T_{\max}| \tag{6-23}$$

可见，在回馈制动时电动机的过载能力比电动状态时大，只有忽略 r_1 时，两者才相等。

（4）堵转点 $D(T_{\mathrm{KN}},1)$　固有机械特性上 $n=0$ 时的转矩称为堵转转矩 T_{KN}，相应的定子稳态电流有效值称为堵转电流 I_{KN}。对于 Y 系列笼型异步电动机，$T_{\mathrm{KN}}=K_{\mathrm{T}}T_{\mathrm{N}}=(1.7\sim2.2)T_{\mathrm{N}}$，$I_{\mathrm{KN}}=K_1I_{1\mathrm{N}}=(4\sim7)I_{1\mathrm{N}}$。

例 6-1　一台三相四极笼型异步电动机，技术数据：$P_{\mathrm{N}}=5.5\mathrm{kW}$，$U_{\mathrm{N}}=380\mathrm{V}$，$I_{\mathrm{N}}=11.2\mathrm{A}$，三角形联结，$n_{\mathrm{N}}=1442\mathrm{r/min}$，$f_{\mathrm{N}}=50\mathrm{Hz}$，$\lambda_{\mathrm{m}}=2.33$；绕组参数：$r_1=2.83\Omega$，$r_2'=2.38\Omega$，$x_1=4.94\Omega$，$x_2'=8.26\Omega$。试根据机械特性的参数表达式及实用公式，分别绘制电动机的固有机械特性。

解：（1）用机械特性参数表达式计算

$$n_1=\frac{60f_1}{p}=\frac{60\times50}{2}\mathrm{r/min}=1500\mathrm{r/min}$$

$$s_{\mathrm{N}}=\frac{n_1-n}{n_1}=\frac{1500-1442}{1500}=0.0387$$

$$s_{\mathrm{m}}=\frac{r_2'}{\sqrt{r_1^2+(x_1+x_2')^2}}=\frac{2.38}{\sqrt{2.83^2+(4.94+8.26)^2}}=0.176$$

$$T=\frac{3p}{2\pi f_1}\frac{U_1^2}{\left(r_1+\dfrac{r_2'}{s}\right)^2+(x_1+x_2')^2}\frac{r_2'}{s}$$

$$= \frac{3\times2}{2\pi\times50} \times \frac{380^2}{\left(2.83 + \frac{2.38}{s}\right)^2 + (4.94 + 8.26)^2} \times \frac{2.38}{s}$$

$$= \frac{6567 \times \frac{1}{s}}{\left(2.83 + \frac{2.38}{s}\right)^2 + 174.2}$$

给出不同 s 值，按上式计算相应的 T 值，绘制的 $s = f(T)$ 曲线如图 6-6 中实线所示。

（2）用机械特性实用公式计算

$$s_m = s_N(\lambda_m + \sqrt{\lambda_m^2 - 1}) = 0.0387 \times (2.33 + \sqrt{2.33^2 - 1}) = 0.172$$

$$T_N = 9550 \frac{P_N}{n_N} = 9550 \times \frac{5.5}{1442} \text{N·m} = 36.4 \text{N·m}$$

$$T = \frac{2\lambda_m T_N}{\frac{s}{s_m} + \frac{s_m}{s}} = \frac{2 \times 2.33 \times 36.4}{\frac{s}{0.172} + \frac{0.172}{s}} = \frac{169.6}{\frac{s}{0.172} + \frac{0.172}{s}}$$

给出不同 s 值，按上式计算相应的 T 值，绘制的 $s = f(T)$ 曲线如图 6-6 中虚线所示。

从图 6-6 可以看出，当 $s < s_m$ 时，用两种方法求出的机械特性曲线十分接近，因此在工程计算时可以使用实用公式。

由于参数表达式和实用表达式在推导过程中仅考虑了气隙基波旋转磁场的作用，在实际电动机中，还存在谐波磁场，转子电流与谐波磁场作用将产生一系列谐波转矩，称为寄生转矩。低速时，寄生转矩可能达到较大的数值，结果使异步电动机的固有机械特性曲线（$0 < s < 1$）变为图 6-7 的形状。从图可见，异步电动机的固有机械特性除 T_{max} 和 T_{KN} 外，还存在一个最小转矩 T_{min}。这三个转矩对笼型异步电动机的起动性能有很大影响，国家标准对它们的最小值都有规定。Y 系列笼型异步电动机的最小转矩 T_{min} 不小于 $0.5T_{KN}$。

笼型三相异步电动机的实际机械特性

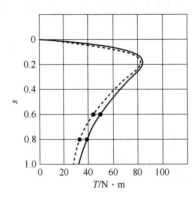

图 6-6 例 6-1 的固有机械特性

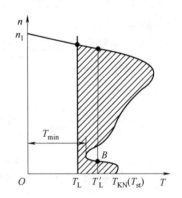

图 6-7 笼型三相异步电动机的实际机械特性

第三节 三相异步电动机的人为机械特性及调速

异步电动机的机械特性参数表达式（6-7）中，除 s 和 T 外，其他的量如 U_1、f_1、p、r_1、r_2'、x_1 和 x_2' 等都是机械特性的参数。所谓人为机械特性就是改变机械特性的某一参数后所得到的机械特性。三相异步电动机的调速就是利用人为机械特性来改变电机的转矩和转速以满足生产工艺的要求。三相异步电动机的调速方法有变极调速、变频调速和变转差率调速，变转差率调速又分为降低定子电压调速、绕线型异步电动机转子串电阻调速和串级调速、电磁转差离合器调速等。其中，变极调速、变频调速和绕线型异步电动机串级调速的效率较高。

随着电力电子学、微电子技术、计算机技术以及电机理论和自动控制理论的发展，目前高性能的异步电动机调速性能指标已达到了直流调速系统的水平，尤其是变频调速得到了飞速发展，应用也越来越广泛。

一、改变定子磁极对数的人为机械特性及调速

通过改变定子绕组的连接方式可以调整异步电动机的磁极对数，改变异步电动机的同步转速 $n_1 = 60f_1/p$，从而改变电动机的转速。一般笼型异步电动机可以利用改变定子磁极极对数的人为机械特性来调速，因为笼型异步机转子的磁极对数能自动地随着定子磁极对数的改变而改变。

1. 变极原理

图 6-8 为四极三相异步电动机定子绕组的情况，在此仅画出 U 相绕组。为便于分析，每相绕组由两个线圈组构成，每个线圈组都用一个等效集中线圈表示，如图 6-8a 所示。

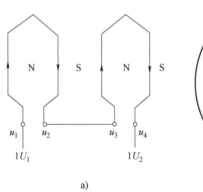
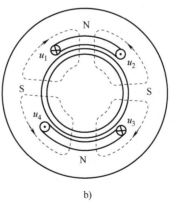

四极三相异步电动机定子 U 相绕组

图 6-8 四极三相异步电动机定子 U 相绕组

a）两线圈正向串联 b）绕组布置及其磁场

图中两个等效集中线圈正向串联，即它们的首端和尾端接在一起。根据图中的电流方向可以判断出它们产生的脉振磁动势是四极的，如图 6-8b 所示。三相合成磁动势仍然是四极的，即为四极异步电动机。

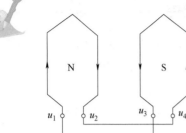 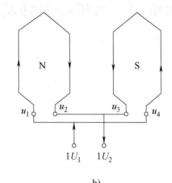 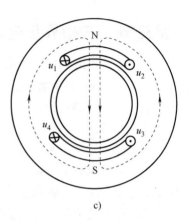

a)   b)   c)

图6-9 二极三相异步电动机定子U相绕组
a) 线圈反向串联 b) 线圈反向并联 c) 绕组布置及磁场

二极三相异
步电动机定
子U相绕组

如果把图6-8中的连接方式改成图6-9a或b的形式，即改变其中一个线圈中电流的方向，那么定子U相绕组产生的磁动势就是两极的了，如图6-9c所示。定子V相及W相绕组也按此连接，这样，三相绕组合成磁动势也是两极的，即为二极异步电动机，同步转速升高一倍。

一般来说，在单绕组双速电动机中，定子每相绕组的线圈被分为两组，每组线圈称为半相绕组。通常以两个半相绕组反向连接时的极对数作为基本极。欲使极数倍增，可将两个半相绕组改为正向连接，使其中一个半相绕组电流反向，这种变极方法称为电流反向变极法。

需要注意，绕组连接改变后，应将V、W相的出线端交换，即改变加在定子绕组上电源的相序，以保持变极前后电动机的转向相同。因为在极对数为p时，如果V、W两相绕组与U相的相位关系为0°、120°、240°；则在极对数为2p时，三者的相位关系将变为0°、240°和480°（相对于120°）。显然，在极对数为p及2p下的相序将相反，为了保持变极前后电动机的转向相同，应对调V、W相的电源接线。实际上，任意改变两相绕组电源相序即可。

2. 改变磁极对数的人为机械特性及调速

定子三相绕组通常采用"YY/Y"和"YY/D"两种联结方式实现变极调速。

（1）YY/Y联结方式 该联结方法如图6-10所示。低速运行时端子1U、1V、1W接电源；2W、2V、2U空着。此时，定子绕组为单Y联结方法，每相的两个半相绕组正向串联，电流方向一致，极对数为p，同步转速为n_1，如图6-10a所示。YY联结方法时，1U、1V、1W短接，2W、2V、2U接电源，即将电源的U和W对调，成为反相序。此时，两个半相绕组反向并联，每相中都有一个半相绕组改变电流方向，因此，极对数变为$p/2$，同步转速变为$2n_1$，如图6-10b所示。

如果忽略定子损耗，则有

$$T = 9550 \frac{P_M}{n_1} \propto \frac{U_1 I_1}{n_1} \propto p U_1 I_1 \tag{6-24}$$

为了使电动机得到充分利用，调速前后电动机绕组内均流过额定电流，变极前后的电流和外加电压如图 6-10 所示，YY 联结：电流为 $2I_1$，磁极对数为 $\dfrac{p}{2}$；Y 联结：电流为 I_1，磁极对数为 p。因此，变极前后容许输出电磁转矩为

$$\frac{T_\mathrm{Y}}{T_\mathrm{YY}} = \frac{U_\mathrm{N} I_1 p}{U_\mathrm{N} \times 2I_1 \dfrac{p}{2}} = 1 \tag{6-25}$$

变极前后容许输出功率为

$$\frac{P_\mathrm{Y}}{P_\mathrm{YY}} = \frac{U_\mathrm{N} I_1}{U_\mathrm{N} \times 2I_1} = \frac{1}{2} \tag{6-26}$$

这说明 YY/Y 变极调速基本上属于恒转矩调速方式，其机械特性如图 6-10c 所示。

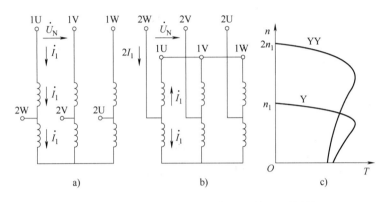

图 6-10　YY/Y 变极电动机的绕组联结及机械特性

a) Y 联结（p, n_1）　b) YY 联结（$p/2, 2n_1$）　c) 机械特性

（2）YY/D 联结方式　该联结方式如图 6-11 所示。

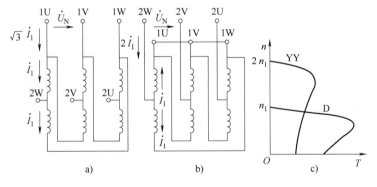

图 6-11　YY/D 变极电动机的绕组联结及机械特性

a) D 联结（p, n_1）　b) YY 联结（$p/2, 2n_1$）　c) 机械特性

D 联结时，端子 1U、1V、1W 接电源，2W、2V、2U 空着。此时每相的两个半相绕组正向串联，电流方向一致，极对数为 p，同步转速为 n_1，如图 6-11a 所示。YY 联结时，1U、1V、1W 短接，2W、2V、2U 接电源，即电源的 U 和 W 对调，成为反相序。此时，两个半相绕组反向并联，每相中都有一个半相绕组改变电流方向，因此，

211

极对数变为 $p/2$，同步转速变为 $2n_1$，如图 6-11b 所示。

为了使电动机得到充分利用，调速前后电动机绕组内均流过额定电流，变极前后的电流和外加电压如图 6-11 中所示，YY 联结：电流为 $2I_1$，磁极对数为 $\frac{p}{2}$；D 联结：电流为 $\sqrt{3}I_1$，磁极对数为 p。因此，变极前后容许输出电磁转矩为

$$\frac{T_D}{T_{YY}} = \frac{U_N \times \sqrt{3}I_1 p}{U_N \times 2I_1 \frac{p}{2}} = \sqrt{3} \tag{6-27}$$

变极前后容许输出电磁功率为

$$\frac{P_D}{P_{YY}} = \frac{U_N \times \sqrt{3}I_1}{U_N \times 2I_1} = \frac{\sqrt{3}}{2} = 0.866 \tag{6-28}$$

这说明 YY/D 变极调速既不是恒转矩调速，也不是恒功率调速方式，但比较接近恒功率调速方式，其机械特性如图 6-11c 所示。

3. 变极调速的特点

变极调速的特点为：

1）设备简单、运行可靠、机械特性硬、损耗小。

2）分级调速，而且只能有 2 个或 3 个转速。

3）多速电动机的体积比同容量的普通笼型电动机大，运行性能也稍差一些，电动机的价格也较贵。

变极调速广泛应用于机床电力拖动中。对属于恒转矩调速方式的双速或三速电动机也可用来拖动电梯、运输传送带或起重电葫芦等。

二、降低定子电压的人为机械特性及调速

1. 降低定子电压的人为机械特性

降低定子电压的人为机械特性是仅降低定子电压，其他参数都与固有机械特性时相同。从式（6-7）可以看出，降低定子电压的人为机械特性与固有机械特性相比较，在相同的转差率 s 下，电动机产生的电磁转矩将与 $(U_1/U_N)^2$ 成正比，即

$$T' = \left(\frac{U_1}{U_N}\right)^2 T \tag{6-29}$$

图 6-12 中曲线 1 为固有机械特性曲线；曲线 2 为定子电压降至 U_1 时的人为机械特性曲线。不难看出，降低定子电压的人为机械特性具有如下特点：

1）同步转速 $n_1 = 60f_1/p$ 不变。

2）临界转差率 s_m 与定子电压无关。

3）最大转矩 T_{max}、初始起动转矩 T_{st} 均与定子电压的二次方成正比地降低。

2. 降低定子电压调速

三相异步电动机降低定子电压时的机械特性如图 6-13 所示。当定子电压从额定值向下调节时，A 点为固有机械特性上的工作点，B、C 点为降低电压后的工作点，$n_C < n_B < n_A$。

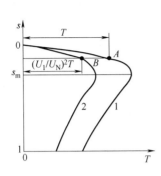

图 6-12　降低定子电压的人为机械特性

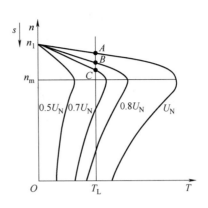

图 6-13　降低定子电压调速时的机械特性

由式（6-7）可见，$T \propto I_2'^2 \dfrac{r_2'}{s}$，如果负载转矩不变，因为定子电压下降导致电机电磁转矩下降，电机转速下降，从而转差率上升。当达到新的稳态平衡时，转子电流 I_2' 增大，转差功率 $P_s = sP_M = sT_L\Omega_1 = 3I_2'^2 r_2'$ 也增加，因此，减压调速属于转差功率消耗型调速。

忽略空载电流 I_0，定、转子电流为

$$I_1 = I_2' = \sqrt{\frac{sT_L\Omega_1}{3r_2'}} \tag{6-30}$$

可见，对恒转矩负载，减压调速时转速越低，转差率越大，定、转子电流也越大，消耗的转差功率也越大。

减压调速时，异步电动机的电磁转矩为

$$T = \frac{P_M}{\Omega_1} = \frac{3I_2'^2 \dfrac{r_2'}{s}}{\Omega_1} \tag{6-31}$$

当 $I_2' = I_{2N}'$ 时，$T \propto 1/s$。可见，这种调速方法既不属于恒转矩调速方式，又不属于恒功率调速方式。

3. 减压调速的特点

1）适合于高转差率笼型异步电动机或绕线型异步电动机，最适合拖动风机及泵类负载，如图 6-14 所示。

2）损耗大，效率低。拖动恒转矩负载在低速下长期运行时，会导致电动机严重发热。

3）采用高转差率笼型异步电动机或绕线转子异步电动机转子串入较大的电阻时，机械特性软，低速运行时转速稳定性差。为了克服低速运行时稳定性差的缺点，可选用变极电机，采用变极减压调速，在高速运行时，电动机定子绕组接成少极数，

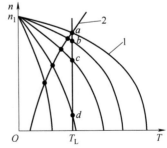

图 6-14　高转差率笼型异步电动机
减压调速时的机械特性
1—固有机械特性　2—风机、
泵类负载的机械特性

用减压办法调速；低速运行时，电动机按多极接线，使同步转速降低，再用降低电压的办法调速。这样，既可以扩大调速范围，又可以减少电动机的转差功率损耗，从而改善电动机的调速性能。

4）调速装置简单、价格便宜。目前三相异步电动机减压调速主要采用晶闸管交流调压器。它的体积小、重量轻、线路简单、使用维修方便，电动机很容易实现正、反转和反接制动。它还可兼作笼型电动机的起动设备。

减压调速主要用于对调速精度和调速范围要求不高的生产机械，如低速电梯、简单的起重机械设备、风机、泵类等生产机械。适用的电动机功率可从数 kW 到 200 ~ 300kW。

三、定子回路外串三相对称电阻或电抗的人为机械特性及调速

三相异步电动机定子回路串入三相对称电阻或电抗时，相当于增大了电动机定子回路的漏阻抗。人为机械特性如图 6-15 所示，其具有以下特点：

1）同步转速 $n_1 = 60f_1/p$ 不变。

2）由式（6-8）、式（6-9）及式（6-14）可知，s_m、T_{max} 和 T_{st} 都随外串电阻或电抗的增大而减小。

定子回路外串三相对称电阻或电抗，相当于施加于异步电动机定子绕组的电压降低，减压调速的局限性也同样存在。因此，该方法一般应用于异步机的起动，而很少用于调速。

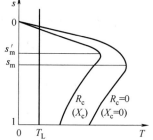

图 6-15 定子串三相对称电阻或电抗时的人为机械特性

四、转子回路串三相对称电阻的人为机械特性及调速

1. 转子回路串电阻的人为机械特性

绕线型异步电动机转子回路中串入三相对称电阻 R_c 时，相当于增加了转子绕组每相电阻值。机械特性如图 6-16 所示，其具有以下特点：

1）同步转速 $n_1 = 60f_1/p$ 不变。

2）从式（6-8）、式（6-9）看出，T_{max} 与转子回路无关，但 s_m 则随转子回路中电阻的增大而成正比地增加。

3）对于绕线型异步电动机，在一定范围内 $[R_c \leqslant R_{st}$，R_{st} 见式（6-12）]，增加转子回路电阻 r_2'，可以增大起动转矩 T_{st}，从而可改善起动特性。

对于转子回路串接三相对称电阻 R_c 的人为机械特性，由式（6-7）和图 6-16 可得，只要保持负载转矩 T_L 不变，稳态时其电磁转矩 T 不变，则有

$$\frac{s'}{s} = \frac{r_2' + R_c'}{r_2'} = \frac{r_2 + R_c}{r_2} \tag{6-32}$$

式中，s 为固有机械特性上电磁转矩为 T_L 时的转差率；s' 为在同一电磁转矩下人为机械特性上的转差率。

这表明当转子回路串入附加电阻时，若保持电磁转矩不变，则串入附加电阻后电动机的转差率将与转子回路中的电阻成正比地增加，这一规律称为三相异步电动机转

差率的比例推移。

2. 转子串电阻调速

绕线转子异步电动机转子串电阻调速时的机械特性如图 6-17 所示。当电动机拖动恒转矩负载 $T_L = T_N$ 时，可以得到不同的转速，外串电阻 R_c 越大，转速越低。

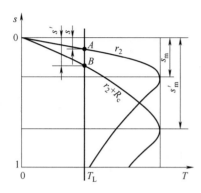

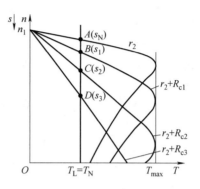

图 6-16　转子回路串电阻的人为机械特性　　图 6-17　转子串电阻调速时的机械特性

根据比例推移，当 T_L = 常数时，有 $\dfrac{r_2}{s_N} = \dfrac{r_2 + R_{c1}}{s_1} = \dfrac{r_2 + R_{c2}}{s_2} = \dfrac{r_2 + R_{c3}}{s_3}$，则电磁转矩为

$$T = \frac{P_M}{\Omega_1} = \frac{1}{\Omega_1} 3 I_2^2 \frac{r_2}{s} = \frac{1}{\Omega_1} 3 I_2^2 \frac{r_2 + R_{c1}}{s_1} = \frac{1}{\Omega_1} 3 I_2^2 \frac{r_2 + R_{c2}}{s_2} = \frac{1}{\Omega_1} 3 I_2^2 \frac{r_2 + R_{c3}}{s_3}$$

当 $I_2 = I_{2N}$ 时，$T = T_N$，与转速 n 无关，所以这种调速方法属于恒转矩调速方法。

绕线转子异步电动机转子串电阻调速也是消耗转差功率的调速方法。转差功率 $P_s = s P_M = T \Omega_1 s$，转速越低，$s$ 越大，消耗在转子回路中的转差功率就越大。

对于转子回路串接三相对称电阻调速时，因为最大转矩 T_{max} 不变，如已知新的临界转差率 s'_m，则可得转子回路外串电阻 R_c 为

$$R_c = \left(\frac{s'_m}{s_m} - 1 \right) r_2 \tag{6-33}$$

式中，r_2 为转子每相绕组的电阻。

转子绕组为 Y 联结时，r_2 可按下式求出：

$$r_2 \approx Z_{2s} = \frac{s_N E_{2N}}{\sqrt{3} I_{2N}} \tag{6-34}$$

式中，E_{2N} 为转子额定线电动势（V）；I_{2N} 为转子额定线电流（A）。Z_{2s} 为 $s = s_N$ 时转子每相绕组的阻抗，$Z_{2s} = r_2 + j x_{2s} = r_2 + j s_N x_2$。因 $s_N \ll 1$，$r_2 \gg s_N x_2$，故 $r_2 \approx Z_{2s}$。

例 6-2　一台绕线转子异步电动机的技术数据：$P_N = 75 kW$，$n_N = 720 r/min$，$I_{1N} = 148A$，$E_{2N} = 213V$，$I_{2N} = 220A$，最大转矩倍数 $\lambda_m = 2.4$，转子绕组 Y 联结。

（1）为了使起动初始瞬间电动机产生的电磁转矩为最大转矩 T_{max}，求转子回路每相应串入的电阻值。

（2）电动机拖动恒转矩负载 $T_L = 0.8 T_N$，要求电动机的转速 $n = 500 r/min$。求转子回路每相应串入的电阻值。

解：（1）$s_N = \dfrac{n_1 - n_N}{n_N} \dfrac{750 - 720}{750} = 0.04$

$r_2 = \dfrac{s_N E_{2N}}{\sqrt{3} I_{2N}} = \dfrac{0.04 \times 213}{\sqrt{3} \times 220}\Omega = 0.0224\Omega$

$s_m = s_N(\lambda_m + \sqrt{\lambda_m^2 - 1}) = 0.04 \times (2.4 + \sqrt{2.4^2 - 1}) = 0.183$

$R_{st} = \left(\dfrac{s_m'}{s_m} - 1\right)r_2 = \left(\dfrac{1}{0.183} - 1\right) \times 0.0224\Omega = 0.1\Omega$

（2）解法1：

$s' = \dfrac{n_1 - n}{n_1} = \dfrac{750 - 500}{750} = 0.33$

$s_m' = s'\left[\dfrac{\lambda_m T_N}{T_L} + \sqrt{\left(\dfrac{\lambda_m T_N}{T_L}\right)^2 - 1}\right] = 0.33 \times \left[\dfrac{2.4 T_N}{0.8 T_N} + \sqrt{\left(\dfrac{2.4 T_N}{0.8 T_N}\right)^2 - 1}\right] = 1.923$

$R_c = \left(\dfrac{s_m'}{s_m} - 1\right)r_2 = \left(\dfrac{1.923}{0.183} - 1\right) \times 0.0224 = 0.213\Omega$

解法2：

因为 $T_L = 0.8 T_N < T_N$，$s < s_N$，可利用简化实用公式（6-21）计算固有机械特性上的转差率 s 为

$$s = \dfrac{0.8 T_N s_m}{2\lambda_m T_N} = \dfrac{0.8 \times 0.183}{2 \times 2.4} = 0.0305$$

$T = 0.8 T_N$ 时在串电阻后人为机械特性上的转差率为

$$s' = \dfrac{n_1 - n}{n_1} = \dfrac{750 - 500}{750} = 0.33$$

应用比例推移法求得每相应串电阻 R_c 为

$$R_c = \left(\dfrac{s'}{s} - 1\right)r_2 = \left(\dfrac{0.33}{0.0305} - 1\right) \times 0.0224\Omega = 0.219\Omega$$

3. 转子串电阻调速的特点

1）损耗大，效率低。

2）低速运行时机械特性很软，负载转矩稍有变化即会引起很大的转速波动，稳定性不好。当要求的静差率较小时，调速范围就不能太宽。

3）转子外串电阻一般采用金属电阻器，只能分级调节转速。此外，调速用的转子电阻器应按转子额定电流连续工作的条件来选择，因此电阻器的体积大、笨重。

这种调速方法的主要优点是设备简单、初期投资低。它适合于调速性能要求不高的生产机械，如桥式起重机、通风机、轧钢辅助机械等。

五、改变定子频率的人为机械特性及调速

在变频调速时，希望使励磁电流和功率因数基本保持不变。显然，由于电机设计时工作点铁心已接近饱和，如果 $\Phi_m > \Phi_{mN}$（Φ_{mN} 为正常运行时的额定磁通），将引起磁路过分饱和而使励磁电流急剧增加，功率因数 $\cos\varphi$ 降低；如果 $\Phi_m < \Phi_{mN}$，电动机将由

于容许输出转矩 T 下降，使其功率得不到充分利用而造成浪费。因此，在变频调速时，一般应使磁通 Φ_m 保持不变。

忽略定子绕组漏阻抗压降，气隙磁通 Φ_m 为

$$\Phi_m = \frac{E_1}{4.44 f_1 N_1 k_{w1}} \approx \frac{U_1}{4.44 f_1 N_1 k_{w1}} \tag{6-35}$$

可见，为了在 f_1 变化时 Φ_m 保持不变，定子电压 U_1 必须与频率 f_1 配合控制。

通常把异步电动机定子的额定频率称为基频。变频调速时，可以从基频向下调节，也可以向基频以上调节。

1. 基频以下的变频调速

对于基频以下的变频调速，定子电压 U_1 与频率 f_1 配合控制的方法分为两种。

（1）恒磁通控制方式　由式（6-35）可见，为保持 $\Phi_m = \text{const}$，只需 $\dfrac{E_1}{f_1} = \text{const}$，这种配合控制方式称为恒磁通控制方式。由异步电动机的等效电路可得，此时电动机的电磁转矩 T 为

$$T = \frac{P_M}{\Omega_1} = \frac{3 I_2'^2 \dfrac{r_2'}{s}}{\dfrac{2\pi f_1}{p}} = \frac{3p}{2\pi f_1}\left(\frac{E_1}{\sqrt{\left(\dfrac{r_2'}{s}\right)^2 + x_2'^2}}\right)^2 \frac{r_2'}{s}$$

$$= \frac{3p}{2\pi}\left(\frac{E_1}{f_1}\right)^2 \frac{s f_1 r_2'}{r_2'^2 + (2\pi)^2 (s f_1)^2 L_2'^2} \tag{6-36}$$

式中，$L_2'^2$ 为转子每相漏电感的折算值，$L_2'^2 = x_2'/2\pi f_1$。

式（6-36）是保持 $E_1/f_1 = \text{const}$ 时变频调速的机械特性方程式。下面根据该式分析这种控制方式下机械特性的特点。

在式（6-36）的右边，除 $s f_1$ 以外的其他各量都是常数。当电动机拖动恒定负载 T_L 在不同的 f_1 下稳定运行时，$T = T_L = \text{const}$，则有

$$s f_1 = f_2 = \frac{p}{60}(n_1 - n) = \frac{p}{60}\Delta n = \text{const} \tag{6-37}$$

式中，$\Delta n = n_1 - n$ 是在不同频率下由负载转矩产生的转速降。可见 Δn 仅由 T_L 决定，与 f_1 无关，因此，保持 $E_1/f_1 = \text{const}$ 的变频调速，在 f_1 为不同值时的人为机械特性是互相平行的。

将式（6-36）对 s 求导，并令 $dT/ds = 0$，即可得到产生最大转矩时的临界转差率为

$$s_m = \frac{r_2'}{2\pi f_1 L_2'^2} \tag{6-38}$$

将式（6-38）代入式（6-36）可得最大转矩为

$$T_{max} = \frac{3p}{8\pi^2}\left(\frac{E_1}{f_1}\right)^2 \frac{1}{L_2'^2} \tag{6-39}$$

这说明保持 $E_1/f_1 = \text{const}$ 进行变频调速时，不同频率下电动机产生的最大转矩不变。

综合以上分析，根据式（6-36）可画出恒磁通变频调速（$E_1/f_1 = $ const）时的机械特性如图 6-18 所示。

令 $E_1/f_1 = C$，则 $E_1 = Cf_1$。此时转子电流为

$$I_2' = \frac{E_1}{\sqrt{\left(\dfrac{r_2'}{s}\right)^2 + x_2'^2}} = \frac{Csf_1}{\sqrt{r_2'^2 + (2\pi)^2(sf_1)^2 L_2'^2}} \qquad (6\text{-}40)$$

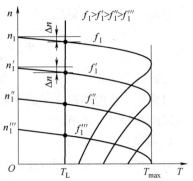

图 6-18　保持 $E_1/f_1 = $ const 时变频调速的机械特性

式中，r_2'、C 及 L_2' 等均为常数，因此 I_2' 仅由 sf_1 决定。由式（6-37）可知，若 $T = $ 常数，sf_1 也为常数，此时根据式（6-40），I_2' 也是常数，也就是说 T 和 I_2' 均与电机转速 n 无关。因此，保持 $E_1/f_1 = $ const 的变频调速属于恒转矩调速方式。

（2）近似恒磁通控制方式　由式（6-35）可见，保持 $U_1/f_1 = $ const，可以使得 $\Phi_m \approx $ const，这种配合控制方式称为近似恒磁通控制方式，也称为变压变频控制（VVVF）方式，U_1/f_1 称为压频比。由于 $\Phi_m \approx $ const，转矩 $T = T_L = $ const，电流 $I_2' \approx $ const，也就是说 T 与 I_2' 均几乎与电机转速 n 无关，因此这种调速方法属于近似恒转矩调速方式。由于定子电压控制更方便，VVVF 控制已成为变频器的一种基本控制方式。

由异步电动机的简化等效电路可得，保持 $U_1/f_1 = $ const 变频调速时电动机的电磁转矩 T 为

$$T = \frac{3pU_1^2 \dfrac{r_2'}{s}}{2\pi f_1\left[\left(r_1 + \dfrac{r_2'}{s}\right)^2 + (x_1 + x_2')^2\right]} = \frac{3p}{2\pi}\left(\frac{U_1}{f_1}\right)^2 \frac{sf_1 r_2'}{(sr_1 + r_2')^2 + (2\pi)^2(sf_1)^2(L_1 + L_2')^2}$$

$$(6\text{-}41)$$

该式是保持 $U_1/f_1 = $ const 变频调速时的机械特性方程式。同理可得，临界转差率 s_m 和最大转矩 T_{max} 分别为

$$s_m = \frac{r_2'}{\sqrt{r_1^2 + (x_1 + x_2')^2}} = \frac{r_2'}{\sqrt{r_1^2 + (2\pi f_1)^2(L_1 + L_2')^2}} \qquad (6\text{-}42)$$

$$T_{max} = \frac{3pU_1^2}{4\pi f_1} \frac{1}{r_1 + \sqrt{r_1^2 + (x_1 + x_2')^2}} = \frac{3p}{4\pi}\left(\frac{U_1}{f_1}\right)^2 \frac{1}{\dfrac{r_1}{f_1} + \sqrt{\left(\dfrac{r_1}{f_1}\right)^2 + (2\pi)^2(L_1 + L_2')^2}} \qquad (6\text{-}43)$$

式（6-43）表明，保持 $U_1/f_1 = $ const 降低频率调速时，最大转矩 T_{max} 将随 f_1 的降低而减小。当 f_1 与 f_{1N} 接近时，r_1/f_1 相对 $L_1 + L_2'$，对 T_{max} 影响不大，但 f_1 越低，r_1/f_1 相对 $L_1 + L_2'$ 来说变大了，对 T_{max} 的影响较大，随 f_1 下降，T_{max} 下降较多。

由于当 $s < s_m$ 时，$sr_1 \ll r_2'$，因此，忽略 sr_1，由式（6-41）可得，当 $T = T_L = $ const，则同样有 $sf_1 = $ const，即 f_1 为不同值时的人为机械特性是近似平行的。

综合以上分析，根据式（6-41）可画出近似恒磁通变频调速（$U_1/f_1 = $ const）时的机械特性如图 6-19 所示，图中虚线为恒磁通变频调速时的机械特性。可见，在低频时，

电磁转矩 T 下降较多，有时可能拖不动负载，因此，若采用近似恒磁通变频调速（VVVF）控制，起动和低频时需要进行转矩补偿，也称为电压补偿。补偿的实质是补偿定子漏阻抗压降对磁通的影响。

2. 基频以上的变频调速

在基频以上变频调速，$f_1 > f_{1N}$，要保持 Φ_m 恒定，定子电压需要高于额定值，这是不允许的。因此，基频以上变频调速时，应使 U_1 保持额定值不变。这样，随着 f_1 升高，气隙磁通将减小，相当于弱磁调速方法。

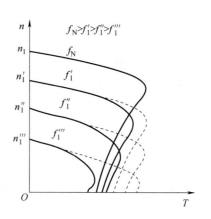

图 6-19　保持 $U_1/f_1 = \text{const}$ 时变频
调速的机械特性

当 $f_1 > f_{1N}$ 时，r_1 比 $x_1 + x_2'$ 小很多，忽略 r_1，则 T_{max} 及 s_m 分别为

$$T_{max} = \frac{3p}{4\pi f_1} \frac{U_N^2}{\left[r_1 + \sqrt{r_1^2 + (x_1+x_2')^2} \right]} \approx \frac{3pU_N^2}{4\pi f_1} \frac{1}{2\pi f_1 (L_1 + L_2')} \propto \frac{1}{f_1^2} \qquad (6\text{-}44)$$

$$s_m = \frac{r_2'}{\sqrt{r_1^2 + (x_1+x_2')^2}} \approx \frac{r_2'}{2\pi f_1 (L_1 + L_2')} \propto \frac{1}{f_1} \qquad (6\text{-}45)$$

最大转矩时的转速降为

$$\Delta n_m = s_m n_1 \approx \frac{r_2'}{2\pi f_1 (L_1 + L_2')} \frac{60 f_1}{p} = \text{const} \qquad (6\text{-}46)$$

由以上三式可见，当 $U_1 = U_N$，$f_1 > f_{1N}$ 变频调速时，$T_{max} \propto 1/f_1^2$；$s_m \propto \dfrac{1}{f_1}$，而 $\Delta n_m \approx$ const，即 f_1 为不同值时的人为机械特性是近似平行的，如图 6-20 所示。

正常运行时，s 很小，r_2'/s 比 r_1 及 $x_1 + x_2'$ 都大很多，略去 r_1 和 $x_1 + x_2'$，电磁功率可近似地表示为

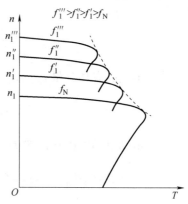

$$P_M = 3I_2'^2 \frac{r_2'}{s} = 3\left(\frac{U_N}{\sqrt{\left(r_1 + \frac{r_2'}{s} \right)^2 + (x_1+x_2')^2}} \right)^2 \frac{r_2'}{s} \approx \frac{3U_N^2}{r_2'} s \tag{6-47}$$

保持 $U_1 = U_N$，升频运行时，s 变化不大，因此，$P_M \approx$ const，这种调速方式属于近似恒功率调速方式。

图 6-20　保持 $U_1 = U_N$ 时的变频
调速的机械特性

将 $s = \dfrac{\Delta n}{n_1} = \dfrac{\Delta n \cdot p}{60 f_1}$ 代入式（6-47）可得

$$P_M \approx \frac{3\Delta n \cdot p}{60 r_2'} \frac{U_N^2}{f_1} \tag{6-48}$$

因此，要实现恒功率变频调速的条件为

$$\frac{U_1}{\sqrt{f_1}} = \text{const} \tag{6-49}$$

3. 变频调速的特点

1）在基频以下变频调速时，保持 E_1/f_1 = 常数的配合控制时为恒磁通变频调速；保持 U_1/f_1 = 常数的配合控制时为近似恒磁通变频调速。前者属于恒转矩调速方式，后者属于近似恒转矩调速方式。在基频以上变频调速时，保持 $U_1 = U_N$ 不变，随 f_1 升高，Φ_m 下降，$T_{max} \propto 1/f_1^2$，属于近似恒功率调速方式。

2）机械特性基本平行，属硬特性，调速范围宽，转速稳定性好。

3）运行时 s 小，转差功率损耗小，效率高。

4）f_1 可以连续调节，能实现无级调速。

异步电动机变频调速具有很好的调速性能，高性能的异步电动机变频调速系统的调速性能可与直流调速系统相媲美。变频调速已在冶金、采矿、化工、机械制造等产业部门得到了广泛应用。

六、转子回路中串入电动势的人为机械特性及串级调速

1. 串级调速原理及其机械特性

中等以上功率的绕线型异步电动机与其他电动机或电子设备串级连接以实现平滑调速，称为**串级调速**。

异步电动机的串级调速，就是在异步电动机转子回路中串入一个与转子电动势 $s\dot{E}_2$ 频率相同、相位相同或相反的附加电动势 $\dot{E}_f$，利用改变 $\dot{E}_f$ 的大小来调节转速的一种调速方法。

图 6-21 是转子回路串有附加电动势 $\dot{E}_f$ 时的等效电路。此时 $\dot{I}'_2$ 为

$$\dot{I}'_2 = \frac{s\dot{E}'_2 + \dot{E}'_f}{r'_2 + jsx'_2} \tag{6-50}$$

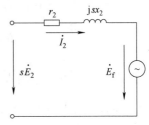

图 6-21　转子回路串附加电动势 $\dot{E}_f$ 时的等效电路

转子电流的有功分量 $I'_2\cos\varphi_2$ 为

$$I'_2\cos\varphi_2 = \frac{r'_2}{\sqrt{r'^2_2 + (sx'_2)^2}}(sE'_2 + E'_f) \tag{6-51}$$

异步电动机的电磁转矩 T 为

$$T = C'_T\Phi_m I'_2\cos\varphi_2 = C'_T\Phi_m \frac{r'_2}{\sqrt{r'^2_2 + (sx'_2)^2}}(sE'_2 + E'_f) = T_D\left(1 + \frac{E'_f}{sE'_2}\right) \tag{6-52}$$

式中，T_D 为 $E_f = 0$ 时异步电动机的机械特性表达式，代入实用表达式 $T_D = \dfrac{2T_{maxD}}{\dfrac{s_{mD}}{s} + \dfrac{s}{s_{mD}}}$，有

$$T = \frac{2T_{maxD}}{\dfrac{s_{mD}}{s} + \dfrac{s}{s_{mD}}}\left(1 + \frac{E'_f}{sE'_2}\right) = \frac{2T_{maxD}}{\dfrac{s_{mD}}{s} + \dfrac{s}{s_{mD}}} + \frac{2T_{maxD}s_{mD}}{s^2_{mD} + s^2}\frac{E'_f}{E'_2} = T_1 + T_2 \tag{6-53}$$

式中，T_1 为旋转磁场与 sE_2 产生的一部分转子电流相互作用产生的转矩，$T_1 = \dfrac{2T_{maxD}}{\dfrac{s_{mD}}{s} + \dfrac{s}{s_{mD}}}$；

T_2 为旋转磁场与 E_f 产生的另一部分转子电流相互作用产生的转矩，

$$T_2 = \frac{2T_{maxD}s_{mD}}{s_{mD}^2 + s^2} \frac{E_f'}{E_2'} = \frac{2T_{maxD}s_{mD}}{s_{mD}^2 + s^2} \frac{E_f}{E_2}。$$

图 6-22a 和 b 为串级调速的两个转矩分量 T_1 和 T_2 与转速 n 的关系曲线。$n=f(T_1)$ 的形状与一般异步电动机（$E_f=0$）的机械特性相同；图 6-22b 中的曲线 1 是 $E_f>0$，也就是 E_f 与 sE_2 同相位时 $n=f(T_2)$ 的曲线，曲线 2 是 $E_f<0$ 时的曲线。

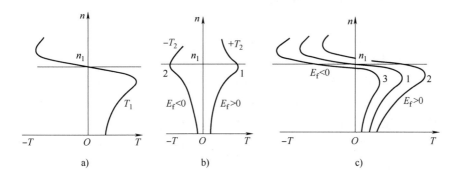

图 6-22 串级调速时异步电动机的机械特性

a) $n=f(T_1)$　　b) $n=f(T_2)$　　c) $n=f(T)$

由 T_2 的表达式可知，T_2 的最大值出现在 $s=0$ 或 $n=n_1$ 时，且有

$$T_{2m} = \frac{2T_{maxD}}{s_{mD}} \frac{E_f}{E_2} \tag{6-54}$$

由式（6-53）可以得到串级调速的机械特性如图 6-22c 所示。图中，曲线 1 为 $E_f=0$ 时的机械特性，曲线 2 为 $E_f>0$ 时的机械特性，曲线 3 为 $E_f<0$ 时的机械特性。

（1）当 E_f 与 sE_2 同相位，即 $E_f>0$　此时，若异步电动机定子电压 U_1 和负载 T_L 均保持不变，随着 E_f 增大，串级调速的机械特性将向上移动，n 上升，当 E_f 增大到某一值时，$n>n_1$，即电动机将在高于异步电动机同步转速下运行。这种串级调速称为超同步串级调速。

（2）当 E_f 与 sE_2 反相位，即 $E_f<0$　此时，若异步电动机定子电压 U_1 和负载 T_L 均保持不变，随着 E_f 绝对值的增大，串级调速的机械特性将向下移动，n 下降，电动机在低于异步电动机同步转速下运行。这种串级调速称为次同步串级调速。

超同步串级调速的装置比较复杂，实际应用较少。次同步串级调速容易实现，在技术上也基本成熟，晶闸管次同步串级调速已应用于风机、泵、空气压缩机、不可逆轧钢机等生产机械上。

2. 晶闸管次同步串级调速原理

由于转子频率 sf_1 是随 s 而变化的，要在转子回路中串入一个频率总是随 s 而变化

的交流电动势 $\dot{E}_f$，在技术上比较麻烦。如果把转子交流电动势用整流器换为直流电动势 U_d，然后在直流回路中串入一个与整流后的转子电动势极性相反的直流附加电动势 U_β，这样就避免了随时改变附加电动势频率的麻烦。晶闸管次同步串级调速就是采用这种办法实现的，如图 6-23 所示。

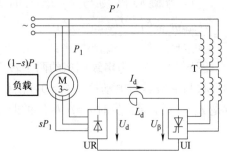

图 6-23　晶闸管次同步串级调速原理

由图 6-23 可见，绕线型异步电动机 M 的转子电压经二极管整流电路变为直流电压 U_d，经电感 L_d 滤波后送给晶闸管逆变器，再由晶闸管逆变器将 U_β 逆变为交流，功率经变压器 T 反馈至交流电网。这时，逆变器电压 U_β 可被视为加到电动机转子电路的电动势 E_f。控制逆变角 β，就可以改变 U_β 的数值，也即改变了引入转子电路的电动势 E_f，从而实现了异步电动机的次同步串级调速。

图 6-23 还表明了电机转差功率的转换过程。忽略电机本身的损耗，异步电动机的输入功率 $P_1 \approx P_M$，$P_1(1-s)$ 为负载机械功率，$P_s = sP_1$ 为转差功率，$P' = P_s$ 为反馈至电网的功率。控制反馈功率 P'，即可调节异步电动机的转速 n。由于转差功率 $P_s = sP_1$ 不再转化为损耗而是加以利用或者回馈至电网，所以串级调速属于转差功率回收型的调速方法，效率较高。

3. 次同步串级调速的特点

1）机械特性较硬、效率高，通过连续改变逆变器的逆变角 β 可以实现无级调速。

2）随着 E_f 绝对值的增加，电机的最大转矩将减小，起动转矩也减小。

3）功率因数较低。这是由于在运行中晶闸管逆变器要从电网吸取较多的无功功率所致。

七、电磁调速异步电动机的机械特性及调速

1. 电磁转差离合器调速原理

电磁转差离合器调速是指在笼型异步电动机与机械负载之间加入一个电磁转差离合器，并由晶闸管控制装置控制离合器励磁绕组的电流，改变电流即可调节离合器的输出转速，从而改变机械负载的转速。这种调速方法的原理结构如图 6-24 所示。

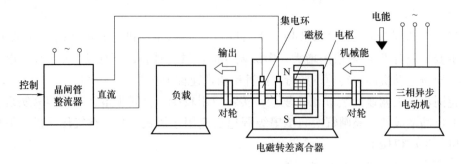

图 6-24　电磁转差离合器调速原理示意图

通常把电磁转差离合器和笼型异步电动机装在一起，构成一台可以无级调速的电动机，称为电磁调速异步电动机，或滑差电动机。

电磁转差离合器由电枢和磁极两部分组成，它们之间没有机械联系，能自由旋转。电枢与笼型异步电动机同轴连接，由电动机带动旋转，称为主动部分；磁极则与生产机械相连接，称为从动部分。电枢一般用整块铸钢加工而成，形状如同一个杯子，上面没有绕组。磁极则由铁心和绕组两部分组成，其结构如图6-25a所示，绕组由可控整流电源供电。

当电动机带动杯形电枢旋转时，电枢就会因切割磁力线而感应出涡流来。图6-25b中涡流的方向可由右手定则确定，如虚线所示。此涡流与磁极磁场作用产生电磁力，根据左手定则可知，电磁力所形成的转矩将使磁极跟着电枢同方向旋转，从而也带动了工作机械旋转。

由于异步电动机固有机械特性很硬，可以认为电枢的转速是近似不变的，而磁极的转速则由磁极磁场的强弱而定。如果负载为恒转矩，在磁场强（即励磁电流大）时，磁极与电枢之间只要有较小的转差率，就能产生足够大的涡流转矩来带动负载，所以转速高。磁场弱（即励磁电流小）时，必须有较大的转差率才能感应出能带动负载的涡流转矩，即得到低转速。因此，改变励磁电流的大小即可达到调速的目的。

如果励磁电流为零，磁极不能带动负载，相当于被"离开"；加上励磁电流，负载就能被带动，相当于被"合上"，因此取名为离合器。又由于它是根据电磁感应原理，并必须有转差率才能产生涡流转矩带动负载工作，所以全称为"电磁转差离合器"。

电磁转差离合器的结构形式有好几种，目前应用较多的是磁极为爪极的一种。爪极有两个对应的部分，互相交叉地安装在从动轴上，其间用非磁性材料连接，如图6-25c所示。励磁绕组是与转轴同心的环形绕组。当励磁绕组中有电流流通时，磁通将由左端爪极经气隙进入电枢，再由电枢经气隙回到右端爪极，形成回路。这样，所有的左端爪极都是N极，右端爪极都是S极。由于爪极与电枢之间的气隙远小于左、右端两爪极之间的气隙，因此N极与S极之间不会形成磁短路。

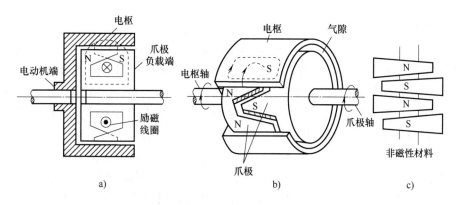

图6-25　爪极式转差离合器结构示意图
a）结构　b）涡流与转矩的方向　c）爪极式磁极

2. 电磁转差离合器的机械特性

由于笼型异步电动机的转速变化不大，所以电磁调速电动机的机械特性指电磁转差离合器本身的机械特性。

电磁转差离合器的机械特性可以近似地用以下经验公式表示，即

$$n = n_0 - K\frac{T^2}{I_f^4} \tag{6-55}$$

式中，n_0 为笼型异步电动机的转速；n 为电磁转差离合器从动部分的转速；T 为电磁转差离合器的转矩；K 为与电磁转差离合器类型有关的系数；I_f 为直流励磁电流。

图 6-26 是由电磁转差离合器调速时在不同励磁电流 I_f 下的机械特性。由于有剩磁转矩以及轴承摩擦转矩的影响，当负载转矩较小（$T_L < 0.1T_N$）时，有一失控区，如图中阴影部分所示。

3. 电磁转差离合器调速的特点

1）结构简单、运行可靠、价格便宜、维修方便、可以实现无级调速等。

2）机械特性较软，且励磁电流越小，机械特性越软。低速下运行时损耗大、效率低、离合器发热严重。

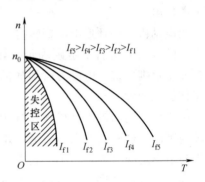

图 6-26　电磁转差离合器的机械特性

电磁转差离合器调速主要用于风机、泵类的变速传动，也广泛应用于纺织、造纸、印染等生产机械上。

第四节　三相异步电动机的起动

三相异步电动机的起动是指电动机从静止状态开始转动，直到达到工作转速的整个过程。三相异步电动机配备变频器可以实现高性能的起动和按生产工艺可靠运行，本节仅讨论除变频器以外的起动方法。

一、三相笼型异步电动机的起动

对笼型异步电动机起动的要求主要有：

（1）起动电流不能太大　普通笼型异步电动机 $I_{st} = (4 \sim 7)I_N$，当供电变压器的容量相对电动机的容量不是很大时，起动电流会使电网电压短时下降的幅度很大，超过正常规定值。这不仅使正在起动的电动机起动转矩下降很多，造成起动困难，有时可能起动不了；同时也使在同一电网上的其他用电设备不能正常工作。一般要求起动电流对电网造成的电压降不得超过 10%；偶尔起动时不得超过 15%。

（2）足够的起动转矩和加速转矩　起动转矩与负载转矩的差值称为加速转矩，如图 6-7 中斜线部分所示。当拖动系统的飞轮力矩一定时，起动时间即取决于加速转矩。若负载转矩或飞轮力矩很大而起动转矩不足，则起动时间将被拖长。由于起动电流很大，起动时间长将使电动机绕组严重发热，降低了它的绝缘寿命。如果负载转矩 T_L 在 T_{min} 与 T_{st} 之间，如图 6-7 所示，那么在起动过程中，电动机将在图 6-7 中的 B 点以很低的速度稳定运行，不能加速到正常工作转速，这种状态称为蠕动，此时因电流很大，电动机将被烧毁。

为保证起动正常进行，在起动过程中电动机产生的最小电磁转矩 T'_{min} 应满足

$$T'_{min} = T_{min} K_V^2 \geqslant K_s T_{Lmax} \tag{6-56}$$

式中，T_{min} 为额定电压下电动机产生的最小转矩；K_V 为电压波动系数，$K_V = 0.85 \sim 0.95$；K_s 为保证起动有足够加速转矩所采用的系数，$K_s = 1.15 \sim 1.2$；T_{Lmax} 为起动过程中可能出现的最大负载转矩。

三相笼型异步电动机起动方法包括：直接起动、减压起动和软起动等。

1. 三相笼型异步电动机的直接起动

利用刀开关或接触器将电动机直接接到具有额定电压的电网上，这种起动方法称为直接起动。笼型异步电动机直接起动的优点是起动设备和操作都最简单，缺点是起动电流大。

为了利用直接起动的优点，现代设计的笼型异步电动机都按直接起动时的电磁力和发热来设计它的机械强度和热稳定性。因此，从电动机本身来说，笼型异步电动机都允许直接起动。实际电动机能否采用直接起动方法起动主要由电网供电变压器的容量决定。只要起动电流对电网造成的电压降不超过允许值，即可采用直接起动方法起动。

2. 三相笼型异步电动机的减压起动

当直接起动不能满足电网对电压降的要求时，应采用降低定子电压的起动方法以限制起动电流。在减压起动的过程中，$s=1$ 时的起动电流称为初始起动电流，以 I_{st} 表示。相应的起动转矩称为初始起动转矩，以 T_{st} 表示。

当 $s=1$ 时，气隙磁通下降很多，若忽略 $\dot{I}_0$，则 $\dot{I}_1 = \dot{i}_{st} = -\dot{i}'_2$，初始起动电流的有效值为

$$I_{st} = \frac{U_1}{\sqrt{(r_1 + r'_2)^2 + (x_1 + x'_2)^2}} = \frac{U_1}{\sqrt{r_k^2 + x_k^2}} = \frac{U_1}{|Z_k|} \tag{6-57}$$

由于额定电压下堵转电流 $I_{KN} = \dfrac{U_N}{|Z_k|}$，因此有

$$\frac{I_{st}}{I_{KN}} = \frac{U_1}{U_N} = a \tag{6-58}$$

式中，a 称为减压系数。

由此可见，为使初始起动电流降至 $I_{st} = aI_{KN}$，只需将定子电压降至 $U_1 = aU_N$ 即可。

下面介绍几种常用的笼型异步电动机减压起动方法。

（1）定子串电阻或电抗减压起动 电动机起动时，在定子回路中串入起动电阻 R_{st} 或起动电抗 X_{st}，起动电流在 R_{st} 或 X_{st} 上产生压降，降低了定子绕组上的电压，从而减小了起动电流。

定子串电阻或电抗起动时的接线，如图 6-27a 和 b 所示。起动时接触器 KM1 闭合，KM2 断开，电动机定子绕组通过 R_{st} 或 X_{st} 接入电网减压起动；起动后，KM2 闭合，切除 R_{st} 或 X_{st}，电动机进入正常运行。

定子串电阻起动的等效电路如图 6-28 所示，则有

$$\frac{U_N}{\sqrt{(r_k + R_{st})^2 + x_k^2}} = \frac{U_1}{\sqrt{r_k^2 + x_k^2}} \tag{6-59}$$

定子串电阻或电抗减压起动时的接线

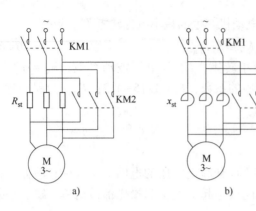

图 6-27 定子串电阻或电抗减压起动时的接线

a) 定子串电阻的减压起动 b) 定子串电抗的减压起动

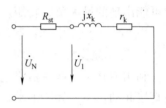

图 6-28 定子串电阻起动时的等效电路

由式（6-58）和式（6-59）可得

$$R_{st} = \frac{1}{a}\sqrt{r_k^2 + (1-\alpha^2)x_k^2} - r_k \tag{6-60}$$

如果是串电抗 X_{st} 起动，按同样方法可得

$$X_{st} = \frac{1}{a}\sqrt{x_k^2 + (1-\alpha^2)r_k^2} - x_k \tag{6-61}$$

式中，对普通笼型异步电动机可取 $r_k = (0.25 \sim 0.4)\,|Z_k|$。

当定子绕组为 Y（星形）联结时，有

$$|Z_k| = \frac{U_N}{\sqrt{3}\,I_{kN}} = \frac{U_N}{\sqrt{3}\,K_I I_N} \tag{6-62}$$

当定子绕组为 D（三角形）联结时，有

$$|Z_k| = \sqrt{3}\frac{U_N}{I_{kN}} = \sqrt{3}\frac{U_N}{K_I I_N} \tag{6-63}$$

$$x_k = \sqrt{|Z_k|^2 - r_k^2} \tag{6-64}$$

定子串电阻起动时，R_{st} 上要消耗较多能量，很不经济，适用于低压小功率电动机；定子串电抗器起动主要用于高压大功率电动机。

（2）星形-三角形（Y-D）起动　对于正常运行时定子绕组为三角形联结（即 D 联结）并有六个出线端子的笼型异步电动机，为了减小起动电流，起动时定子绕组星形联结，降低了定子绕组电压，起动后再联结成三角形。这种起动方法称为 Y-D 起动，其接线图如图 6-29 所示。起动时 KM1、KM3 闭合，定子绕组联结成星形，电动机减压起动；当电动机转速接近稳定转速时，KM3 断开，KM2 闭合，定子绕组联结成三角形，起动过程结束。

从图 6-30 可见，Y 联结起动时，电机每相绕组电压为 $U_1 = \frac{U_N}{\sqrt{3}}$，即减压系数 a 为

$$a = \frac{\frac{U_N}{\sqrt{3}}}{U_N} = \frac{1}{\sqrt{3}} \tag{6-65}$$

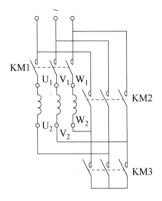

图 6-29 Y-D 起动的接线图

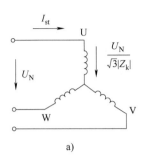

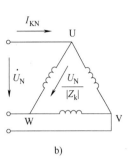

图 6-30 Y-D 起动的电路

a）Y 联结起动 b）D 联结运行

Y 联结起动时，电网供给电动机的初始起动电流为

$$I_{st} = \frac{U_N}{\sqrt{3} \mid Z_k \mid} \tag{6-66}$$

D 联结直接起动时，电网供给电动机的起动电流为

$$I_{KN} = \sqrt{3} \frac{U_N}{\mid Z_k \mid} \tag{6-67}$$

因此，网侧电流降低倍数为

$$\frac{I_{st}}{I_{KN}} = \frac{1}{3} = a^2 \tag{6-68}$$

由于电磁转矩 $T \propto a^2$，所以 Y-D 起动时，初始起动转矩 T_{st} 降低为额定电压时的 $1/3$（a^2）。

Y-D 起动的优点是起动电流小、起动设备简单、价格便宜、操作方便，缺点是起动转矩小。它仅适合于 30kW 以下的小功率电动机空载或轻载起动。

（3）自耦变压器减压起动 笼型异步电动机用自耦变压器减压起动的接线如图 6-31 所示，图中 TA 为自耦变压器。起动时接触器 KM2、KM3 闭合，电动机定子绕组经自耦变压器接至电网，降低了定子电压。当转速升高接近稳定转速时，KM2、KM3 断开，KM1 闭合，自耦变压器被切除，电动机定子绕组经 KM1 接入电网，起动结束。

图 6-32 为自耦变压器的一相电路。设自耦变压器的电压比 $k_A = N_1/N_2$，则电动机的减压系数为

$$a = \frac{U_1}{U_N} = \frac{N_2}{N_1} = \frac{1}{k_A} \tag{6-69}$$

起动时电机的初始起动电流 I_{st} 就是自耦变压器的二次电流 $I_{st} = aI_{KN} = \frac{1}{K_A}I_{KN}$。忽略自耦变压器的空载电流，电网供给的初始起动电流（即自耦变压器的一次电流）为

$$I'_{st} = \frac{1}{k_A}I_{st} = \frac{1}{k_A^2}I_{KN} = a^2 I_{KN} \tag{6-70}$$

可见，自耦变压器减压起动时电网供给的电流为直接起动时起动电流 I_{KN} 的 a^2 倍。初始起动转矩与电压二次方成正比，也减小为起动转矩 T_{st} 的 a^2 倍。

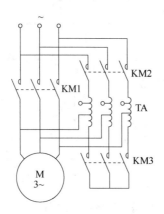

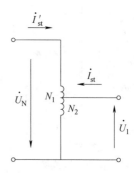

图 6-31　自耦变压器减压起动的接线　　　图 6-32　自耦变压器的一相电路

　　起动电流较小、起动转矩较大是自耦变压器起动的优点，它的缺点是起动设备体积大、笨重、价格贵、维修不方便。为了便于调节起动电流和起动转矩，自耦变压器常备有两个抽头，抽头电压比$\left(即\ a=\dfrac{U_1}{U_N}=\dfrac{1}{k_A}\right)$分别为 0.65 和 0.8。

　　为便于比较笼型异步电动机的各种起动方法，表 6-1 列出了常用的几种起动方法有关数据。

表 6-1　笼型异步电动机几种常用起动方法的比较

起动方法	直接起动	定子串电阻或电抗减压起动	Y-D 减压起动	自耦变压器起动
电网电压	U_N	U_N	U_N	U_N
电动机电压	U_N	aU_N	$aU_N=\dfrac{U_N}{\sqrt{3}}$	$aU_N=\dfrac{U_N}{K_A}$
电动机电流	I_{KN}	aI_{KN}	$aI_{KN}=\dfrac{I_{KN}}{\sqrt{3}}$	$aI_{KN}=\dfrac{I_{KN}}{k_A}$
起动转矩	T_{KN}	a^2T_{KN}	$a^2T_{KN}=\dfrac{T_{KN}}{3}$	$a^2T_{KN}=\dfrac{T_{KN}}{k_A^2}$
电网电流	I_{KN}	aI_{KN}	$a^2I_{KN}=\dfrac{I_{KN}}{3}$	$a^2I_{KN}=\dfrac{I_{KN}}{k_A^2}$

　　例 6-3　一台 Y 系列三相笼型异步电动机的技术数据：$P_N=110\text{kW}$，$U_N=380\text{V}$，$\cos\varphi_N=0.89$，$\eta_N=0.925$，$n_N=2910\text{r/min}$，定子绕组 D 联结，起动电流倍数 $K_I=7$，起动转矩倍数 $K_T=1.8$，最小转矩 $T_{min}=1.2T_N$，过载倍数 $\lambda_m=2.63$，电网允许的最大起动电流 $I'_{stmax}=1000\text{A}$，起动过程中最大负载转矩 $T_{Lmax}=220\text{N}\cdot\text{m}$，试确定起动方法。

　　解：（1）采用直接起动方法

$$I_N=\frac{P_N}{\sqrt{3}\,U_N\cos\varphi_N\eta_N}=\frac{110\times10^3}{\sqrt{3}\times380\times0.89\times0.925}\text{A}=203\text{A}$$

$$I_{KN}=K_II_N=7\times203\text{A}=1412\text{A}$$

$I_{KN}>I'_{stmax}=1000\text{A}$，不能采用直接起动。

（2）采用定子串电抗减压起动

$$T_N=9550\frac{P_N}{n_N}=9550\times\frac{110}{2910}\text{N}\cdot\text{m}=361\text{N}\cdot\text{m}$$

$$T_{min}=1.2T_N=1.2\times361\text{N}\cdot\text{m}=433.2\text{N}\cdot\text{m}$$

$$a=\frac{I'_{stmax}}{I_{KN}}=\frac{1000}{1412}=0.704$$

起动过程中电动机产生的最小转矩为

$$T'_{min}=a^2T_{min}=0.704^2\times433.2\text{N}\cdot\text{m}=214.7\text{N}\cdot\text{m}$$

$T'_{min}<T_{Lmax}$，不能采用定子串电抗减压起动。

（3）采用 Y-D 减压起动

$$T'_{min}=a^2T_{min}=\left(\frac{1}{\sqrt3}\right)^2\times433.2\text{N}\cdot\text{m}=144.4\text{N}\cdot\text{m}$$

$T'_{min}<T_{Lmax}$，不能采用 Y-D 减压起动。

（4）采用自耦变压器减压起动

为把电网供给的起动电流降到1000A，自耦变压器的电压比

$$k_A\geqslant\sqrt{\frac{I_{KN}}{I'_{stmax}}}=\sqrt{\frac{1412}{1000}}=1.19$$

取自耦变压器的抽头为0.8，则电压比为

$$k_A=\frac{1}{0.8}=1.25$$

为保证起动有足够的加速转矩，取 $K_s=1.2$，则电动机起动需产生最小转矩为

$$T''_{min}=K_sT_{Lmin}=1.2\times220\text{N}\cdot\text{m}=264\text{N}\cdot\text{m}$$

电动机实际产生的最小转矩为

$$T'_{min}=\frac{1}{k_A^2}T_{min}=\frac{1}{1.25^2}\times433.2\text{N}\cdot\text{m}=277.2\text{N}\cdot\text{m}$$

$T'_{min}>T''_{min}$，最小转矩校验通过。

结论：采用自耦变压器减压起动，抽头为0.8，可以满足起动要求。

3. 三相笼型异步电动机的软起动

传统起动方式其共同特点是控制线路简单，起动转矩不可调并有二次冲击电流，对负载有冲击转矩。应用一些自动控制电路组成的软起动器可以实现笼型异步电动机的无级平滑起动，这种起动称为软起动方法。目前应用较为广泛、工程中常见的软起动器是晶闸管（SCR）软起动器。

软起动器是一种集电机软起动、软停车、轻载节能和多种保护功能于一体的电机控制装置。软起动器采用三相反并联晶闸管作为调压器，将其接入电源和电动机定子之间，使用软起动器起动电机时，利用晶闸管移相控制原理，改变晶闸管的触发角，晶闸管的输出电压逐渐增加，电机逐渐加速，直到晶闸管全导通，电机工作在额定电压的机械特性上，实现平滑起动，降低起动电流，避免起动过电流跳闸。待电机达到

额定转速时，起动过程结束，软起动器自动用旁路接触器取代已完成任务的晶闸管，为电动机正常运转提供额定电压，以降低晶闸管的热损耗，延长软起动器的使用寿命，提高其工作效率，又使电网避免谐波污染。软起动器同时还提供软停车功能，软停车与软起动过程相反，电压逐渐降低，转速逐渐下降到零，避免自由停车引起的转矩冲击。

软起动器通常利用其特性，采用如下3种起动方式：

1）电压斜坡软起动：起动电机时，软起动器的电压快速升至某一设定初值，然后在设定时间内逐渐上升，电机随着电压上升不断加速，达到额定电压和额定转速时，起动过程完成。该方式主要用于重载软起动。

2）限流起动：起动电机时，软起动器的输出电压迅速增加，直到输出电流达到限定值，保持输出电流不大于该值，电压逐步升高，使电动机加速，当达到额定电压、额定转速时，输出电流迅速下降至额定电流，起动过程完成。该方式用于某些需快速起动的负载电机。

3）斜坡限流起动：起动电机时，输出电压在设定时间内平稳上升，同时输出电流以一定的速率增加，当起动电流增至限定值时，保持电流恒定，直至起动完成。该方式适用于泵类及风机类负载电机。

4. 改善起动性能的三相笼型异步电动机

有些生产机械，如起重机、皮带运输机、破碎机等要求起动转矩大；还有些生产机械要求频繁起动和正、反转，且要求起动时间短，或者虽不频繁起动，但转动惯量较大。这些生产机械都要求电动机具有较大的起动转矩和较小的起动电流，普通笼型异步电动机不能满足这些要求。为了保持笼型电动机结构简单、维修方便、价格低廉的优点，又能适应高起动转矩和低起动电流的要求，在电动机制造上采取措施，生产出几种特殊的笼型异步电动机，即高转差率电动机、起重冶金型电动机和深槽及双笼电动机等。

图6-33示出了三种高起动转矩笼型异步电动机的机械特性和普通笼型异步电动机的机械特性。比较这些机械特性，可以看出，高起动转矩笼型异步电动机的共同特点是起动转矩大、机械特性软。这是由于它们都具有较大的转子电阻所致。转子电阻大，一方面限制了起动电流，另一方面使起动时转子回路功率因数提高，增加了起动转矩。

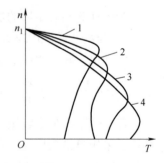

图6-33 高起动转矩笼型异步电动机的机械特性
1—普通笼型电动机
2—深槽及双笼电动机
3—高转差率笼型电动机
4—起重冶金用笼型电动机

高转差率笼型异步电动机，在结构上除了转子导条的材料特殊以外，其他方面与普通笼型异步电动机没什么差别。它的转子导条由高电阻系数的铝合金铸成，并具有较小的截面，因此转子电阻大。它的额定转差率 $s_N = 0.07 \sim 0.13$；起动转矩倍数 $K_T = 2.4 \sim 2.7$；起动电流倍数 $K_I = 4.5 \sim 5.5$，机械特性较软，适用于锻压机械、剪床、冲床等。这类生产机械常带有飞轮力矩 GD^2 较大的飞轮，当冲击性负载到来时，因机械特性较软，转速下降较多，由飞轮释放的动能可以帮助克服冲击负载。由于它的起动转矩较大，可以缩短起动时间，所以也适用于要求频繁起动的生产机械。

起重冶金用笼型异步电动机是专为起重机和冶金机械设计的。它能承受频繁起动、制动、反转、冲击和振动，并能在有金属粉尘和高温的环境下工作。这种电动机在设计时采用增大气隙磁通密度、减小电动机漏抗、增加导条电阻等措施，使最大转矩倍数增大到2.6~3.4；起动转矩倍数增大到2.6~3.2，而起动电流倍数只为3.3~3.5，但其额定转差率大、效率低、机械特性软。

深槽及双笼电动机，由于笼型转子的特殊结构，使转子电阻能随转速而自动改变。起动开始时转子电阻大，增大了起动转矩；转速升高后转子电阻自动减小，使正常运行时转子铜损降低，提高了运行效率。下面简要地介绍这两种类型的异步电动机的转子结构及工作原理。

（1）深槽笼型异步电动机　深槽笼型异步电动机的特点是转子槽特别深而且较窄，其深度与宽度之比约为8~12，槽中放有转子导条。当导条中有电流流通时，槽中漏磁通分布情况如图6-34a所示。可以看出，导条下部所链的漏磁通要比上部多。如果把转子导条看成沿槽高方向由许多根单元导条并联组成，那么槽底部分单元导条交链较多的漏磁通，因此漏抗很大；而槽口附近的单元导条则交链较少的漏磁通，具有较小的漏抗。起动时，转子电流的频率较高，为定子电流的频率f_1，转子导条的漏抗大于电阻，成为转子阻抗中的主要成分。各单元导条中电流基本上按它们的漏抗大小成反比分配，于是导条中电流密度的分布自槽口向槽底逐渐减小，如图6-34b所示，即大部分电流集中在导条的上部。这种现象称为挤流效应或趋表效应。频率越高、槽越深、挤流效应就越显著。由于导条电流都挤向了上部，可以近似地认为导条下部没有电流，这相当于导条截面减小，如图6-34c所示。因此，转子电阻增大，使起动转矩增加。

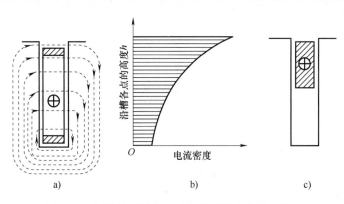

图6-34　深槽笼型异步电动机转子导条的挤流效应

随电动机转速的升高，转子电流频率降低，挤流效应逐渐减弱，转子电阻也随之减小。当达到额定转速时，转子电流频率仅几赫兹，挤流效应基本消失，转子电阻自动减小到最小值。

（2）双笼型异步电动机　这种电动机的转子具有两个笼型绕组，如图6-35a所示，其槽形及漏磁通的分布如图6-35b所示。通常上笼导条用电阻系数较高的黄铜或铝青铜制成，且截面较小，因此电阻较大，但交链的漏磁通较小，漏抗小。下笼导条则用电阻系数较小的纯铜制成，截面较大，因此电阻小而漏抗大。

起动时转子电流的频率 $f_2 \approx f_1$，转子漏抗比转子电阻大很多。下笼绕组由于漏抗大，电流小，而上笼漏抗较小，故电流集中在上笼。因上笼导条电阻大，所以既可限制起动电流又可提高起动转矩。这说明在起动时上笼起主要作用，称为起动笼。电动机起动结束后，转子电流频率很低，转子漏抗远小于电阻，所以转子电流大部分从电阻较小的下笼流过，所以下笼在正常运行时起主要作用，称为工作笼。

可以把双笼电动机看成一个具有上笼的电动机和一个具有下笼的电动机共同作用的结果。具有上笼的电动机由于转子电阻大而漏抗小，所以机械特性很软，如图 6-36 中曲线 1 所示；具有下笼的电动机，转子电阻小而漏抗大，具有图 6-36 中曲线 2 所示的机械特性。这两条机械特性合成得到的机械特性就是双笼异步电动机的机械特性，即图 6-36 中的曲线 3。

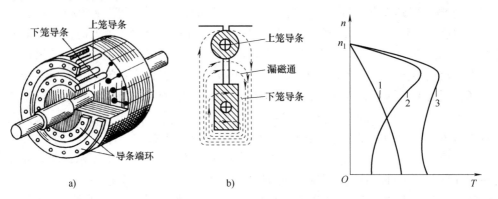

图 6-35 双笼型异步电动机的转子结构及槽形　　图 6-36 双笼型异步电动机的机械特性

深槽及双笼异步电动机主要用于静负载转矩或飞轮力矩较大的生产机械，如皮带运输机、大圆锯、离心机、分离机等。

二、三相绕线型异步电动机的起动

对于大功率重载起动，或要求频繁起动、制动和反转的场合，可采用绕线型异步电动机通过转子串电阻或串频敏变阻器的办法起动。一方面减小了起动电流，另一方面由于起动转矩增大而缩短了起动时间，减小了电动机的发热。

1. 转子串三相对称电阻分级起动

绕线型异步电动机转子串三相对称电阻起动时，一般采用分级切除起动电阻的方法，以提高平均起动转矩和减小电流与转矩的冲击，其接线图及机械特性如图 6-37 所示。

起动过程如下：

1）接触器 KM1~KM3 断开，KM 闭合，定子绕组接三相电源，转子绕组串入全部起动电阻（$r_{c1}+r_{c2}+r_{c3}$），电动机开始加速，起动点在机械特性曲线 1 的 a 点，起动转矩为 T_1，它是起动过程中的最大转矩，称为最大起动转矩，通常取 $T_1 \leqslant 0.85T_{\max}$。

2）电动机沿机械特性曲线 1 升速到 b 点，电磁转矩 $T=T_2$，这时接触器 KM1 闭合，切除第一段起动电阻 r_{c1}。忽略电动机的电磁过渡过程时，电动机的运行点将从 b 点过渡到机械特性曲线 2 的 c 点。如果起动电阻选择得合适，c 点的电磁转矩正好等于 T_1。b 点的电磁转矩 T_2 称为切换转矩，为保持一定的加速转矩，一般取 $T_2 \geqslant (1.1\sim1.2)T_L$。

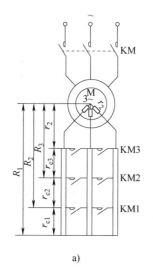
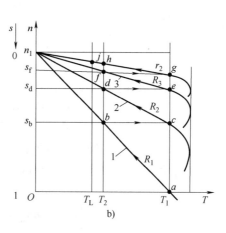

图 6-37　绕线转子三相异步电动机转子串电阻起动
a）接线图　b）机械特性

3）电动机从 c 点沿机械特性曲线 2 升速到 d 点，$T=T_2$，接触器 KM2 闭合，切除第二段起动电阻 r_{c2}，电动机的运行点过渡到机械特性曲线 3 的 e 点，$T=T_1$。

4）电动机在机械特性曲线 3 上继续升速到 f 点，$T=T_2$，接触器 KM3 闭合，切除第三段起动电阻 r_{c3}，电动机运行点过渡到固有机械特性曲线上的 g 点，$T=T_1$。

5）电动机在固有机械特性曲线上升速直到 j 点，$T=T_L$，起动过程结束。

计算起动电阻时，主要依据图 6-37b 的机械特性和机械特性的实用公式。若已知机械特性的临界转差率 s_m 和该机械特性上某点的转矩 T，则由实用公式可解出与 T 对应的转差率 $s(s<s_m)$，即

$$s = s_m\left[\frac{\lambda_m T_N}{T} - \sqrt{\left(\frac{\lambda_m T_N}{T}\right)^2 - 1}\right] = s_m\sigma \tag{6-71}$$

式中，$\sigma = \dfrac{\lambda_m T_N}{T} - \sqrt{\left(\dfrac{\lambda_m T_N}{T}\right)^2 - 1}$。

已知电动机的过载倍数 λ_m 和额定转矩 T_N 时，σ 仅由 T 决定，因此称 σ 为转矩函数。与最大起动转矩 T_1 和切换转矩 T_2 相应的转矩函数分别为

$$\left.\begin{aligned}
\sigma_1 &= \frac{\lambda_m T_N}{T_1} - \sqrt{\left(\frac{\lambda_m T_N}{T_1}\right)^2 - 1} \\
\sigma_2 &= \frac{\lambda_m T_N}{T_2} - \sqrt{\left(\frac{\lambda_m T_N}{T_2}\right)^2 - 1}
\end{aligned}\right\} \tag{6-72}$$

设图 6-37b 中机械特性曲线 1 的临界转差率为 s_{m1}，根据式（6-71），a 点转差率 $s_a = s_{m1}\sigma_1 = 1$；b 点转差率 $s_b = s_{m1}\sigma_2$，因此有

$$\frac{s_a}{s_b} = \frac{\sigma_1}{\sigma_2} \tag{6-73}$$

对机械特性曲线 1 及 2，当 $T=T_1$ 时，按比例推移法可得

$$\frac{s_a}{s_c}=\frac{R_1}{R_2} \tag{6-74}$$

考虑到 $s_b=s_c$，则有

$$\frac{R_1}{R_2}=\frac{\sigma_1}{\sigma_2}=q \tag{6-75}$$

式中，$q=\sigma_1/\sigma_2$ 为起动转矩函数比。按同样方法可导出

$$\frac{R_1}{R_2}=\frac{R_2}{R_3}=\frac{R_3}{r_2}=q \tag{6-76}$$

可见，对图 6-37b 所示的各级起动机械特性，转子回路总电阻之间存在等比级数关系，公比为 q。如果起动级数为 m，则各级起动转子回路总电阻为

$$\begin{cases} R_m=qr_2 \\ R_{m-1}=qR_m=q^2r_2 \\ R_{m-2}=qR_{m-1}=q^3r_2 \\ \quad\vdots \\ R_1=qR_2=q^mr_2 \end{cases} \tag{6-77}$$

在图 6-37b 中的 g 点和 a 点，按比例推移关系可得

$$s_g=\frac{r_2}{R_1}s_a=\frac{r_2}{R_1} \tag{6-78}$$

在固有机械特性上，s_g 和 s_N 之间有如下关系

$$s_g=\frac{\sigma_1}{\sigma_N}s_N \tag{6-79}$$

式中，σ_N 是 $T=T_N$ 时的转矩函数，$\sigma_N=\lambda_m-\sqrt{\lambda_m^2-1}$。

由式（6-78）、式（6-79）可得

$$R_1=\frac{\sigma_N}{\sigma_1 s_N}r_2 \tag{6-80}$$

把式（6-80）代入式（6-77）中的最后一项，得到

$$q=\sqrt[m]{\frac{\sigma_N}{\sigma_1 s_N}} \tag{6-81}$$

计算起动电阻的步骤如下：

（1）已知起动级数 m

1）计算 s_N、σ_N 及 T_N。

2）确定 σ_1。选取 $T_1 \leqslant 0.85T_{max}$，由式（6-72）算出 σ_1。

3）由式（6-81）计算 q。

4）校验 $T_2 \geqslant (1.1 \sim 1.2)T_L$。由 q 及 σ_1 可求得 $\sigma_2=\sigma_1/q$，再根据式（6-72），可求出 T_2，即

$$T_2=\frac{2\lambda_m\sigma_2}{1+\sigma_2^2}T_N \tag{6-82}$$

5）由式（6-77）即可计算各级总电阻 $R_1 \sim R_m$ 以及各段电阻 $r_{c1} \sim r_{cm}$。

（2）级数未确定

1）确定 T_1、T_2 并计算 σ_1、σ_2 及 q。

2）由式（6-81）计算 m'，即

$$m' = \frac{\ln\left(\dfrac{\sigma_N}{\sigma_1 s_N}\right)}{\ln q} \tag{6-83}$$

根据 m' 的值取整得到 m。

3）按 m 由式（6-81）计算 q，并校验 T_2。

4）按校验通过的 q 计算各级起动电阻。

例 6-4　某生产机械用绕线型三相异步电动机拖动，其有关数据：$P_N = 40\mathrm{kW}$，$n_N = 1460\mathrm{r/min}$，$E_{2N} = 420\mathrm{V}$，$I_{2N} = 61.5\mathrm{A}$，$\lambda_m = 2.6$。起动时负载转矩 $T_L = 0.75T_N$，求转子串电阻三级起动的电阻值。

解：（1）计算 s_N、σ_N 及 T_N

$$s_N = \frac{n_1 - n_N}{n_1} = \frac{1500 - 1460}{1500} = 0.027$$

$$\sigma_N = \lambda_m - \sqrt{\lambda_m^2 - 1} = 2.6 - \sqrt{2.6^2 - 1} = 0.2$$

$$T_N = 9550\frac{P_N}{n_N} = 9550 \times \frac{40}{1460}\mathrm{N \cdot m} = 261.6\mathrm{N \cdot m}$$

（2）确定 σ_1

取 $T_1 = 0.85T_{max} = 0.85\lambda_m T_N = 0.85 \times 2.6 \times 261.6\mathrm{N \cdot m} = 578\mathrm{N \cdot m}$

$$\sigma_1 = \frac{\lambda_m T_N}{T_1} - \sqrt{\left(\frac{\lambda_m T_N}{T_1}\right)^2 - 1} = \frac{2.6 \times 261.6}{578} - \sqrt{\left(\frac{2.6 \times 261.6}{578}\right)^2 - 1} = 0.556$$

（3）计算 q

$$q = \sqrt[3]{\frac{\sigma_N}{\sigma_1 s_N}} = \sqrt[3]{\frac{0.2}{0.556 \times 0.027}} = 2.37$$

（4）校验 T_2

$$\sigma_2 = \frac{\sigma_1}{q} = \frac{0.556}{2.37} = 0.235$$

$$T_2 = \frac{2\lambda_m \sigma_2}{1 + \sigma^2}T_N = \frac{2 \times 2.6 \times 0.235}{1 + 0.235^2} \times 261.6\mathrm{N \cdot m} = 303\mathrm{N \cdot m}$$

$$T_L = 0.75T_N = 0.75 \times 261.6\mathrm{N \cdot m} = 196.2\mathrm{N \cdot m}$$

$\dfrac{T_2}{T_L} = \dfrac{303}{196.2} = 1.54 > 1.1$，选择的 T_2 满足要求。

（5）计算各级起动转子回路总电阻

$$r_2 = \frac{s_N E_{2N}}{\sqrt{3}I_{2N}} = \frac{0.027 \times 420}{\sqrt{3} \times 61.5}\Omega = 0.106\Omega$$

$$R_3 = r_2q = 0.106 \times 2.37\Omega = 0.251\Omega$$
$$R_2 = R_3q = 0.251 \times 2.37\Omega = 0.595\Omega$$
$$R_1 = R_2q = 0.595 \times 2.37\Omega = 1.41\Omega$$

（6）计算各段外串电阻

$$r_{c3} = R_3 - r_2 = (0.251 - 0.106)\Omega = 0.145\Omega$$
$$r_{c2} = R_2 - R_3 = (0.595 - 0.251)\Omega = 0.344\Omega$$
$$r_{c1} = R_1 - R_2 = (1.41 - 0.595)\Omega = 0.815\Omega$$

2. 转子串频敏变阻器起动

绕线型异步电动机转子串电阻分级起动，虽然可以减小起动电流、增大起动转矩，但在起动过程中需要逐渐切除起动电阻。如果起动级数少，在切除起动电阻时就会产生较大的电流和转矩冲击，使起动不平稳。增加起动级数固然可以减小电流和转矩冲击，使起动平稳，但这又会使开关设备和起动电阻的段数增加，增加了设备投资和维修工作量，很不经济。如果串入转子回路中的起动电阻在电动机起动过程中能随转速的升高而自动平滑地减小，就可以不用逐渐切除电阻而实现无级平滑起动了。频敏变阻器就是具有这种特性的起动设备。

图 6-38 所示为频敏变阻器的结构，其铁心由厚钢板叠成，三个铁心柱上绕着联结为星形的三个绕组。当绕组内通过交流电流时，铁心内产生铁损。忽略频敏变阻器绕组电阻和漏抗时，其一相等效电路如图 6-39 所示。图中 x_m 是带铁心绕组的电抗；R_m 是代表频敏变阻器铁损的等效电阻，频敏变阻器的铁损因铁心片较厚而较大，故 R_m 的值比一般电抗器大。当电动机起动时，转子频率较高，频敏变阻器内的涡流损耗（与频率的二次方成正比）较大，R_m 的值也因此较大，起到了限制起动电流及增大起动转矩的作用。随着转速的上升，转子频率不断下降，频敏变阻器铁心的涡流损耗及 R_m 随之下降，使电动机平滑起动。起动结束，应将电动机集电环短接，把频敏变阻器切除。

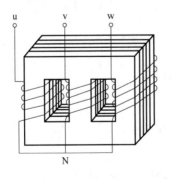

图 6-38 频敏变阻器的结构

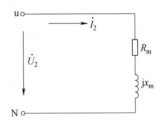

图 6-39 一相等效电路

频敏变阻器的铁心与磁轭之间设有空气隙，绕组也留有几个抽头，改变气隙和绕组匝数便可以调整电动机的起动电流和起动转矩。

频敏变阻器结构简单、运行可靠、无须经常维修、价格也便宜，这些都是它的优点。其缺点是功率因数低、与转子串电阻起动相比起动转矩小，由于频敏变阻器 x_m 的存在，最大转矩也有所下降。这种起动方法最适合于需要频繁起动的生产机械，但对于要求起动转矩很大的生产机械不宜使用。

第五节　三相异步电动机的各种运行状态

三相异步电动机电力拖动系统要求电动机具有各种运行状态。当 T 与 n 方向一致时为电动状态；T 与 n 方向相反时为制动状态。制动状态中根据 T 与 n 的不同情况，又分为反接制动、回馈制动和能耗制动等。

一、电动运行

三相异步电动机在电动状态下运行时，$0<s<1$，$n<n_1$。转子旋转方向与旋转磁动势的转向相同，T 与 n 方向一致，为拖动转矩。电动机从电网吸取电功率，从轴上输出机械功率。

图 6-40 为三相异步电动机在电动状态下运行时的机械特性。在第 I 象限为正转电动状态，工作点为 A、B 点。拖动反抗性恒转矩负载时，改变电动机定子绕组的相序，则 n_1 及 T 均改变方向，电动机反转，机械特性位于第 III 象限，工作点为 C 点，此时电动机为反向电动状态。

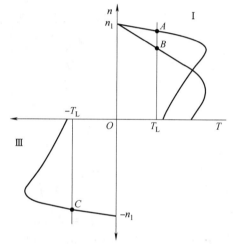

图 6-40　三相异步电动机的电动状态

二、反接制动

将三相异步电动机处于 $s>1$，T 与 n 方向相反时的制动状态，称为反接制动。三相异步电动机的反接制动分为定子两相反接的反接制动和转子反向的反接制动。

1. 定子两相反接的反接制动

设三相绕线型异步电动机拖动反抗性恒转矩负载在固有特性的 A 点运行，如图 6-41a所示。为了让电动机迅速停止或反转，把定子任意两相绕组对调后接入电源，同时在转子回路中串入三相对称电阻 R_c，如图 6-41b 所示。

在定子两相绕组对调瞬间，定子旋转磁动势立即反向，以 $-n_1$ 的速度旋转。这时电动机的机械特性变为图 6-41 中的曲线 2，电动机的运行点从 A 点过渡到 B 点，并沿机械特性曲线 2 变化至 C 点。在 II 象限内，$n>0$，$T<0$，是制动状态，称为定子两相反接的反接制动。

反接制动时电动机的转差率为

$$s=\frac{n_1-n}{n_1}=\frac{-|n_1|-n}{-|n_1|}>1$$

电磁功率 P_M、机械功率 P_m 及转差功率 P_s 分别为

$$P_M=3I_2'^2\frac{r_2'+R_c'}{s}>0$$

$$P_m=P_M(1-s)<0$$

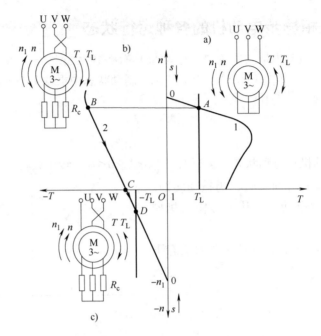

图 6-41 三相异步电动机定子两相反接的反接制动

a）正向电动状态 b）反接制动状态 c）反转电动状态

$$P_\mathrm{s} = 3I_2'^2(r_2'+R_\mathrm{c}') = P_\mathrm{M}-P_\mathrm{m} = P_\mathrm{M}+|P_\mathrm{m}|$$

可见，在反接制动时，电动机既要从电网吸取电功率（$P_\mathrm{M}>0$），又要从轴上输入机械功率（$P_\mathrm{m}<0$），这部分机械功率是在反接制动的降速过程中由拖动系统转动部分减少的动能提供的。在制动过程中，电磁功率和机械功率都转变为转差功率，消耗于转子回路的电阻中。

当制动到 $n=0$ 时，即图 6-41 中的 C 点，若 $|T|>|T_\mathrm{L}|$，则电动机将反向起动，最后稳定运行于 D 点，电动机工作于反向电动状态。

反接制动特别适合用于要求频繁正、反转的生产机械，以便迅速改变旋转方向，提高生产率。如果采用反接制动只是为了停车，那么当制动到 $n=0$ 时必须切断电动机的电源，否则会出现 $|T|>|T_\mathrm{L}|$，致使电动机反转。

由于反接制动时转差功率很大，如果是笼型异步电动机采用反接制动，这时全部转差功率都消耗在转子绕组的电阻上，并转变为热能散失在电动机的内部，使电动机绕组严重发热，所以笼型异步电动机反接制动的次数和两次制动间隔的时间都受到限制。对绕线型异步电动机，在反接制动时可在转子回路中串入较大的电阻，一方面限制了制动电流，使大部分转差功率消耗在转子外串电阻上，减轻了电动机绕组的发热；另一方面可以增大临界转差率，使电动机在制动开始时能够产生较大的制动转矩，以加快制动过程。

例 6-5 一台绕线型异步电动机，技术数据：$P_\mathrm{N}=75\mathrm{kW}$，$n_\mathrm{N}=1460\mathrm{r/min}$，$E_{2\mathrm{N}}=399\mathrm{V}$，$I_{2\mathrm{N}}=116\mathrm{A}$，$\lambda_\mathrm{m}=2.8$。原先在固有机械特性上拖动反抗性恒转矩负载运行，$T_\mathrm{L}=0.8T_\mathrm{N}$。为使电动机快速反转，采用定子两相反接的反接制动。

（1）要求制动开始时电动机的电磁转矩 $T=2T_N$，求转子每相应串入的电阻值。

（2）电动机反转后的稳定速度是多少？

解：（1）制动电阻的计算

1）额定转差率

$$s_N = \frac{n_1-n_N}{n_1}$$

$$= \frac{1500-1460}{1500} = 0.0267$$

2）转子绕组电阻

$$r_2 = \frac{E_{2N}s_N}{\sqrt{3}\,I_{2N}}$$

$$= \frac{399\times0.0267}{\sqrt{3}\times116}\Omega = 0.053\Omega$$

3）固有机械特性的临界转差率

$$s_m = s_N(\lambda_m+\sqrt{\lambda_m^2-1}) = 0.0267\times(2.8+\sqrt{2.8^2-1}) = 0.1445$$

4）在固有机械特性上 $T_L=0.8T_N$ 时的转差率

$$s_A = s_m\left[\frac{\lambda_m T_N}{T_L}-\sqrt{\left(\frac{\lambda_m T_N}{T_L}\right)^2-1}\right] = 0.1445\times\left[\frac{2.8}{0.8}-\sqrt{\left(\frac{2.8}{0.8}\right)^2-1}\right] = 0.021$$

5）在反接制动机械特性上，开始制动时的转差率（见图 6-42）

$$s_B = 2-s_A = 2-0.021 = 1.979$$

6）反接制动机械特性的临界转差率

$$s_m' = s_B\left[\frac{\lambda_m T_N}{T_B}-\sqrt{\left(\frac{\lambda_m T_N}{T_B}\right)^2-1}\right] = 1.979\times\left[\frac{2.8}{2}+\sqrt{\left(\frac{2.8}{2}\right)^2-1}\right] = 4.71$$

7）根据比例推移法求出转子每相外串电阻

$$R_c = \left(\frac{s_m'}{s_m}-1\right)r_2 = \left(\frac{4.71}{0.1445}-1\right)\times0.053\Omega = 1.674\Omega$$

（2）反转后稳定转速的计算

1）反转后稳定运行时的转差率

$$s_D = s_m'\left[\frac{\lambda_m T_N}{T_L}-\sqrt{\left(\frac{\lambda_m T_N}{T_L}\right)^2-1}\right] = 4.71\times\left[\frac{2.8}{0.8}+\sqrt{\left(\frac{2.8}{0.8}\right)^2-1}\right] = 0.687$$

2）反转后稳定运行的转速

$$n_D = n_1(1-s_D) = -1500\times(1-0.687)\,\text{r/min} = -469\text{r/min}$$

2. 转子反向的反接制动

三相绕线型异步电动机拖动位能性负载在固有机械特性上的 A 点稳定运行，提升重物，如图 6-43 所示。为了下放重物，可在转子回路中串入足够大的电阻 R_c，这时电动机的机械特性变为图 6-43 中的曲线 2，电动机的运行点从固有机械特性上的 A 点过渡到机械特性 2 上的 B 点，并从 B 点向 C 点减速。到 C 点时，$n=0$，因 $T<T_{L2}$，在位能

负载转矩 T_{L2} 作用下电动机反转，进入第Ⅳ象限，直到 D 点 $T=T_{L2}$，电动机稳定运行，以恒定的速度下放重物。

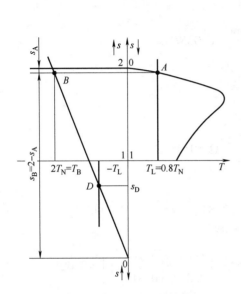

转速反向的
反接制动

图 6-42 例 6-5 的机械特性

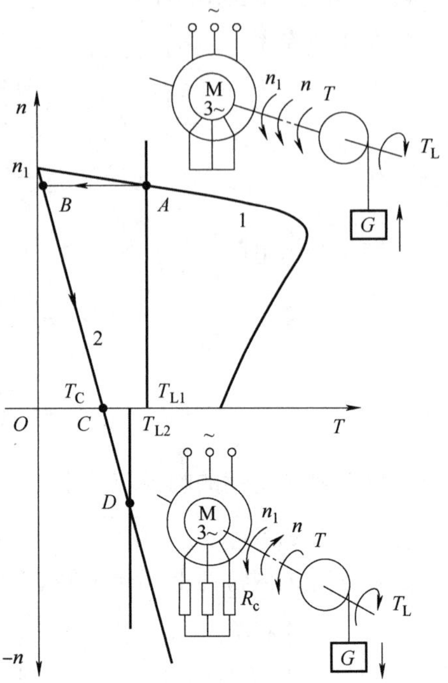

图 6-43 转速反向的反接制动

在第Ⅳ象限，$T>0$，$n<0$，电动机的转差率为

$$s=\frac{n_1-n}{n_1}=\frac{n_1+|n|}{n_1}>1$$

此时，电动机处于转子反向的反接制动状态。当电动机稳定运行于 D 点时，称为转子反向的反接制动运行，也称倒拉反接制动运行。

转子反向反接制动时的能量关系与定子两相反接的反接制动时相同，即 $P_M>0$、$P_m<0$、$P_s=P_M+|P_m|$，只是这种制动状态下轴上输入的功率是靠重物下放时减少的位能来提供的。

例 6-6 电动机的数据同例 6-5，该电动机拖动起重机的提升机构。下放重物时，电动机的负载转矩 $T_L=0.8T_N$，电动机的转速 $n=-300\mathrm{r/min}$，求转子每相应串入的电阻值。

解：由例 6-5 计算，已知 $r_2=0.053\Omega$、$s_m=0.1445$，在固有机械特性上 $T_L=0.8T_N$ 时的转差率 $s_A=0.0211$。

（1）$n=-300\mathrm{r/min}$ 时的转差率

$$s=\frac{n_1-n}{n_1}=\frac{1500-(-300)}{1500}=1.2$$

（2）根据比例推移法求出转子外串电阻

$$R_c=\left(\frac{s}{s_A}-1\right)r_2=\left(\frac{1.2}{0.0211}-1\right)\times0.053\Omega=2.96\Omega$$

三、回馈制动

将三相异步电动机处于 $s<0$，$|n|>|n_1|$，T 与 n 方向相反时的制动状态，称为回馈制动或再生发电制动。回馈制动分为反向回馈制动（第Ⅳ象限）和正向回馈制动（第Ⅱ象限）。

1. 反向回馈制动

当笼型异步电动机拖动位能负载高速下放重物时，可将电动机定子绕组按反相序接入电网，如图 6-44 所示。

这时电动机在电磁转矩 T 及位能负载转矩 T_{L2} 的作用下反向起动，$n<0$，重物下放，电动机的运行点沿第Ⅲ象限机械特性曲线 1 变化。至 B 点时，$n=-n_1$、$T=0$，但位能负载转矩 T_{L2} 仍为拖动转矩，转速继续升高，机械特性进入第Ⅳ象限，$|n|>|n_1|$，$s=\dfrac{n_1-n}{n_1}=$

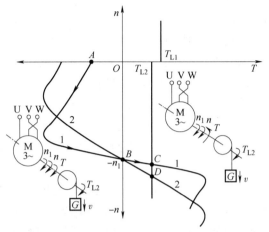

图 6-44　三相异步电动机的反向回馈制动

三相异步
电动机的反
向回馈制动

$\dfrac{-|n_1|+|n|}{-|n_1|}<0$，电磁转矩改变方向成为制动转矩。直到 C 点，$T=T_{L2}$，电动机稳定运行，此时，$n<0$，$T>0$，电动机处于反向回馈制动运行。

在 C 点稳定运行时，$|n|>|n_1|$，$s<0$。因此有

$$P_M=3I_2'^2\frac{r_2'}{s}<0$$

$$P_m=3I_2'^2\frac{1-s}{s}r_2'<0$$

从 $P_m<0$ 及 $P_M<0$ 可知，实际的功率关系是重物下放时减少了位能而向电动机输入机械功率，扣除空载机械损耗 p_{0m} 和转子铜损 p_{Cu2} 后转变为电磁功率送给定子，再扣除定子铜损 p_{Cu1} 及铁损 p_{Fe} 后回馈电网。

下面分析为什么当 $s<0$ 时电动机能向电网回馈电功率。

异步电动机的转子电流的有功分量为

$$I_{2a}'=I_2'\cos\varphi_2=\frac{E_2'}{\sqrt{\left(\frac{r_2'}{s}\right)^2+x_2'^2}}\frac{\frac{r_2'}{s}}{\sqrt{\left(\frac{r_2'}{s}\right)^2+x_2'^2}}=\frac{E_2'}{\left(\frac{r_2'}{s}\right)^2+x_2'^2}\frac{r_2'}{s} \tag{6-84}$$

异步电动机的转子电流的无功分量为

$$I_{2r}'=I_2'\sin\varphi_2=\frac{E_2'}{\sqrt{\left(\frac{r_2'}{s}\right)^2+x_2'^2}}\frac{x_2'^2}{\sqrt{\left(\frac{r_2'}{s}\right)^2+x_2'^2}}=\frac{E_2'}{\left(\frac{r_2'}{s}\right)^2+x_2'^2}x_2'^2 \tag{6-85}$$

可见，当 $s<0$ 时，转子电流的有功分量改变了方向，无功分量的方向不变。这样，画出异步电动机回馈制动时的相量图，如图 6-45 所示。

由图 6-45 可见，U_1 和 I_1 之间的相位差角 $\varphi_1>90°$。因此，$\cos\varphi_1<0$，定子输入功率 $P_1=3U_1I_1\cos\varphi_1<0$，即定子绕组将电能回馈电网。这时，异步电动机实际是一台与电网并联运行的交流发电机。

图 6-44 中的曲线 2 是绕线型异步电动机转子串电阻时的反向回馈制动机械特性。可见，反向回馈制动时对于同一位能负载转矩，转子回路电阻越大，稳定运行速度越高。为了避免下放重物时出现危险的高速，一般不在转子回路中串入电阻。

2. 正向回馈制动

图 6-46 所示为笼型异步电动机变频调速时的机械特性（E_1/f_1 = 常数）。电动机原先在固有机械特性的 A 点稳定运行，若突然把定子频率降到 f_1，电动机的机械特性变为曲线 2，其运行点将从 $A\to B\to C\to D$，最后稳定运行于 D 点。在降速过程中，电动机运行在 $B\to C$ 这一段机械特性上时，转速 $n>0$、电磁转矩 $T<0$，且 $n>n_1'$、$s<0$，电动机处于正向回馈制动状态。

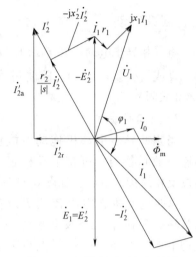

图 6-45 回馈制动时的相量图

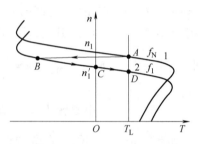

图 6-46 三相异步电动机的
正向回馈制动

四、能耗制动

1. 能耗制动原理

三相异步电动机能耗制动时的接线如图 6-47 所示。接触器 KM1 闭合、KM2 断开时，电动机在固有机械特性上运行。需要能耗制动停车时先将 KM1 断开，使定子绕组脱离交流电网，然后立即闭合 KM2，使定子两相绕组经限流电阻 R 接到直流电源上，通入直流电流 I_d，在气隙中建立一个静止磁场。这时转子由于惯性继续旋转，转子导体切割静止磁场而产生感应电动势及电流，转子电流与气隙静止磁场相互作用产生电磁转矩 T，由左手定则可判断出电磁转矩 T 与转速 n 的方向相反，如图 6-48 所示，电动机处于制动状态。

从功率关系看，电动机定子与交流电网脱离，来自电网的输入功率 $P_1=0$，电动机轴上的机械功率 $P_2=T\Omega<0$，为输入功率，它来自拖动系统在降速过程中减少的动能。这部分机械功率经电动机转变为电功率，消耗在转子电阻上，因此把这种制动方法称为能耗制动。

当转速下降到零时，拖动系统的动能降为零，电磁转矩 $T=0$，制动过程结束。

2. 能耗制动时的磁动势平衡

三相异步电动机定子绕组联结如图 6-49a 所示。直流电流 I_d 从端子 U 流入，V 流出，U 相绕组和 V 相绕组分别产生磁动势 F_U 和 F_V，它们的幅值相等，在空间相差 60° 电角度，如图 6-49b 所示。

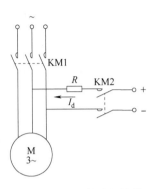

图 6-47 能耗制动的接线

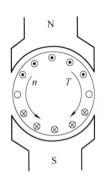

图 6-48 能耗制动原理图

F_U 和 F_V 及合成磁动势 F_d 的大小为

$$F_U = F_V = \frac{4}{\pi} \frac{1}{2} \frac{N_1 k_{w1}}{p} I_d$$

$$F_d = \sqrt{3} \frac{4}{\pi} \frac{1}{2} \frac{N_1 k_{w1}}{p} I_d$$

站在定子上观察 F_d，它在空间固定不动，但当转子以转速 n 逆时针转动时，站在转子上观察，F_d 将顺时针旋转，转速为

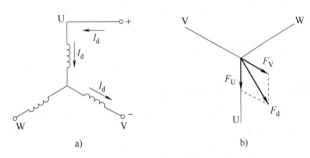

图 6-49 能耗制动时定子绕组通入直流磁动势
a) 定子绕组联结方法　b) 绕组的磁动势

n，成为旋转磁动势。可以把站在转子上观察到的这个旋转磁动势等效地看成由频率为 f_1 的三相对称电流 I_1（有效值）所产生，等效的条件是旋转磁动势基波分量的幅值 F_1 与直流磁动势 F_d 相等，即

$$F_1 = \frac{3}{2} \frac{4}{\pi} \frac{\sqrt{2}}{2} \frac{N_1 k_{w1}}{p} I_1 = \sqrt{3} \frac{4}{\pi} \frac{1}{2} \frac{N_1 k_{w1}}{p} I_d = F_d$$

由此可得等效交流电流的有效值为

$$I_1 = \sqrt{\frac{2}{3}} I_d \tag{6-86}$$

能耗制动时，定子绕组的联结方法不仅限于图 6-49 所示的一种，但不论定子绕组如何联结，都可以按上述磁动势相等的原则求出等效电流 I_1 与直流电流 I_d 之间的数值关系。

当转子回路闭合时，在转子绕组中即产生三相（对笼型电动机为多相）对称电动势 $\dot{E}_{2v}$ 及电流 $\dot{I}_{2v}$，因而产生旋转磁动势 F_2。由于转子相对于定子的转速为 n，转子电流的频率为 $f_2 = pn/60$，所以 F_2 相对于转子的转速为 n，转向与转子转向相反，因此，F_2 相对于定子的等效交流磁动势 F_1 的转速为 $n-n=0$，相对静止，两者共同作用产生气隙合成磁动势 F_δ，即

$$F_\delta = F_1 + F_2 \tag{6-87}$$

F_δ 作用于主磁路产生气隙基波磁通密度 $B_{\delta 1}$，转子绕组中的电动势 $\dot{E}_{2v}$ 即由 $B_{\delta 1}$ 产生。

假定转子绕组已折算到定子绕组的匝数和电网频率，则异步电动机在能耗制动时各电流之间关系为

$$\dot{I}_m = \dot{I}_1 + \dot{I}_2' \tag{6-88}$$

式中，$I_2' = (m_2 N_2 k_{w2}) I_2 / (m_1 N_1 k_{w1})$ 为折算到定子侧的转子电流，m_1、m_2 为定、转子的相数；$\dot{I}_m$ 为产生合成磁动势 F_δ 的励磁电流。

3. 转子电动势方程式及等效电路

（1）转差率及转子电动势 能耗制动时，由于转子频率 $f_2 = pn/60$，而不是 $f_2 = p\Delta n/60$，因此在此定义能耗制动时的转差率 ν 为

$$\nu = \frac{n}{n_1} \tag{6-89}$$

转子感应电动势的频率为

$$f_2 = \nu f_1 \tag{6-90}$$

转子电动势 E_{2v} 为

$$E_{2v} = 4.44 f_1 \nu N_2 k_{w2} \Phi_m = \nu E_2 \tag{6-91}$$

式中，Φ_m 为每极平均磁通；$E_2 = 4.44 f_1 N_2 k_{w2} \Phi_m$ 为 $n = n_1$ 时转子一相电动势的有效值。

（2）转子电动势方程式及等效电路 假定转子绕组已折算到定子绕组的相数、匝数、绕组系数和电网频率，则转子电动势方程式可写为

$$\dot{E}_2' = \dot{I}_2' \left(\frac{r_2'}{\nu} + j x_2' \right) \tag{6-92}$$

忽略电机的铁损时，转子电动势也可表示为

$$\dot{E}_2' = \dot{E}_1' = -j \dot{I}_m x_m \tag{6-93}$$

由式（6-92）和式（6-93）可画出能耗制动时异步电动机的等效电路，如图 6-50 所示。

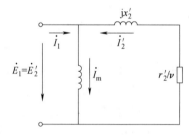

图 6-50 能耗制动时异步
电动机的等效电路

由式（6-88）可画出能耗制动时异步电动机电流相量图，如图 6-51 所示。图中，定子等效交流电流 $\dot{I}_1$ 幅值是恒定的，而转子电流 I_2' 的大小及相位则随 n 而改变，因此在不同转速下励磁电流的大小也将不同。当 $\dot{I}_2'$ 变化时，$\dot{I}_1$ 相量的端点轨迹是以坐标原点为圆心的圆。当转速高时，$\dot{I}_2'$ 的幅值及转子阻抗角都较大，转子磁动势的去磁作用较强，F_δ 和 $\dot{\Phi}_m$ 都小，$\dot{I}_m$ 也较小；$n = 0$ 时，$\dot{I}_2' = 0$，$\dot{I}_m = \dot{I}_{m0} = \dot{I}_1$，此时 F_δ 和 $\dot{\Phi}_m$ 均较大，主磁通将出现饱和。由于磁饱和的影响，励磁电抗 x_m 随 I_m 而变化，高速时 x_m 大，低速时 x_m 小，E_2 与 I_m 之间的关系由电动机的磁化曲线决定。

注意：异步电动机能耗制动时的基本方程式、等效电路及相量图都是站在转子上观察，即认为转

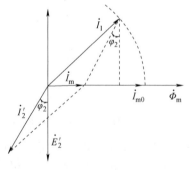

图 6-51 能耗制动时异步
电动机的电流相量图

子不动时导出的，这一点需引起注意。

4. 能耗制动时的机械特性

能耗制动时的电磁转矩为

$$T = \frac{P_M}{\Omega_1} = \frac{1}{\Omega_1} 3 I_2'^2 \frac{r_2'}{\nu} \tag{6-94}$$

根据图 6-51 的电流相量关系可得

$$I_1^2 = I_2'^2 + I_m^2 - 2 I_2' I_m \cos(90° + \varphi_2) = I_2'^2 + I_m^2 + 2 I_2' I_m \sin\varphi_2 \tag{6-95}$$

由式（6-92）和式（6-93）可得

$$I_m = \frac{E_2'}{x_m} = \frac{I_2'}{x_m} \sqrt{\left(\frac{r_2'}{\nu}\right)^2 + x_2'^2} \tag{6-96}$$

$$\sin\varphi_2 = \frac{x_2'}{\sqrt{\left(\frac{r_2'}{\nu}\right)^2 + x_2'^2}} \tag{6-97}$$

把式（6-96）、式（6-97）代入式（6-95），整理可得

$$I_2' = \frac{I_1 x_m}{\sqrt{\left(\frac{r_2'}{\nu}\right)^2 + (x_m + x_2')^2}} \tag{6-98}$$

将式（6-98）代入式（6-94），可得参数机械特性表达式为

$$T = \frac{3}{\Omega_1} \frac{I_1^2 x_m^2 \dfrac{r_2'}{\nu}}{\left(\dfrac{r_2'}{\nu}\right)^2 + (x_m + x_2')^2} \tag{6-99}$$

由式（6-99）可见，异步电动机能耗制动时的转矩决定于等效电流 I_1，并与 r_2' 及 ν 有关。

由式（6-99）可求得能耗制动时的最大转矩和对应的转差率为

$$\nu_m = \frac{r_2'}{x_m + x_2'} \tag{6-100}$$

$$T_m = \frac{3}{\Omega_1} \frac{I_1^2 x_m^2}{2(x_m + x_2')} \tag{6-101}$$

用式（6-101）除式（6-99），并考虑式（6-100），可得能耗制动时机械特性的实用表达式为

$$T = \frac{2 T_m}{\dfrac{\nu}{\nu_m} + \dfrac{\nu_m}{\nu}} \tag{6-102}$$

图 6-52 为能耗制动时异步电动机的机械特性。下面分析改变励磁电流和转子回路电阻时机械特性的变化情况。

1）当转子回路电阻不变而改变励磁电流 I_d 时，由式（6-100）和式（6-101）可

245

知，对应最大转矩的转差率 ν_m 不变，最大转矩 T_m 随着 I_d 的增加而增大，如图 6-52 中曲线 1 和 2 所示。此时，类似于正常异步电动机的降电压人为机械特性，只是同步转速 $n_1=0$。

2）当励磁电流 I_d 不变而改变转子回路电阻时，由式（6-100）和式（6-101）可知，最大转矩 T_m 与转子回路电阻无关，保持不变，而转差率 ν_m 随转子回路电阻（r_2+R）的增大而增大，如图 6-52 中曲线 1 和 3 所示。此时，与正常绕线型异步电动机的转子回路串电阻人为机械特性相似，只是同步转速 $n_1=0$。

5. 能耗制动运行

异步电动机拖动反抗性恒转矩负载运行时，可以采用能耗制动实现快速、准确停车，如图 6-53 所示。电动机原先在固有机械特性曲线 1 上 A 点稳定运行，采用能耗制动停车时，电动机的运行点将从 A 点过渡到能耗制动机械特性曲线 2 上的 B 点，并沿着 $B \rightarrow O$ 变化，到 O 点 $n=0$，制动过程结束。

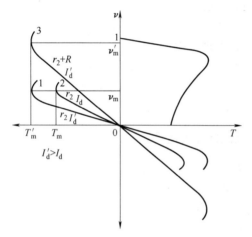

图 6-52　三相异步电动机能耗制动机械特性

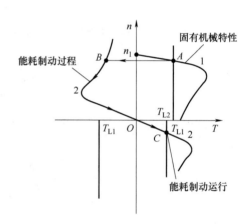

图 6-53　三相异步电动机的能耗制动

如果拖动位能负载，当制动到 $n=0$ 时，若不立即使用机械闸把电动机转子制动住，那么，在位能负载转矩作用下电动机将反转，运行点沿 $O \rightarrow C$ 变化，直到 C 点 $T=T_{L2}$，稳定运行。C 点为第Ⅳ象限能耗制动的稳定运行点，用于拖动位能性负载恒速下放。

第Ⅳ象限能耗制动时的功率关系与第Ⅱ象限能耗制动时相同，只是第Ⅳ象限能耗制动时电动机轴上输入的机械功率靠重物下降时减少的位能来提供。

能耗制动适合于经常起动、反转、并要求准确停车的生产机械，如轧钢车间升降台、矿井卷扬机等。

五、四象限运行状态

三相异步电动机在电动和各种制动状态下运行时的机械特性，分布于直角坐标系的四个象限中，如图 6-54 所示。

Ⅰ、Ⅲ象限为电动状态，A、B、C、D 是稳定运行工作点；Ⅱ、Ⅳ象限为制动状态。

为了区别制动过渡过程的制动状态和稳定运行的制动状态，前者称为制动过程，

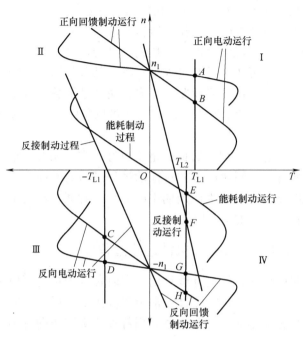

图 6-54 三相异步电动机的各种运行状态

后者称为制动运行。例如，第Ⅱ象限的能耗制动过程、反接制动过程等；第Ⅳ象限的反接制动运行（图中 F 点）、能耗制动运行（图中 E 点）、反向回馈制动运行（图中 G、H 点）等。

实际运行的三相异步电动机电力拖动系统，根据负载性质和生产工艺的特点不同，可以改变电动机的运行状态，以满足生产工艺的要求。

第六节 三相异步电动机拖动系统的过渡过程及能量损耗

在分析电力拖动系统时，若系统处于某一稳定平衡的工作状态则称为稳态或静态。研究分析稳态的主要工具是机械特性，而机械特性也只能表征拖动系统的稳定工作状态，故机械特性称为静态特性。

电力拖动系统在运行中，当电机的参数或负载转矩发生变化时，拖动系统将从一种稳定工作状态转变为另一种稳定工作状态，由于这一转变过程受到系统存在着的惯性（机械惯性、电磁惯性和热惯性等）的影响，使得电动机的转速、电流、转矩及功率等物理量不可能从一种稳定状态时的数值突变为另一种稳定状态下的数值，而必须经过一个连续变化的过程，即所谓过渡过程。

在过渡过程中，拖动系统的各物理量都是时间的函数，描述其变化规律的特性曲线 $n=f(t)$、$T=f(t)$、$I=f(t)$ 和 $P=f(t)$ 等称为拖动系统的过渡过程特性曲线，即动态特性曲线。

发生过渡过程的外因是电机参数或负载的突然变化，而内因是拖动系统存在着惯性。其中机械惯性主要反映在系统的飞轮矩 GD^2 上，它使转速不能突变；电磁惯性主要反映在电枢回路电感与励磁回路电感上，它使电枢电流与励磁电流均不能突变；热惯性主要反映在电机的热容量上，它使电机的温度不能突变。

由于热惯性太大，致使温度的变化比转速和电流等的变化要慢得多，往往当机械过渡过程和电磁过渡过程已经结束时，电机的各部分温度变化甚微，因此，热惯性的影响一般可不予考虑，即可认为过渡过程中电机各部分的温度不变，因而电阻值也不变。至于电磁惯性，因其比机械惯性要小得多，往往是机械过渡过程才刚刚开始时电磁过程就已结束。因此，一般情况下，电磁惯性可以忽略不计，这种只考虑机械惯性的过渡过程，称为机械过渡过程。

研究电力拖动系统过渡过程的目的，是要更好地掌握系统起动、制动、调速等过渡过程的规律，满足各种不同生产机械对拖动过程提出的不同要求。合理地设计电力拖动系统及其控制线路，可缩短生产周期中的非生产时间、提高生产率、减少过渡过程中的能量损耗、提高系统的动态性能指标。

一、三相异步电动机拖动系统的机械过渡过程

由于异步电动机的机械特性是非线性的，有时负载转矩也不恒定，用解析法求解系统的过渡过程变得十分复杂，因此过去常用图解法来分析异步电动机拖动系统的过渡过程。图解法虽然概念清楚，容易理解，但精度不高，作图麻烦，工作效率低，近年来已经逐渐被计算机仿真方法所代替，并已有专门的课程讲解电力拖动系统的仿真，在此不再详述。本书仅以起动为例介绍三相异步电动机机械过渡过程 $n = f(t)$ 的数值解法。

拖动系统的运动方程可写为

$$\frac{\mathrm{d}n}{\mathrm{d}t} = (T - T_{\mathrm{L}}) \frac{375}{GD^2} \tag{6-103}$$

为了在每一个小的时间增量 Δt_{i} 内进行数值计算，将式（6-103）改写成增量形式为

$$\frac{\Delta n}{\Delta t} = (T - T_{\mathrm{L}}) \frac{375}{GD^2} \tag{6-104}$$

每当给出一个 Δt_{i}，对应这个 Δt_{i} 可以算出相应的 $T(n_{\mathrm{i}})$ 和 $T_{\mathrm{L}}(n_{\mathrm{i}})$，代入式（6-104）可算出 Δn_{i}。其中，$T(n_{\mathrm{i}})$ 可以根据转矩的实用公式 $T = \dfrac{2T_{\mathrm{m}}}{\dfrac{s_{\mathrm{m}}}{s} + \dfrac{s}{s_{\mathrm{m}}}}$ 求得；$T_{\mathrm{L}}(n_{\mathrm{i}})$ 可按负载机械特性表达式算出。在此，假定 T_{L} 是恒转矩负载 $T_{\mathrm{L}} = \lambda_{\mathrm{f}} T_{\mathrm{N}}$，$\lambda_{\mathrm{f}}$ 为常数。

对应一系列 Δt_{i} 算出相应的一系列 Δn_{i}，将这一系列的 Δt_{i} 和 Δn_{i} 逐次累加求和就得出了系统过渡过程 $n = f(t)$ 曲线，即

$$n(t) = \sum_{i=1}^{n} \Delta n_i = \sum_{i=1}^{n} \left[T(n_i) - T_{\mathrm{L}}(n_i) \right] \frac{375}{GD^2} \Delta t \tag{6-105}$$

或者写成离散形式为

$$n(k) = n(k-1) + \Delta n(k) \tag{6-106}$$

为计算某一时刻对应的转速，需要得到 T 和 T_{L} 两个转矩值，并且已知的参数包括额定功率、额定转速、过载倍数、负载转矩对额定转矩的比例系数、频率、极对数和

飞轮力矩。

首先，利用转矩的实用公式计算转矩，为算出转矩需做的准备计算包括：

额定转矩：$T_N = 9550 \dfrac{P_N}{n_N}$

同步转速：$n_1 = \dfrac{60 f_1}{p}$

额定转差率：$s_N = \dfrac{n_1 - n_N}{n_1}$

临界转差率：$s_m = s_N (\lambda_m + \sqrt{\lambda_m^2 - 1})$

最大转矩：$T_m = \lambda_m T_N$

转差率：$s = \dfrac{n_1 - n}{n_1}$

然后，利用 $T_L = \lambda_f T_N$ 计算负载转矩。至此，可根据上一时刻的转速及这一时刻的时间增量计算出每一时刻对应的转速。

图 6-55 是异步电动机拖动恒转矩负载起动的机械过渡过程 $n = f(t)$ 的仿真曲线。拖动系统数据：三相异步电动机 $P_N = 7.5\text{kW}$，$n_N = 925\text{r/min}$，$f_1 = 50\text{Hz}$，$\lambda_m = 2$，$p = 3$。负载转矩对额定转矩的比例系数 $\lambda_f = 0.7$，系统总飞轮力矩 $GD^2 = 39.2\text{N·m}^2$。

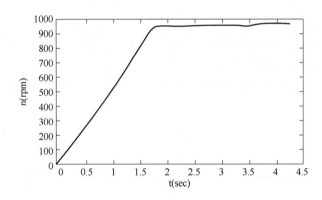

图 6-55　异步电动机拖动恒转矩负载起动的机械过渡过程 $n = f(t)$ 的仿真曲线

二、三相异步电动机过渡过程的能量损耗

异步电动机在起动、制动、调速等过渡过程中，电流比正常工作时大很多，如笼型转子异步电动机直接起动时的电流常为额定电流的 4~7 倍。因此，当异步电动机频繁起、制动时，消耗的能量比正常工作时大得多，这将使电动机发热严重。为使电动机不致因过热而降低使用寿命或烧毁，不得不对异步电动机的起动次数进行限制。

研究异步电动机过渡过程的能量损耗，在于掌握异步电动机过渡过程能量损耗的规律，找出减少过渡过程能量损耗的方法。

因起动、制动、调速等过渡过程中电流比正常工作时大很多，而铜损与电流的二次方成正比，所以过渡过程中电动机的铜损比不变损耗（铁损和机械损耗）大很多。

因此，为了简化问题，忽略电动机的不变损耗（铁损和机械损耗），只考虑电动机过渡过程的铜损，并仅对异步电动机空载起动、能耗制动和反接制动三种情况进行分析。

1. 过渡过程能量损耗的通用表达式

异步电动机定子与转子电路均有铜损，则电动机过渡过程的能量损耗为

$$\Delta A = \int_0^t 3I_1^2 r_1 \, dt + \int_0^t 3I_2'^2 r_2' \, dt \tag{6-107}$$

如果略去空载电流 I_0，则有 $I_1 = I_2'$，式（6-107）可以写成

$$\Delta A = \int_0^t 3I_2'^2 r_2' \left(1 + \frac{r_1}{r_2'} \right) dt \tag{6-108}$$

由于转子铜损为 $P_{\mathrm{Cu2}} = 3I_2'^2 r_2' = sP_{\mathrm{M}} = sT\Omega_1$，式（6-108）可以写成

$$\Delta A = \int_0^t T\Omega_1 \left(1 + \frac{r_1}{r_2'} \right) s \, dt \tag{6-109}$$

对于空载过渡过程（$T_{\mathrm{L}} = 0$），电力拖动系统的运动方程式可写为

$$T = J \frac{d\Omega}{dt} = J \frac{d\Omega_1(1-s)}{dt} = -J\Omega_1 \frac{ds}{dt} \tag{6-110}$$

将式（6-110）代入式（6-109）可得

$$\Delta A = \int_{s_i}^{s_x} -J\Omega_1^2 \left(1 + \frac{r_1}{r_2'} \right) s \, ds = \frac{1}{2} J\Omega_1^2 \left(1 + \frac{r_1}{r_2'} \right) (s_i^2 - s_x^2) \tag{6-111}$$

式中，s_i 为过渡过程的初始转差率；s_x 为过渡过程的终止转差率。

式（6-111）就是异步电动机拖动系统空载过渡过程能量损耗的通用表达式。

2. 空载起动过程电动机的能量损耗

空载起动时，$s_i = 1$，$s_x \approx 0$，代入式（6-111），可得空载起动过程电动机的能量损耗 ΔA_{st} 为

$$\Delta A_{\mathrm{st}} = \frac{1}{2} J\Omega_1^2 \left(1 + \frac{r_1}{r_2'} \right) \tag{6-112}$$

可见，异步电动机空载起动过程的能量损耗与系统储存的能量有关，与定、转子电阻之比有关。

3. 空载定子两相反接的反接制动过程的能量损耗

空载定子两相反接的反接制动，$s_i \approx 2$，$s_x = 1$，代入式（6-111），可得空载定子两相反接的反接制动过程电动机的能量损耗 ΔA_{T1} 为

$$\Delta A_{\mathrm{T1}} = \frac{1}{2} J\Omega_1^2 \left(1 + \frac{r_1}{r_2'} \right) (2^2 - 1^2) = \frac{3}{2} J\Omega_1^2 \left(1 + \frac{r_1}{r_2'} \right) = 3\Delta A_{\mathrm{st}} \tag{6-113}$$

可见，定子两相反接的反接制动过程的能量损耗为直接起动过程能量损耗的 3 倍。

4. 空载能耗制动过程的能量损耗

由式（6-94）和 $\nu = \frac{n}{n_1} = \frac{\Omega}{\Omega_1}$，可得异步电动机能耗制动时的转矩 T 为

$$T = \frac{1}{\Omega_1} 3I_2'^2 \frac{r_2'}{\nu} = 3I_2'^2 \frac{r_2'}{\Omega} \tag{6-114}$$

空载能耗制动过程的运动方程式为

$$-T = J\frac{\mathrm{d}\Omega}{\mathrm{d}t} \tag{6-115}$$

将式（6-114）代入式（6-115），可得

$$3I_2'^2 r_2' = -J\Omega\frac{\mathrm{d}\Omega}{\mathrm{d}t} \tag{6-116}$$

将式（6-116）代入式（6-108），可得空载能耗制动过程的能量损耗 ΔA_{T2} 为

$$\Delta A_{T2} = \int_{\Omega_1}^{0} -J\Omega\left(1+\frac{r_1}{r_2'}\right)\mathrm{d}\Omega = \frac{1}{2}J\Omega_1^2\left(1+\frac{r_1}{r_2'}\right) = \Delta A_{st} \tag{6-117}$$

可见，空载能耗制动过程的能耗与空载起动过程的能耗相等。

5. 减小异步电动机过渡过程能量损耗的方法

综合上述的分析计算，减小异步电动机过渡过程能量损耗的方法有 3 种。

（1）减小拖动系统的动能储存量 $J\Omega_1^2/2$　在频繁起、制动的拖动系统中，选择转子细长的电动机或者采用两台一半容量的电动机组成双电动机拖动系统，都可以减少过渡过程中的能量损耗。适当选择电动机的额定转速，亦即选择最合适的传动比，也能减小过渡过程的能量损耗。

（2）合理选择电动机的起、制动方式　定子两相反接的反接制动过程的能量损耗是能耗制动过程能量损耗的三倍。因此，如不是要求快速正、反转的设备，应尽量避免采用反接制动。

因能量损耗与 Ω_1 的二次方成正比，因此采用由低速到高速分级起动的方法，可以有效地降低起动过程中的能量损耗。在变频调速的异步电动机拖动系统中，起动时频率由低而高平滑变化，制动时频率由高而低平滑变化都可以更有效地减少过渡过程能量损耗。

（3）合理选择电动机参数　增加异步电动机转子电阻可以减少过渡过程中的能量损耗。因此，绕线型异步电动机采用转子串电阻的方法，笼型异步电动机选用电阻率高的转子导条，都可以减小过渡过程中的能量损耗。

例6-7　一台双速异步电动机，两个同步转速分别是 3000r/min 和 1500r/min，拖动系统的转动惯量为 $J=0.98\mathrm{kg\cdot m^2}$，$r_1/r_2'=1.5$。试计算空载直接起动和分级起动时电动机的能量损耗。

解：（1）空载直接起动时电动机的能量损耗

$$\Delta A_{st} = \frac{1}{2}J\Omega_1^2\left(1+\frac{r_1}{r_2'}\right)(s_i^2-s_x^2)$$

$$= \frac{1}{2}\times0.98\times\left(\frac{2\pi\times3000}{60}\right)^2(1+1.5)(1^2-0^2)\mathrm{J} = 120900\mathrm{J}$$

（2）空载分级起动时的能量损耗

$$\Delta A_{st1} = \frac{1}{2}\times0.98\times\left(\frac{2\pi\times1500}{60}\right)^2(1+1.5)(1^2-0)\mathrm{J} = 30225\mathrm{J}$$

$$\Delta A_{st2} = \frac{1}{2}\times0.98\times\left(\frac{2\pi\times3000}{60}\right)^2(1+1.5)(0.5^2-0^2)\mathrm{J} = 30225\mathrm{J}$$

$$\Delta A_{st} = \Delta A_{st1} + \Delta A_{st2} = 60450J$$

可见，分两级起动的能量损耗是直接起动时能量损耗的一半。

 ## 思考题与习题

6-1 三相异步电动机的机械特性，当 $0<s<s_m$ 时，电磁转矩 T 随 s 增加而增大，$s_m<s<1$ 时电磁转矩随 s 增加而减小，这是为什么？

6-2 什么是异步电动机的固有机械特性？什么是异步电动机的人为机械特性？

6-3 三相异步电动机最大转矩的大小与定子电压、转子电阻分别有什么关系？异步电动机可否在最大转矩下长期运行？为什么？

6-4 绕线型异步电动机拖动恒转矩负载运行时，若增大转子回路外串电阻，电动机的电磁功率、转子电流、转子回路的铜损及其轴输出功率将如何变化？

6-5 三相异步电动机拖动恒转矩负载运行在额定状态，$T_L = T_N$。如果电压突然降低，那么，电动机的机械特性以及转子电流将如何变化？

6-6 为什么三相异步电动机定子回路串入三相电阻或电抗时最大转矩和临界转差率都要减小？

6-7 笼型异步电动机起动电流大而起动转矩却不大，这是为什么？

6-8 笼型异步电动机能否直接起动主要考虑哪些条件？不能直接起动时为什么可以采用减压起动？减压起动时对起动转矩有什么要求？

6-9 定子串电阻或电抗减压起动的主要优、缺点是什么？适用什么场合？

6-10 三相笼型异步电动机的额定电压为380V/220V，电网电压为380V时能否采用 Y-D 空载起动？

6-11 采用自耦变压器减压起动时，如果自耦变压器的电压比为 k_a，电动机的初始起动电流、初始起动转矩以及电网供给的最大起动电流与直接起动相比较各降低多少？自耦变压器减压起动的主要优、缺点是什么？适用于什么场合？

6-12 为什么深槽及双笼转子异步电动机的起动转矩大？

6-13 绕线型异步电动机起动时，转子串入适当的电阻使起动电流减小了，而起动转矩反而增大了，这是为什么？如果把电阻串在定子电路中或在定子电路中串入电抗是否也能起到减小起动电流、增大起动转矩的作用？为什么？转子串电阻起动主要用于什么场合？

6-14 三相绕线型异步电动机转子串频敏变阻器起动时，其机械特性有什么特点？为什么？频敏变阻器的铁心为什么用厚钢板而不用硅钢片？

6-15 为什么变极调速适合于笼型异步电动机而不适合于绕线型异步电动机？

6-16 三相异步电动机改变极对数后，若电源的相序不变，电动机的旋转方向会怎样？

6-17 YY-Y 联结和 YY-D 联结的变极调速都可以实现二极变四极，为什么前者属于恒转矩调速方式而后者却为近似恒功率调速方式？

6-18 异步电动机拖动恒转矩负载运行，采用减压调速方法，在低速下运行时会有什么问题？

6-19　异步电动机定子减压调速和转子串电阻调速同属消耗转差功率的调速方法，为什么在同一转矩下减压调速时转子电流增大，而转子串电阻调速时转子电流却不变？

6-20　三相异步电动机在基频以下变频调速时，如果只降低电源频率而电源电压的大小为额定值不变是否可以？为什么？

6-21　三相异步电动机保持 E_1/f_1 = 常数在基频以下变频调速，其不同频率下的机械特性有什么特点？

6-22　三相异步电动机保持 U_1/f_1 = 常数，在基频以下变频调速时，为什么在较低的频率下运行时其过载能力下降较多？

6-23　三相异步电动机 $2p=4$，$n_N=1440r/min$，在额定负载下，保持 E_1/f_1 = 常数，将定子频率降至 $25Hz$ 时，电动机的调速范围和静差率各是多少？

6-24　三相异步电动机基频以上变频调速，保持 $U_1=U_N$ 不变时，电动机的最大转矩将如何变化？能否拖动恒转矩负载？为什么？

6-25　为什么三相异步电动机串级调速时效率较高？

6-26　笼型异步电动机采用定子两相反接的反接制动时为什么每小时的制动次数不能太多？

6-27　三相绕线型异步电动机拖动恒转矩负载运行，在电动状态下增大转子电阻时电动机的转速降低，而在转速反向的反接制动时增大转子外串电阻会使转速升高，这是为什么？

6-28　能否说"三相异步电动机只要转速超过同步转速就进入回馈制动状态"？为什么？

6-29　试说明突然降低三相异步电动机定子电源频率时电动机的降速过程。

6-30　三相异步电动机能耗制动时，保持通入定子绕组的直流电流恒定，在制动过程中气隙磁通是否变化？如何变化？

6-31　三相异步电动机能耗制动时，制动转矩与通入定子绕组中的直流电流有何关系？转子回路电阻对制动开始时的制动转矩有何影响？

6-32　一台三相六极笼型异步电动机的数据为：$U_N=380V$，$n_N=975r/min$，$f_N=50Hz$，定子绕组 Y 联结，$r_1=2.08\Omega$，$r_2'=1.53\Omega$，$x_1=3.12\Omega$，$x_2'=4.25\Omega$，试求：（1）额定转差率；（2）最大转矩；（3）过载能力；（4）最大转矩对应的转差率。

6-33　一台三相绕线型异步电动机的数据为：$P_N=75kW$，$n_N=720r/min$，$I_{1N}=148A$，$\eta_N=90.5\%$，$\cos\varphi_N=0.85$，$\lambda_m=2.4$，$E_{2N}=213V$，$I_{2N}=220A$。求：（1）额定转矩；（2）最大转矩；（3）最大转矩对应的转差率；（4）用实用公式绘制电动机的固有机械特性；（5）计算 r_2。

6-34　一台三相绕线型异步电动机，额定数据为：$P_N=16kW$，$U_{1N}=380V$，定子绕组 Y 联结，$E_{2N}=223.5V$，$I_{2N}=47A$，$n_N=717r/min$，$\lambda_m=3.15$。电动机拖动恒转矩负载 $T_L=0.7T_N$，在固有机械特性上稳定运行。当突然在转子电路中串入三相对称电阻 $R=1\Omega$，求：

（1）在串入转子电阻瞬间电动机产生的电磁转矩；

（2）电动机稳定运行后的转速 n、输出功率 P_2、电磁功率 P_M 及外串电阻 R 上消耗的功率；

（3）在转子串入附加电阻前后的两个稳定状态下，电动机转子电流是否变化？

6-35 一台绕线转子异步电动机的铭牌数据为 $P_N = 75\mathrm{kW}$，$U_{1N} = 380\mathrm{V}$，$n_N = 1460\mathrm{r/min}$，$I_{1N} = 144\mathrm{A}$，$E_{2N} = 399\mathrm{V}$，$I_{2N} = 116\mathrm{A}$，$\lambda_m = 2.8$，负载转矩 $T_L = 0.8T_N$。如果要求电动机的转速为 $500\mathrm{r/min}$，求转子每相应串入的电阻值。

6-36 一台三相笼型异步电动机技术数据如下：$P_N = 320\mathrm{kW}$，$U_{1N} = 6000\mathrm{V}$，$n_N = 740\mathrm{r/min}$，$I_{1N} = 40\mathrm{A}$，Y 联结，$\cos\varphi_N = 0.83$，起动电流倍数 $K_I = 5.04$，起动转矩倍数 $K_T = 1.93$，过载倍数 $\lambda_m = 2.2$。试求：

（1）直接起动时的初始起动电流和初始起动转矩；

（2）把初始起动电流限定在 $160\mathrm{A}$ 时，定子回路每相应串入的电抗是多少？初始起动转矩是多大？

6-37 三相笼型异步电动机，已知 $U_N = 380\mathrm{V}$，$n_N = 1450\mathrm{r/min}$，$I_N = 20\mathrm{A}$，D 联结，$\cos\varphi_N = 0.87$，$\eta_N = 87.5\%$，$K_I = 7$，$K_T = 1.4$，最小转矩 $T_{min} = 1.1T_N$。试求：

（1）轴输出的额定转矩；

（2）电网电压降低到多少伏以下就不能拖动额定负载起动？

（3）采用 Y-D 起动时初始起动电流为多少？当 $T_L = 0.5T_N$ 时能否起动？

（4）采用自耦变压器减压起动，并保证在 $T_L = 0.5T_N$ 时能可靠起动，自耦变压器的电压比 k_a 为多少？电网供给的最初起动电流是多少？

6-38 某生产机械所用三相绕线型异步电动机技术数据为：$P_N = 28\mathrm{kW}$，$I_{1N} = 96\mathrm{A}$，$n_N = 965\mathrm{r/min}$，$E_{2N} = 197\mathrm{V}$，$I_{2N} = 71\mathrm{A}$，定转子绕组均为 Y 联结，$\lambda_m = 2.26$。若拖动 $T_L = 230\mathrm{N\cdot m}$ 的恒转矩负载，采用转子串电阻分级起动，试确定起动级数并计算各级起动电阻的数值。

6-39 某笼型异步电动机技术数据为：$P_N = 11\mathrm{kW}$，$U_N = 380\mathrm{V}$，$I_N = 21.8\mathrm{A}$，$n_N = 2930\mathrm{r/min}$，$\lambda_m = 2.2$，拖动 $T_L = 0.8T_N$ 的恒转矩负载运行。求：

（1）电动机的转速；

（2）若降低电源电压到 $0.8U_N$ 时电动机的转速；

（3）若频率降低到 $0.8f_N = 40\mathrm{Hz}$，保持 E_1/f_1 不变时电动机的转速。

6-40 一台绕线型异步电动机 $P_N = 30\mathrm{kW}$，$n_N = 726\mathrm{r/min}$，$U_{1N} = 380\mathrm{V}$，$E_{2N} = 285\mathrm{V}$，$I_{2N} = 65\mathrm{A}$，$\lambda_m = 2.8$。该电动机拖动反抗性恒转矩负载，$T_L = 0.8T_N$，在固有机械特性上运行，现采用定子两相反接的反接制动停车，制动开始时在转子电路中每相串入 2.12Ω 电阻。试求：

（1）制动开始瞬间电动机产生的电磁转矩；

（2）制动到 $n = 0$ 时不切断定子电源，也不采用机械制动措施，求电动机的最后稳定转速。

6-41 电动机的数据与习题 6-40 相同，并已知转子的额定铜损为 $1027\mathrm{W}$，风阻摩擦和杂散损耗之和为 $1050\mathrm{W}$，该电动机拖动起重机的提升机构。采用转子反向的反接制动下放重物。已知电动机的负载转矩 $T_L = T_N$；转子回路每相串入电阻 $R = 3.1\Omega$。试求：（1）电动机的转速；（2）转子外串电阻上的功率损耗；（3）电动机的轴功率。

6-42 一台绕线型异步电动机的技术数据为：$P_N = 75\mathrm{kW}$，$n_N = 720\mathrm{r/min}$，$\lambda_m = 2.4$，$E_{2N} = 213\mathrm{V}$，$I_{2N} = 220\mathrm{A}$，定、转子均为 Y 联结，该电动机拖动反抗性恒转矩负

载，$T_L = T_N$。求：

（1）要求起动转矩 $T_{st} = 1.5T_N$ 时，转子每相应串入多大电阻？

（2）如果在固有机械特性上运行时进行定子两相反接的反接制动停车，要求制动开始时的转矩 $T = 2T_N$，转子每相应串入多大电阻？

6-43　某绕线型异步电动机：$P_N = 60$kW，$n_N = 960$r/min，$\lambda_m = 2.5$，$E_{2N} = 220$V，$I_{1N} = 195$A。该电动机拖动位能性恒转矩负载，提升重物时电动机的负载转矩 $T_L = 530$N·m。求：

（1）电动机在固有机械特性上提升重物时的转速为多少？

（2）若使下放时电动机的转速为 $n = -280$r/min，不改变电源相序，转子回路中应串入多大电阻？

（3）若在电动机不断电的条件下，欲使重物停在空中，应如何处理？并做定量计算。

第七章
同步电机

顾名思义，同步电机即转子运行在同步转速的电机。同步电机转子的转速与供电频率之间符合严格的同步关系。

根据电机运行状态的不同，可分为同步发电机、同步电动机和同步补偿机三类。

同步发电机应用十分广泛，现在世界上几乎所有的发电厂用的都是同步发电机。

同步电动机过去虽然有起动比较困难、不易调速等缺点，限制了它的应用，但由于它可以通过调节励磁电流改善电网功率因数，所以在大型不调速设备中也得到了较广泛的应用。近年来，由于交流变频技术的发展，解决了同步电动机的变频调速问题。同步电动机的应用场合大为增加，在矿井卷扬、可逆轧机这样一些要求非常高的拖动控制系统中也得到了广泛的应用，并且相当成功。

同步补偿机实际上是空载运行的同步电动机，主要用来改善电网的功率因数。

根据转子励磁方式的不同，同步电机又可分为永磁式同步电机和转子直流绕组励磁的同步电机。

永磁式同步电机受制造和加工工艺的约束，其单机容量多在几千瓦至几兆瓦的范围内，它既可以作电动机运行也可以作发电机运行。

转子直流绕组励磁同步电机的单机容量则较大，常见的汽轮同步发电机和水轮同步发电机的容量高达几百兆瓦至几千兆瓦，转子直流绕组励磁同步电动机的容量也可达到兆瓦级的范围。

鉴于以上优点，同步电机在许多领域得到广泛应用。例如，作为伺服驱动电动机，可应用于航空航天、工业机器人、高精度数控机床、电动汽车及家用电器等领域；作为发电机时，可应用于核动力、风力及磁流体等各类新能源发电领域以及火力、水力及柴油机、汽油机发电等传统发电领域。除此之外，永磁同步电机还广泛应用于各类车辆的起动/发电等场合。

与异步电机相比，同步电机除了在定子绕组结构以及定子多相绕组通以多相对称电流产生旋转磁场的机理上相同外，其转子结构、运行原理和运行特性等均具有明显的特征。为此，本章将对有关同步电机的运行原理、电磁过程和运行特性进行详细讨论。若无特殊说明，本章均以三相同步电机为例讨论。

第一节　同步电机的基本结构、原理、运行状态及额定值

一、同步电机的基本结构

按照结构形式，同步电机可以分为旋转电枢式和旋转磁极式两类。

旋转电枢式的电枢装设在转子上，主磁极装设在定子上，这种结构在小型同步电

机中得到一定的应用。对于高压、大型的同步电机，通常采用旋转磁极式结构。由于励磁部分的容量和电压要比电枢小很多，把主磁极装设在转子上，电刷和集电环的负载可大为减轻，工作条件得以改善，运行的可靠性明显提高。目前，旋转磁极式结构已成为中、大型同步电机的基本结构形式。

在旋转磁极式电机中，按照主极的形状，又可分成凸极式和隐极式，如图7-1所示。

下面以汽轮发电机为例来说明隐极式同步电机的结构。

现代的汽轮发电机一般都是两极的，同步转速为3000r/min（国家标准50Hz条件）。由于转速高，所以汽轮发电机的直径较小，长度较长。汽轮发电机均为卧式结构，图7-2为一台汽轮发电机的定子。

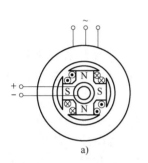

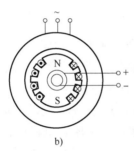

图7-1　旋转磁极式同步电机的两种基本形式
a）凸极式　b）隐极式

图7-2　汽轮发电机的定子

凸极式同步电机转子结构

隐极式同步电机转子结构

汽轮发电机由定子铁心、定子绕组、机座、端盖等部件组成。定子铁心一般由0.35mm或0.5mm的冷轧无取向硅钢片叠成，每叠厚度为3~6cm，叠与叠之间留有宽度为0.6~0.8cm的通风沟，以便定子绕组和铁心的冷却。铁心的两端用非磁性压板压紧后，固定在机座上。定子绕组通常采用双层短距叠绕组。为减小定子绕组内的涡流及其引起的杂散铜损，定子线圈由多股包有股线绝缘的扁铜线并联组成，股线在槽内的位置要依次进行"换位"处理。股线所组成的线棒在连续包绕多层环氧玻璃粉云母带作为槽绝缘后，经加热模压形成，使其在外形、尺寸、绝缘、耐热、电气和机械特性等方面均达到规定的要求后，方可嵌入定子槽内。

大容量汽轮发电机的转子周速可达170~180m/s。由于周速高，转子受到极大的机械应力，因此转子一般都用具有良好导磁性能的整块高强度合金钢锻造而成。沿转子表面约2/3部分铣有轴向凹槽，以嵌放励磁绕组；不开槽的部分组成一个"大齿"，嵌线部分和大齿一起构成主磁极。为把励磁绕组可靠地固定在转子槽内，转子采用非磁性的合金槽楔，绕组端部套上用高强度非磁性钢锻成的保护环。图7-3为一台大型汽轮发电机的转子。由于汽轮发电机的机身比较长，转子和电机中部的通风比较困难，所以良好的通风冷却系统对汽轮发电机非常重要。

凸极式同步电机通常可分为卧式（横式）和立式两种结构。绝大部分的同步电动机、同步补偿机和用内燃机或冲击式水轮机拖动的同步发电机都采用卧式结构。低速、大容量的水轮发电机和大型水泵电动机则采用立式结构。

图7-3 大型汽轮发电机的转子

卧式同步电机的定子结构与感应电机基本相同，定子由机座、铁心、电子绕组和端盖等部件组成；转子由主磁极、极轭、励磁绕组、阻尼绕组、集电环和转轴等部件组成。图7-4为一台卧式结构凸极式同步电机的转子。

大型水轮发电机通常都是立式结构。由于它的转速低、极数多、要求的转动惯量大，故其特点是直径大、长度短。在立式水轮发电机中，整个机组转动部分的重量以及作用在水轮机转轮上的水推力，均由推力轴承来支撑，并通过机架和机座传递到地基上。图7-5为立式结构凸极式同步发电机转子。

图7-4 卧式结构凸极式同步电机转子

图7-5 立式结构凸极式同步发电机转子

除励磁绕组外，凸极式同步电机的转子上还装有阻尼绕组。阻尼绕组与感应电机的笼型转子绕组结构相似，它是由插入主极极靴槽中的铜条和两端的端环焊接而成的一个闭合绕组。若同步发电机与电网并联运行，当转子转速围绕着同步转速有微小的振荡时，阻尼绕组中即会产生感应电流并产生一定的电磁转矩（也称为阻尼转矩），以抑制转速的振荡。当同步发电机在不对称负载条件下运行时，阻尼绕组中的感应电流起到抑制气隙中的负序磁场及其所引起的一些副作用。在同步电动机和补偿机中，阻尼绕组主要作为起动绕组作用。

二、同步电机的工作原理

图 7-6a 为同步电机的结构示意图。图中，U_1-U_2、V_1-V_2，W_1-W_2 分别表示等效的定子三相绕组，通常用图 7-6b 所示的空间轴线表示。转子采用永磁或通过直流励磁绕组励磁，其极对数与定子绕组相同。

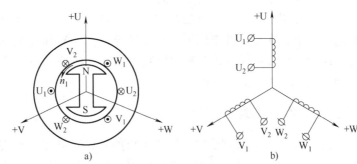

图 7-6 同步电机的结构示意图
a) 结构示意图   b) 空间轴线表示

若在同步电动机的定子三相对称绕组中分别通入如下三相对称电流：

$$\begin{cases} i_U = \sqrt{2} I\cos(\omega t) \\ i_V = \sqrt{2} I\cos(\omega t - 120°) \\ i_W = \sqrt{2} I\cos(\omega t + 120°) \end{cases} \qquad (7\text{-}1)$$

式中，I 为三相对称电流的有效值；ω 为通电角频率，$\omega = 2\pi f_1$，f_1 为定子绕组的通电频率。

在三相对称电流的作用下，定子三相对称绕组必然产生圆形旋转磁动势和磁场。定子旋转磁场的转速为

$$n_1 = \frac{60 f_1}{p} \qquad (7\text{-}2)$$

式中，p 为同步电机的极对数。

上式表明，同步转速既取决于电机自身的极对数，又取决于外部通电频率。此外，改变三相绕组的通电相序，定子旋转磁场将反向，由此实现转子反转。

同步电动机转子采用永磁或直流绕组中通以直流励磁电流产生磁场，其极对数与定子绕组组成的极对数相同。一旦同步电动机拖动机械负载稳定运行，则定、转子旋转磁动势会因相对静止而叠加，从而形成以同步转速旋转的气隙合成磁场，且转子磁极滞后气隙合成磁场一定角度。于是转子磁极在同步转速的气隙合成磁场拖动下，必然产生有效的电磁转矩并以同步转速旋转。因此，同步电动机的转子转速与定子绕组的通电频率之间保持严格的同步关系，同步电动机由此而得名。

同步电动机是与异步电动机相对应的。异步电动机表现为转子转速只有与同步转速之间存在差异（即转速差）才能产生有效电磁转矩。其根本原因在于，异步电机采用单边励磁，即仅靠定子三相绕组通以三相交流电流产生定子旋转磁动势和磁场。转子绕组则是通过与定子旋转磁场的相对切割而感应转子电动势和电流的，并由转子感应电流产生转子旋转磁动势和磁场。同步电机则不同，由于采用的是双边励磁，即不仅定子绕组通以三相交流电产生旋转磁动势和磁场，而且转子绕组也通以直流励磁（或采用永磁体）产生磁动势和磁场，从而要求转子转速必须与定子旋转磁场保持同步

259

（其转速差为零），才能产生有效的电磁转矩。正因为如此，同步电动机与异步电动机的运行原理、电磁过程才完全不同。

以上介绍了同步电动机的基本运行原理。至于同步发电机的基本运行原理，则可以这样理解：在原动机作用下，转子磁极以同步转速拖动气隙合成磁场旋转，因而在定子绕组中感应电动势，并输出电功率，从而将原动机输入的机械功率转换为电功率输出，实现了机电能量转换。

三、同步电机的运行状态

图7-7a、b、c分别给出了同步电机的几种不同运行状态的示意图。同步电机的定子（电枢）绕组中通入对称三相电流时，定子将产生一个以同步转速旋转的磁场。稳态时，转子也以同步转速旋转，所以定子旋转磁场与直流励磁的转子主极磁场总是保持相对静止，两者相互作用并产生电磁转矩，实现了机电能量间的转换。

同步电机有三种运行状态：①发电机状态，发电机把机械能转换为电能。②电动机状态，电动机把电能转换为机械能。③补偿机状态，补偿机没有有功功率的转换，它专门用以发出或吸收无功功率、调节电网的功率因数。

分析表明，同步电机运行于哪一种状态，主要取决于定子合成磁场与转子主极磁场之间的夹角θ，此角称为**功角**。

若转子主极磁场超前于定子合成磁场，功角$\theta>0$，此时转子上将受到一个与其旋转方向相反的制动性质的电磁转矩T，如图7-7a所示。此时转子输入机械功率，定子绕组向电网或负载输出电功率，电机作发电机运行。

若转子主极磁场与定子合成磁场的轴线重合，功角$\theta=0$，则电磁转矩T为零，如图7-7b所示。此时电机内没有有功功率的转换，电机处于补偿机状态或空载状态。

若转子主极磁场滞后于定子合成磁场，功角$\theta<0$，则转子上将受到一个与其转向相同的驱动性质的电磁转矩T，如图7-7c所示。此时定子从电网吸收电功率，转子拖动负载而输出机械功率，电机作为电动机运行。

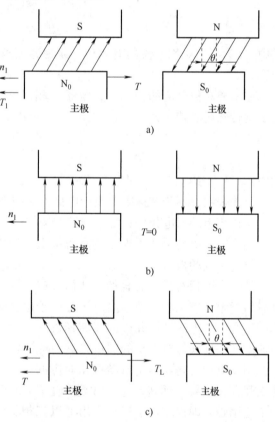

图7-7　同步电机不同运行状态的示意图
a）发电机（$\theta>0$）　b）补偿机（$\theta=0$）
c）电动机（$\theta<0$）

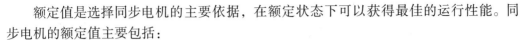

四、同步电机的额定值

额定值是选择同步电机的主要依据，在额定状态下可以获得最佳的运行性能。同步电机的额定值主要包括：

1) **额定功率** P_N(kW)：对于同步电动机，额定功率是指额定状态下转子轴上输出的机械功率；对于同步发电机，额定功率则是指额定状态下从定子侧输出的有功电功率。

2) **额定电压** U_N(V 或 kV)：额定状态下定子绕组的线电压。

3) **额定电流** I_N(A 或 kA)：额定状态下定子绕组的线电流。

4) **额定功率因数** $\cos\varphi_N$：额定状态下定子侧的功率因数。

5) **额定频率** f_1(Hz)：我国的工作频率为 50Hz。

6) **额定转速** n_N(r/min)：额定状态下转子的转速。同步电机转子转速即为同步转速。

7) **额定效率** η_N：额定状态下同步电动机的输出功率与输入功率之比。

此外，同步电动机的铭牌数据还包括：额定励磁功率 P_{fN}(W)、额定励磁电压 U_{fN}(V) 额定温升（℃）、绝缘等级以及防护等级等。

额定数据之间满足以下关系式：

对于三相同步发电机：$P_N = S_N \cos\varphi_N = \sqrt{3}\, U_N I_N \cos\varphi_N$

对于三相同步电动机：$P_N = \sqrt{3}\, U_N I_N \cos\varphi_N \eta_N$

现代同步电机向着标准化，系列化方向发展。常用的同步电动机型号有：

TD 系列是防护式，卧式结构一般同步电动机配直流励磁机或晶闸管励磁装置，可拖动通风机、水泵、电动发电机组。

TDK 系列一般为开启式，也有防爆型或管道通风型拖动压缩机用的同步电动机，配晶闸管整流励磁装置，用于拖动空压机，磨煤机等。

TDZ 系列一般是管道通风，卧式结构轧钢用同步电动机，配直流发电机励磁或晶闸管整流励磁装置，用于拖动各种类型的轧钢设备。

TDG 系列是封闭式轴向分区通风隐极结构的高速同步电动机，配直流发电机励磁或晶闸管整流励磁，用于化工、冶金或电力部门拖动空压机、水泵及其他设备。

TDL 系列是立式，开启式自冷通风同步电动机，配单独励磁机，用于拖动立式轴流泵或离心式水泵。

第二节 同步电机的电磁关系

同步电机负载后，内部存在两部分磁场，一部分是由转子直流励磁磁动势所产生的主磁场；另一部分是由定子电枢绕组电流对应的电枢磁动势所产生的电枢磁场。与直流电机类似，在分析电机内部的合成磁场（即气隙磁场）时，通常把由定子绕组所产生的电枢磁场对主磁场的影响称为电枢反应。

一、同步电机空载时的电磁关系

同步发电机空载是指原动机拖动转子以同步转速旋转，转子励磁绕组通以直流，定子绕组开路（即定子绕组电流 $I_1 = 0$）。此时，电机内部磁场是由转子励磁磁动势单独产生，设直流励磁电流为 I_f，则转子励磁磁动势（或安匝数）为

$$F_f = N_f I_f \qquad (7\text{-}3)$$

式中，N_f 为转子励磁绕组每极的匝数。

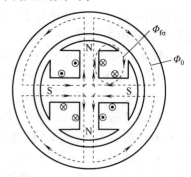

由转子励磁磁动势 F_f 产生的空载磁场分布如图 7-8 所示。其中，Φ_0 表示由 F_f 所产生的主磁通，其对应的磁力线同时交链定、转子绕组；$\Phi_{f\sigma}$ 表示由 F_f 所产生的漏磁通，其对应的磁力线仅与转子绕组相交链。主磁通 Φ_0 以同步转速分别切割定子三相绕组，并在定子三相绕组中感应三相对称电势 $\dot{E}_U$、$\dot{E}_V$ 和 $\dot{E}_W$（即励磁电动势）。

图 7-8　同步电机的空载磁路图（4极）

其中

$$\dot{E}_U = E_0 \angle 0°, \dot{E}_V = E_0 \angle -120°, \dot{E}_W = E_0 \angle 120° \qquad (7\text{-}4)$$

忽略高次谐波时，励磁电动势（相电动势）的相量形式为

$$\dot{E}_0 = -j4.44 f_1 N_1 k_{w1} \dot{\Phi}_0 \qquad (7\text{-}5)$$

式中，$N_1 k_{w1}$ 为每相定子绕组的基波有效匝数；f_1 为定子绕组感应电动势的频率，表示为 $f_1 = p n_1 /60$；$\dot{\Phi}_0$ 为每极的主磁通量。

保持 $n_1 = n$ 不变，改变直流励磁电流 I_f，便可以得到不同的主磁通 Φ_0 和励磁电动势 E_0，从而得到空载特性 $E_0 = f(I_f)$，如图 7-9 所示。它反映的是同步电机主磁路的磁化情况，是同步电机的基本特性之一。需要说明的是，对于同步电动机，其空载特性通常采用同步发电机运行方式测得。

如图 7-9 所示，空载特性的下部是一条直线，与空载特性下部相切的直线称为气隙线。随着励磁电流 I_f 和主磁通 Φ_0 的增大，特性逐渐饱和，铁心内所消耗的磁动势增加较快，空载特性就逐渐弯曲。在研究同步电机的很多问题时，为了避免作为非线性问题来求解，常常不计铁心的磁饱和现象，此时空载曲线就改成为一条直线，即气隙线。

图 7-10 以 U 相为例给出了同步电机空载运行时的时空向量图，它反映了各物理量之间的相位关系。图中，+U 表示 U 相绕组的轴线；+j 表示时间轴。由式（7-5）可见，U 相定子绕组所感应的电动势 $\dot{E}_0$ 滞后于主磁通 Φ_0 90°电角度。

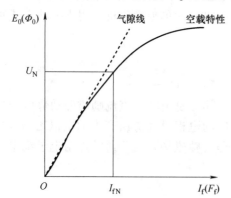

图 7-9　典型同步电机的空载特性

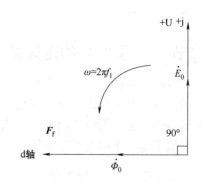

图 7-10　同步电机空载时的时空相量图

二、同步电机负载时的电枢反应

同步电机负载运行时，定子三相对称绕组中就有三相对称电流流过，从而在定子中产生以同步转速旋转的电枢磁动势 $\boldsymbol{F}_a$ 以及相应的电枢磁场 $\boldsymbol{B}_a$，它与以同步转速旋转的转子磁动势 $\boldsymbol{F}_f$ 和主磁场 $\boldsymbol{B}_0$ 保持相对静止，因而两者可以叠加产生有效的气隙磁动势 $\boldsymbol{F}_\Sigma$ 和磁场 $\boldsymbol{B}_\Sigma$。

与空载运行相比，同步电机负载后的气隙磁场将发生改变，这一变化是由电枢磁动势引起的。通常，把电枢磁动势对主磁场的影响称为电枢反应，相应的电枢磁动势又称为电枢反应磁动势，其大小表示为

$$\boldsymbol{F}_a = \frac{m_1}{2} 0.9 \frac{N_1 k_{w1}}{p} \dot{I}_1 \tag{7-6}$$

气隙磁动势 $\boldsymbol{F}_\Sigma$ 可以表示为

$$\boldsymbol{F}_\Sigma = \boldsymbol{F}_a + \boldsymbol{F}_f \tag{7-7}$$

电枢磁动势 $\boldsymbol{F}_a$ 对主磁动势 $\boldsymbol{F}_f$ 的影响结果取决于 $\boldsymbol{F}_a$ 与 $\boldsymbol{F}_f$ 之间的空间相对位置，这一空间相对位置又与 $\dot{E}_0$ 与 $\dot{I}_1$ 之间的夹角 ψ（称为内功率因数角）密切相关。

随着 ψ 的不同，电枢反应所起的作用（增磁、去磁或交磁）也不尽相同。下面以同步发电机为例，对各种情况下电枢反应的作用分别予以讨论。

1. 当 $\dot{I}_1$ 与 $\dot{E}_0$ 同相时（即 $\psi = 0°$）

图 7-11 分别给出了当 $\dot{I}_1$ 与 $\dot{E}_0$ 同相时的时间相量图、空间相量图以及时空相量图。通常定义转子轴线为 d 轴，电角度与 d 轴垂直且滞后的轴线（即两主极 N、S 之间的轴线）定义为 q 轴，它们与转子一起均以同步转速旋转。

当 $\dot{I}_1$ 与 $\dot{E}_0$ 时间上同相位时，$\boldsymbol{F}_a$ 与 $\boldsymbol{F}_f$ 空间上相互垂直，此时电枢反应表现为交磁作用。由于电枢磁动势 $\boldsymbol{F}_a$ 沿交轴（即 q 轴）方向，相应的电枢反应又称为交轴电枢反应，此时，$\boldsymbol{F}_a$ 一般用 $\boldsymbol{F}_{aq}$ 来表示。交轴电枢反应使得气隙合成磁动势 $\boldsymbol{F}_\Sigma$ 的轴线滞后于 $\boldsymbol{F}_f$ 一定角度，且幅值有所增加。

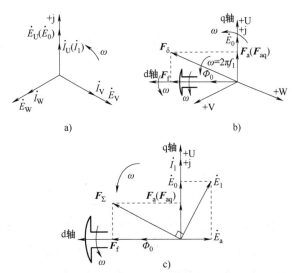

图 7-11 $\dot{I}_1$ 与 $\dot{E}_0$ 同相时的时空相量图
a）时间相量图 b）空间相量图 c）时空相量图

2. 当 $\dot{I}_1$ 滞后于 $\dot{E}_0$ 90°电角度时（即 $\psi = 90°$）

图 7-12 给出了 $\dot{I}_1$ 滞后于 $\dot{E}_0$ 90°时的时间相量图以及时空相量图。此时，$\boldsymbol{F}_a$ 与 $\boldsymbol{F}_f$ 方向相反，导致合成气隙磁场被削弱，电枢反应表现为去磁作用。由于电枢反应沿 d 轴方向，相应的电枢反应又称为直轴电枢反应。此时，$\boldsymbol{F}_a$ 一般用 $\boldsymbol{F}_{ad}$ 来表示。直轴电

反应对同步电机的运行特性有较大影响。单机运行时，F_{ad} 的去磁作用会引起同步发电机的端电压下降；对于同步电动机，其电磁转矩将有所减小。

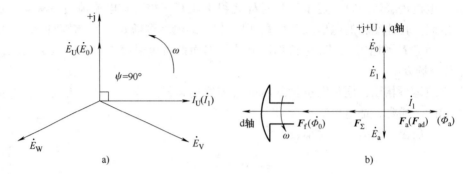

图 7-12 $\dot{I}_1$ 滞后于 $\dot{E}_0$ 90°时的时空相量图

a）时间相量图 b）时空相量图

3. 当 $\dot{I}_1$ 超前于 $\dot{E}_0$ 90°电角度时（即 $\psi = -90°$）

图 7-13 给出了 $\dot{I}_1$ 超前于 $\dot{E}_0$ 90°时的时间相量图以及时空相量图。此时，F_a 与 F_f 方向相同，导致合成气隙磁场增强，电枢反应表现为增磁作用。由于电枢反应沿 d 轴方向，相应的电枢反应仍为直轴电枢反应。

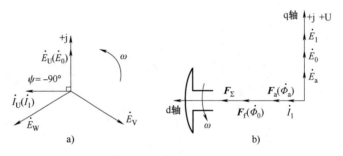

图 7-13 $\dot{I}_1$ 超前于 $\dot{E}_0$ 90°时的时空相量图

a）时间相量图 b）时空相量图

4. 当 $\dot{I}_1$ 滞后于 $\dot{E}_0$ ψ 角时（一般情况）

图 7-14 分别给出了 $\dot{I}_1$ 滞后于 $\dot{E}_0$ ψ 角时的时间相量图和时空相量图。由图 7-14b 可知，电枢反应磁动势 F_a 既不处于直轴也不在交轴位置，相应的电枢反应既包括交轴的交磁作用又涉及直轴的去（或助）磁作用。

对于这种电枢反应磁动势，通常采用双反应理论。如图 7-15 所示，采用双反应理论将电枢反应磁动势 F_a 分解为直流电枢反应磁动势 F_{ad} 和交轴电枢反应磁动势 F_{aq} 两个分量，然后再对这两个磁动势分量分别作用于直轴和交轴磁路所产生的磁场情况进行讨论。

于是，电枢磁动势 F_a 可表示为

$$F_a = F_{ad} + F_{aq} \tag{7-8}$$

其中，

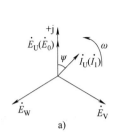

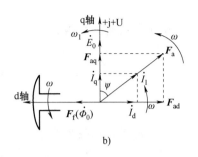

图 7-14 $\dot{I}_1$ 滞后于 $\dot{E}_0$ 任意角度时的时空相量图

a) 时间相量图 b) 时空相量图

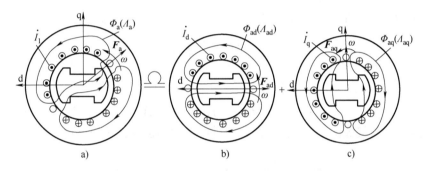

图 7-15 双反应理论的物理意义及交、直轴电枢反应的磁路与等效磁路

a) 实际电枢反应 b) 直轴电枢反应 c) 交轴电枢反应

$$\begin{cases} \boldsymbol{F}_{ad} = \boldsymbol{F}_a \sin\psi \\ \boldsymbol{F}_{aq} = \boldsymbol{F}_a \cos\psi \end{cases} \tag{7-9}$$

相应的电流分量为

$$\dot{I}_1 = \dot{I}_d + \dot{I}_q \tag{7-10}$$

其中，

$$\begin{cases} I_d = I_1 \sin\psi \\ I_q = I_1 \cos\psi \end{cases} \tag{7-11}$$

以上采用同步发电机为例对电枢反应的性质及分析方法进行了介绍。至于同步电动机，可以先将电枢电流反向，由反向电流产生正向电枢反应磁动势，然后再采取与上述过程完全相同的方法对电枢反应的性质进行讨论。限于篇幅，这里就不再赘述。

三、同步电机负载时的电磁关系

考虑到同步电机既可以作发电机运行也可以作电动机运行，其区别仅仅体现在电流方向的不同，而内部各物理量的电磁关系却完全相同，因此，本节以发电机为例，对同步电机负载后的电磁关系进行讨论。

鉴于转子结构的不同，相应的电磁关系以及分析方法也有所不同，为此，本节对隐极式同步发电机和凸极式同步发电机的电磁关系分别加以讨论。

1. 隐极式同步发电机

隐极式同步发电机负载后的电磁关系可总结为

$$\left.\begin{array}{l} I_{\mathrm{f}} \rightarrow F_{\mathrm{f}} \rightarrow \dot{\Phi}_0 \rightarrow \dot{E}_0 \\ \dot{U}_1 \rightarrow \dot{I}_1 \rightarrow F_{\mathrm{a}} \rightarrow \dot{\Phi}_{\mathrm{a}} \rightarrow \dot{E}_{\mathrm{a}} \\ \qquad \longrightarrow \dot{\Phi}_{\sigma} \rightarrow \dot{E}_{\sigma} = -\mathrm{j}x_{\sigma}\dot{I}_1 \\ \qquad \longrightarrow -\dot{I}_1 r_1 \end{array}\right\} \dot{U}_1$$

上述关系中，r_1 为定子每相绕组的电阻；x_{σ} 为定子绕组漏抗 $\dot{\Phi}_{\mathrm{a}}$、$\dot{\Phi}_{\sigma}$ 分别表示电枢反应磁通和定子漏磁通；$\dot{E}_{\mathrm{a}}$、$\dot{E}_{\sigma}$ 分别为 $\dot{\Phi}_{\mathrm{a}}$ 和 $\dot{\Phi}_{\sigma}$ 在定子绕组内所感应的相电动势。

当不计磁路饱和时，电枢反应电动势 $\dot{E}_{\mathrm{a}}$ 可表示为 $\dot{E}_{\mathrm{a}} \propto \dot{\Phi}_{\mathrm{a}} \propto F_{\mathrm{a}} \propto \dot{I}_1$，在时间相位上，$\dot{E}_{\mathrm{a}}$ 滞后于 $\dot{\Phi}_{\mathrm{a}}$ 以 90°电角度。若不计定子铁损耗，$\dot{\Phi}_{\mathrm{a}}$ 与 $\dot{I}_1$ 同相位，故 $\dot{E}_{\mathrm{a}}$ 将滞后于 $\dot{I}_1$ 以 90°电角度。于是，$\dot{E}_{\mathrm{a}}$ 可表示为

$$\dot{E}_{\mathrm{a}} = -\mathrm{j}x_{\mathrm{a}}\dot{I}_1 \tag{7-12}$$

式中，x_{a} 为电枢反应电抗，它反映了电枢反应磁通 $\dot{\Phi}_{\mathrm{a}}$ 所经过的磁路情况。

x_{a} 可用下式表示

$$x_{\mathrm{a}} = \omega_1 L_{\mathrm{a}} = 2\pi f_1 (N_1 k_{\mathrm{w1}})^2 \Lambda_{\mathrm{a}} \tag{7-13}$$

其中，磁导 Λ_{a} 与气隙的大小成反比。气隙越小，Λ_{a} 越大，相应的电枢反应电抗 x_{a} 也就越大。

漏磁通 $\dot{\Phi}_{\sigma}$ 所经过的漏磁路可用漏电抗来表示。漏电动势可表示为 $\dot{E}_{\sigma} = -\mathrm{j}x_{\sigma}\dot{I}_1$。

2. 凸极式同步发电机

凸极式同步发电机负载后电磁关系可总结为

$$\left.\begin{array}{l} I_{\mathrm{f}} \rightarrow F_{\mathrm{f}} \rightarrow \dot{\Phi}_0 \rightarrow \dot{E}_0 \\ \dot{U}_1 \rightarrow \dot{I}_1 \rightarrow F_{\mathrm{a}} \left\{\begin{array}{l} F_{\mathrm{ad}} \rightarrow \dot{\Phi}_{\mathrm{ad}} \rightarrow \dot{E}_{\mathrm{ad}} \\ F_{\mathrm{aq}} \rightarrow \dot{\Phi}_{\mathrm{aq}} \rightarrow \dot{E}_{\mathrm{aq}} \end{array}\right. \\ \qquad \longrightarrow \dot{\Phi}_{\sigma} \rightarrow \dot{E}_{\sigma} = -\mathrm{j}x_{\sigma}\dot{I}_1 \\ \qquad \longrightarrow -\dot{I}_1 r_1 \end{array}\right\} \dot{U}_1$$

上述关系中，$\dot{\Phi}_{\mathrm{ad}}$、$\dot{\Phi}_{\mathrm{aq}}$ 分别表示直轴电枢反应磁通和交轴电枢反应磁通；$\dot{E}_{\mathrm{ad}}$、$\dot{E}_{\mathrm{aq}}$ 分别为相应的磁通 $\dot{\Phi}_{\mathrm{ad}}$ 和 $\dot{\Phi}_{\mathrm{aq}}$ 在定子绕组内所感应的电动势。当不计磁路饱和时，直轴电枢反应电动势 $\dot{E}_{\mathrm{ad}}$ 可表示为 $\dot{E}_{\mathrm{ad}} \propto \dot{\Phi}_{\mathrm{ad}} \propto F_{\mathrm{ad}} \propto \dot{I}_{\mathrm{d}}$；交轴电枢反应电动势 $\dot{E}_{\mathrm{aq}}$ 可表示为 $\dot{E}_{\mathrm{aq}} \propto \dot{\Phi}_{\mathrm{aq}} \propto F_{\mathrm{aq}} \propto \dot{I}_{\mathrm{q}}$。于是 $\dot{E}_{\mathrm{ad}}$ 和 $\dot{E}_{\mathrm{aq}}$ 可表示为

$$\begin{cases} \dot{E}_{\mathrm{ad}} = -\mathrm{j}x_{\mathrm{ad}}\dot{I}_{\mathrm{d}} \\ \dot{E}_{\mathrm{aq}} = -\mathrm{j}x_{\mathrm{aq}}\dot{I}_{\mathrm{q}} \end{cases} \tag{7-14}$$

式中，x_{ad} 为直轴电枢反应电抗；x_{aq} 为交轴电枢反应电抗。它们分别反映了直轴电枢反应磁通 $\dot{\Phi}_{\mathrm{ad}}$ 和交轴电枢反应磁通 $\dot{\Phi}_{\mathrm{aq}}$ 所经过的磁路情况。

由图 7-15 可知，直轴、交轴电枢反应电抗 x_{ad} 和 x_{aq} 可表示为

$$\begin{cases} x_{\mathrm{ad}} = \omega L_{\mathrm{ad}} = 2\pi f_1 (N_1 k_{\mathrm{w1}})^2 \Lambda_{\mathrm{ad}} \\ x_{\mathrm{aq}} = \omega L_{\mathrm{aq}} = 2\pi f_1 (N_1 k_{\mathrm{w1}})^2 \Lambda_{\mathrm{aq}} \end{cases} \tag{7-15}$$

其中，直轴、交轴磁导 Λ_{ad} 和 Λ_{aq} 与之对应的气隙大小成反比，且 $\Lambda_{ad} > \Lambda_{aq}$，因此，$x_{ad} > x_{aq}$。

第三节 同步电机的基本方程、等效电路及相量图

考虑到隐极式同步电机与凸极式同步电机的数学模型有所不同，故分别对其讨论。

一、隐极式同步电机的基本方程、等效电路及相量图

1. 不考虑磁饱和时隐极同步电机的电压方程和相量图

同步发电机负载运行时，除了主极磁动势 F_f 之外，还有电枢磁动势 F_a。F_f 通常为梯形分布，其基波设为 F_{f1}；F_a 则是三相合成的电枢基波磁动势。如果不计磁饱和（即认为磁路为线性，磁化曲线为直线），则可利用叠加原理，分别求出 F_{f1} 和 F_a 单独作用时所产生的基波磁通，再把这些磁通所产生的电动势叠加起来。

设 F_{f1} 和 F_a 各自参数主磁通 $\dot{\Phi}_0$ 和电枢反应磁通 $\dot{\Phi}_a$，并在定子绕组内感应出相应的励磁电动势 $\dot{E}_0$ 和电枢反应电动势 $\dot{E}_a$，把 $\dot{E}_0$ 和 $\dot{E}_a$ 相量相加，可得电枢一相绕组的合成电动势 $\dot{E}_1$（也称为气隙电动势），即 $\dot{E}_1 = \dot{E}_0 + \dot{E}_a$。另一方面，电枢各相电流将产生电枢漏磁通 $\dot{\Phi}_\sigma$，并感应出漏磁电动势 $\dot{E}_\sigma$。把 $\dot{E}_\sigma$ 作为负漏抗压降，可得 $\dot{E}_\sigma = -j\dot{I}_1 x_\sigma$。

上述关系可表示为

主极磁　　$F_{f1} \longrightarrow \dot{\Phi}_0 \longrightarrow \dot{E}_0$

电枢磁　　$F_a \longrightarrow \dot{\Phi}_a \longrightarrow \dot{E}_a$　　$\Big\} \longrightarrow \dot{E}_1$

漏磁磁　　$\dot{I}_1 \times 常值 \longrightarrow \dot{\Phi}_\sigma \longrightarrow \dot{E}_\sigma(\dot{E}_\sigma = -j\dot{I}_1 x_\sigma)$

采用发电机惯例，以输出电流作为电枢电流的正方向。把气隙电动势 $\dot{E}_1$ 减去电枢绕组的电阻压降 $\dot{I}_1 r_1$ 和漏抗压降 $j\dot{I}_1 x_\sigma$，可得电枢绕组的端电压 $\dot{U}_1$，于是电枢的电压方程可写成

$$\dot{E}_0 + \dot{E}_a - \dot{I}_1(r_1 + jx_\sigma) = \dot{U}_1 \tag{7-16}$$

将式（7-12）代入式（7-16），可得

$$\dot{E}_0 = \dot{U}_1 + \dot{I}_1 r_1 + j\dot{I}_1 x_\sigma + j\dot{I}_1 x_a = \dot{U}_1 + \dot{I}_1 r_1 + j\dot{I}_1 x_c \tag{7-17}$$

式中，x_c 称为隐极式同步电机的同步电抗，$x_c = x_\sigma + x_a$，它是对称稳态运行时，表征电枢反应和电枢漏磁这两个效应的一个综合参数。不计饱和时，x_c 是常值。

图 7-16a、b 表示式（7-16）和式（7-17）对应的相量图，图 7-16c 表示与式（7-17）对应的等效电路。由图 7-16c 可以看出，隐极式同步发电机的等效电路由激磁电动势 $\dot{E}_0$ 和同步电抗 $r_1 + jx_c$ 串联组成。其中，$\dot{E}_0$ 表示主磁通所产生的感应电动势，x_c 表示电枢反应和电枢漏磁场两者的作用。

2. 考虑饱和时隐极同步电机的电压方程和相量图

考虑磁饱和时，由于磁化曲线的非线性，叠加原理不再适用。此时，应先求出作用在主磁路上的基波合成磁动势 F_1，

$$F_1 = F_{f1} + F_a \tag{7-18}$$

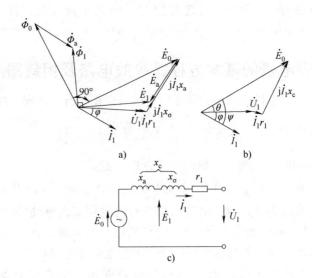

图 7-16　不考虑饱和时，隐极式同步发电机的相量图和等效电路

a)、b)相量图　c)等效电路

式中，F_{f1} 为主极的基波磁动势矢量，F_a 为电枢的基波磁动势矢量，它们都是空间矢量。然后利用电机的磁化曲线，查出由基波合成磁动势 F_1 所产生的气隙合成磁场的磁通量 $\dot{\Phi}_1$，和相应的气隙电动势 $\dot{E}_1$，上述关系可表示为

$$F_{f1} \atop F_a \Big\} \longrightarrow F_1 \longrightarrow \dot{\Phi}_1 \longrightarrow \dot{E}_1$$

再从气隙电动势 $\dot{E}_1$ 减去电枢绕组的电阻和漏抗压降，便得电枢的端电压 $\dot{U}_1$，即

$$\dot{E}_1 - \dot{I}_1(r_1 + jx_\sigma) = \dot{U}_1 \qquad 或 \qquad \dot{E}_1 = \dot{U}_1 + \dot{I}_1(r_1 + jx_\sigma) \tag{7-19}$$

相应的矢量图、相量图和 $F \sim \dot{E}$ 间的关系，如图 7-17 所示。图 7-17a 中既有电动势相量，又有磁动势矢量，称为电动势—磁动势图。

通常同步电机的磁化曲线，其横坐标是励磁电流 I_f 或励磁磁动势的幅值 F_f；对于隐极式同步电机，励磁磁动势为一梯形波，如图 7-18 所示，故 F_f 为梯形波的幅值；而式（7-18）中的 F_1 则是基波合成磁动势的幅值，故应把它化成等效梯形波的作用，之后才能用它去查磁化曲线。

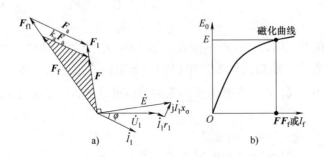

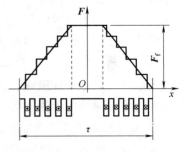

图 7-17　考虑磁饱和时，隐极式同步发电机的相量图

a)电动势—磁动势图　b)由合成磁动势 F 确定气隙电动势 E

图 7-18　隐极式同步发电机
主极磁动势的分布

设梯形波的波系数为 k_f，$k_f = F_{f1}/F_f$，则 $F_f = F_{f1}/k_f$。因此，把式（7-18）除以波形系数 k_f 就可以把正弦波转化为等效梯形波的作用，即

$$F_f + \frac{1}{k_f}F_a = \frac{1}{k_f}F_1 \quad 或 \quad F_f + k_a F_a = F \tag{7-20}$$

式中，F 是换算成等效梯形波时的合成磁动势，$F = k_a F_1$；$k_a F_a$ 则是换算成梯形波时的电枢磁动势；k_a 的意义是，产生同样大小的基波气隙磁场时，1 安匝的基波电枢磁动势相当于多少安匝的梯形波励磁磁动势，$k_a = \frac{1}{k_f}$，通常 $k_a \approx 0.93 \sim 1.03$。

在通常的电动势—磁动势图中，所用的磁动势是式（7-20），相应的磁动势图如图 7-17a 中斜线部分。作电动势—磁动势图时，从理论上讲，应当从负载时电机的磁化曲线上查出与气隙电动势 $\dot{E}_1$ 相对应的合成磁动势 F，这样就要进行一系列负载时的磁路计算。

为了简化计算，习惯上仍然用空载时电机的磁化曲线（即空载曲线）来查取 F。为修正由此引起的误差，在计算气隙电动势 $\dot{E}_1$ 时，通常用波梯电抗 x_p 去代替定子漏抗 x_σ，即

$$\dot{E}_1 = \dot{U}_1 + \dot{I}_1(r_1 + jx_p) \tag{7-21}$$

式中，x_p 比 x_σ 略大，$x_p = x_\sigma + x_\Delta$；$x_\Delta$ 是考虑负载时转子漏磁比空载时增大，使得负载和空载时发电机的磁化曲线有一定的差别而作出的修正。对隐极式电机，$x_p \approx 0.58 x_d'$，其中 x_d' 为瞬态电抗。

考虑磁饱和效应的另一种方法是通过运行点将磁化曲线线性化，并找出相应的同步电抗饱和值 $x_{a(饱和)}$，把问题化作为局部的线性问题来解决。

二、凸极式同步电机的基本方程、等效电路及相量图

凸极式同步电机的气隙沿电枢圆周是不均匀的，因此在定量分析电枢反应的作用时，要应用双反应理论。

1. 双反应理论

凸极式同步电机的气隙通常是不均匀的，极面下气隙较小，两极之间的气隙较大。

由于气隙的比磁导（即单位面积的气隙磁导）$\lambda = \frac{\mu_0}{\delta}$，所以直轴处的气隙比磁导 $\lambda_d = \frac{\mu_0}{\delta_d}$

要比交轴处的气隙比磁导 $\lambda_q = \frac{\mu_0}{\delta_q}$ 大很多，如图 7-19 所示。

当正弦分布的电枢磁动势 F_{ad} 作用在直轴上时，由于 λ_d 较大，故直轴基波磁场 B_{ad1} 的幅值 B_{ad1} 相对较大，如图 7-19b 所示。当同样幅值的正弦电枢磁动势 F_{aq} 作用在交轴上时，由于 λ_q 较小，在极间区域，交轴电枢磁场 B_{aq1} 将出现明显下凹，从而使交轴基波磁场 B_{aq1} 的幅值 B_{aq1} 显著减小，如图 7-19c 所示。

一般情况下，电枢磁动势既不在直轴、也不在交轴位置，而是在空间某一位置处时，可以把电枢的基波磁动势 F_a 分解成直轴磁动势 F_{ad} 和交轴磁动势 F_{aq} 两个分量，再利用对应的等效直轴磁导和等效交轴磁导，分别求出直轴和交轴电枢反应以及它们的感应电动势，然后把它们叠加起来。这种考虑到凸极式电机气隙的不均匀性，把电枢反应分成直轴和交轴电枢反应分别来处理的方法，称为双反应理论。

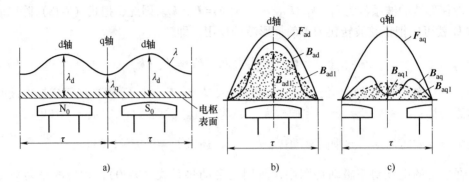

图 7-19　凸极式同步电机的气隙比磁导和直轴、交轴电枢反应

a）电枢表面不同位置处的气隙比磁导　b）直轴电枢磁动势所产生的直轴电枢反应

c）交轴电枢反应磁动势所产生的交轴电枢反应

实践证明，不计磁饱和时，理论分析与实测结果符合得很好。要注意的是，在凸极电机中，直轴电枢磁动势 F_{ad} 和交轴电枢磁动势 F_{aq} 换算到励磁磁动势时，应分别乘以直轴和交轴的换算系数 k_{ad} 和 k_{aq}。

2. 不考虑磁饱和时凸极同步电机的电压方程和相量图

不计磁饱和时，根据双反应理论，把电枢磁动势 F_a 分解成直轴和交轴磁动势 F_{ad}、F_{aq}，然后分别求出其所产生的直轴、交轴基波电枢反应磁通 $\dot\Phi_{ad}$、$\dot\Phi_{aq}$ 和它们在电枢绕组中所感应的电动势 $\dot E_{ad}$、$\dot E_{aq}$，再与主磁通 $\dot\Phi_0$ 所产生的励磁电动势 $\dot E_0$ 相量相加，便可得到电枢的合成电动势 $\dot E_1$（即气隙电动势）。上述关系可表示为

主极磁动势　F_f ⟶ $\dot\Phi_0$ ⟶ $\dot E_0$ ────────┐

电枢磁动势　F_a ⟨ F_{ad} ⟶ $\dot\Phi_{ad}$ ⟶ $\dot E_{ad}$ ──┐ ├ $\dot E_1$

　　　　　　　　　F_{aq} ⟶ $\dot\Phi_{aq}$ ⟶ $\dot E_{aq}$ ──┘

漏磁磁动势　$\dot I_1\times$常值 ⟶ $\dot\Phi_\sigma$ ⟶ $\dot E_\sigma(\dot E_\sigma=-j\dot I_1 x_\sigma)$

再从气隙电动势 $\dot E_1$ 减去电枢绕组的电阻压降和漏抗压降，可得电枢的端电压 $\dot U_1$。

采用发电机惯例时，电枢的电压方程为

$$\dot E_0+\dot E_{ad}+\dot E_{aq}-\dot I_1(r_1+jx_\sigma)=\dot U_1 \tag{7-22}$$

与隐极电机相类似，由于 E_{ad}、E_{aq} 分别与相应的 Φ_{ad}、Φ_{aq} 成正比，不计磁饱和时，Φ_{ad}、Φ_{aq} 又分别正比于 F_{ad}、F_{aq}，而 F_{ad}、F_{aq} 又正比于电枢电流的直轴和交轴分量 I_d、I_q，其中 $I_d=I\sin\psi$，$I_q=I\cos\psi$。于是有 $E_{ad}\propto I_d$，$E_{aq}\propto I_q$。

在时间相位上，不计定子铁损耗时，$\dot E_{ad}$ 和 $\dot E_{aq}$ 应分别滞后于 $\dot I_d$ 和 $\dot I_q$ 以 90° 电角度；所以 $\dot E_{ad}$ 和 $\dot E_{aq}$ 也可以用相应的负电抗压降来表示，即

$$\dot E_{ad}=-j\dot I_d x_{ad},\quad \dot E_{aq}=-j\dot I_q x_{aq} \tag{7-23}$$

式中，x_{ad} 为直轴电枢反应电抗；x_{aq} 为交轴电枢反应电抗。

将式（7-23）代入式（7-22），同时考虑到 $\dot I_1=\dot I_d+\dot I_q$，可得

$$\dot E_0=\dot U_1+\dot I_1 r_1+j\dot I_1 x_\sigma+j\dot I_d x_{ad}+j\dot I_q x_{aq}$$

$$= \dot{U}_1 + \dot{I}_1 r_1 + j\dot{I}_d(x_\sigma + x_{ad}) + j\dot{I}_q(x_\sigma + x_{aq})$$
$$= \dot{U}_1 + \dot{I}_1 r_1 + j\dot{I}_d x_d + j\dot{I}_q x_q \qquad (7\text{-}24)$$

式中，x_d 为**直轴同步电抗**，$x_d = x_\sigma + x_{ad}$；x_q 为**交轴同步电抗**，$x_q = x_\sigma + x_{aq}$。

这里，x_d 和 x_q 是对称稳态运行时，表征电枢漏磁和直轴或交轴电枢反应的一个综合参数。式（7-24）就是凸极式同步发电机的电压方程，图 7-20 表示与式（7-24）相对应的相量图。图 7-20 中，需要标记出给定端电压 $\dot{U}_1$、负载电流 $\dot{I}_1$、功率因数角 φ 以及电机的参数 r_1、x_d 和 x_q，还必须先把电枢电流分解成直轴和交轴两个分量，并确定内功率因数角 ψ。

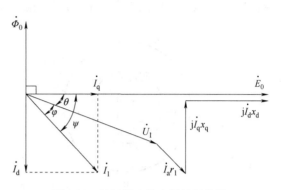

图 7-20　凸极同步发电机的相量图

这里，引入虚拟电动势 $\dot{E}_Q$，使 $\dot{E}_Q = \dot{E}_0 - j I_d(x_d - x_q)$，则

$$\dot{E}_Q = (\dot{U}_1 + \dot{I}_1 r_1 + j\dot{I}_d x_d + j\dot{I}_q x_q) - j\dot{I}_d(x_d - x_q)$$
$$= \dot{U}_1 + \dot{I}_1 r_1 + j\dot{I}_1 x_q \qquad (7\text{-}25)$$

因为相量 $\dot{I}_d$ 与 $\dot{E}_0$ 相垂直，故 $j\dot{I}_d(x_d - x_\sigma)$ 应与 $\dot{E}_0$ 同相位。因此 $\dot{E}_Q$ 与 $\dot{E}_0$ 也是同相位。

如图 7-21 所示，由于 $\dot{E}_Q$ 的相位可由式（7-25）算出，此时 ψ 即可确定。在图 7-21 中，将端电压 $\dot{U}_1$ 沿着负载电流 $\dot{I}_1$ 和垂直于 $\dot{I}_1$ 的方向分成 $U_1\cos\varphi$ 和 $U_1\sin\varphi$ 两个分量。如图中虚线所示，内功率因数角 ψ 可表示为

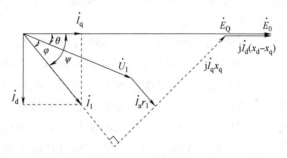

图 7-21　ψ 角的确定

$$\psi = \arctan\frac{U_1\sin\varphi + I_1 x_q}{U_1\cos\varphi + I_1 r_1} \qquad (7\text{-}26)$$

内功率因数角 ψ、功率因数角 φ、及功角 θ 三者之间有如下关系：

$$\psi = \varphi + \theta \qquad (7\text{-}27)$$

这里，引入虚拟电动势 $\dot{E}_Q$ 后，由式（7-25）可得凸极同步发电机的等效电路，如图 7-22 所示。此电路实质上是凸极同步电机进行"隐极化"处理的一种方式，在计算凸极同步发电机的功率传输时比较方便，所以工程上应用很广泛。

由于电抗与绕组匝数的二次方和所经磁路的磁导成正比，所以

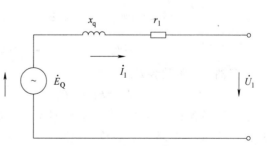

图 7-22　用虚拟电动势 $\dot{E}_Q$ 表示时，凸极同步发电机的等效电路

$$x_d \propto N_1^2 \Lambda_d, \quad x_q \propto N_1^2 \Lambda_q \tag{7-28}$$

式中，N_1 为电枢每相串联匝数，Λ_d、Λ_q 分别为稳态运行时直轴和交轴的电枢等效磁导，$\Lambda_d = \Lambda_{ad} + \Lambda_\sigma$，$\Lambda_q = \Lambda_{aq} + \Lambda_\sigma$，其中 Λ_{ad}、Λ_{aq} 分别为直轴和交轴电枢反应磁通所经磁路的磁导，Λ_σ 为电枢漏磁通所经磁路的磁导，如图 7-23 所示。

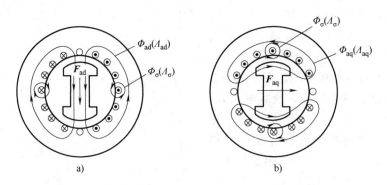

图 7-23 凸极同步电机电枢反应磁通和漏磁通所经磁路及其磁导
a）直轴电枢磁导 b）交轴电枢磁导

对于凸极同步电机，由于转子凸极而有 x_d、x_q 两个同步电抗，这是凸极同步电机的特点。又因为直轴下的气隙比交轴下小，故 $\Lambda_{ad} > \Lambda_{aq}$，所以 $x_{ad} > x_{aq}$。因此在凸极同步电机中，$x_d > x_q$。

对于隐极同步电机，因为气隙均匀，故 $x_d \approx x_q = x_c$。

3. 考虑磁饱和时凸极同步电机的电压方程和相量图

考虑磁饱和时，叠加原理不再适用，此时气隙内的合成磁场将取决于主极和电枢两者的合成磁动势。为简化分析，忽略交轴和直轴之间的相互影响，认为直轴方面的磁通仅仅取决于直轴上的合成磁动势；交轴方面的磁通仅仅取决于交轴上的合成磁动势。这样，可先确定直轴和交轴方面的合成磁动势，再利用电机的磁化曲线，即可得到直轴和交轴磁通及其相应的感应电动势；再计及电枢的电阻压降和漏抗压降，即可得到电枢的电压方程。

上述关系可表示为

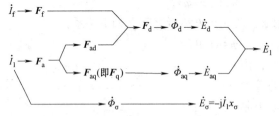

直轴合成磁动势 F_d 应为

$$F_d = F_f + k_{ad} F_{ad} \tag{7-29}$$

式中，F_f 为励磁绕组所产生的方波磁动势，如图 7-24 所示；F_{ad} 为电枢的直轴基波磁动势，$F_{ad} = F_a \sin\psi$；k_{ad} 为将正弦波的 F_{ad} 换算到方波励磁磁动势时的**换算系数**，即产生同样大小的气隙基波磁场时，1 安匝的直轴基波电枢磁动势相当于

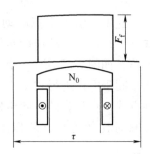

图 7-24 凸极同步发电机
主极的励磁磁动势

多少安匝的方波励磁磁动势，系数 $k_{ad} \approx 0.859 \sim 0.907$。

F_d 确定后，利用电机的磁化曲线，即可查出 F_d 所产生的直轴气隙磁通 Φ_d 及其感生的直轴气隙电动势 E_d，如图 7-25b 所示。

交轴方面因为没有励磁绕组，所以交轴合成磁动势 F_q 就是交轴电枢反应磁动势 F_{aq}，$F_{aq} = F_a \cos\psi$。将产生交轴电枢反应磁通 Φ_{aq}，并感生电动势 E_{aq}。

总的气隙电动势 $\dot{E}_1$ 应为直轴气隙电动势 $\dot{E}_d$ 和交轴电枢反应电动势 $\dot{E}_{aq}$ 之和；另外，$\dot{E}_1$ 等于电枢端电压 $\dot{U}_1$ 与电枢电阻压降 $\dot{I}_1 r_1$ 和漏抗压降 $j\dot{I}_1 x_\sigma$ 之和，即

$$\dot{E}_d + \dot{E}_{aq} = \dot{E}_1 = \dot{U}_1 + \dot{I}_1 r_1 + j\dot{I}_1 x_\sigma \quad (7\text{-}30)$$

考虑到交轴方面的气隙较大，交轴磁路基本是线性的，因此与不计饱和时相类似，把 $\dot{E}_{aq}$ 作为负电抗压降来处理，即 $\dot{E}_{aq} = -j\dot{I}_q x_{aq}$，把它带入式（7-30），最后可得

$$\dot{E}_d = \dot{U}_1 + \dot{I}_1 r_1 + j\dot{I}_1 x_\sigma + j\dot{I}_q x_{aq} \quad (7\text{-}31)$$

式（7-31）就是考虑磁饱和时凸极同步发电机的电压方程。与式（7-31）相对应的相量图如图 7-25a 所示，图中 $\dot{E}_d$ 的值可由式（7-31）算出，方位（即 q 轴的方位）可由式（7-27）算出的 ψ 来确定；E_d 确定后，由

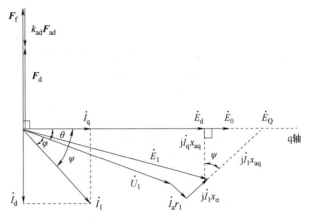

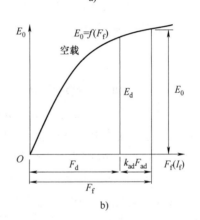

图 7-25　考虑磁饱和时凸极同步发电机的相量图
a）相量图　b）发电机的磁化曲线（空载曲线）

磁化曲线即可查出与其对应的直轴合成磁动势 F_d，再由式（7-29）即可算出励磁磁动势 F_f；由 F_f 从磁化曲线上可查出励磁电动势 E_0，$\dot{E}_0$ 与 $\dot{E}_d$ 同相。

第四节　同步电机的功率、转矩和功（矩）角特性

在研究直流电动机和异步电动机时，着重分析了它们的机械特性 $T = f(n)$，而在同步电机中，由于转速不随转矩而变化，机械特性是一条水平直线，从它上面不易分析转矩的变化规律，因此需要找出同步电机转矩的变化规律，弄清它与负载转矩的平衡关系，这是电机拖动的主要问题。

功（矩）角特性是同步电机功率（转矩）随功角 θ 变化的关系曲线 $P_M = f(\theta)$ 或 $T = f(\theta)$。在同步电机中，它的地位与直流电机和异步电机中机械特性相当。因此要着重分析同步电机的功角特性。在同步电机中，角速度 Ω_1 是常数，所以电磁功率 P_M 与

电磁转矩 T 成正比，功角特性 $P_M = f(\theta)$ 与矩角特性 $T = f(\theta)$，有相同的形状，适当选择比例尺，$P_M = f(\theta)$ 与 $T = f(\theta)$ 可以用同一条曲线表示。

一、功率方程

以发电机惯例说明，若同步电机的转子励磁功率由另外的直流电源供给，并忽略杂散损耗 p_Δ，则从发电机轴上输入的机械功率 P_1 中扣除机械损耗 p_m 和铁损 p_{Fe} 后，余下的功率将通过旋转磁场和电磁感应的作用，转换成定子的电动功率；此转换功率就是电磁功率 P_M，即

$$P_1 = p_m + p_{Fe} + P_M \qquad (7\text{-}32)$$

再从电磁功率 P_M 中扣除电枢铜损 p_{Cu}，可得电枢端输出的电功率 P_2，即

$$P_M = p_{Cu} + P_2 \qquad (7\text{-}33)$$

式中，$p_{Cu} = mI_1^2 r_1$；$P_2 = mU_1 I_1 \cos\varphi$；$m$ 为定子相数。式（7-32）和式（7-33）就是同步发电机的功率方程，图 7-26 为同步发电机的功率流程图。

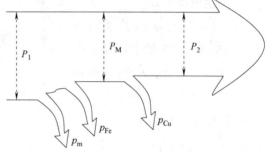

图 7-26 同步发电机的功率流程图

二、电磁功率

从式（7-33）可知，电磁功率 P_M 为

$$P_M = mU_1 I_1 \cos\varphi + mI_1^2 r_1 = mI_1(U_1\cos\varphi + I_1 r_1) \qquad (7\text{-}34)$$

图 7-27 为同步发电机的相量图，由图可知，$U_1\cos\varphi + I_1 r_1 = E_1\cos\phi = E_Q\cos\psi$，故同步发电机的电磁功率也可以写成

$$P_M = mE_1 I_1 \cos\phi = mE_Q I_1 \cos\psi \qquad (7\text{-}35)$$

式中，ϕ 是气隙电动势 $\dot{E}_1$ 与电枢电流 $\dot{I}_1$ 的夹角。式（7-35）的前半部分与感应电机的电磁功率表达式相同，后面部分则与图 7-22 所示凸极式同步发电机的等效电路相对应。

对于隐极同步电机，由于 $E_Q = E_0$，于是有

$$P_M = mE_0 I_1 \cos\psi \qquad (7\text{-}36)$$

式（7-36）表明，要进行能量转换，电枢电流中必须要有交轴分量 $I_q = I_1\cos\psi$。

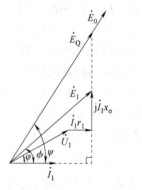

图 7-27 相量图

在发电机中，交轴电枢反应使主极磁场超前于气隙合成磁场，使主极上受到一个制动性质的电磁转矩；在旋转过程中，原动机的驱动转矩克服制动的电磁转矩而做机械功，同时通过电磁感应在电枢绕组内产生电动势，并向电网送出有功电流，使机械能转换为电能。

三、转矩方程

把功率方程式（7-32）除以同步角速度 Ω_1，可得到同步发电机的转矩方程

$$T_1 = T_0 + T \qquad (7\text{-}37)$$

式中，$T_1 = P_1/\Omega_1$ 为原动机的驱动转矩；$T = P_M/\Omega_1$ 为发电机的电磁转矩；$T_0 = (p_m + P_{Fe})/\Omega_1$ 为发电机的空载转矩。

四、矩角特性

功（矩）角特性定义为 $T = f(\theta) \Big|_{\substack{I_f = const \\ U_1 = const}}$，其中 θ 为励磁电动势 $\dot{E}_0$ 与端电压 $\dot{U}_1$ 之间的夹角，称为功角，它相当于感应电动机的转差率 s。

对于凸极同步电动机，其矩角特性可以根据基本方程式和相量图获得。

考虑到实际同步电机的定子电枢电阻远小于同步电抗，故定子电枢电阻可忽略不计。于是，凸极同步电动机的相量图如图 7-28 所示。忽略定子绕组铜损耗和铁损耗时，则电磁功率与输入的电功率近似相等，于是有

$$\begin{aligned}
P_M \approx P_1 &= mU_1 I_1 \cos\varphi = mU_1 I_1 \cos(\psi - \theta) \\
&= mU_1 I_1 \cos\psi\cos\theta + mU_1 I_1 \sin\psi\sin\theta \\
&= mU_1(I_q\cos\theta + I_d\sin\theta)
\end{aligned} \tag{7-38}$$

又由相量图 7-28 可得

$$\begin{cases} I_q x_q = U_1 \sin\theta \\ I_d x_d = E_0 - U_1 \cos\theta \end{cases} \tag{7-39}$$

因此，

$$\begin{cases} I_q = \dfrac{U_1 \sin\theta}{x_q} \\[2mm] I_d = \dfrac{E_0 - U_1 \cos\theta}{x_d} \end{cases} \tag{7-40}$$

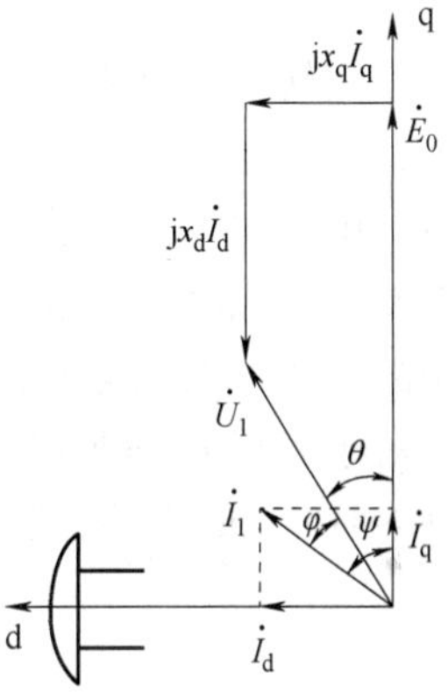

于是，电磁功率变为

$$P_M = \frac{mE_0 U_1}{x_d}\sin\theta + \frac{1}{2}mU_1^2\left(\frac{1}{x_q} - \frac{1}{x_d}\right)\sin 2\theta \tag{7-41}$$

图 7-28　忽略定子电阻时凸极同步电动机的相量图

式（7-41）称为凸极式同步电动机的功角特性。

将式（7-41）两边同除以同步角速度 Ω_1，便可获得相应的电磁转矩为

$$T = \frac{P_M}{\Omega_1} = \frac{mE_0 U_1}{x_d \Omega_1}\sin\theta + \frac{1}{2}\frac{mU_1^2}{\Omega_1}\left(\frac{1}{x_q} - \frac{1}{x_d}\right)\sin 2\theta = T' + T'' \tag{7-42}$$

式（7-42）称为凸极式同步电动机的矩角特性，它可用图 7-29 所示曲线表示。

由式（7-42）可见，凸极式同步电动机的电磁转矩由两部分组成：一部分为基本电磁转矩 $T' = \dfrac{mE_0 U_1}{x_d \Omega_1}$，基本电磁转矩是由转子直流励磁磁动势和定子气隙磁场相互作用产生的，它是电磁转矩的基本分量；另一部分为电磁转矩的附加分量 $T'' = \dfrac{1}{2}\dfrac{mU_1^2}{\Omega_1}$

$\left(\dfrac{1}{x_q} - \dfrac{1}{x_d}\right)\sin 2\theta$，它是由 d 轴和 q 轴磁阻不同（又称为凸极效应）而引起的，即使转子绕组不加直流励磁（即 $E_0 = 0$），凸极同步电动机仍然会产生凸极效应的电磁转矩 T''

凸极同步机
的反应转矩

隐极同步机
的反应转矩

（又称为反应转矩或磁阻转矩）。由于凸极效应，凸极式同步电动机的最大电磁转矩将发生在 $\theta<90°$ 的位置。

对于凸极效应产生电磁转矩的物理意义，可由图 7-30 解释如下。

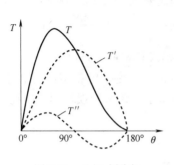

图 7-29　凸极式同步
电动机的矩角特性

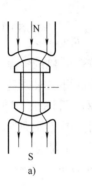

图 7-30　凸极同步电动机的磁阻转矩
a) $\theta=0$，$x_q \neq x_d$　b) $\theta \neq 0$，$x_q \neq x_d$　c) θ 任意，$x_q = x_d$

假定转子无直流励磁，当 $\theta=0$ 时，磁路的磁阻最小，此时转子只受到沿径向的电磁力，而不会产生切向的电磁转矩；一旦在负载作用下转子的轴线偏离了定子磁极的轴线，即 $\theta \neq 0$，则磁力线将发生扭曲（即磁力线伸长后具有自身收缩的趋势，并且尽可能使定子磁路的磁阻最小）。因此，转子自然要受到沿切线方向的电磁转矩，即反应转矩的作用。在该电磁转矩的作用下，转子将随定子旋转磁场以同步转速旋转。

对于隐极式同步电动机，由于 d 轴和 q 轴磁阻相同，即 $x_d = x_q = x_c$，将其带入式 (7-41)，便可获得隐极式同步电动机的功角特性为

$$P_M = \frac{mE_0 U_1}{x_c} \sin\theta \qquad (7-43)$$

将上式两边同除以同步角速度 Ω_1，便可获得隐极式同步电动机的矩角特性为

$$T = \frac{mE_0 U_1}{x_c \Omega_1} \sin\theta = T_{max} \sin\theta \qquad (7-44)$$

式 (7-44) 表明，隐极式同步电动机的电磁转矩正比于励磁电动势 E_0 和定子外加电压 U_1 的大小，反比于同步电抗 x_c。依据式 (7-44) 便可绘制出隐极式同步电动机的矩角特性曲线，如图 7-31 所示。隐极式同步电动机最大电磁转矩发生在 $\theta=90°$ 的位置。

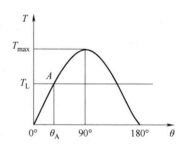

图 7-31　隐极式同步
电动机的矩角特性

五、功角 θ 的物理意义

同步电动机的矩角特性类似于异步电动机的机械特性，其中的功角 θ 相当于异步电动机的转差率 s。随着负载转矩的增加，异步电动机的转差率 s 将增加。同样，对于同步电动机，随着负载转矩的增加，同步电动机的功角 θ 将有所增加，由矩角特性［凸极式同步电动机见式 (7-42)、隐极式同步电动机见式 (7-44)］可知，电磁转矩将

相应地增加，最终电磁转矩与负载转矩相平衡。需要注意的是，最终稳态运行后转子转速并未发生变化，同步电动机仍保持同步转速运行。

同步电机的功角 θ 具有双重含义：

从时间上看，功角 θ 为定子感应电动势 $\dot{E}_0$ 与定子电压 $\dot{U}_1$ 之间的夹角。

从空间上看，功角 θ 为转子励磁磁动势 $\boldsymbol{F}_f$ 和气隙合成磁动势 $\boldsymbol{F}_\Sigma$（$\boldsymbol{F}_\Sigma = \boldsymbol{F}_f + \boldsymbol{F}_a$）之间的夹角，如图 7-28 所示。其中，$\dot{E}_0$ 是由转子励磁磁动势 $\boldsymbol{F}_f$ 在定子绕组中感应的电动势，而 $\dot{U}_1$ 可近似看作由气隙合成磁动势 $\boldsymbol{F}_\Sigma$ 在定子绕组中的感应电压。

若将所有磁动势用等效磁极来表示，当同步电机作电动机运行时，由相量图（见图 7-28）可见，$\dot{U}_1$ 超前于 $\dot{E}_0$ 功角 θ，于是气隙合成磁动势 $\boldsymbol{F}_\Sigma$ 超前转子励磁磁动势 $\boldsymbol{F}_f$ 功角 θ。在气隙合成磁动势 $\boldsymbol{F}_\Sigma$ 所对应的磁极拖动下，转子磁极以同步转速旋转（见图 7-32a），从而拖动机械负载以同步转速旋转，并将定子侧输入的电功率转换为转子的机械功率输出。此时，电磁转矩为正。

当同步电机作发电机运行时，由相量图（见图 7-20）可见，$\dot{U}_1$ 滞后于 $\dot{E}_0$ 功角 θ，则气隙合成磁动势 $\boldsymbol{F}_\Sigma$ 滞后于转子励磁磁动势 $\boldsymbol{F}_f$ 功角 θ，于是转子磁极拖动气隙合成磁动势 $\boldsymbol{F}_\Sigma$ 所对应的磁极以同步转速旋转（见图 7-32b），从而将输入至转子的机械功率转换为定子侧电功率输出。此时，电磁转矩为负。

由此可见，功角 θ 的正、负是衡量同步电机运行状态的一个重要标志。当同步电机作电动机运行时，$\dot{U}_1$ 超前于 $\dot{E}_0$ 功角 θ，规定此时的功角 θ 为正；当同步电机作发电机运行时，$\dot{U}_1$ 滞后于 $\dot{E}_0$ 功角 θ，此时的功角 θ 为负。

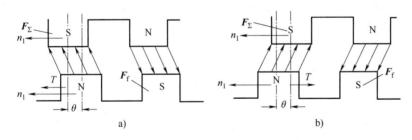

图 7-32　功角 θ 的物理意义

a）同步电动机运行（$T>0$）　b）同步发电机运行（$T<0$）

六、同步电动机稳定运行与过载能力

同步电动机稳定运行的定义是，处于某一运行点的电力拖动系统，若在外界的扰动作用下，系统偏离原来的运行点，一旦扰动消除，系统若能够回到原来的运行点，则称系统是静态稳定的。否则，系统是静态不稳定的，或称同步电动机处于"失步"状态。

以隐极式同步电动机为例来说明同步电动机的稳定运行问题。

图 7-33 给出了同步电动机静态稳定与"失步"概念的解释。可见，若同步电动机最初在 A 点运行，其功角 θ_A，$0°<\theta_A\leqslant 90°$，电磁转矩 $T_{(A)} = T_L$。若在外部扰动的作用下，负载转矩由 T_L 增至 T_L'，则由于 $T_{(A)}<T_L$，转子将减速，并使得功角由 θ_A 增至为

θ'_A，其结果是电磁转矩也由 $T_{(A)}$ 增至为 $T_{(A')}$。最终 $T_{(A')} = T'_L$，系统将在新的工作点 A' 处运行。一旦外部负载扰动消除，负载转矩又降为 T_L，则由于 $T_{(A')} > T'_L$，转子将加速，使得功角减小，最终系统将恢复到原来的 A 点运行。

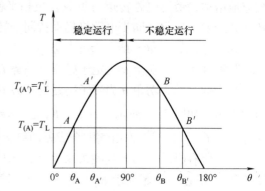

图 7-33　隐极式同步电动机转子直流励磁改变时的矩角特性

若同步电动机最初在 B 点运行，其功角为 θ_B，$90° < \theta_B \leqslant 180°$，电磁转矩为 $T_{(B)}$。一旦系统受到扰动使负载转矩有所增加，则功角将增至 θ'_B，而对应 θ'_B 的电磁转矩 $T_{(B')}$ 将有所降低，其结果是转子转速将进一步降低，功角 θ 继续增加，电磁转矩进一步降低。最终即使负载扰动消除，转子也将"失去同步"。因此，拖动系统在 B 点是不能稳定运行的。

对于同步电动机，还可采用稳定性判据进行判断。对于恒转矩负载$\left(\text{即} \dfrac{\partial T_L}{\partial \theta} = 0\right)$，若 $\dfrac{\partial T}{\partial \theta} > 0$，则系统是稳定的；反之，若 $\dfrac{\partial T}{\partial \theta} < 0$，则系统是不稳定的。显然，对于隐极式同步电动机，$\theta = 90°$ 是稳定与不稳定运行的临界点。

为了能够保证由同步电动机组成的拖动系统稳定运行，最大电磁转矩必须大于额定负载转矩。通常把最大电磁转矩与额定转矩的比值称为同步电动机的过载能力，用 λ 表示。对于隐极式同步电动机有

$$\lambda = \frac{T_{max}}{T_N} = \frac{1}{\sin\theta} \tag{7-45}$$

一般情况下，隐极式同步电动机额定负载运行的功角 $\theta = 20° \sim 30°$，此时 $\lambda = 2 \sim 3$。依据式（7-44），绘制出转子直流励磁电流改变时隐极式同步电动机的矩角特性如图 7-33 所示。增大转子直流励磁电流（即增加 E_0）可以提高同步电动机的最大电磁转矩 T_{max} 以及过载能力，进而提高拖动系统的稳定性。实际上，在由转子励磁同步电动机组成的拖动系统中，通常采用转子强励措施确保拖动系统稳定运行，其依据即来源于此。

综上所述，可以得到如下结论：

1）隐极式同步电动机的稳定运行范围是 $0° \leqslant \theta < 90°$。超过该范围，同步电动机将不能稳定运行。为确保同步电动机可靠运行，通常取 $0° \leqslant \theta < 75°$。

2）增加转子直流励磁电流可以提高同步电动机的过载能力，进而提高电力拖动系统的稳定性。

第五节　同步电机的励磁调节与 U 形特性曲线

在大多数企业中，绝大多数的用电设备都是电感性的，如异步电动机、电焊机、变压器、感应炉等，并且它们的功率因数都比较低。在电力系统中，若功率因数过低，

电网的无功功率大，占用的输变电设备容量大，影响有功功率的传输。变电所的供电能力取决于变压器的视在功率，只要变压器的电压、电流已达到额定值，变压器就满载了。如果网路的无功功率过大，有功功率势必减小。例如，某变电所运行的变压器容量为 $10000kV \cdot A$，当 $\cos\varphi = 0.9$ 时，它传输的有功功率为 9000kW，无功功率为 4359kvar。而当 $\cos\varphi = 0.7$ 时，它传输的有功功率为 7000kW，无功功率为 7141kvar。可见，同一台变压器，都是满载运行，只是功率因数从 0.9 降为 0.7，它所传输的有功功率就减少 2000kW。因此，功率因数对输变电设备的有效利用影响巨大。由此可见，用电单位功率因数过低，电业部门是不允许的。为提高用电单位的功率因数，除在变压器上并联电力电容器之外，动力设备选用同步电动机代替异步电动机也是一个很好的办法。因为同步电动机不仅可以带动生产机械做功，还可以通过调节直流励磁电流使电动机对电网呈电容性，也就是说同步电动机可以一边输出机械功率，一边向电网提供一定数量的无功功率，对其他设备所需的无功功率进行补偿，有效地提高电网的功率因数，解决了用电单位功率因数低的问题。

一、同步电动机的电流轨迹

以隐极同步电动机为例，分析同步电动机的电流轨迹。根据隐极同步电动机电动势方程，可以写出

$$\dot{I}_1 = \frac{\dot{U}_1}{jx_c} + \frac{\dot{E}_0}{jx_c} = -j\frac{\dot{U}_1}{x_c} + j\frac{-\dot{E}_0}{jx_c} = \dot{I}_a + \dot{I}_b \tag{7-46}$$

画出对应的相量图，如图 7-34 所示。同步电动机定子电流 $\dot{I}_1$ 可以分为两个分量，它的第一个分量为 $\dot{I}_1 = -j\dot{U}_1/x_c$，大小为 U_1/x_c，方向落后于 $\dot{U}_1$ 90°，这一分量通常是不变的，因为 $\dot{U}_1$ 和 x_c 通常是不变的；它的第二个分量 $\dot{I}_b = +j(-\dot{E}_0)/x_c$ 的大小等于 E_0/x_c，方向超前 $-\dot{E}_0$ 90°。因 E_0 是随直流励磁电流 I_f 大小而变化的，所以 $\dot{I}_b$ 随 I_f 而变化。

若电动机的端电压 $\dot{U}_1$ 和转子直流励磁电流 I_f 都没有调节，保持不变状态。当电动机负载转矩 T_L 增加时，电动机的电磁转矩 T 将随之增加，这样才能保证同步电动机稳速运行。由隐极同步电动机矩角特性公式［式（7-44）］可知，这时 U_1、E_0、x_s、Ω_1 都不变，所以要使 T 增加，只有使功角 θ 增大。

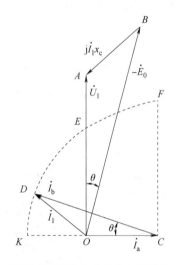

图 7-34 同步电动机的电流轨迹

在图 7-34 中，$\angle OCD = \angle AOB = \angle\theta$ 是隐极同步电动机的功角，所以负载转矩增加时，$\angle OCD$ 和 $\angle AOB$ 都将增大。依据给定的条件 $\dot{U}_1$ 不变，所以电流的第一个分量 $\dot{I}_a$ 大小方向都不变。又因励磁电流不变，所以 E_0 的大小不变，$\dot{I}_b$ 的大小也不变。功角 θ 加大，所以 $\dot{I}_b$ 的方向有所变化。$\dot{I}_a$ 不变，$\dot{I}_b$ 大小不变，此时 $\dot{I}_1 = \dot{I}_a + \dot{I}_b$ 相量端点的轨迹将是以 C 为圆心，以 I_b 为半径的一个圆，随着负载转矩的增加，电流 $\dot{I}_1$ 也有所增加，电流 $\dot{I}_1$ 的相量端点将沿图中虚线圆弧向上移动，功率因数（容性）也在增加。

当负载转矩增加到一定值时，电流端点轨迹达到 E 点，此时功率因数 $\cos\theta = 1$，电流 $\dot{I}_1$ 与电压 $\dot{U}_1$ 同相位，电动机对电网呈纯电阻性；如果负载转矩继续加大，电流相量端点继续沿圆弧变化，这时电流 $\dot{I}_1$ 开始滞后于电压 $\dot{U}_1$，电动机对电网呈电感性；当电流相量变化到图中 F 点时，功角 $\theta = 90°$，这时电动机有最大输出转矩和最大输出功率。过了这一点电动机便进入不稳定工作区。

事实上，在功角 θ 接近 $90°$ 时，电动机就已不能正常工作，因为这时电动机的过载能力已接近于1，这是不允许的。这种同步电动机圆形电流相量端点轨迹称为同步电动机的圆图。

二、同步电动机的励磁调节及 U 形曲线

在 $U_1 = U_N$，$f_1 = f_N$ 以及电磁功率 P_M（或电磁转矩 T）一定的条件下，定子电枢电流 $\dot{I}_1$ 与转子励磁电流 I_f 之间的关系曲线又称为同步电机的 U 形曲线。它反映的是在输出有功功率（或电磁功率）一定的条件下，定子侧的电枢电流和功率因数随转子直流励磁电流的变化情况。

以隐极同步电动机为例，忽略定子铜损耗、铁损耗以及转子机械损耗，于是有

$$P_M = \frac{mE_0U_1}{x_c}\sin\theta = mU_1\dot{I}_1\cos\theta = \text{const} \tag{7-47}$$

对于在无穷大电网下运行的同步电动机，即当电网的容量远远大于同步电动机的容量，且电压和频率均保持不变时，存在以下关系

$$E_0\sin\theta = \text{const1}$$
$$\dot{I}_1\cos\theta = \text{const2} \tag{7-48}$$

根据以上条件以及式（7-42），绘制出不同转子直流励磁电流下同步电动机的相量图及矩角特性，如图 7-35 所示。

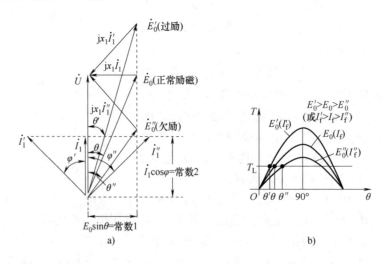

图 7-35　转子直流励磁改变时同步电动机的相量图与矩角特性

a）相量图　b）矩角特性

通常，将定子电枢电流与定子电压同相位时的励磁电流称为正常励磁电流，对应的运行状态称为正常励磁状态；超过正常励磁电流的运行状态称为过励状态；低于正常励磁电流的运行状态称为欠励状态。

图7-35分别给出了上述三种状态的相量图及矩角特性。通过分析，可得出以下结论：

1）调节同步电动机的励磁电流 I_f 可改变定子电流的无功分量和功率因数。正常励磁时，同步电动机从电网全部吸收有功；过励时，同步电动机对电网呈容性，从电网吸收滞后无功（或发出超前无功）；过励时，同步电动机对电网呈感性，从电网吸收超前无功（或发出滞后无功）。

2）若调节同步电动机的励磁电流，使之工作在过励状态，则可以改善同步电动机的功率因数并使功率因数处于超前状态。

3）若同步电动机在空载状态下运行（即不拖动任何机械负载），此时 $P_M = 0$，即 $\theta = 0°$，当转子处于过励状态时，同步电动机可以向电网吸收滞后无功（或发出超前无功），有利于改善电网的功率因数。通常将在这一状态下运行的空载同步电动机称为同步调相机（或同步补偿机）。

图7-36给出了同步调相机的相量图。

上述结论可以这样理解：由于同步电机采用双边励磁，建立气隙磁场所需的无功来自于定、转子两侧的绕组磁动势，并

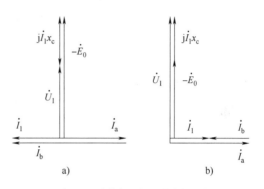

图7-36 同步调相机的相量图
a）过励磁状态 b）欠励磁状态

同步补偿机向量图

且以转子侧的直流励磁为主。因此，当处于正常励磁状态时，同步电机建立气隙磁场所需无功全部由转子侧提供，无须再从定子侧获得，此时转子侧自然为单位功率因数。

当同步电机处于过励磁状态时，由转子励磁磁动势所发出的无功远超过同步电机自身建立气隙磁场所需的无功，因而有一部分无功从定子侧输出。此时定子侧的功率因数呈超前状态。

当同步电机处于欠励磁状态时，仅由转子励磁所提供的无功已难以满足建立气隙磁场所需，因而需要由定子侧的电网加以补充。此时，同异步电机类似，定子侧的功率因数呈滞后状态。事实上，由于普通笼型异步电机采用单边励磁，只能通过定子侧的电网提供建立气隙磁场所需的无功，定子侧的功率因数自然总是处于滞后状态。因而，异步电机也可看作工作在欠励磁状态下的同步电机。

此外，由图7-35可知，当转子直流励磁电流 I_f 由小到大（由欠励磁到正常励磁，再到过励磁）变化时，定子电枢电流首先由 I_1'' 逐渐减小，至正常励磁时降为最低 I_1。然后，电枢电流又逐渐增加到 I_1''。基于此结论，绘制图7-37。显然，对于输出功率一定的同步电动机，其定子电枢电流随转子直流励磁电流的变化曲线呈"U"字形状，因而又被称作 U 形曲线。

同步电机的 U 形特性曲线

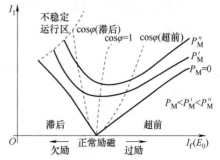

图7-37 同步电动机的 U 形曲线

281

图 7-37 中还给出了不同输出功率条件下同步电动机的 U 形曲线。当 $P_M = 0$ 时，所对应的 U 形曲线即为同步调相机的 U 形曲线。随着输出功率的增加，U 形曲线将上移。

第六节 同步电动机的转速特性

在外加电压和定子频率一定的条件下，同步电动机转子转速与输出功率之间的关系 $n = f(P_2)$ 称为同步电动机的**转速特性**。

当电源频率一定，同步电动机稳定运行的转速必须为同步转速，否则同步电动机将不会产生有效的平均电磁转矩。

换句话说，同步电动机的转速只能为同步转速且与负载无关。因此，同步电动机的转速特性是一条直线，且特性较硬。上述结论可以借助图 7-38 所示的物理模型加以解释。

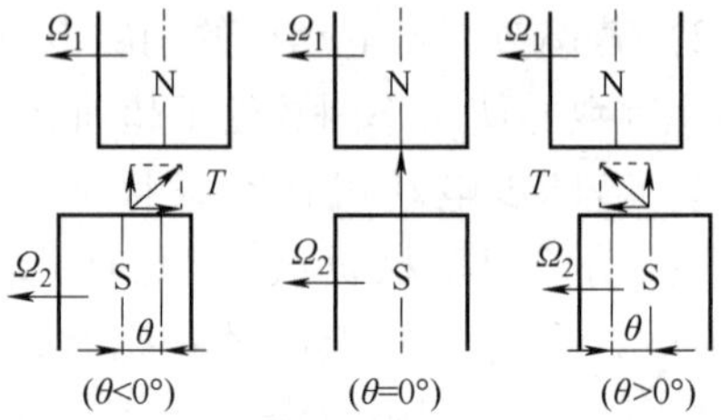

若同步电动机的三相定子合成旋转磁场与转子磁场之间存在相对运动，则其功角可由下式得出

$$\theta = (\Omega_1 - \Omega_2)t + \theta_0 \qquad (7-49)$$

图 7-38 同步电动机产生的
电磁转矩的物理模型

式中，Ω_1、Ω_2 分别为定子合成旋转磁场与转子的角速度，且 $\Omega = \dfrac{2\pi}{60}$，$\Omega_1 \neq \Omega_2$；$\theta_0$ 为初始功角。

将上式带入式（7-42），可得同步电动机所产生的瞬时电磁转矩为

$$\tau = \frac{mE_0U_1}{x_d\Omega_1}\sin\left[(\Omega_1-\Omega_2)t+\theta_0\right] + \frac{1}{2}\frac{mU_1^2}{\Omega_1}\left(\frac{1}{x_q}-\frac{1}{x_d}\right)\sin 2\left[(\Omega_1-\Omega_2)t+\theta_0\right] \qquad (7-50)$$

对该式在一个周期 T_c 内取积分，便可求得平均电磁转矩为

$$T_{av} = \frac{1}{T_c}\int_0^{T_c}\tau\,dt = 0 \qquad (7-51)$$

很显然，同步电动机不能偏离同步转速稳定运行。否则，所产生的平均电磁转矩为零。

第七节 同步电动机的起动

长期以来，同步电动机起动问题是限制其广泛应用的一个重要因素。由同步电动机电磁关系可知，它在正常工作时是靠着合成磁场对转子磁极的磁拉力牵引转子同步旋转的，转子转速只有与合成磁场同步才有稳定的磁拉力，形成一定的同步转矩。同步转矩能使同步电动机正常旋转，但在非变频起动中它却无能为力，这是因为同步转矩是功角 θ 的函数，在非变频起动过程中，转子转速与旋转磁场转速不等，功角 θ 在 $-180° \sim 180°$ 之间不断变化。当 θ 在 $-180° \sim 0°$ 之间时，定、转子磁极相互排斥，转矩起制动作用；当 θ 在 $0° \sim 180°$ 之间时，定、转子磁极相互吸引，转矩起拖动作用。θ 角变化一个周期平均转矩为零。无法使同步电动机加速，所以在同步电动机恒频率起动时，不能依靠同步转矩起动，必须采用其他措施。

一、同步电动机常规起动方法

常见的同步电动机起动方法有三种：

1、辅助电动机起动

通常是用一台与同步电动机极数相同、容量约为主机10%～15%的小型异步电动机作为辅助电机。辅助电机先将同步电动机拖动到异步转速，然后投入电网，加入直流励磁，依靠同步转矩把转子牵入同步。这种起动方法投资大、不经济、占地面积大，不适合带负载起动，所以没有广泛使用，仅少量用于同步补偿电机的起动。

2. 变频起动

这是一种性能很好的起动方法。具有起动电流小、对电网冲击小等优点。但它需要为同步电动机配置合适的变频电源。近年来由于交流变频调速的迅速发展，变频电源已进入大规模工业应用阶段。变频起动时在起动之间将转子加入直流，然后使变频器的频率由零缓慢上升，旋转磁场牵引转子缓慢地同步加速，直到额定转速。这种起动方法只要有可控变频电源是很容易实现的。目前，除应用变频调速的变频电源对同步电动机进行起动外，还有专门为起动同步电动机的变频电源，这种电源把电动机起动起来后，投入电网，变频电源即被切除，因此它可以用一台变频电源分时起动多台同步电动机。这样的变频电源只有在起动时短时应用，所以它的容量也可以比同步电动机额定容量小很多。

3、异步起动

这是当前同步电动机没有变频电源的条件下常用的一种方法，起动过程分为两个阶段，即异步起动和牵入同步阶段。下面着重对这种起动方法进行分析。

二、同步电动机异步起动

同步电动机转子上都装有笼型绕组，主要靠它在起动的第一阶段把转子加速到正常的异步转速，这一转速通常大于同步转速的95%，也称为准同步转速。

带有起动绕组的同步电动机如图7-39所示。同步电动机的异步起动与笼型电动机起动过程完全一样，只是同步电动机的笼条比较细，容量也小一些。这是因为它只在异步起动过程中起作用。在同步运行时不切割磁场，不产生感应电动势也无电流；在同步电动机出现振荡时，笼型绕组感生的瞬时电流也会起稳定作用。

图7-39 带有起动绕组的同步电动机

283

与异步电动机起动一样，同步电动机在异步起动阶段也要求有足够大的起动转矩倍数，有尽量小的起动电流倍数。此外，为了能够顺利地牵入同步，它也要求在准同步转速下有一定的转矩，该转矩称为牵入转矩。表7-1中列出了几种同步电动机异步起动时的技术数据。

表 7-1　同步电动机异步起动时的技术数据

型　　号	起动电流 额定电流	起动转矩 额定转矩	牵入转矩 额定转矩	最大转矩 额定转矩
TD143/44-10	5.94	1.85	1.02	2.2
TD215/19-20	5.5	1.01	1.07	2.5
TDK173/49-14	53.7	1.44	1.11	2.12
TDK173/20-16	4.76	1.165	0.858	2.2
TK500-18/2150	4.64	0.964	0.875	2.04
TDMK400-32	6.6	2.1	1.17	3.6
TDMK630-36	6.5	2	1.05	2.8
TZ268/115-12	7.3	1.5	1.2	3.0

不同的生产机械对起动有不同的要求。风机、水泵类机械，对起动转矩要求不高，但希望有较大的牵入转矩；球磨机则对起动转矩有较高的要求。与笼型电动机起动一样，同步电动机异步起动时，可以直接起动，也可以减压起动，这要根据具体情况而定。

在异步起动过程中，转子直流励磁绕组不能加入直流励磁电流。原因是如果加入直流励磁电流，随着转速的上升，转子磁极在定子绕组中能感生出一个频率随转速变化的三相对称电动势。这个电动势的频率与电网电压的频率不相同，它通过电源变压器二次绕组构成回路，产生很大的电流。这一电流与定子绕组起动电流按瞬时叠加，使定子电流过大，这是不允许的。

在异步起动过程中，直流励磁绕组也不能开路。因为直流绕组匝数很多，正常运行时旋转磁场并不切割它，而在起动过程中，特别是在低速时，旋转磁场以很高的速度切割直流励磁绕组，感生出很高的电动势，很容易击穿绕组绝缘，对操作人员的人身安全也构成了一定的威胁，这也是不允许的。

在异步起动过程中，如果把直流励磁绕组直接短路，将产生单轴转矩。假定这时定子旋转磁动势转速为 n_1，转子转速为 n，那么旋转磁场切割转子的速度为 n_1-n，旋转磁场在转子直流励磁绕组中感应电动势的频率为 $f_2=p(n_1-n)/60=sf_1$，这与异步电动机的起动过程相同。这一电动势在直流励磁绕组中产生频率为 f_2 的单相短路电流。根据磁动势理论，它将在旋转着的转子上产生一个脉振磁动势，把这一脉振磁动势再分成两个大小相等、方向相反的旋转磁动势 F_{r+} 和 F_{r-}，分别讨论它们在起动过程中所起的作用。

正序磁动势 F_{r+} 在转子上继续向前旋转，它对转子的转速为 $\Delta n=60f_2/p=sn_1$，所以 F_{r+} 对定子的转速为 $n+\Delta n=n+sn_1=n+n_1(n_1-n)/n_1=n_1$。可见，它与定子旋转磁动势同

转速、同方向旋转，产生固定的转矩，这与正常异步电动机一样。由此可绘制出 $T_+ = f(n)$ 曲线，如图 7-40 中曲线 1 所示。

负序磁动势 $\boldsymbol{F}_{\text{r-}}$ 以 $\Delta n = sn_1$ 速度在转子上反方向旋转，它对定子的转速为 $n_- = n - sn_1 = n_1 - sn_1 = n_1(1-2s)$。可见，$\boldsymbol{F}_{\text{r-}}$ 的转速是随转差率 s 而变化的，它与定子旋转磁场转速不等，产生的转矩周期性变化，平均转矩为零。所以 $\boldsymbol{F}_{\text{r-}}$ 对定子旋转磁场的作用可以不必考虑，但由于 $\boldsymbol{F}_{\text{r-}}$ 在气隙中旋转切割定子三相绕组，在定子绕组中感生一组与电网不同频率的三相对称电动势，它在定子三相绕组及供电变压器二次绕组中形成三相对称电流，这组三相对称电流产生的旋转磁场，与 $\boldsymbol{F}_{\text{r-}}$ 同转速、同方向旋转，两者相对静止，形成一个反装的异步电动机（转子为一次侧，定子为二次侧），产生的转矩用 T_- 表示。T_- 随转差率 s 的变化曲线 $T_- = f(n)$ 如图 7-40 中曲线 2 所示。

当 $1 > s > 0.5$ 时，$\boldsymbol{F}_{\text{r-}}$ 的转速 $n_1(1-2s)$ 为负，尽管它拉着定子反向旋转，但定子不动，其反作用转矩推动转子正转，因此在这个转速范围内，T_- 对转子起拖动作用，使转子加速，T_- 为正。

当 $s = 0.5$ 时，$\boldsymbol{F}_{\text{r-}}$ 的转速 $n_1(1-2s)$ 为零，这时不切割定子绕组，T_- 为零。

当 $0.5 > s > 0$ 时，$\boldsymbol{F}_{\text{r-}}$ 的转速 $n_1(1-2s)$ 为正，它力图拉着定子正向旋转，但定子不动，其反作用转矩推动转子反转，T_- 为负，对电动机起制动作用，特别是转速在 $0.5n_1$ 附近时，反作用转矩很大，对电动机起动影响很大。

图 7-40 中曲线 3 为曲线 1 和曲线 2 叠加合成得到的同步电动机直流励磁绕组直接短路时起动过程的转矩，称为单轴转矩。

由图中曲线 2 可知，如果在起动过程中把直流励磁绕组直接短路，在转速升到 1/2 同步转速之后，T_- 出现一个很大的负值，有可能把电动机的转速卡在半速附近，无法达到同步转速，无法牵入同步，起动失败。

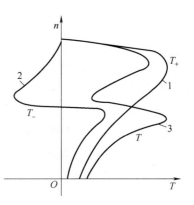

图 7-40　直流励磁绕组直接
短路时的单轴转矩

为了克服这一缺点，在异步起动阶段将直流励磁绕组串联电阻闭合，如图 7-41 所示，为同步电动机异步起动时的接线图。所串电阻一般为励磁绕组电阻的 5~10 倍。串联电阻后，T_+ 和 T_- 以及合成转矩 T 的形状都发生了变化，如图 7-42 所示。

对于 T_+，相当于正常异步电动机转子串电阻，临界转差率 s_m 增大。

对于 T_-，相当于把一次磁动势削弱，与异步电动机降低电源电压时的机械特性相似。所以串电阻后在半速附近 T_- 的最大制动转矩大为减小，在起动过程中靠鼠笼产生的异步转矩和单轴转矩中 T_+ 完全可以把转子拉过这段 T_- 制动转矩最大的区域（半速附近），使同步电动机达到准同步转速，并牵入同步。

异步起动之后，同步电动机已达到准同步转速，这时笼型绕组的异步转矩虽然仍有一定数值，但不能靠它把转子拉入同步。由异步电动机机械特性可知，在这一段的异步转矩基本与转差率成正比。随着转速升高，转差率减小，转矩与之成正比地减小到同步转速时，该项转矩为零，所以不能靠它把转子牵入同步。

285

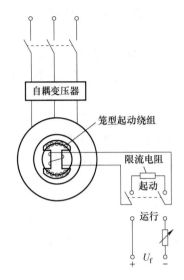

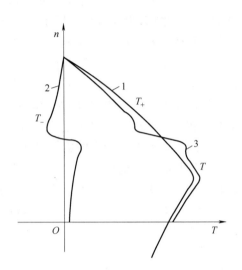

图 7-41　同步电动机异步起动时的线路图　　图 7-42　直流励磁绕组串电阻闭合时的单轴转矩

为把转子拉入同步，这时要靠同步转矩起作用。为此在同步电动机达到准同步转速后，应及时给直流励磁绕组加入励磁电流。同步转矩在异步起动阶段不起加速作用，那是因为在转速较低时，旋转磁场以较高的速度扫过转子磁场，对转子推拉间半，平均转矩为零。但到准同步转速后，情况发生了变化。这时转子转速已接近旋转磁场转速，加入直流励磁后，旋转磁场相对转子转速已经很低，功角 θ 由 0° 变化到 180° 这段时间较长，而在这半个周期旋转磁场对转子一直是拉力。这一转矩再加上这段期间的异步转矩，完全有可能把转子由准同步转速拉到同步转速，使同步电动机进入稳定的同步运行。这就是同步电动机起动的第二阶段，即牵入同步阶段。

牵入同步进行得是否顺利，与以下几个因素有关：

1）与负载转矩有关，负载转矩越轻越容易牵入。

2）与系统的转动惯量或飞轮力矩 GD^2 有关，转动惯量越小加速越快，越容易牵入同步。

3）与加入直流励磁的瞬间有关，当功角 θ 等于零时，加入直流励磁最为有利，这时牵入的可能性最大。

因此，对于负载较重、惯量较大、牵入困难的同步电动机，希望在 θ 为零时加入直流励磁，因而要在控制电路中加入测量功角 θ 的环节，以保证在 θ 过零时加入直流励磁电流。

对于牵入不是很困难的同步电动机，一般不检测功角 θ，随时可以加入直流励磁电流，也能够牵入同步。这是因为即使是在 θ 为 -180° ~ 0° 区间加入直流，开始同步转矩为负，对转子起减速作用，但因这时异步转矩还有不小的数值，减速又使异步转矩加大，它有效地抑制了减速，速度不会明显下降。当 θ 进入 0° ~ 180° 区间后，同步转矩又起牵入作用，仍能把转子牵入同步。

综上所述，同步电动机的异步起动法，是先进行异步起动，然后牵入同步，达到同步后电动机进入稳定运行状态，起动结束。

第八节 同步发电机的运行特性

同步发电机的稳定运行特性包括外特性、调整特性和效率特性。由这些特性可以确定发电机的电压调整率、额定励磁电流和额定效率，它们都是标志同步发电机机械特性的基本数据。

1. 外特性

外特性表示发电机的转速为同步转速、励磁电流和负载的功率因数保持不变时，发电机的端电压（相电压）与电枢电流之间的关系，即 $n=n_1$，$I_f=$ 常值，$\cos\varphi=$ 常值，$U=f(I)$。

图 7-43 表示带有不同功率因数的负载时，同步发电机的外特性。从图中可见，在电感性负载和纯电阻负载时，外特性是下降的，这是由于电枢反应的去磁作用和漏阻抗压降这两个因素所引起。在容性负载且内功率因数角为超前时，由于电枢反应的增磁作用和容性电流的漏抗电压上升，外特性也可能是上升的。

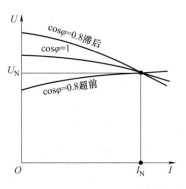

图 7-43　同步发电机的外特性

从外特性可以求出发电机的电压调整率。调节发电机的励磁电流，使电枢电流为额定电流、功率因数为额定功率因数、端电压为额定电压，此时的励磁电流 I_{fN} 就称为发电机的额定励磁电流。保证励磁电流为 I_{fN}，转速为同步转速，卸去负载（即使 $I=0$），此时发电机端电压升高的百分值，即为同步发电机的电压调整率，用 Δu 表示，即

$$\Delta u = \frac{E_0-U_N}{U_N}\bigg|_{(I_f=I_N)} \times 100\% \tag{7-52}$$

凸极同步发电机的 Δu 通常在 18%~30% 这一范围内，隐极同步发电机由于电枢反应较强，Δu 通常在 30%~48% 这一范围内。

外特性适用于同步发电机单独运行的情况。

2. 调整特性

调整特性表示发电机的转速为同步转速、端电压保持为额定电压、负载的功率因数保持不变时，发电机的励磁电流与电枢电流之间的关系，即 $n=n_1$，$U=U_N$，$\cos\varphi=$ 常值，$I_f=f(I)$。

图 7-44 所示为带有不同功率因数的负载时，同步发电机的调整特性。由图可见，在感性负载和纯电阻负载时，为补偿电枢电流所产生的去磁性电枢反应和漏阻抗压降，随着电枢电流的增加，必须相应地增加励磁电流，此时调整特性将是上升的。在容性负载时，调整特性也可能是下降的。从调整特性可以确定发电机的额定励磁电流 I_{fN}。

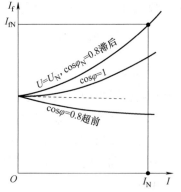

图 7-44　同步发电机的调整特性

3. 效率特性

效率特性是指发电机的转速为同步转速、端电压为额定电压、功率因数为额定功率因数时，发电机的效率与输出功率（或定子电流）的关系，即 $n = n_1$，$U = U_N$，$\cos\varphi = \cos\varphi_N$，$\eta = f(P_2)$ 或 $\eta = f(I)$。

同步电机的基本损耗包括电枢的基本铁损 p_{Fe}、电枢的基本铜损 p_{Cua}、励磁损耗 p_{Cuf} 和机械损耗 p_Ω。电枢基本铁损是指，主磁通在电枢铁心齿部和轭部中交变所引起的损耗。电枢基本铜损是换算到基准工作温度时，电枢绕组的直流电阻损耗。励磁损耗包括励磁绕组的基本铜损、变阻器内的损耗、电刷的电损耗以及励磁设备的全部损耗。机械损耗包括轴承损耗、电刷的摩擦损耗和通风损耗。杂散损耗 p_Δ 包括电枢漏磁通在电枢绕组和其他金属结构部件中所引起的涡流损耗，高次谐波磁场掠过主极表面所引起的表面损耗等。总损耗等于基本损耗和杂散损耗两项之和。

总损耗 $\sum p$ 求出后，效率即可确定，

$$\eta = \left(1 - \frac{\sum p}{p_2 + \sum p}\right) \times 100\% \tag{7-53}$$

现代空气冷却的大型水轮发电机，额定效率大致在 95%~98.5% 这一范围内。空冷汽轮发电机的额定效率大致为 94%~97.8%；氢冷时，额定效率约可提高 0.8%。图 7-45 是一台国产 700MW 全空冷水轮发电机的效率特性。注意，由于励磁损耗与电枢电流之间不是简单的二次方关系，所以同步发电机达到最大效率的条件与变压器是不同的，需要专门分析。

调整特性和效率特性既适用于同步发电机单独运行的情况，亦适用于发电机与电网并联运行的情况。

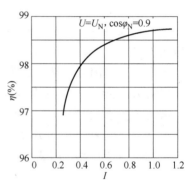

图 7-45 700MW 全空冷水轮
发电机的效率特性

第九节 同步电抗、定子漏抗及电枢等效磁动势的测定

为了计算同步电机的稳态性能，除需要知道电机的工况（即端电压、电枢电流和功率因数）外，还应该给出同步电机的参数。下面先说明同步电抗的测定方法。

一、同步电抗的测定

1. 由空载特性和短路特性来求取 x_d

空载特性可以用空载试验测出。试验时电枢开路（空载），用原动机把被试同步电机拖动到同步转速，并保持转速为恒定；然后调节励磁电流 I_f，并记取相应的电枢端电压 U_0（空载时即等于 E_0），直到 $U_0 \approx 1.25U_N$ 左右，由此可得空载特性 $E_0 = f(I_f)$。注意，绘制空载曲线时，纵坐标要用相电压；若测得的电压是线电压，则在计算时要换算成相电压。

短路特性可由三相稳态短路试验测得，试验接线图如图 7-46a 所示。将被试同步电

机的电枢端点三相短路，用原动机拖动被试电机到同步转速，并保持转速为恒定；然后调节发电机的励磁电流 I_f，使电枢电流 I 从零起，逐步增加到 $1.2I_N$ 左右，每次记录电枢电流 I 和相应的励磁电流 I_f，即可得到短路特性 $I=f(I_f)$，如图 7-46b 所示。

三相短路时，端电压 $U=0$，短路电流仅受发电机自身阻抗的限制。通常电枢电阻远小于同步电抗，从而可以忽略不计，因此短路电流可认为是纯电感性，电枢磁动势则是纯去磁性的直轴磁动势，故短路时气隙的合成磁动势很小，使电机的磁路处于不饱和状态，所以短路特性是一条直线，如图 7-46b 所示。

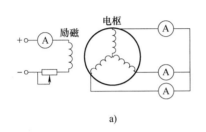
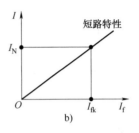

图 7-46 三相短路试验和短路特性

a）短路试验接线图 b）短路特性

短路时，端电压 $U=0$，$\psi \approx 90°$，故 $\dot{I}_q \approx 0$，$\dot{I} \approx \dot{I}_d$，若忽略电枢的电阻压降 $\dot{I}r_1$，则发电机的电压方程就成为

$$\dot{E}_0 = \dot{U} + \dot{I}r_1 + j\dot{I}_d x_d + j\dot{I}_q x_q \approx jIx_d \quad (7\text{-}54)$$

所以

$$x_d = \frac{E_0}{I} \quad (7\text{-}55)$$

因为短路试验时磁路为不饱和，所以这里的 E_0（每相值）应从气隙线上查出，如图 7-47 所示，由此求出 x_d 的不饱和值。

实际运行时，发电机的主磁路将出现饱和，此时直轴磁路的等效磁导 Λ_d 将发生变化，于是 x_d 将出现饱和值。由于主磁路的饱和程度取决于作用在主磁路上的合成磁动势，或者说取决于相应的气隙电动势，若不计负载运行时定子电流所产生的漏阻抗压降，气隙电动势就近似等于电枢的端电压，所以通常用对应于额定相电压时的 x_d 值作为其饱和值。为此，可先从空载曲线上查出产生额定相电压 $U_{N\varphi}$ 时所需的励磁电流 I_{f0}，再从短路特性上查出在三相短路情况下 x_d 将会产生的短路电流 I'，如图 7-48 所示，由此即可求出 $x_{d(饱和)}$ 为

$$x_{d(饱和)} \approx \frac{U_{N\varphi}}{I'} \quad (7\text{-}56)$$

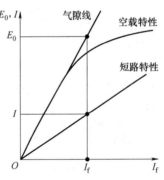

图 7-47 用空载和短路特性来确定 x_d

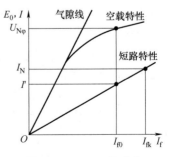

图 7-48 $x_{d(饱和)}$ 的确定

对于隐极同步电机，x_d 就是同步电抗 x_c。

2. 用转差法测定 x_d 和 x_q

如需同时测得 x_d 和 x_q，可以采用转差法。将被试同步电机用原动机拖动到接近于同步转速，励磁绕组开路，再在定子绕组上施加约为（2%~5%）U_N 的三相对称低电压，外施电压的相序必须使定子旋转磁场的转向与转子转向一致。调节原动机的转速，使被试电机的转差率小于 0.5%，但不被牵入同步，这时定子旋转磁场与转子之间将保持一个低速的相对运动，使定子旋转磁场的轴线不断交替地与转子的直轴和交轴相重合。

当定子旋转磁场的轴线与转子直轴重合时，定子所表现的电抗为 x_d。此时电抗最大、定子电流为最小 $I=I_{min}$，线路压降最小，定子端电压则为最大 $U=U_{max}$，故

$$x_d = \frac{U_{max}}{I_{min}} \qquad (7-57)$$

当定子旋转磁场的轴线与转子交轴重合时，定子所表现的电抗为 x_q，此时电抗最小、定子电流为最大 $I=I_{max}$，定子端电压则为最小 $U=U_{min}$，故

$$x_q = \frac{U_{min}}{I_{max}} \qquad (7-58)$$

式中，U、I 均为每相值。采用录波器录取转差试验中的电流和电压波形，如图 7-49 所示，由此即可算出 x_d 和 x_q。由于试验是在低压下进行，故测出的 x_d 和 x_q 均是不饱和值。

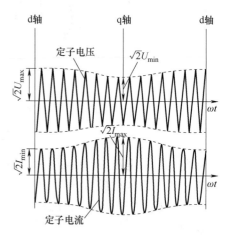

图 7-49 转差试验时定子端电压和定子电流的波形（虚线为包络线）

思考题与习题

7-1 为什么同步电动机只能运行在同步转速，而异步电动机不能在同步转速运行？

7-2 何谓双反应法？为什么分析凸极同步电动机时要用双反应法，而分析隐极同步电动机不用？

7-3 一台凸极同步电动机，假定它的电枢反应磁动势两个分量 F_{ad} 和 F_{aq} 有相同的量值，它们分别产生的磁通 Φ_{ad} 和 Φ_{aq} 大小是否相等，如果不等，哪一个有较大的数值，为什么？

7-4 说明 x_σ、x_a、x_s、x_{ad}、x_d、x_{aq}、x_q 分别是什么电抗，各与哪些磁路有关，相互之间有什么关系？

7-5 说明功角 θ 的物理意义。

7-6 试分析同步电动机负载增加时转矩的自动平衡过程，它与异步电动机和直流电动机有何不同。

7-7 说明矩角特性式（7-43）中转矩的两个分量 T'_e 和 T''_e 的意义。

7-8 结合图 7-35 说明有功功率恒定时的励磁调节，何谓正常励磁、过励磁和欠励

磁状态？它们的无功功率有何不同？

7-9 何谓同步补偿机？它起什么作用？为什么它总是工作在过励磁状态。

7-10 同步电动机在异步起动过程中，直流励磁绕组为什么不能送直流电流、不能开路、也不宜直接短路？

7-11 分析同步电动机在异步起动过程中的单轴转矩，它对起动有何不利影响？怎样克服？

7-12 一台隐极同步电动机额定状态时功角 $\theta = 30°$，（1）求此时电动机的过载能力；（2）负载转矩不变，要想提高它的过载能力使 $\lambda = 4$，求励磁电流应增加到原值的几倍（假定 $E_0 \propto I_f$）。

7-13 同步电动机 $P_N = 1300\text{kW}$，$U_N = 6000\text{V}$，定子 Y 联结，$I_N = 152\text{A}$，$n_N = 150\text{r/min}$，$\eta_N = 0.915$，同步电抗 $x_d = x_s = 22.8\Omega$（额定时 $\dot{I}$ 超前于 $\dot{U}$）。

（1）求额定时的功率因数 $\cos\varphi_N$；（2）求额定时电动机向电网提供的无功功率；（3）电动机原工作在额定状态，减小负载使输出有功功率变为 1000kW；I_f、η 均不变，求定子电流 I 及向电网提供的无功功率。

7-14 同步电动机 $P_N = 6300\text{kW}$，$U_N = 10000\text{V}$，定子 Y 联结，$I_N = 417\text{A}$，$\cos\varphi_N = 0.9$（超前），额定励磁电流 $I_f = 404\text{A}$，假定 $x_d = x_s = 14\Omega$，$E_0 \propto I_f$，

（1）求额定效率 η_N；（2）求额定时电动机向电网提供的无功功率；

（3）保持 P_N 不变，减小 I_f，使 $\cos\varphi = 1$，求此时的定子电流 I 和励磁电流 I_f（假定 η 不变）；

（4）电动机原工作在额定状态，保持 I_f 不变，使输出功率降为 4000kW，假定电动机效率不变，求此时的定子电流及电动机向电网提供的无功功率；

（5）保持 P 为 4000kW，（η 仍不变）调 I_f，使电流 $I = 417\text{A}$，求此时的 I_f 及电动机向电网提供的无功功率。

7-15 某企业变电所，变压器容量为 1000kV·A，二次电压为 6000V。已用的容量为有功功率 400kW、无功功率 400kvar（感性）。现在企业要增加一台较大设备，要求电动机功率为 500kW，转速在 370r/min 左右。根据生产机械的要求，由产品目录中查出的可供选用的异步电动机和同步电动机分别为

Y500-16/1430 笼型异步电动机，$P_N = 500\text{kW}$，$U_N = 6000\text{V}$，$I_N = 67\text{A}$，$n_N = 370\text{r/min}$，$\cos\varphi_N = 0.78$，$\eta_N = 0.92$。

TDK173/20-16 同步电动机，$P_N = 550\text{kW}$，$U_N = 6000\text{V}$，$I_N = 64\text{A}$，$n_N = 375\text{r/min}$，$\eta_N = 0.92$。

试计算选用异步机时变压器需要输出的视在功率，不增加变电所容量是否可行。选用同步电动机时，调节 I_f 向电网提供无功功率，调到 I_1 额定时，求同步电动机输入的有功功率；向电网提供的无功功率；电动机此时的功率因数；再求出此时电源变压器的有功功率、无功功率及视在功率。

7-16 已知一台三相六极同步电动机的数据为：额定容量 $P_N = 250\text{kW}$，额定电压 $U_N = 380\text{V}$，额定功率因数 $\cos\varphi_N = 0.8$，额定效率 $\eta_N = 0.88$，定子每相电阻 $R_1 = 0.03\Omega$，定子绕组 Y 联结。求：（1）额定运行时定子输入功率 P_1；（2）额定电流 I_f；（3）额定运行时的电磁功率 P_e；（4）额定电磁转矩 T_e。

7-17　已知一台隐极式同步电动机的数据为：额定电压 $U_N = 400V$，额定电流 $I_N = 23A$，额定功率因数 $\cos\varphi_N = 0.8$（超前），定子绕组 Y 联结，同步电抗 $x_s = 10.4\Omega$，忽略定子电阻。当这台电机在额定运行，且功率因数为 $\cos\varphi_N = 0.8$（超前）时，求：（1）空载电动势 E_0；（2）功角 θ_N；（3）电磁功率 P_e；（4）过载倍数 λ。

7-18　一台三相凸极式同步电动机，定子绕组为 Y 联结，额定电压为 380V，直轴同步电抗 $x_d = 6.06\Omega$，交轴同步电抗 $x_q = 3.43\Omega$。运行时电动势 $E_0 = 250V$（相值），功角 $\theta = 28°$（超前），求电磁功率 P_e。

第八章

特种电机

与传统直流电机、异步电机和同步电机相比，在工作原理、励磁方式、技术性能或功能及结构上有较大特点的电机统称为特种电机。

从 19 世纪末到 20 世纪前半叶是电机实用化技术的成熟期，继直流电机、异步电机和同步电机之后，各种特种电机纷纷问世。20 世纪后半叶，随着社会的进步和科学技术的发展，人们对特种电机及传动系统的性能提出越来越高的标准和新的特殊要求。而新材料，特别是高性能的稀土永磁材料的问世和发展，以及新技术，特别是电力电子技术、计算机技术和现代控制理论的发展，为特种电机实现这些要求提供了可能，并极大地促进了特种电机的快速发展。电机技术的发展和应用已成为人类社会步入现代化、信息化和智能化时代最基本的技术支撑之一，而特种电机目前是电机技术中最具发展潜力和最活跃的领域。特种电机技术已成为许多学科技术进步的关键技术之一，必将发挥越来越重要的作用。目前，我国已具有独立的特种电机技术体系、产业体系和技术标准，每年生产各种特种电机数十亿台（套），上万种规格，已成为世界特种电机生产第一大国。

与传统电机相比，特种电机的特点还表现在种类繁多（目前约有 5000 多个品种）和功能多样化上，而且不断产生功能特殊、性能优越的新颖电机，因此不论从原理和结构，还是从功能和使用等方面对其进行严格的分类都是比较困难的，通常，将特种电机大致划分为如下几类：永磁电机、磁阻类电机、伺服电动机、直线电动机、信号检测与传感电机以及非传统电磁原理电机等。

下面简要介绍这几类特种电机的发展概况。

1. 永磁电机

20 世纪 90 年代以后，随着稀土永磁材料性能的不断提高和完善，特别是钕铁硼永磁材料的热稳定性和耐腐蚀性的改善和价格的逐步降低，以及电力电子器件的进一步发展，加之永磁电机理论和技术的逐步成熟，使永磁电机进入了一个快速发展的阶段。在特种电机中，永磁电机使用最为广泛，产量也最大，占特种电机总量的 85% 以上。目前，稀土永磁电机正向着大功率化（高速、大转矩）、高功能化和微型化方向发展，其单台容量已超过 1000kW，最高转速已超过 30000r/min，最低转速低于 0.01r/min，最小电机的外径只有 0.8mm，长度仅为 1.2mm。

永磁电机可以按运行原理、结构、用途和采用的永磁材料进行区分，其类型多种多样，主要包括永磁直流电动机、永磁同步发电机、永磁同步电动机（正弦波电流驱动）、永磁无刷直流电动机（矩形波或方波电流驱动）、永磁步进电动机和永磁直线电动机以及其他类型特种永磁电动机等。

永磁直流电动机与普通直流电动机结构上的不同在于，前者取消了励磁绕组和磁极铁心，代之以永磁体，具有结构简单、可靠性高、效率高、体积小、重量轻的特点。

多作为微型电动机，在电动玩具、家用电器、汽车工业中得到广泛应用。

永磁同步发电机与电励磁同步发电机在结构上的不同在于，前者采用永磁体建立磁场，取消了励磁绕组、励磁电源、集电环和电刷等，结构简单、运行可靠。若采用稀土永磁，可以提高气隙磁通密度和功率密度，具有体积小、重量轻的优点。但永磁同步发电机制成后，难以通过调节励磁磁场以控制输出电压，使其应用受到了限制。

永磁同步电动机又分为异步起动永磁同步电动机和调速永磁同步电动机（又称为正弦波电流驱动永磁无刷电动机、永磁交流伺服电动机等）。两者结构上的区别在于前者转子上有起动绕组或具有起动作用的铁心，能实现自起动，无须控制系统即可在电网上运行。

永磁无刷直流电动机和调速永磁同步电动机结构上基本相同，定子上为多相绕组，转子上有永磁体。两者均需要根据磁场位置（或转子位置）信息来实现自同步运行，因此，也称为自控式同步电动机。区别在于前者为矩形波（或方波）电流驱动，后者为正弦波电流驱动。

与传统的电励磁电机相比，稀土永磁电机具有结构简单、运行可靠、体积小、质量轻、损耗少、效率高、电机的形状和尺寸可以灵活多样等显著优点，因而应用范围极广，几乎遍及航空航天、国防、工农业生产和日常生活的各个领域。

2. 磁阻类电机

从电机的基本理论分析可知，电磁转矩有两个分量：一是由定、转子磁动势相互作用产生的基本电磁转矩；二是由于沿气隙周围的磁阻不相等而产生的磁阻转矩。利用磁阻转矩运行的电动机，称为磁阻电动机。磁阻电动机也已经有 100 多年的历史，但由于它的转子上没有绕组，仅由定子侧励磁，因此电动机的效率、功率因数和功率密度都较低，长期以来，仅用作微型电动机。

20 世纪中叶以来，由于电力电子器件的迅猛发展，磁阻电动机与电力电子器件相结合，组成了一种机电一体化的新型电动机——反应式步进电动机。步进电动机是一种用脉冲信号进行控制，并将电脉冲信号转换成相应的角位移或线位移的控制电机，可将它看作是一种特殊运行方式的同步电动机，专用电源每输入一个脉冲，电动机就移进一步，由于运动方式是步进式的，因此称为步进电动机。目前步进电动机已广泛应用于数字控制系统中，如数控机床、绘图机、计算机外围设备、自动记录仪表和数/模转换装置等。此外，采用高性能永磁体后所形成的永磁步进电动机和混合式（又称永磁感应子式）步进电动机，其技术经济性能、动态响应特性等都有明显的改进和提高。

自 20 世纪 70 年代以来，磁阻电动机与电力电子器件相结合，组成了又一种机电一体化的新型电动机——开关磁阻电动机。其优点是：电动机结构简单，制造维护方便；效率高，功率密度与普通感应电动机相近；只需单向电流供电，控制系统较简单。开关磁阻电动机主要用于调速传动系统。由开关磁阻电动机、功率变换器、控制器和位置检测器组成的传动系统（简称 SRD），综合了感应电动机传动系统和直流电动机传动系统的优点，总成本可低于同功率的其他传动系统，是非常有竞争力的传动系统。在国外不仅生产系列的通用型 SRD 产品，以供一般工业用，如风机、泵、卷绕机和压缩机等，还生产许多有特殊用途和性能的 SRD 产品，用于电动汽车、飞机发电系统和日用家电等场合。目前，在国内系列 SRD 产品，已广泛应用于机床、煤炭、石油、轻纺等各行业。

属于磁阻类电机的还有低速同步电动机等多种特种电机。

3. 伺服电动机

伺服电动机最早是因军事机械装备的需要而发展起来的，按其使用电源的性质不同，可分为直流伺服电动机和交流伺服电动机。因为在自动控制系统中常作为执行元件，所以又称为执行电动机。

事实上，随着自动化水平的提高，伺服电动机的类型和应用范围也在不断拓展。目前，多数情况下，将用于位置随动系统（又称伺服系统）的特种电机统称为伺服电动机。此类特种电机主要包括矢量控制感应电动机和永磁无刷电动机，还有步进电动机、有限转角电动机、直线电动机和磁滞电动机等。

4. 直线电动机

工农业生产和交通运输中有一部分机械是直线运动的。过去使用旋转电动机，再通过机械传动装置将旋转运动变为直线运动，使得整个装置体积庞大、成本较高而效率较低。如果采用直线电动机，就可能会很好地解决这些问题，例如，永磁直线直流电动机（又称音圈电动机）在计算机外围设备方面获得了极广泛的应用，并且促进了计算机外围设备的小型化；在交通运输领域，利用直线电动机制成了时速高达 580km/h 的磁悬浮列车；在工业领域，直线电动机被用于生产输送线，以及需要进行各种横向或垂直运动的一些机械设备中；在军事领域，利用直线电动机制成各种电磁炮。除此之外，直线电动机还被用于各种各样的民用装置，如电动门窗等。

直线电动机不仅在结构上相当于从旋转电动机演变而来，而其在工作原理上也与旋转电动机相似，几乎每种旋转电动机都有与之相对应的直线电动机。

5. 非传统电磁原理电机

随着现代科学技术的发展，近年来借助微电子技术、新材料技术、生物技术以及计算机技术等开发研究出许多基于新原理的特种电机。这些特种电机已经超出了传统电机理论的范畴，常将这类电机称为非传统电磁原理的特种电机，如超声波电机、微波电机、静电机、磁致伸缩驱动器、非晶合金电机、分子马达、光热电机、仿生电机和记忆合金电机等。

目前，特种电机正向机电一体化方向发展，就是与电力电子技术、计算机技术、传感技术和现代控制理论结合，构成新型的一体化产品，最终实现智能化。与此同时，随着电机及相关学科理论与技术的发展以及新型材料的应用，又促使特种电机不断向高性能化方向发展。

特种电机的发展趋势之一是大功率化、小型化和微型化。在电力传动和交通运输等领域的很多应用场合，对特种电机提出了大功率化的要求；而很多信息产品、消费产品和国防产品又对特种电机提出了小型化和微型化的要求。

本章仅对特种电机中发展较快、应用较广的永磁同步电动机、永磁无刷直流电动机、步进电动机、开关磁阻电机、伺服电动机、直线电动机、高温超导电机进行简要介绍。

第一节　永磁同步电动机

一、永磁同步电动机的分类

按工作主磁场（永磁体提供）方向的不同，永磁同步电动机可分为径向磁场式和轴向磁场式。

按电枢绕组位置的不同，永磁同步电动机可分为内转子式（常规式）和外转子式。

按转子上有无起动绕组，可分为无起动绕组的电动机和有起动绕组的电动机。前者用于变频器供电的场合，利用频率的逐步升高而起动，并随着频率的改变而调节转速，常称为调速永磁同步电动机；后者既可用于调速运行又可在某一频率和电压下利用起动绕组所产生的异步转矩起动，常称为异步起动永磁同步电动机，当其用于频率可调的传动系统时，便成为一台具有阻尼（起动）绕组的调速永磁同步电动机。

二、永磁同步电动机的转子磁极结构

通常，永磁同步电动机的定子是电枢，它与电励磁三相同步电动机的电枢结构基本相同。永磁同步电动机由永磁体励磁取代了电励磁绕组励磁，与电励磁同步电动机的结构差别主要体现在转子上。永磁同步电动机的转子磁极有多种结构，转子磁极结构不同，则电动机的运行性能、制造工艺和适用场合也不同。

按永磁体在转子位置上的不同，永磁同步电动机的转子磁极结构主要分为两种：表面式和内置式。

1. 表面式转子磁极结构

图 8-1 为一台二极永磁同步电动机横截面示意图。图中的转子即为表面式磁极结构。这种结构的特点是：永磁体通常呈瓦片形，并位于转子铁心的外表面上，永磁体提供磁通的方向为径向，通常在永磁体外表面上套以起保护作用的非磁性圆筒，或在永磁磁极表面包以无纬玻璃丝带作保护层。

表面式磁极结构无法在转子表面安放起动绕组，无异步起动能力，不能用于异步起动永磁同步电动机。

表面式转子磁极结构又分为凸出式和插入式两种，分别如图 8-2a 和图 8-2b 所示。

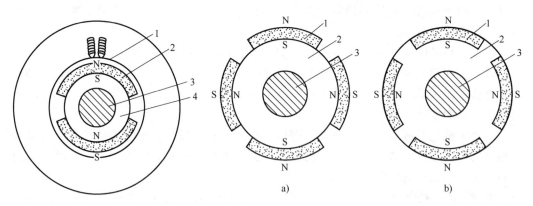

图 8-1　永磁同步电动机横截面示意图　　　　图 8-2　表面式转子磁极结构
1—定子　2—永磁体　3—转轴　　　　　　　a）凸出式　b）插入式
4—转子铁心　　　　　　　　　　　　1—永磁体　2—转子铁心　3—转轴

（1）表面凸出式磁极结构　表面凸出式磁极结构制造工艺简单、成本低，在矩形波永磁同步电动机和恒功率运行范围不宽的正弦波永磁同步电动机中得到了广泛应用。永磁磁极形状易于实现最优设计，可使电动机气隙磁通密度波形趋近于矩形波或正弦波，能显著提高电动机乃至整个传动系统的性能。

对于采用稀土永磁的电动机而言，由于永磁材料的相对回复磁导率接近于1，与空气相当，永磁体内的磁路磁导等同于空气，电动机气隙可认为是均匀的。因此，表面凸出式磁极属于隐极式转子结构，在电磁性能上这种结构的永磁同步电动机与电励磁隐极同步电动机基本相同。

（2）表面插入式磁极结构 表面插入式磁极结构与表面凸出式磁极结构相比，电动机气隙不再是均匀的，因为两永磁磁极间铁磁磁路的磁导率很大，而稀土永磁的磁导率接近于空气，定子铁心内圆对应永磁磁极一段的气隙要大于对应极间铁心段的气隙，使转子呈现了凸极性。因此，表面插入式转子属于凸极式转子结构，电动机在电磁性能上也具有与电励磁凸极同步电动机相似的特征。这种电动机结构可以充分利用因转子凸极所产生的磁阻转矩，来提高电动机的转矩惯量比，有利于改善系统的动态性能，常被用于调速永磁同步电动机。

2. 内置式转子磁极结构

在内置式转子磁极结构中，永磁体位于转子内部。永磁体外表面与转子铁心外圆之间有铁磁物质制成的极靴，极靴中可以放置铸铝笼或铜条笼，起到起动或（和）阻尼作用，动态及稳态性能均很好，广泛用于要求有异步起动能力或动态性能高的永磁同步电动机。

按永磁体磁化方向与转子旋转方向的相互关系，内置式转子磁极结构又可分为径向式、切向式和混合式三种。

（1）径向式结构 内置径向式转子磁极结构如图8-3所示。图8-3a是早期采用的转子磁极结构，现已很少采用；图8-3b和图8-3c中，永磁体轴向插入永磁体槽并通过隔磁磁桥限制漏磁通。可以看出，图8-3c比图8-3b提供了更大的永磁体空间。

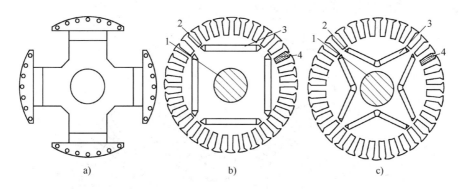

图 8-3 内置径向式转子磁极结构

1—转轴 2—永磁体槽 3—永磁体 4—转子导条

这种结构的优点是漏磁系数小、转轴上不需采取隔磁措施、转子冲片机械强度相对较高、安装永磁体后转子不易变形等，因此近年来应用较为广泛。内置式转子的永磁体受到极靴的保护，其转子磁路结构的不对称所产生的磁阻转矩也有助于提高电动机的过载能力和功率密度，而且易于"弱磁"扩速。

（2）切向式结构 内置切向式转子磁极结构如图8-4所示。它的漏磁系数较大，且需采用相应的隔磁措施，制造工艺较径向式结构复杂，制造成本也有所增加。其优点在于一个极距下的磁通由相邻两个磁极并联提供，可得到更大的每极磁通。尤其当电动机极数较多，而径向式结构又不能提供足够的每极磁通时，这种结构便具有明显的

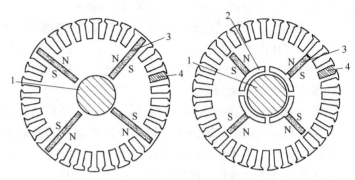

图 8-4　内置切向式转子磁极结构
1—转轴　2—空气隔磁槽　3—永磁体　4—转子导条

优势。此外，这种转子结构的凸极效应明显，产生的磁阻转矩在电动机总转矩中的比例可达 40%，这对充分利用磁阻转矩，提高电动机功率密度和扩展电动机的恒功率运行范围都是有利的。

（3）混合式结构　内置混合式转子磁极结构如图 8-5 所示，其特点是集中了径向式和切向式转子结构的优点，但结构复杂，制造成本较高。

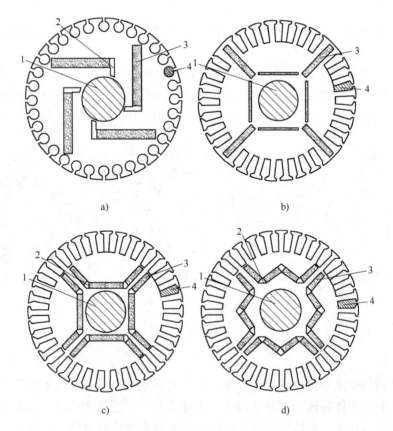

a)　　　　　　　　　　　b)

c)　　　　　　　　　　　d)

图 8-5　内置混合式转子磁极结构
1—转轴　2—永磁体槽　3—永磁体　4—转子导条

图 8-5a 是由德国西门子公司发明的混合式转子磁极结构，需采用非磁性转轴或采用隔磁钢套，主要应用于采用剩磁较低的铁氧体永磁的永磁同步电动机。图 8-5b 所示结构近年来用得较多，也采用隔磁磁桥来隔磁。需要指出的是，这种结构的径向部分永磁体磁化方向长度约是切向部分永磁体磁化方向长度的一半。图 8-5c、图 8-5d 是由径向式结构图 8-3b 和图 8-3c 衍生来的两种混合式转子磁极结构，其永磁体的径向部分与切向部分的磁化方向长度相等，也采取隔磁磁桥来隔磁。

三、隔磁措施

　　为不使电动机中永磁体的漏磁系数过大而导致永磁材料利用率过低，在某些转子结构中必须采取隔磁措施，图 8-6 所示为几种典型的隔磁磁桥结构。

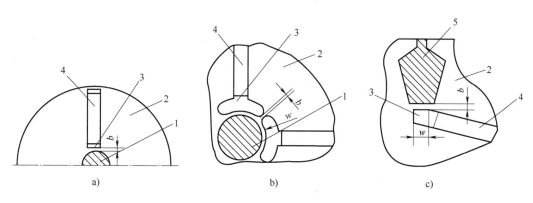

图 8-6　典型的隔磁磁桥结构

1—转轴　2—转子铁心　3—永磁体槽　4—永磁体　5—转子导条

　　图 8-6 中标注尺寸 b 和（或）w 的冲片部位称为隔磁磁桥，通过磁桥部位磁通达到饱和来起限制漏磁的作用。隔磁磁桥宽度 b 越小，该部位磁阻越大，越能限制漏磁通。但是 b 过小将使转子的冲片机械强度变差。隔磁磁桥长度 w 也是一个关键的尺寸，必须保证其值适当。如果 w 不能保证一定的尺寸，即使减小磁桥宽度 b，磁桥的隔磁效果也会明显下降。但当 w 达到一定的大小后，再增加 w，隔磁效果也不再有明显的变化，况且过大的 w 将使转子机械强度下降。

四、永磁同步电动机的特点

　　永磁同步电动机的运行原理与电励磁同步电动机相同，采用矢量控制变频器进行调速控制运行时，既具有直流电动机的优异调速性能，又实现了无刷化。相比于异步电动机、电励磁的直流电动机和同步电动机，永磁同步电动机具有以下特点：

　　1）由永磁体提供磁通取代了电励磁绕组励磁，省去了集电环和电刷，简化了结构，提高了运行的可靠性。

　　2）与感应电动机相比，不需要无功励磁电流，可以显著提高功率因数（可达 1.0，甚至容性）。

　　3）正常运行时，转子无绕组损耗，高功率因数使得定子电流较小，定子损耗较小，提高了电动机的效率和功率密度。

4）采取合适的磁路结构，可以提高气隙磁通密度，减小电动机体积，重量轻。

5）具有宽的高功率因数和高效率运行范围。

6）由于电动机损耗少，比较容易实现全封闭自冷。

7）电动机的形状和尺寸可以灵活多样。

第二节 永磁无刷直流电动机

永磁无刷直流电动机（Permanent magnet brushless DC motor）实质上是采用电子换向的定、转子反装的直流电动机，也就是一台永磁无刷同步电动机。它具有同步电动机结构简单、运行可靠、维护方便等一系列优点；还具有直流电动机的调速性能好，运行效率高等优点。目前在国民经济各个领域，如医疗器械、仪器仪表、化工、轻纺以及家用电器等方面，永磁无刷直流电动机的应用日益普及。

一、永磁无刷直流电动机的分类

永磁无刷直流电动机的调速性能和调速方法与直流电动机相近，其结构与永磁同步电动机一样，它的定子一般制成三相，也可以制成多相，转子采用永磁体励磁。

按照工作特性，永磁无刷直流电动机可以分为两大类：

1. 具有直流电机特性的永磁无刷直流电动机

反电动势波形和供电电流波形都是矩形波（或方形波）的永磁无刷电动机，称为永磁无刷直流电动机。这类电机由直流电源供电，借助位置传感器来检测转子的位置，由所检测出的信号去触发相应的电子换相线路以实现无接触式换相。显然，这种无刷直流电机具有有刷直流电机的各种运行特性。

2. 具有交流电机特性的永磁无刷直流电动机

反电动势波形和供电电流波形都是正弦波的永磁无刷电动机，称为调速永磁同步电动机。这类电机也是由直流电源供电，但通过逆变器将直流电变成交流电，然后去驱动永磁同步电机。因此，它们具有同步电机的各种运行特性。若逆变器采用磁场定向矢量控制，可使交流同步电动机像直流电动机那样进行控制，调速永磁同步电动机具有和直流电动机类似的特性。

严格来说，只有具有直流电机特性的永磁无刷电机才能称为永磁无刷直流电动机。本节主要讨论这种类型的永磁无刷直流电机。

二、永磁无刷直流电动机的结构

永磁无刷直流电动机由电动机本体、转子位置检测装置和功率驱动电路三部分组成，如图8-7点画线框部分所示。永磁无刷直流电动机将原有直流电动机中的定、转子互换，即电枢绕组在定子上，励磁在永磁转子上，不需要励磁绕组。与传统的直流电动机相比，无刷直流电动机用电子换相取代了有刷直流电动机的机械换相，取消了电刷和换向器。将电枢绕组与静止的电子换相电路连接，电枢绕组中电流方向的改变由功率管的开关来控制。为保证开关信号与转子磁极转过的位置同步，需要有检测转子位置角的传感器。

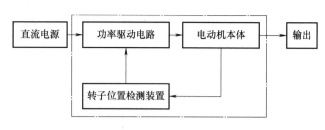

图 8-7　永磁无刷直流电动机结构示意图

1. 永磁无刷直流电动机本体

永磁无刷直流电动机本体由定子和转子两部分组成，定子上放置电枢绕组，转子上是永磁磁钢。此结构与永磁同步电动机相似，不过相比于永磁同步电动机的正弦波励磁方式，无刷直流电动机的方波励磁方式提高了永磁材料的利用率，在增大电机出力的同时减小了电动机的体积。永磁无刷直流电动机本体截面如图 8-8 所示。

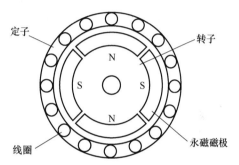

图 8-8　永磁无刷直流电动机本体截面

在结构上，永磁无刷直流电动机的定子绕组与普通的同步电动机以及感应电动机类似。定子绕组大多是三相或者多相，镶嵌在定子铁心中。三相绕组方式最常见，电枢绕组可以丫接和△接。因为丫接方式三相绕组对称且无中性点，所以应用较多。

转子是由一定极对数的永磁材料组成，放置在铁心表面或者嵌入铁心内部。转子结构通常有三种：表面粘贴式磁极、嵌入式磁极、环形磁极。表面粘贴式磁极又称为瓦形磁极，即将稀土永磁体粘贴在铁心外表面；嵌入式磁极又称矩形磁极，即将永磁体嵌入铁心内；环形磁极就是将永磁体环形套在铁心上。

2. 功率驱动电路

功率驱动电路的作用是根据转子位置，实时的给定子绕组通相应的电流。一般功率驱动电路使用 MOSFET 或者 IGBT，不过一般来说两者的适用场合有所不同。MOSFET 一般适用于低电压的中小功率场合，开关的频率可以较高；而 IGBT 适用于开关频率不高且功率较大的场合，由于其控制简单，目前使用较为广泛。

永磁无刷直流电动机的驱动电路拓扑结构主要分为半桥驱动和全桥驱动两种。

图 8-9 所示为永磁无刷直流电动机三相半桥驱动电路，L 为电机的三相对称绕组，VT1、VT2、VT3 为逆变器功率开关器件。功率管的开关状态由转子位置传感器反馈的位置信号决定，在一个 360°电角度内，每个功率管导通 120°电角度，这样使得电机定子在气隙中形成跳跃式的旋转磁场，一个周期内共有三种磁场状态。半桥驱动电路的优点是使用功率管少、成本低，控制简单；但由于其对电机绕组的利用率较低，并且电机的转矩脉动比较大，因此在实际中的应用并不多。

图 8-10 所示为永磁无刷直流电动机三相全桥驱动电路，其由六个功率开关管组成，只有不同桥臂之间上下两个开关管同时导通时绕组中才有电流。与半桥驱动电路不同，

在同一时刻，全桥电路可以有两个或三个功率管同时处于导通状态，因此可以将全桥电路的导通方式分为两两导通方式和三三导通方式。

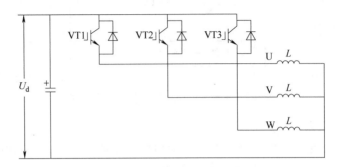

图 8-9　永磁无刷直流电动机三相半桥驱动电路

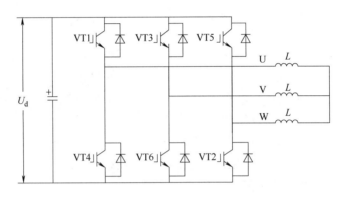

图 8-10　永磁无刷直流电动机三相全桥驱动电路

（1）两两导通方式　是指在同一时刻，有两个功率管处于导通状态，具体哪两个功率管导通是由转子位置传感器反馈的转子位置信号和电机转向共同决定的。每个功率管在一个周期内导通120°电角度，每隔60°电角度进行一次换流，这就使得绕组在电机定子侧形成了一个步进式旋转磁场，步进角为60°电角度。因为一个周期内共有六个磁场状态，因此电机转矩波动比三相半桥小得多。

（2）三三导通方式　是指在同一时刻，有三个功率管处于导通状态，其硬件结构和工作原理与两两导通方式完全相同。两者所不同的是三三导通方式中每个功率管一个周期内导通180°电角度，功率管导通次序也有所差异。三三导通方式对电机绕组的利用率更高，电机的转矩波动更小。但是在电机换相时容易导致同一桥臂的两个功率管同时导通，造成功率管损坏，因此，需要增加死区或其他保护措施。

3. 转子位置检测装置

永磁无刷直流电机位置传感器的作用是为控制器提供当前转子磁极所处位置，控制器根据转子位置和电机转向来确定各功率管的导通状态。由于控制器只能识别电信号，因此，位置传感器需要将位置信号转变为电信号。常用的位置传感器主要有电磁式位置传感器、光电式位置传感器、磁敏式位置传感器，其中，磁敏式位置传感器种类有多种，如霍尔元件、磁敏晶体管以及磁敏电阻器等。由于霍尔元件体积小、价格低廉，可以满足大部分永磁无刷直流电动机的要求，因此霍尔元件位置传感器被广泛应用。

下面简单介绍一下霍尔元件位置传感器的工作原理。

霍尔元件位置传感器是根据半导体薄片的霍尔效应来工作的，如图 8-11 所示。当通有恒定电流 I_H 的半导体薄片处于磁场中时，半导体中的电子受到洛伦兹力作用，在半导体两侧间产生电动势 E，这一现象称为霍尔效应。霍尔元件就是利用霍尔效应产生电动势的元件，但输出的电动势比较小，不利于检测，需要外接放大电路才能获得

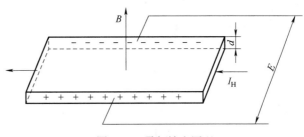

图 8-11　霍尔效应原理

较强的输出信号，可以将其与放大电路封装为一个集成电路芯片，图 8-12 为典型的霍尔元件集成电路芯片的内部电路原理图。

霍尔集成电路芯片有线性型和开关型两种，永磁无刷直流电动机只需要几个固定位置信号，因此，通常采用开关型霍尔集成电路芯片，其输入输出特性如图 8-13 所示。

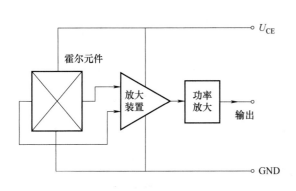

图 8-12　霍尔元件集成电路芯片内部电路原理图

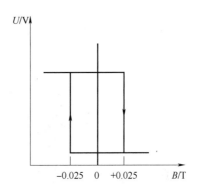

图 8-13　开关型霍尔集成电路
芯片输入输出特性

三、永磁无刷直流电动机的工作原理

传统的有刷直流电动机定子为永磁体，电枢绕组在转子上。由于电刷和换向器的作用，处于 N 极磁场和 S 极磁场下电枢绕组的电流方向始终不变，使得定子永磁体产生的磁场和电枢电流产生的磁场相互作用产生电磁转矩，转子受力旋转。永磁无刷直流电动机的结构与有刷直流电动机相反，定子上缠有多相绕组，转子表面贴有永磁体。控制电路根据位置传感器检测到的转子位置，开通逆变器中相应的开关管，使定子绕组中的相应相通电，在电机中形成一定方向的磁场。此时，定子产生的磁场与转子永磁体产生的磁场有一定的角度，使转子受力旋转。当转子旋转一定角度时，位置传感器输出的转子位置信号发生变化，控制电路切换逆变器中开关管的通断，改变定子绕组中电流的流向，使定子产生的磁场也向电机的旋转方向旋转一定的角度。就这样，定子产生的磁场与转子产生的磁场始终保持一定角度，使电机转子始终受力旋转。

下面以三相二极永磁无刷直流电动机为例来说明电机的运行原理。其中，功率驱动电路采用图 8-10 所示的三相全桥型电路，导通方式采用两两导通方式；位置传感器采用三个霍尔元件，它们在空间上相隔 120°电角度（也可以相隔 60°电角度，但位置信号的逻辑关系将发生变化），霍尔元件安放在电机非负载轴伸出端一侧的定子端盖上，并在非负载轴伸出端加装传感器用的转子永磁体，如图 8-14 所示，图中仅画出传感器用转子永磁体 S 极的示意图。在此，假设霍尔元件处于 S 极磁场作用下，其输出为 $u_h = 1$；处于 N 极磁场作用下，其输出为 $u_h = 0$。

1. 正转

　　设电机处于 A、B 相绕组导通的磁状态初始位置，如图 8-14a 所示。

　　此时，霍尔元件 A 处于 S 极磁场作用下，霍尔元件 B 进入 S 极磁场作用下，则 $u_{hA} = u_{hB} = 1$；霍尔元件 C 处于 N 极磁场作用下，则 $u_{hC} = 0$。三个霍尔元件的状态为 110，开通逆变器中的开关管 VT1 和 VT6，电流从电源正极经 VT1 流向电机的 A 相，再从 B 相经 VT6 流向电源负极。根据右手螺旋定则，定子产生的磁动势 F_a 如图 8-14a 所示，因此，磁动势 F_a 在气隙圆周上产生的磁场与转子永磁体产生的磁场同磁极呈 60°电角度。根据同极相斥，异极相吸的原理，转子受力顺时针旋转。其中，旋转的前 30°电角度受斥力，后 30°电角度受吸力。

　　当转子旋转 60°电角度时，达到 A、C 相绕组导通的磁状态初始位置，如图 8-14b 所示。

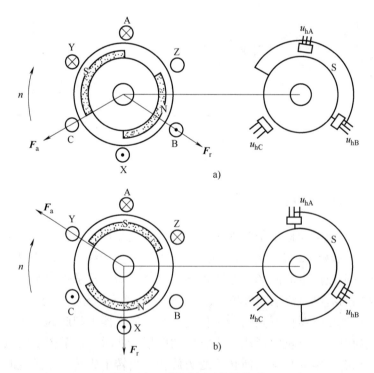

图 8-14　正转时相互位置关系

　　此时，霍尔元件 A 离开 S 极磁场进入 N 极磁场，三个霍尔元件的状态为 010，关断开关管 VT6，开通开关管 VT2，电流从电源正极经 VT1 流向电机的 A 相，再从 C 相经 VT2 流向电源负极。转子磁动势 $\boldsymbol{F}_a$ 产生的磁场再次与转子永磁体产生的磁场在气隙圆周上同磁极呈 60°电角度，转子继续受力顺时针旋转。依次类推，可得一周内电机正转时对应的各功率管导通状态与位置传感器输出信号之间的逻辑关系。

2. 反转

设电机定、转子及位置传感器的相互位置如图 8-15a 所示，且为 B、C 相绕组导通的磁状态初始位置。此时，霍尔元件 A 处于 S 极磁场作用下，霍尔元件 B 离开 S 极磁场进入 N 极磁场，霍尔元件 C 处于 N 极磁场作用下，三个霍尔元件的状态为 100。开通逆变器中的开关管 VT3 和 VT2，电流从电源正极经 VT3 流向电机的 B 相，再从 C 相经 VT2 流向电源负极。转子磁动势 $\boldsymbol{F}_a$ 在气隙圆周上产生的磁场与转子永磁体产生的磁场同磁极呈 60°电角度，转子受力逆时针旋转。

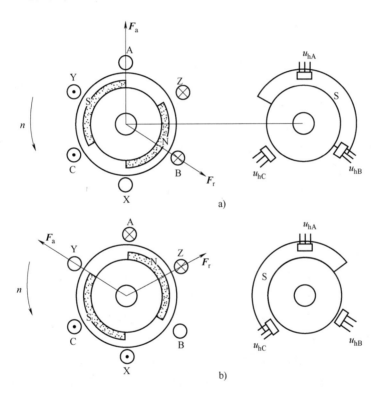

图 8-15　反转时相互位置关系

当转子旋转 60°电角度时，达到 A、C 相绕组导通的磁状态初始位置，如图 8-15b 所示。此时，霍尔元件 C 离开 N 极磁场进入 S 极磁场，三个霍尔元件的状态为 101，关断开关管 VT3，开通开关管 VT1，电流从电源正极经 VT1 流向电机的 A 相，再从 C 相经 VT2 流向电源负极。转子磁动势 $\boldsymbol{F}_a$ 产生的磁场再次与转子永磁体产生的磁场在气隙圆周上同磁极呈 60°电角度，转子继续受力逆时针旋转。依次类推，可得一周内电机反转时对应的各功率管导通状态与位置传感器输出信号之间的逻辑关系。

综合上述分析可得，根据位置传感器的输出信号，三相永磁无刷直流电动机正反转时各功率开关管的导通逻辑关系见表 8-1。

表 8-1 三相永磁无刷直流电动机正反转时各功率开关管导通逻辑关系

位置传感器信号		101	100	110	010	011	001
正转	VT1、VT3、VT5	001	001	100	100	010	010
	VT4、VT6、VT2	100	010	010	001	001	100
	绕组电流流向	C→A	C→B	A→B	A→C	B→C	B→A
反转	VT1、VT3、VT5	100	010	010	001	001	100
	VT4、VT6、VT2	001	001	100	100	010	010
	绕组电流流向	A→C	B→C	B→A	C→A	C→B	A→B

注：1. 功率开关管状态：1 代表导通，0 代表关断。

2. 若位置传感器的位置、功率开关管标号以及控制方式等改变，上表需要修正。

四、永磁无刷直流电动机的转矩脉动及其抑制措施

永磁无刷直流电动机具有结构简单、功率密度高、输出转矩大，以及调速性能好等一系列优点，从而在工业和生活等领域得到广泛应用。但其缺点是转矩脉动大，从而降低电力传动系统控制特性和驱动系统的可靠性，并带来振动和噪声，这在一定程度上限制了无刷直流电动机的应用。

永磁无刷直流电动机的反电动势波形为平顶波大于 120° 电角度的梯形波，理论上来讲，梯形波电机用同相位的方波或梯形波电流脉冲驱动，就能得到平滑的转矩。但是要做到这一点是很困难的，电机在机械制造过程中产生的误差导致的感应电动势不完全对称，永磁材料磁性能的不一致，定子换向过程的影响，以及工作过程中电机参数的变化，都会造成转矩脉动。

对于齿槽转矩脉动，可以通过优化电机本体的设计来解决，如斜槽法、分数槽法、磁性槽楔法以及闭口槽法和无齿槽绕组法等。对于非理想反电动势波形引起的转矩脉动，一种解决方法是对电机本体气隙齿槽和定子绕组进行优化，使反电动势波形尽可能接近理想的梯形波；另一种解决方法是采用合适的控制方法，以得到最佳的定子电流，从而消除转矩脉动。

由于永磁无刷直流电动机电枢绕组电感的存在，绕组电流从一相切换到另一相时产生换相延时，从而形成电动机换相过程中的转矩脉动。换相转矩脉动是最主要的转矩脉动，严重可以达到平均转矩的 50% 左右。因此，抑制换相转矩脉动是减小电动机整体转矩脉动的关键问题。换相转矩脉动的抑制方法主要有以下几种：

1. 重叠换相法（软开关技术）

在换相时，应立即关断的功率开关器件并不立即关断，而是延长了一个时间间隔，并将不应开通的开关器件提前开通一个电角度，这样可以补偿换相期间的电流跌落，进而抑制转矩脉动，该方法对抑制高速下换相转矩脉动有效。

2. 电流滞环控制法

在电流环中采用滞环电流调节器，通过比较参考电流和实际电流，在换相时给出合适的触发信号，控制开关器件。当实际电流小于滞环宽度的下限时，开关器件导通；随着电流的上升，达到滞环宽度的上限时，开关器件关断，使电流下降。可采用在换

相期间通过滞环控制法直接控制非换相相电流来减少换相期间电磁转矩脉动的控制策略。该方法应用简单，快速性好，且具有限幅能力，较好地解决了低速时的换相转矩脉动问题，但在高速时效果不理想。

3. PWM 斩波法

使开关器件在断开前、导通后进行一定频率的斩波，控制换相过程中绕组端电压，使各换相电流上升和下降的速率相等，补偿总电流幅值的变化，从而抑制换相转矩脉动，该方法有效地解决了滞环电流法存在的高速时抑制效果不理想的缺点。

4. 电流预测控制

理论上来讲，永磁无刷直流电动机在高速换相区的换相转矩脉动减小，而低速区则增大。但是在实际应用中，由于受到电机转速、供电电压等因素的影响，无法按照理论分析将换相转矩脉动分为高速区和低速区而采取不同的控制策略。换相电流预测控制方法算法简单，容易实现，适应性强，能够在全速范围内有效抑制换相转矩脉动。

另外，随着人工智能技术的发展，专家系统、模糊控制理论、人工神经网络的最新成果开始深入电机控制领域，特别是神经网络控制技术，其具有很强的自适应能力、非线性映射能力和快速的实时信息处理能力等特性，这也是高性能永磁无刷直流电动机调速系统的要求。可见，在永磁无刷直流电动机转矩脉动抑制问题中，智能化是一个重要方向。DSP 和 FPGA 的出现，更使得电机控制向全软件控制方向发展。

第三节　步进电动机

步进电动机，顾名思义，它是一步一步旋转的，每输入一个脉冲，电动机转过一个步矩角。因此也称脉冲电动机。励磁式步进电动机用得较少，多数为反应式步进电动机。本节以反应式步进电动机为例，介绍其工作原理及工作特性。

一、步进电动机工作原理

图 8-16 绘出了三相反应式步进电动机原理图。三相反应式步进电动机的定、转子铁心均由硅钢片叠成，定子有六个磁极，两个相对的磁极为一相，绕有控制绕组，反应式转子有四个大齿，齿宽与定子极靴相等。由于磁通力图流经磁阻最小的磁路，当只给 U 相绕组通电时，转子齿 1 和 3 与定子 U 相轴线重合，如图 8-16a 所示。把 U 相断电，V 相通电，在反应转矩作用下，转子齿 2 和 4 与定子 V 相轴线对齐，转到图 8-16b 位置，转子前进一步，逆时针转过 30°，把这一转角称为步矩角，电源通电一次称为一"拍"。下一"拍"把 V 相断开，W 相通电，转子又转过 30°，如图 8-16c 所示。只要按 U→V→W→…顺序不断地切换通电顺序，电动机就会随之一步步地旋转，这就是步进电动机的基本工作原理。

当通电顺序改为 U→W→V→U→…时，电动机反转。以上通电方式称为"单三拍"工作方式。如果每次有两相通电，切换顺序为 UV→VW→WU→UV→…，则为"双三拍"工作方式，这种工作方式步矩角也是 30°，改变通电顺序也可以反转。另一种工作方式是"三相六拍"单、双相切换，通电顺序为 U→UV→V→VW→W→WU→U→…，它是上两种工作方式的结合，步矩角为 15°。

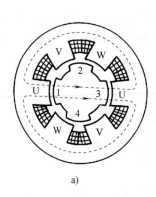

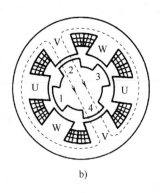

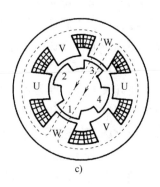

a)   b)   c)

图 8-16　三相反应式步进电动机原理图

a）U 相通电　b）V 相通电　c）W 相通电

二、一种典型的反应式步进电动机

为提高精度，实用的步进电动机步矩角都较小，图 8-17 示出了一种典型的三相反应式步进电动机，它的定子也是三相六个磁极，每个极靴上有五个小齿，转子圆周上均匀分布着 40 个齿。定、转子的齿宽、齿矩都相等。当 U 相通电，U 极下的小齿与转子齿对齐时，V 相下小齿刚好错开 $t/3$（t 为齿距，3 为相数），W 相错开 $2t/3$，如图 8-18 所示。

上述电动机有以下数据：齿数 $Z_\mathrm{r} = 40$，相数 $m = 3$，六个磁极每极对应空间角 60°，每齿对应空间角 9°，每极对应转子齿数为 $6\frac{2}{3}$ 齿，因此，U 相通电定、转子齿对齐时，V 相极下定、转子齿刚好错开 $t/3$，W 相错开 $2t/3$，下一拍 V 相通电，V 极下定、转子齿对齐，W 相定、转子齿错开 $t/3$，U 相错开 $2t/3$，这样当按 U→V→W 单三拍通电控制时，步距角为

$$\theta_\mathrm{b} = \frac{360°}{40 \times 3} = 3° \qquad (8\text{-}1)$$

采用单、双六拍通电控制时，步距角为

$$\theta_\mathrm{b} = \frac{360°}{40 \times 6} = 1.5° \qquad (8\text{-}2)$$

当脉冲频率较高时，电动机

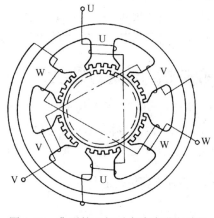

图 8-17　典型的三相反应式步进电动机

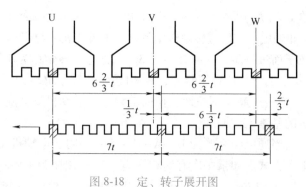

图 8-18　定、转子展开图

便连续旋转，相当于反应式同步电动机，转速 n 与脉冲频率 f 成正比，且有

$$n = \frac{60f}{Z_r N} \tag{8-3}$$

式中，Z_r 为转子槽数，N 为运行拍数。

三、运行特性

1. 静态矩角特性

步进电动机的转矩是反应转矩，当步进电动机不改变通电状态（如 U 相通电），电动机处于静止状态，这时的转矩 T 与转角 θ 的关系曲线称为矩角特性曲线。因为转矩是反应转矩，所以 θ 角以转子转过一个齿矩为 360°电角度。

下面来分析步进电动机静止时转矩与转角的关系。

当定子 U 相通电，U 相两个磁极下的齿刚好与转子齿完全对齐，规定这时 $\theta = 0°$，此时电动机无切向磁拉力，转矩为零，如图 8-19a 所示。若转子齿相对定子齿向右错开一个小角度，这时出现了切向磁拉力，产生了转矩，它是反对转子错开的，故为负值。当 $\theta < 90°$ 时，θ 越大，T 也越大，如图 8-19b 所示；当 $\theta > 90°$ 时，由于磁力线减少，T 也减小；当 $\theta = 180°$ 时，转子齿处于定子两齿的中线上，两个定子齿对转子的磁拉力相互抵消，T 为零，如图 8-19c 所示。当 θ 继续加大，下一个定子齿对转子齿的磁拉力变大，使转矩 T 变正，如图 8-19d 所示。可见转矩随转角的变化周期为一个齿矩，它对应 360°电角度，即 2π 电弧度。实际步进电动机的矩角特性接近正弦形，如图 8-20 所示。在 $\theta = \pm 90°$ 附近，转矩有最大值 T_{max}，称为最大静态转矩，它表示步进电动机能承受的最大负载能力，是步进电动机主要性能指标之一。

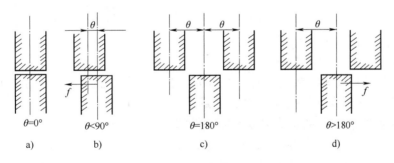

图 8-19　步进电动机转矩与转角的关系

a) $\theta = 0°$转矩为零　b) $\theta < 90°$转矩增加　c) $\theta = 180°$转矩又等于零　d) $\theta > 180°$转矩反向

通过上面的分析可知，$-\pi < \theta < \pi$ 区域是步进电动机的静稳定区，在这个区域内，去掉外部干扰，电动机能恢复原来位置，所以 $\theta = 0°$ 为稳定平衡点，$\theta = \pm \pi$ 点也是平衡点，但这两点是不稳定平衡点，在这两点去掉外部干扰，电动机不一定能恢复原来位置。

2. 步进运行状态

当控制脉冲频率较低时，在下一个脉冲到来之前，转子已经走完一步，这时步进电动机为步进运行状态。这种状态下步进电动机能否正常运行，取决于电动机是否一直在动稳定区内。下面介绍一下动稳定区的概念，它是指从一种通电状态换接到另一种通电状态，不会引起失步的区域。

在图 8-21 中曲线 U 和 V 分别为 U 相和 V 相通电时的矩角特性，两者在横坐标上相差一个步矩角 θ_b，从图上可以看出，从 U 相通电换接到 V 相通电后，转子新的稳定平衡点为 O_V，新的静稳定区为 $(-\pi+\theta_b、\pi+\theta_b)$，在换接瞬间只要转子位置在这一区域内，转子就能转到新的稳定平衡点，所以把这个区域叫作步进电动机的动稳定区。显然，电动机运行拍数越多，步矩角越小，动稳定区域接

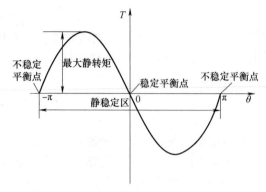

图 8-20　反应式步进电动机的矩角特性

近静稳定区，电动机运行越稳定，以上分析都是在电动机处于理想空载情况下进行的。

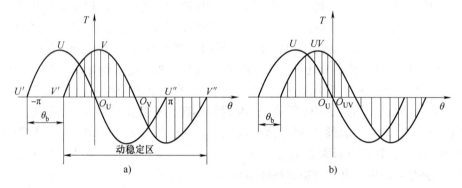

图 8-21　三相步进电动机的动稳定区
a）单三拍　b）单、双六拍

3. 高频运行时的矩频特性

当步进电动机高频恒频运行时，电动机处于连续旋转状态，这时的电动机转矩称为动态转矩。动态转矩与脉冲频率的关系称为矩频特性。步进电动机的动态转矩随脉冲频率的升高而减小，其关系如图 8-22 的曲线所示。频率升高转矩下降，主要是由定子绕组的电感引起的，电感有延缓电流变化的作用，频率一高，通电时间变短，电流尚没达到规定值，就因断电而下降，而转矩近似地与电流的二次方成正比，所以转矩也下降，而且频率越高，转矩下降越大，有图 8-22 所示形状。因此，步进电动机的负载能力随频率的增加而下降。

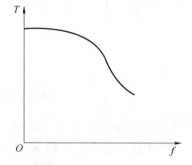

图 8-22　步进电动机的矩频特性

步进电动机的另一个重要指标是起动频率，也称突跳频率，它是指电动机空载时使转子从静止不失步地拉入同步的最大脉冲频率。当要电动机高频运行，频率高于起动频率时，就不能直接加这一频率的电源把步进电动机从静止状态起动起来。这时就要对步进电动机的电源进行升、降频控制，使电动机能够正常起动与停车。

第四节 开关磁阻电动机

开关磁阻电动机（Switched Reluctance Motor，SRM，简称 SR 电机），与反应式同步电动机和反应式步进电动机一样，也是依靠磁阻效应工作的一种电动机。

一、SR 电机的结构及工作原理

1. 结构

图 8-23 所示为 8/6 极 SR 电机的实物图及其结构示意图。SR 电机为双凸极式结构，其定、转子磁极通常由普通硅钢片叠压而成。定子磁极绕有集中绕组，转子磁极既没有绕组，也没有永久磁铁，更没有换向器和集电环。

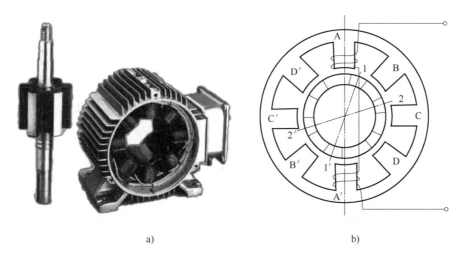

a)   b)

图 8-23 8/6 极 SR 电机

a）实物图 b）结构示意图

SR 电机定子上径向相对的两个磁极绕组串联构成一个两极磁极，称为 SR 电机的一相绕组。SR 电机的相数为 p，定子极数为 N_s，则有

$$p = N_s/2 \tag{8-4}$$

SR 电机转子上径向相对的两个极，称为一个转子极对。

SR 电机按相数分，有单相、两相、三相、四相及多相电机。

按气隙方向分，有轴向式、径向式和径向—轴向混合式结构。

通常，小容量家用电器上用的 SR 电机多为单相或两相径向—轴向式结构，工业用驱动电动机多采用三相或四相径向单齿式结构。

从结构上看，SR 电机与大步距的步进电动机类似，实际上二者有根本的区别。首先，SR 电机相电流导通角可控，且与转子位置有关，为此，转轴上应装设位置检测器；步进电动机由方波电流供电，可无位置检测装置。其次，SR 电机能在较宽的范围内调速，并能高效地进行能量转换；步进电动机无此功能。

2. 工作原理

SR 电机是依靠磁阻效应运行的，其运行原理遵循"磁阻最小原理"，即磁通总要沿着磁阻最小的路径闭合，而具有一定形状的铁心在移动到最小磁阻位置时，必使其主轴线与磁场的轴线重合。

以图 8-23 所示的 8/6 结构 SR 电机为例，图 8-24 给出了 A 相绕组的供电电路示意图。当 A 相绕组通电（其他相断电）时，产生了以 AA′为轴线的磁场，磁拉力作用于最临近的转子极对，使转子旋转直到该转子极对的轴线与 AA′轴线重合；然后 A 相断电，再依次让各相按 A→B→C→D 或 A→D→C→B 顺序通电，这样，转子便会按逆时针或顺时针方向旋转。

SR 电机转子极数为 N_r，步进角为 R，则有

$$R = \frac{360°}{pN_r} \qquad (8-5)$$

图 8-24　A 相绕组供电电路

从图 8-24 可知，当主开关器件 S1、S2 导通时，A 相绕组从直流电源 U_s 吸收电能；而当 S1、S2 关断时，绕组电流经续流二极管 VD1、VD2 续流，并回馈给电源 U_s。因此，SR 电机驱动的共性特点是具有再生作用，系统效率高。

由上述运行原理可见，SR 电机的旋转方向与相绕组的电流方向无关，并且改变相绕组通电切换频率（功率变换器输出频率）即可改变电机的转速。

电机转速为 $n(\mathrm{r/min})$，功率变换器输出频率为 $f_D(\mathrm{Hz})$，则有

$$n = \frac{60f_D}{pN_r} \qquad (8-6)$$

二、SR 电机的电磁关系

为了简化分析，假设：SR 电机每相绕组的电感系数 L 与电流 i 无关；忽略极间磁阻的边沿效应；忽略各种损耗，且开关动作是瞬时完成的；转子角速度为常数。

1. 每相电感系数

SR 电机每相电感系数 L 随定、转子磁极相对位置的变化而变化。图 8-25 所示为定转子相对位置展开图及不饱和时一相绕组电感系数 L 与 θ 角的线性曲线。

在图 8-25 中，θ_5 与 θ_1 是同一角度，从 θ_1 到 θ_5 为每相电感系数变化的一个周期。对于 8/6 极 SR 电机，其周期长度为 60° 机械角度，60° 机械角度对应 360° 电角度。（注：本节 θ 及其他角度均采用机械角度。）

在 $\theta_1 \sim \theta_2$ 区间内，定、转子磁极不相重叠，电感保持最小值 L_{min} 不变，这是由于 SR 电机的转子槽宽

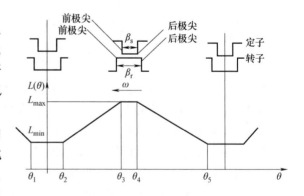

图 8-25　定、转子磁极相对位置展开图及相电感曲线

θ_1—定子极靴前极尖与转子极靴后极尖相对准时的角度

θ_2—定子极靴后极尖与转子极靴前极尖相对准时的角度

θ_3—定子极靴后极尖与转子极靴后极尖相对准时的角度

θ_4—定子极靴前极尖与转子极靴前极尖相对准时的角度

通常大于定子极弧，故当定子凸极对着转子槽时，便有一段定子极和转子槽之间的磁阻恒为最大并不随着位置变化的最小电感常数区；转子转过 θ_2 后，相电感便开始线性地上升直到 θ_3 为止；基于电动机综合性能的考虑，转子极弧 β_r 通常要求大于定子极弧 β_s，故在 $\theta_3 \sim \theta_4$ 区域（$\theta_4 \sim \theta_3 = \beta_\mathrm{r} - \beta_\mathrm{s}$）内，定、转子磁极保持重叠，相应地定、转子凸极间磁阻恒为最小值，相电感保持在最大值 $L_{\max}$，这一区域称为"死区"，转过 θ_4 之后，相电感便开始线性地下降直到 θ_5 为止，至此为一个周期。

由图 8-25 不难得到"理想化"线性 SR 电机绕组电感的分段线性解析式，即

$$L(\theta) = \begin{cases} L_{\min} & \theta_1 \leqslant \theta < \theta_2 \\ K(\theta - \theta_2) + L_{\min} & \theta_2 \leqslant \theta < \theta_3 \\ L_{\max} & \theta_3 \leqslant \theta < \theta_4 \\ L_{\max} - K(\theta - \theta_4) & \theta_4 \leqslant \theta < \theta_5 \end{cases} \tag{8-7}$$

式中，$K = (L_{\max} - L_{\min})/(\theta_3 - \theta_2) = (L_{\max} - L_{\min})/\beta_\mathrm{s}$。

2. 每相磁链 ψ、电流 i 与 θ 角的关系

由图 8-24 易得，每相电压方程为

$$SU - ir = \frac{\mathrm{d}\psi}{\mathrm{d}t} \tag{8-8}$$

式中，$S = \pm 1$，当开关 S 导通期间，$S = +1$；当开关 S 关断期间，$S = -1$。

忽略每相绕组电阻 r，则式（8-8）为

$$SU = \frac{\mathrm{d}\psi}{\mathrm{d}t} = \frac{\mathrm{d}\theta}{\mathrm{d}t} \frac{\mathrm{d}\psi}{\mathrm{d}\theta} = \omega \frac{\mathrm{d}\psi}{\mathrm{d}\theta} \tag{8-9}$$

式中，ω 为转子的角速度，$\omega = \dfrac{\mathrm{d}\theta}{\mathrm{d}t}$。

式（8-9）可以写成

$$\frac{\mathrm{d}\psi}{\mathrm{d}\theta} = S\frac{U}{\omega} \tag{8-10}$$

可见，在电源电压 U 及转子角速度 ω 为一定时，在每相导通和关断期间，其磁链 ψ 都以相同速率上升或下降。由于每相绕组的初始磁链都为零，因此，相绕组在开关 S 闭合（对应 θ_on 角）后持续的时间与开关 S 断开（对应 θ_off 角）后又持续的时间，二者彼此相等，即磁链 ψ 的变化呈等腰三角形，在 θ_off 角处，达最大值，如图 8-26 所示。

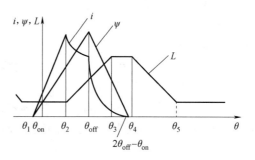

图 8-26　每相磁链 ψ、电流 i 随 θ 角变化曲线

求解式（8-10）可得

$$\psi = \begin{cases} \dfrac{U}{\omega}(\theta - \theta_\mathrm{on}) & \theta_\mathrm{on} \leqslant \theta \leqslant \theta_\mathrm{off} \\ \dfrac{U}{\omega}(2\theta_\mathrm{off} - \theta_\mathrm{on} - \theta) & \theta_\mathrm{off} \leqslant \theta \leqslant (2\theta_\mathrm{off} - \theta_\mathrm{on}) \end{cases} \tag{8-11}$$

在磁路为线性的条件下，磁链 $\psi = Li$，因此，式（8-10）可写为

$$S \frac{U}{\omega} = \frac{\mathrm{d}(Li)}{\mathrm{d}\theta} = L\frac{\mathrm{d}i}{\mathrm{d}\theta} + i\frac{\mathrm{d}L}{\mathrm{d}\theta} \tag{8-12}$$

根据式（8-12），可按电感 L 随着 θ 角变化的不同范围分别求出每相电流 i 随 θ 角的变化规律，如图 8-26 所示。

3. 电磁转矩

SR 电机的瞬时电磁转矩 T_e 可由磁共能 W_e 的表达式导出，即

$$T_e = \frac{\partial W_e(i, \theta)}{\partial \theta} \tag{8-13}$$

其中，磁共能的表达式为

$$W_e = \int_0^i \psi(i, \theta)\,\mathrm{d}i \tag{8-14}$$

由式（8-13）、式（8-14）和 $\psi = Li$ 可得 SR 电机每相的线性瞬时转矩表达式为

$$T_e = \frac{1}{2}i^2\frac{\mathrm{d}L(\theta)}{\mathrm{d}\theta} \tag{8-15}$$

可见，SR 电机仅在电感系数发生变化时，才有可能产生电磁转矩。并且，在电感上升区域产生正向电磁转矩，在电感下降区域产生反向电磁转矩。这样，通过控制相电流的导通时刻，即可方便地控制 SR 电机的电磁转矩。

三、SR 电机的控制方式

SR 电机的可控变量一般有施加于相绕组两端的电压 $\pm U$、相电流 i、开通角 θ_{on} 和关断角 θ_{off} 等。根据控制参量的不同，SR 电机常用的控制模式有角度位置控制（Angular Position Control，APC，又叫单脉冲控制）、电流斩波控制（Chopped Current Control，CCC，又叫电流 PWM 控制）和电压斩波控制。

1. APC

APC 通过改变开通角 θ_{on}、关断角 θ_{off} 的值，实现转速 n（或转矩 T）的闭环控制。

在 APC 中，如果改变 θ_{on}（它通常处于低电感区），则可以改变电流的波形宽度、电流波形的峰值和有效值大小以及电流波形与电感波形的相对位置，这样就会对输出转矩产生很大的影响。

在 APC 中，改变 θ_{off} 一般不影响电流峰值，但可以影响电流波形宽度以及与电感曲线的相对位置，电流有效值也随之变化，因此关断角同样对电机的转矩产生影响，只是其影响程度没有开通角那么大。具体实现过程中，一般情况下采用固定 θ_{off}、改变 θ_{on} 的控制模式。与此同时，θ_{off} 固定值的选取也很重要，需要保证绕组电感开始下降时，相绕组电流尽快衰减到零。对应于每个由转速与转矩确定的运行点，θ_{off} 与 θ_{off} 会有多种组合，因此选择的过程中要考虑电磁功率、效率、转矩脉动及电流有效值等运行指标，从而确定相应的最优控制角度。

在 SR 电机的控制中，要遵循一个原则，即在电机制动运行时，应使得电流波形位于电感波形的下降段；而在电机电动运行时，应使电流波形的主要部分位于电感波形的上升段。

APC 的优点：转矩调节范围大；可允许多相同时通电，以增加电机输出转矩，且

转矩脉动小；可实现效率最优控制或转矩最优控制。但 APC 不适于低速运行，一般在高速运行时应用。

2. CCC

在 SR 电机起动，低、中速运行时，电压不变，旋转电动势引起的压降小，电感上升期的时间长，而 di/dt 的值相当大，为避免过大的电流脉冲峰值超过功率开关元件和电机允许的最大电流，通常采用 CCC 来限制电流。

采用 CCC 时，一般使 SR 电机的 θ_{on} 与 θ_{off} 保持不变，而主要靠控制斩波电流限值的大小来调节电流的峰值，从而起到调节电机转矩和转速的目的。它的实现形式有以下两种。

（1）限制电流上、下幅值的控制 在一个控制周期内，给定电流最大值和最小值，使相电流与设定的上下限值进行比较，当大于设定最大值时，则控制该相功率开关管关断，而当相电流降低到设定最小值时，功率开关管重新开通，如此反复，其波形如图 8-27 所示。由于一个周期内，相绕组电感不同，电流的变化率也不同，因此，斩波频率疏密不均，在低电感区，斩波频率较高；在高电感区，斩波频率下降。斩波频率一般很高，开关损耗大，好处是转矩脉动小。

（2）电流上限和关断时间恒定 当相电流大于电流斩波上限值时，就将功率开关器件关断一段固定的时间再开通。而重新导通的触发条件不是电流的下限而是定时。在每一个控制周期内，关断时间恒定，但电流下降多少取决于绕组电感量、电感变化率、转速等因素，因此电流下限并不一致。关断时间过长，相电流脉动大，易发生"过斩"；关断时间过短，斩波频率又会较高，功率开关器件开关损耗增大。应该根据电机运行的不同状况来选择关断时间。

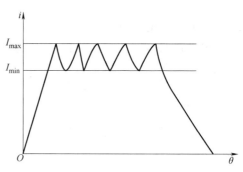

图 8-27 限定电流上下限的 CCC 波形

3. 电压斩波控制

电压斩波控制是某相绕组导通阶段，在主开关的控制信号中加入 PWM 信号，通过调节占空比 D 来调节绕组端电压的大小，从而改变相电流值。具体方法是在固定开通角和关断角的情况下，用 PWM 信号来调制主开关器件相控信号，通过调节此 PWM 信号的占空比，以调节加在主开关管上驱动信号波形的占空比，从而改变相绕组上的平均电压，进而改变输出转矩。电压斩波控制是通过 PWM 的方式调节相绕组的平均电压值，间接调节和限制过大的绕组电流，抗负荷扰动的动态响应快，适合于转速调节系统。这种控制实现容易，且成本较低。它的缺点在于导通角度始终固定，功率管开关频率高、开关损耗大，不能精确地控制相电流。

第五节　伺服电动机

伺服电动机在自动控制系统中作为执行元件又称执行电动机，它把输入的控制电压信号变为输出的角位移或角速度。它的运行状态由控制信号控制，转速高低应与控制电压成正比。加上控制电压，它应当立刻旋转；去掉控制电压，它应当立刻停转。

伺服电动机有直流和交流之分，下面先来分析直流伺服电动机。

一、直流伺服电动机

直流伺服电动机可分为永磁式和电磁式两种，它的基本结构与普通小型直流电动机相同。电磁式直流伺服电动机有两种控制方式，一种是电枢控制方式，另一种是磁场控制方式。

电枢控制方式是把励磁绕组接到恒定的电源电压 U_f 上，在电枢绕组两端加上控制电压 U_c，由 U_c 对它进行控制。加上 U_c 直流伺服电动机立即旋转，去掉 U_c 该电动机马上停转，其转速与 U_c 成正比。

磁场控制方式时，两个绕组上施加的电压刚好相反，在电枢绕组两端加上恒定电压 U_f，而把控制电压 U_c 加到励磁绕组上。两种控制方式如图 8-28 所示。

磁场控制方式用得较少，因此以电枢控制方式为例来分析直流伺服电动机。

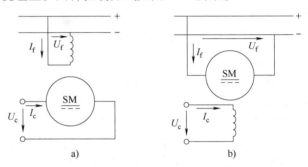

图 8-28　直流伺服电动机控制方式

a）电枢控制方式　b）磁场控制方式

与普通直流电动机一样，直流伺服电动机的机械特性也是指电枢电压（控制电压）恒定时其转速与电磁转矩之间的关系曲线。它的表达式也是由电压平衡方程式、电动势公式和电磁转矩公式组成：

$$\begin{cases} U_c = E + I_c R_a \\ E = C_e \Phi n \\ T = C_T \Phi I_c \end{cases} \tag{8-16}$$

联立得出，其机械特性的表达式为

$$n = \frac{U_c}{C_e \Phi} - \frac{R_a}{C_e \Phi C_T \Phi} T \tag{8-17}$$

这与普通直流电动机的机械特性表达式完全相同，它是一条直线，如图 8-29 所示，机械特性与纵坐标的交点为理想空载转速 n_0，与横坐标的交点为堵转转矩 T_k。当控制电压 $U_c = U_f$ 时，

$$n_0 = \frac{U_f}{C_e \Phi} \tag{8-18}$$

$$T_k = C_T \Phi \frac{U_f}{R_a} \tag{8-19}$$

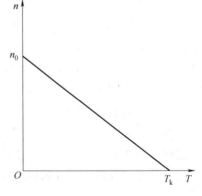

图 8-29　直流伺服电动机的机械特性

为使机械特性有普遍意义，直流伺服电动机的机械特性常以标幺值表示，为此必须首先为转速、转矩和控制电压选择合适的基值。

控制电压的额定值一般等于励磁电压的额定值 U_f，选择 U_f 为控制电压 U_c 的基值。选择 $U_\mathrm{c} = U_\mathrm{f}$ 时的理想空载转速 n_0 和堵转转矩 T_k 为转速 n 和转矩 T 的基值。把式（8-17）各项除以理想空载转速 n_0，则得

$$\frac{n}{n_0} = \frac{\dfrac{U_\mathrm{c}}{C_\mathrm{e}\varPhi}}{\dfrac{U_\mathrm{f}}{C_\mathrm{e}\varPhi}} - \frac{\dfrac{R_\mathrm{a}}{C_\mathrm{e}\varPhi C_\mathrm{T}\varPhi}T}{\dfrac{U_\mathrm{f}}{C_\mathrm{e}\varPhi}} \tag{8-20}$$

$$\frac{n}{n_0} = \frac{U_\mathrm{c}}{U_\mathrm{f}} - \frac{T}{\dfrac{C_\mathrm{T}\varPhi U_\mathrm{f}}{R_\mathrm{a}}} \tag{8-21}$$

从而得出

$$n^* = U_\mathrm{c}^* - T^* \quad 或 \quad n^* = a - T^* \tag{8-22}$$

式中，n^*、T^* 和 U_c^* 分别是转速、转矩和控制电压的标幺值。

控制电压的标幺值常以 a 表示，称为信号系数。图 8-30 绘出了用标幺值表示的直流伺服电动机当 a 为不同数值时的一组机械特性曲线。

直流伺服电动机的另一条主要特性曲线是调节特性。调节特性是指转矩恒定时转速 n 随控制电压 U_c 变化的关系特性曲线，即当 $T = C$ 时 $n = f(U_\mathrm{c})$ 的关系曲线。调节特性也常以标幺值表示，这时是当 $T^* = C$ 时 $n^* = f(a)$ 的关系曲线。直流伺服电动机的调节特性也可以根据式（8-22）绘出。当 $T^* = 0$ 时调节特性是通过坐标原点的一条直线。

可见，这时转速与控制电压成正比。T^* 为不同固定数值时得出的一组调节特性直线，如图 8-31 所示。

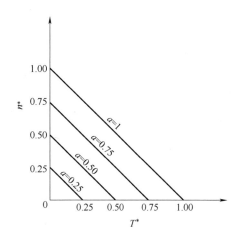

图 8-30　标幺值机械特性

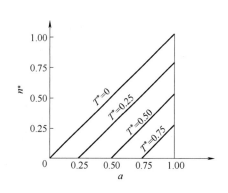

图 8-31　标幺值调节特性

随着科学技术的发展，控制系统对伺服电动机的要求越来越高，为提高伺服电动机的快速响应能力，出现了多种新型结构的伺服电动机，如盘形电枢直流伺服电动机、空心杯电枢伺服电动机，永磁直流伺服电动机等。为了满足一些高精度、低转速伺服

系统的要求，又生产了一种不需减速机构直接拖动负载的低速直流力矩电动机。

二、交流伺服电动机

1. 交流伺服电动机的磁动势

（1）两相对称分量法　交流伺服电动机是两相异步电动机。它的定子有两相绕组，一个是励磁绕组，一个是控制绕组，两相绕组在空间差90°电角度，绕组匝数可以相等（两相对称），也可以不相等（两相不对称）。励磁绕组加一恒定交流电压 $\dot{U}_f$，控制绕组加控制电压 $\dot{U}_c$，$\dot{U}_c$ 是可调的。可见，交流伺服电动机是两相不对称系统。

分析不对称系统最有效的方法是用对称分量法，将其分成对称系统的叠加，然后按对称系统对它加以分析，最后合成得出结论。因此，先介绍一下两相对称分量法。为简单起见，只分析两相对称绕组加两相不对称电压时的情况。这样只要将不对称电压用对称分量法分解就可以了。

所谓两相对称电压是指两个频率相同幅值相等、相位差90°电角度的正弦交流电压。两个频率相同的不对称电压都可以用对称分量的方法将其分成两组对称分量电压，其中一组为正序两相对称电压，另一组是负序两相对称电压。

如上所述，交流伺服电动机两相绕组所加电压分别为 $\dot{U}_f$ 和 $\dot{U}_c$，它们是两相不对称电压。把这两个电压的每一个都分成两个电压相量之和，即

$$\begin{cases} \dot{U}_f = \dot{U}_{f+} + \dot{U}_{f-} \\ \dot{U}_c = \dot{U}_{c+} + \dot{U}_{c-} \end{cases} \tag{8-23}$$

为得到两组对称电压分量，又要求式（8-23）中的 $\dot{U}_{f+}$ 和 $\dot{U}_{c+}$ 为正序两相对称电压，$\dot{U}_{f-}$ 和 $\dot{U}_{c-}$ 为负序两相对称电压。因此有

$$\begin{cases} \dot{U}_{f+} = j\dot{U}_{c+} \\ \dot{U}_{f-} = -j\dot{U}_{c-} \end{cases} \tag{8-24}$$

如果没有式（8-24）的限定条件，式（8-23）中的 $\dot{U}_{f+}$ 和 $\dot{U}_{f-}$ 可以有无穷多组解，$\dot{U}_{c+}$ 和 $\dot{U}_{c-}$ 也可以有无穷多组解。但加上式（8-24）的限定条件后，式（8-23）中的 $\dot{U}_{f+}$、$\dot{U}_{f-}$、$\dot{U}_{c+}$、$\dot{U}_{c-}$ 就是唯一的了。解之得

$$\begin{cases} \dot{U}_{f+} = \dfrac{1}{2}(\dot{U}_f + j\dot{U}_c) \\[2mm] \dot{U}_{f-} = \dfrac{1}{2}(\dot{U}_f - j\dot{U}_c) \\[2mm] \dot{U}_{c+} = \dfrac{1}{2}(\dot{U}_c - j\dot{U}_f) \\[2mm] \dot{U}_{c-} = \dfrac{1}{2}(\dot{U}_c + j\dot{U}_f) \end{cases} \tag{8-25}$$

可见分解成的两组对称分量电压 $\dot{U}_{f+}$、$\dot{U}_{f-}$、$\dot{U}_{c+}$ 和 $\dot{U}_{c-}$ 均可由加在两个绕组上的两相不对称电压 $\dot{U}_f$ 和 $\dot{U}_c$ 计算得出。这样，把一组不对称的两相电压分解为两组对称的两相电压分量。相当于在电动机的两相绕组中加上一组正序的两相对称电压 $\dot{U}_{f+}$ 和 $\dot{U}_{c+}$

及一组负序的两相对称电压 $\dot{U}_{f-}$ 和 $\dot{U}_{c-}$。分别分析和计算两个对称系统，然后再进行叠加，就得到了两相对称绕组加不对称电压所得到的最后结果。

（2）**两相绕组的圆形旋转磁动势** 前面已经讲过，三相对称绕组流过三相对称电流时产生圆形旋转磁动势。实际上，任何多相对称绕组流过对称多相电流都产生圆形旋转磁动势，两相也不例外。下面用三角函数解析的方法予以证明。

如果交流伺服电动机的励磁绕组 W_f 和控制绕组 W_c 是两相对称绕组，通入的又是两相对称电流，即

$$i_f = I_m \cos\omega t \tag{8-26}$$

$$i_c = I_m \cos(\omega t - 90°) \tag{8-27}$$

因两绕组匝数及绕组系数都相等，所以两相绕组脉振磁动势的幅值也相等，为

$$F_m = 0.9 \frac{k_w N}{p} I \tag{8-28}$$

两相绕组的脉振磁动势表达式为

$$f_f = F_m \cos\omega t \cos\alpha \tag{8-29}$$

$$f_c = F_m \cos(\omega t - 90°)\cos(\alpha - 90°) \tag{8-30}$$

应用三角函数公式将上两式分解则有

$$f_f = 0.5 F_m \cos(\omega t - \alpha) + 0.5\cos(\omega t + \alpha) \tag{8-31}$$

$$f_c = 0.5 F_m \cos(\omega t - \alpha) + 0.5\cos(\omega t + \alpha - 180°) \tag{8-32}$$

从而得出合成磁动势，即

$$\sum f = f_f + f_c = F_m \cos(\omega t - \alpha) \tag{8-33}$$

可见，合成磁动势为沿 a 轴在空间向前传播的圆形旋转磁动势。

（3）**两相绕组产生的椭圆形旋转磁动势** 前面分析的圆形旋转磁动势，如果用空间旋转矢量来表示，它的矢量端点轨迹是一个圆。当两相绕组或两相电流不对称时，它产生的磁动势就不再是圆形旋转磁动势了，而是一个椭圆形旋转磁动势，它的空间旋转矢量端点轨迹是一个椭圆。

下面就来分析这一椭圆形旋转磁动势。

如果两相绕组是对称的，外加电压 $\dot{U}_f$ 和 $\dot{U}_c$ 是不对称的，这时两相电流 $\dot{I}_f$ 和 $\dot{I}_c$ 也是不对称的。应用两相对称分量法把两相不对称电流 $\dot{I}_f$ 和 $\dot{I}_c$ 分成两组两相对称电流，则有

$$\begin{cases} \dot{I}_{f+} = \dfrac{1}{2}(\dot{I}_f + j\dot{I}_c) \\[2mm] \dot{I}_{f-} = \dfrac{1}{2}(\dot{I}_f - j\dot{I}_c) \\[2mm] \dot{I}_{c+} = \dfrac{1}{2}(\dot{I}_c - j\dot{I}_f) \\[2mm] \dot{I}_{c-} = \dfrac{1}{2}(\dot{I}_c + j\dot{I}_f) \end{cases} \tag{8-34}$$

进行上述分解就是把流过两相绕组的不对称电流 $\dot{I}_f$ 和 $\dot{I}_c$ 分成一组正序两相对称电流 $\dot{I}_{f+}$ 和 $\dot{I}_{c+}$ 和一组负序两相对称电流 $\dot{I}_{f-}$ 和 $\dot{I}_{c-}$。正序电流产生正序圆形旋转磁动势，负

序电流产生负序圆形旋转磁动势。把上面两个方向相反的圆形旋转磁动势合成，就得到了两相不对称电流产生的合成磁动势，它是一个椭圆形旋转磁动势。

下面用空间矢量图解法来说明这一椭圆磁动势。

假定正序旋转磁动势的幅值为 F_{m+}，以角速度 ω 在空间逆时针方向旋转，它的空间旋转矢量以 $F_{m+}e^{j\omega t}$ 表示；负序旋转磁动势的幅值为 F_{m-}，以角速度 ω 在空间逆时针方向旋转，空间旋转矢量以 $F_{m-}e^{-j\omega t}$ 表示。选择两个空间旋转矢量正好重合的瞬间作为时间 t 的起始点，并把此时空间矢量的位置作为空间坐标 α 的起点，在图 8-32 的横坐标轴 u 轴方向上。从这一位置开始，两个方向相反的旋转磁动势向不同方向旋转。我们再在图 8-32 中画出 $\omega t=0°$、$\omega t=30°$、$\omega t=60°$、$\omega t=90°$ 等不同瞬间的两个旋转矢量，再将同一时刻的两个矢量合成，就得出不同时刻的各合成磁动势。可以看出，这个合成磁动势在空间逆时针方向旋转。矢量端点轨迹是一个椭圆。

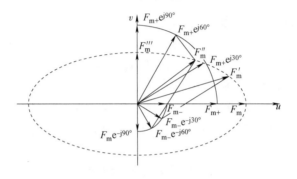

图 8-32　椭圆形旋转磁动势

当 $\omega t=0°$ 时，正向旋转磁动势为 F_{m+}，反向旋转磁动势为 F_{m-}。合成磁动势为 $F_m=F_{m+}+F_{m-}$。

当 $\omega t=30°$ 时，正向旋转磁动势为 $F_{m+}e^{j30°}$，反向旋转磁动势为 $F_{m-}e^{-j30°}$，合成磁动势为 $F_m=F_{m+}e^{j30°}+F_{m-}e^{-j30°}$。

继续画下去，对应 $\omega t=0°$、$30°$、$60°$、$90°$、$\cdots$ 时的合成磁动势分别为 F_m、F_m'、F_m''、F_m'''、$\cdots$。把这些合成磁动势矢量端点轨迹连起来，得出一个椭圆形旋转磁动势。

上述合成磁动势旋转矢量端点轨迹为一椭圆形，也可用数学方法证明。在图 8-32 的空间矢量图中，假定某一时刻合成磁动势在 u 轴上的投影为 u，在 v 轴上的投影为 v，则有

$$u=F_{m+}\cos\omega t+F_{m-}\cos\omega t=(F_{m+}+F_{m-})\cos\omega t \tag{8-35}$$

$$v=F_{m+}\sin\omega t-F_{m-}\sin\omega t=(F_{m+}-F_{m-})\sin\omega t \tag{8-36}$$

上两式可以写成

$$\frac{u}{F_{m+}+F_{m-}}=\cos\omega t \tag{8-37}$$

$$\frac{v}{F_{m+}-F_{m-}}=\sin\omega t \tag{8-38}$$

两式平方相加可得

$$\frac{u^2}{(F_{m+}+F_{m-})^2}+\frac{v^2}{(F_{m+}-F_{m-})^2}=1 \tag{8-39}$$

上式为一椭圆公式，长半轴为 $F_{m+} + F_{m-}$，短半轴 $F_{m+} - F_{m-}$，这就进一步说明了上述磁动势为一椭圆形旋转磁动势。

椭圆磁动势的两个极限状态，一个是脉振磁动势，另一个是圆形旋转磁动势。脉振磁动势是短半轴为零时的椭圆磁动势，这时 $F_{m+} = F_{m-}$，相当于两个大小相等、方向相反的旋转磁动势合成一个脉动磁动势。圆形旋转磁动势是椭圆磁动势的另一个极限状态，这时两相电流 $\dot{I}_f$ 和 $\dot{I}_c$ 对称。长半轴和短半轴相等，没有负序旋转磁动势。

2. 交流伺服电动机的结构及工作原理

交流伺服电动机按结构分主要有两大类，一类是笼型伺服电动机，另一类是杯形转子伺服电动机。笼型伺服电动机的结构及工作原理与三相笼型异步电动机相似，只不过它的定子是两相绕组，接线图如图 8-33 所示。工作时两相绕组产生椭圆形或圆形旋转磁场，转子导条切割磁场产生感应电动势，产生短路电流及电磁转矩，使电动机转动。杯形转子伺服电动机又可分为非磁性杯形转子和磁性杯形转子两种，图 8-34 为非磁性杯形转子伺服电动机截面图。杯形转子由铝或铜制成，在伺服电动机的内、外定子之间转动。外定子上安放着两相绕组，杯形转子相当于导条无穷多的笼型转子，所以它的工作原理也和笼型伺服电动机相似。这种伺服电动机具有转动惯量小、摩擦转矩小、运行平稳、噪声小等优点。但由于它的气隙大（杯形转子为非磁性材料，相当气隙，所以它的气隙由杯形转子自身厚度加上内、外两段气隙三部分组成）。因此，它的磁路磁阻大、励磁电流大、功率因数低，这是它的缺点。

磁性杯形转子伺服电动机，杯形转子由磁性材料制成，它不需要内定子，转子杯本身是磁路的一部分，因此杯的厚度比非磁性杯大，它的转动惯量较大，响应速度较慢，至今应用不多。

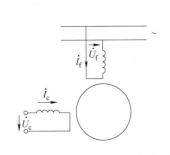

图 8-33　交流伺服电动机接线图

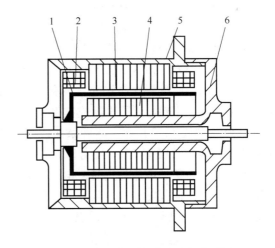

图 8-34　杯形转子伺服电动机截面图
1—杯形转子　2—定子绕组　3—外定子
4—内定子　5—机壳　6—端盖

3. 交流伺服电动机"自转"现象的消除

交流伺服电动机是两相电动机，励磁绕组加固定电压 $\dot{U}_f$，控制绕组加控制电压

$\dot{U}_c$，调节 $\dot{U}_c$ 来控制电动机的运行。当 $\dot{U}_c$ 为零时，交流伺服电动机应当停转，这是对伺服电动机的基本要求。当 $\dot{U}_c$ 为零时，两相交流伺服电动机变成单相电动机。单相电动机如果原来是转动的，$\dot{U}_c$ 为零后，它能继续旋转，这与伺服电动机的要求是不适应的，这种现象称为"自转"。下面分析这种自转现象产生的原因及消除方法。

当 $\dot{U}_c$ 变为零后，$\dot{U}_f$ 并没变，它加在励磁绕组上产生单相脉振磁场，从磁场理论可知，脉振磁场可以分解为两个大小相等、方向相反的圆形旋转磁场（按两相对称分量法分解也可得出同样结论）。因此，单相脉振磁场对转动的转子的作用可以看成是这两个旋转磁场对转子作用的叠加。若转子的转速为 n，旋转磁场的同步转速为 n_1，则转子相对正向旋转磁场的转差率为

$$s_+ = \frac{n_1 - n}{n_1} \tag{8-40}$$

相对反向旋转磁场的转差率为

$$s_- = \frac{-n_1 - n}{-n_1} = \frac{-2n_1 + (n_1 - n)}{-n_1} = 2 - s_+ \tag{8-41}$$

在正向旋转磁场的作用下，电动机产生正向电磁转矩 T_+，T_+ 随 s_+ 的变化关系曲线与正常异步电动机的机械特性相似，如图 8-35 曲线 1 所示。在反向旋转磁场的作用下，电动机产生反向电磁转矩 T_-，T_- 随 s_- 的变化曲线如图 8-35 曲线 2 所示。两条曲线以坐标原点为对称。将两条曲线叠加起来，就得出单相脉振磁场作用下电动机合成电磁转矩 T 随转差率 s 的变化曲线。合成转矩 $T = T_+ + T_-$，如图中曲线 3 所示。由曲线 3 可以看出，当转速 n 为正时（$0 < s < 1$），合成电磁转矩 T 也为正，电磁转矩的作用方向与电动机的旋转方向一致。如果电动机原来运行在两相电动机的机械特性的 A 点，拖动的负载转矩为 T_L，当 $\dot{U}_c$ 变为零后，电动机单相运行，如果单相转矩的最大值 T_{max} 大于负载转矩 T_L，则该电动机能稳定运行在单相电动机的机械特性曲线 3 的 B 点，电动机并不停转。这就是"自转"现象，这是伺服电动机所不允许的。

为消除"自转"现象，需加大转子笼条的电阻，由异步电动机机械特性理论可知，加大转子电阻，机械特性曲线随之变化，这时最大转矩虽然基本不变，但出现最大转矩时的临界转差率却与转子电阻成比例地增大。当 $s_m > 1$ 后，曲线 $T_+ = f(s)$ 及 $T_- = f(s)$ 如图 8-36 中曲线 1、2 所示，将两条曲线叠加则得出转子电阻加大后的单相电动机的机械特性 $T = f(s)$，如图 8-36 中曲线 3 所示。由曲线 3 可以看出，当转子转速为正时，电磁转矩为负，而转子转速为负时，电磁转矩为正。转矩 T 总是反对转子旋转的，起制动作用。所以，伺服电动机一旦 $\dot{U}_c$ 为零，成为单相，电动机就会马上停止下来。这就消除了"自转"现象，满足了伺服电动机的要求。

4. 交流伺服电动机的特性及控制方法

（1）改变控制电压 $\dot{U}_c$ 幅值时的机械特性　交流异步伺服电动机正常工作时，$\dot{U}_f$ 固定，$\dot{U}_c$ 可调，所以它是一个两相不对称系统。根据前面的分析，两相不对称系统可以用两相对称分量法将其分成正、负序两个两相对称系统。它们所形成的磁场则为两个大小不等、方向相反、转速相同的旋转磁场。正序磁场对应的机械特性曲线 $T_+ = f(s)$ 如图 8-37 曲线 1 所示，负序磁场对应的机械特性曲线 $T_- = f(s)$ 则如图 8-37 曲线 2 所

示。把两条曲线相加则得出伺服电动机的机械特性曲线 $T=f(s)$，如图 8-37 曲线 3 所示。由图可以看出，伺服电动机的机械特性有如下特点：

1）当 $\dot{U}_c$ 既不等于 $\dot{U}_f$ 又不为零时，电动机的理想空载（$T=0$）转速不等于同步转速 n_1。

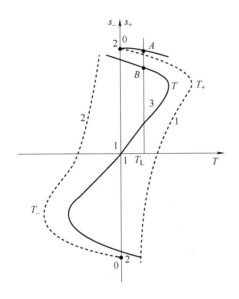

图 8-35　单相电动机的机械特性

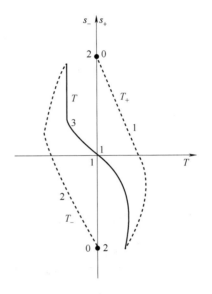

图 8-36　加大转子电阻后的机械特性

2）控制电压越低，不对称度越大，反向磁场越强，电动机的理想空载转速越低。极限情况 $\dot{U}_c=0$，成为单相电动机，这一转速变为零。

3）如果 $\dot{U}_c$ 与 $\dot{U}_f$ 幅值相等、两相对称（假定两相绕组也对称），则产生圆形旋转磁场，反向磁场为零，$T=T_+$，这时理想空载转速才等于同步转速。

4）当负载转矩一定时，改变控制电压 $\dot{U}_c$，机械特性 $T=f(s)$ 改变，电动机的转速随之改变，$\dot{U}_c$ 越大转速越高，改变 $\dot{U}_c$ 可以调节电动机转速。

（2）交流异步伺服电动机的控制方法　改变控制电压 $\dot{U}_c$ 就可以改变交流伺服电动机的运行状态，改变 $\dot{U}_c$ 有以下几种情况：

1）幅值控制。保持 $\dot{U}_c$ 的相位与 $\dot{U}_f$ 差 90°电角度，仅改变 $\dot{U}_c$ 的幅值大小。

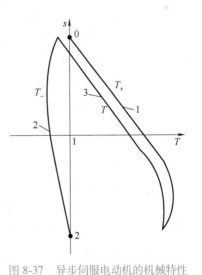

图 8-37　异步伺服电动机的机械特性

2）相位控制。保持 $\dot{U}_c$ 的幅值不变，仅改变 $\dot{U}_c$ 的相位来进行控制。当 $\dot{U}_c$ 与 $\dot{U}_f$ 幅值相等、$\dot{U}_c$ 相位改变 180°时，这种控制相当于改变了两相电动机的相序，电动机仍产生圆形旋转磁场，但转向已经改变。

3）幅相控制。改变 $\dot{U}_c$ 的幅值，又改变 $\dot{U}_c$ 的相位。

以上三种改变控制电压 $\dot{U}_c$ 的方法都是利用改变正转和反转旋转磁动势的大小来改变正向转矩 T_+ 和反向转矩 T_- 的大小，从而达到改变合成电磁转矩和转速的目的。

（3）用标幺值表示的机械特性与调节特性　调节特性是在转矩恒定的情况下转速随控制电压的变化关系。图 8-38 绘出了伺服电动机幅值控制时的标幺值机械特性。图 8-39 绘出了幅值控制时的调节特性。图中 $m = T/T_k$ 是转矩的标幺值，基值为堵转转矩 T_k；$v = n/n_1$ 是转速的标幺值，基值为同步转矩 n_1；$\alpha = U_c/U_f$ 是控制电压的标幺值，也称为信号系数，它的基值是额定励磁电压 $\dot{U}_f$。

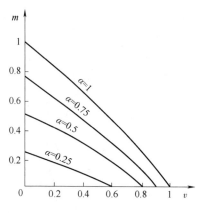 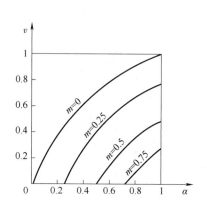

图 8-38　幅值控制时的标幺值机械特性　　图 8-39　幅值控制时的调节特性

第六节　直线电动机

直线电动机（Linear Motor）是近年来国内外积极研究发展的新型电动机之一。在需采用直线驱动的场合，相对于采用旋转电动机间接实现直线运动的装置，直线电动机由于不需要中间转换机构，可解决前者存在的体积大、效率低、精度低等问题。目前，在交通运输、机械工业、仪器仪表工业中，直线电动机已得到推广和应用。

一、直线电动机的分类

直线电动机可以看成是从旋转电动机演化而来的。如图 8-40 所示，设想把旋转电动机沿径向剖开并拉直，就得到了直线电动机。旋转电动机的径向、周向和轴向，在直线电动机中分别称为法向、纵向和横向。

从原理上讲，每种旋转电动机都有与之相对应的直线电动机。直线电动机按工作原理可分为直线异步电动机、直线同步电动机、直线直流电动机和其他直线电动机（如直线步进电动机、直线无刷直流电动机等）。

旋转电动机的定子和转子分别对应直线电动机的初级和次级（见图 8-40）。直线电动机的运动部分既可以是初级，也可以是次级。按初级运动还是次级运动可以把直线电动机分为动初级和动次级两种。

为了在运动过程中始终保持初级和次级耦合，初级或次级之一必须做得较长。在直线电动机的制造中，既可以是初级短、次级长，也可以是初级长、次级短。前者称

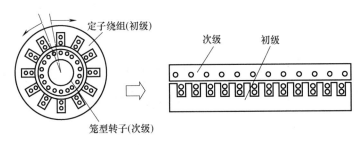

图 8-40　旋转电动机到直线电动机的演化

为短初级，后者称为短次级。由于短初级的制造成本、运行费用均比短次级低得多，因此，除特殊场合外，一般均采用短初级结构。

直线电动机仅在一边安放初级，这种结构的直线电动机称为单边型直线电动机。单边型直线电动机最大的特点是在初级和次级之间存在很大的法向吸力。在大多数情况下，这种法向吸力是不希望存在的，如果在次级的两边都装上初级，这个法向吸力就可以互相抵消。这种结构的直线电动机称为双边型直线电动机。

直线电动机根据结构形式分类，主要有扁平式、圆筒式（或管形）、圆弧式和圆盘式等。图 8-40 所示的直线电动机即为扁平式结构，扁平式结构是最基本的结构，应用也最广泛。

如果把扁平式结构沿横向卷起来，就得到了圆筒式结构，圆筒式结构的优点是没有绕组端部，不存在横向边缘效应，次级的支承也比较方便。缺点是铁心必须沿周向叠片，才能阻挡由交变磁通在铁心中感应的涡流，这在工艺上比较复杂，散热条件也比较差。

圆弧式结构是将扁平式初级沿运动方向改成弧形，并安放于圆柱形次级的柱面外侧。圆盘式结构是将扁平式初级安放在圆盘形次级的端面外侧，并使次级切向运动。圆弧式和圆盘式直线电动机虽然做圆周运动，但它们的运行原理和设计方法与扁平式直线电动机相似，故仍归入直线电动机的范畴。

二、直线电动机的运行原理

在此，仅以直线异步电动机为例说明直线电动机的结构特点和工作原理。

1. 直线异步电动机的结构特点

（1）初级　直线电动机的初级相当于旋转电动机的定子。在扁平式直线异步电动机中，其初级结构如图 8-40 所示。初级铁心也是由硅钢片叠成的，一面开有槽，三相（或单相）绕组嵌置于槽内。但直线电动机的初级与旋转电动机的定子有较大的差别，旋转电动机的定子铁心与绕组沿圆周方向是处处连续的，而直线电动机的初级铁心是开断的，铁心和绕组的开断造成各相绕组所处的磁场有差异，因而各相绕组的阻抗也不对称，使电动机的损耗增加，出力减小。

对于管形直线电动机，其初级一般是用硅钢加工成若干具有凹槽的圆环组成，最后装配时四周用螺栓拉紧，如图 8-41 所示。整个饼式线圈都是有效边，因此，管形电动机不存在绕组端部。同理，它的次级绕组也不存在端部，这就提高了绕组的利用率，这是管形电动机的一个优点。

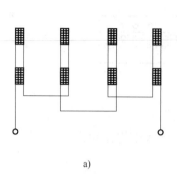

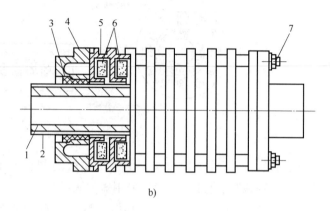

图 8-41　管形直线电动机的结构

a）饼式线圈　b）典型结构

1—厚壁钢管　2—钢管或铝管　3—滑动轴承　4—端盖　5—环形铁心　6—饼式绕组　7—螺栓

（2）次级　直线电动机的次级相当于旋转电动机的转子。与笼型转子相对应的次级就是栅形次级，如图 8-42 所示。它一般是在钢板上开槽，在槽中嵌入铜条（或铸铝），然后用铜带在两端短接而成。栅形次级的直线电动机性能较好，但是由于加工困难，因此在短初级的直线电动机中很少采用。

在短初级直线电动机中，常用的次级有三种，第一种是钢板，称为钢次级或磁性次级，此时钢既起导磁作用，又起导电作用，但由于钢的电阻率较大，故钢次级直线电动机的电磁性能较差，且法向吸力也大。第二种是在钢板上复合一层铜板（或铝板），称为复合次级。在复合次级中钢主要起导磁作用，而导电则主要是靠铜或铝。第三种是单纯的铜板（或铝板），称为铜（铝）次级或非磁性次级，它主要用于双边型直线电动机。但要注意，在两侧初级三相绕组安排上，一侧的 N 极必须对准另一侧的 S 极，以保证磁通路径最短，如图 8-43 所示。

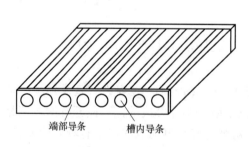

端部导条　槽内导条

图 8-42　栅形次级

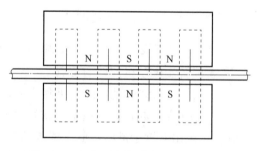

图 8-43　双边型直线电动机的磁通路径

对于管形直线电动机，其次级一般是厚壁钢管，中间的孔主要是为了冷却和减轻重量，有时为了提高单位体积所产生的起动推力，可以在钢管外圆覆盖一层铜管或铝管，成为复合次级，或者在钢管上嵌置铜环或浇铸铝环，成为类似于笼型的次级，如图 8-44 所示。

（3）气隙　直线电动机的气隙相对于旋转电动机的气隙要大得多，主要是为了保证在长距离运动中，初级与次级之间不产生摩擦。对于复合次级和铜（铝）次级来说，由于铜或铝均属非磁性材料，其导磁性能和空气相同，因此在

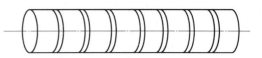

图 8-44　嵌置铜环或铝环的
管形直线电动机次级

磁路计算时，铜板或铝板的厚度应归并到气隙中，总的气隙由机械气隙（单纯的空气隙）加上铜板（或铝板）的厚度两部分组成，称为电磁气隙。由于直线电动机的气隙大，因此其功率因数较低，这是直线异步电动机的主要缺点。

（4）端部效应　由于直线电机是将旋转电机沿径向剖开并拉直，而得到一种结构特殊的电机。直线电机初级铁心宽度方向（横向）的中间部分磁场基本上是均匀的，而在横向的边缘区域磁场有所削弱，这种现象称为静态边端效应。次级导体板在行波磁场作用下，在次级导体板中会感应出电动势，并产生电流。若次级导体板沿横向伸出铁心的部分使用超导材料制成，则它的端部电阻为零。这种理想状态使得铁心叠厚范围内电流分布是并行的，即只有 y 轴分量。对应于这样的电流分布，其对空载气隙磁通密度在沿横向的分布影响如图 8-45a 所示。

在不存在端部电阻情况下，次级导体板的引入仅改变合成气隙磁通密度的幅值，而不改变它沿横向分布的形状。但事实上，次级导体板端部不是超导材料，它是存在电阻的。因此次级导体板中的电流分布见图 8-45b。次级电流在有效宽度范围内不仅有 y 轴分量，还存在 x 轴分量，次级导体板中的电流有一部分在有效宽度范围内就闭合了。合成的气隙磁通密度分布的形状呈马鞍形分布，它与空载时气隙磁通密度分布形状大小不同。这种次级导体板次级导体电流分布的不平行及气隙磁通密度沿横向的不均匀分布称为动态边端效应。动态边端效应的存在，使得电机总的磁通量降低，电机输出功率减小，同时次级导体板的损耗增加，电机的效率降低。

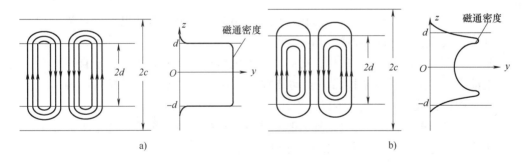

图 8-45　电机次级电流分布及磁场横向边端效应示意图
a）次级电流分布（理想状态）　b）次级电流分布（实际状态）

2. 直线异步电动机的工作原理

由于直线电动机是由旋转电动机演变而来的，因而在初级的多相绕组中通入多相电流后，也会产生一个气隙基波磁场，但是这个磁场的磁通密度波 B_δ 是直线移动的，故称为行波磁场，如图 8-46 所示。显然，行波的移动速度与旋转磁场在定子内表面的线

速度是一样的。由旋转磁场理论可知，当绕组电流交变一次，气隙磁场在空间移过一对极。设电动机极距为 τ（单位：m），电源频率为 f（单位：Hz），则磁场移动速度（单位：m/s）为

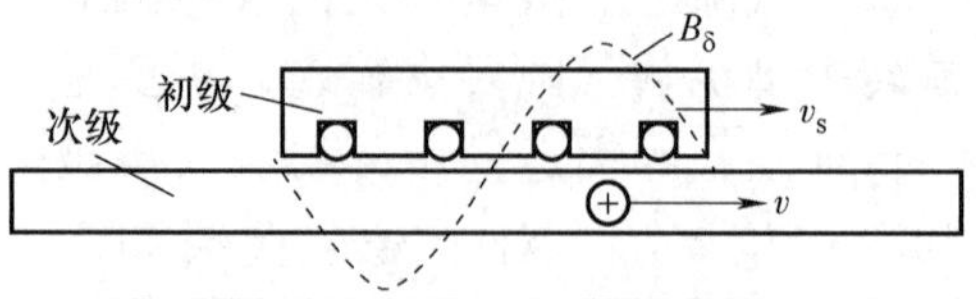

图 8-46 直线电动机的工作原理

$$v_s = 2\tau f \qquad (8\text{-}42)$$

在行波磁场切割下，次级导条将产生感应电动势和电流，所有导条的电流和气隙磁场相互作用，便产生切向电磁力。如果初级是固定不动的，那么次级就顺着行波磁场运动的方向做直线运动。若次级移动的速度用 v 表示，则转差率为

$$s = \frac{v_s - v}{v_s} \qquad (8\text{-}43)$$

次级移动速度为

$$v = (1-s)v_s = 2\tau f(1-s) \qquad (8\text{-}44)$$

式（8-44）表明直线异步电动机的速度与电动机的极距及电源频率成正比，因此改变极距或电源频率均可改变电动机的速度。与旋转电动机一样，改变直线电动机初级绕组的通电相序可以改变电动机运动的方向，因而可使直线电动机做往复直线运动。

三、直线电动机传动的特点

直线电动机可广泛地应用于工业、民用、军事及其他各种需要直线运动的场合，采用直线电动机驱动的装置与旋转电动机传动相比，直线电动机传动主要具有以下优点：

1）由于省去了把旋转运动转换为直线运动的中间转换机构，简化了整个装置或系统，节约了成本，缩小了体积。

2）由于不存在中间传动机构的转动惯量和阻力的影响，直线电动机直接传动的反应速度快，灵敏度高，随动性好，准确度高。

3）由于省去了中间转换机构，提高了装置的传递效率。此外，由于直线电动机是通过电能直接产生直线电磁推力，驱动装置中，其运动可以实现无机械接触，使传动零部件无磨损，从而大大减少了机械损耗。

4）由于直线电动机是靠电磁推力驱动装置运行的，故整个装置或系统的噪声很小或无噪声，运行环境好，提高了装置运行的可靠性。

5）由于直线电动机结构简单，且它的初级铁心在嵌线后可以用环氧树脂等密封成整体，所以不怕污染，适应性好，可在某些有毒气体、核辐射和液态物质中应用。

6）由于直线电动机结构简单，其散热效果也较好，因此线负荷和电流密度可以更高，可提高电动机的额定容量。

7）装配灵活性大，往往可将电动机和其他机件合成一体，实现机电一体化。

然而，某些特殊结构的直线电动机也存在着一些缺点，如大气隙导致功率因数和效率低，存在单边磁拉力等。

四、直线电动机在轨道交通中的应用

随着我国城市之间、城镇之间互相促进和依存的关系不断加强，以及城市核心区域迅速扩张与发展，加强各地域快速、安全、舒适的互联互通越来越重要。尤其是大中型城市，"地下—地面高架相结合、城区—城郊联运"的新需求表现更加突出。现代城市轨道交通车辆要求有更强的爬坡能力、更小的转弯半径以及全天候的运行性能。

直线电机由于具有非黏着驱动、结构简单与性能可靠等特点，是高速磁悬浮列车和新型非黏着城轨车辆的核心装备。其中，对于磁悬浮列车而言，由于其取消了车轮，直线电机的选择具有唯一性和不可替代性，对于新型非黏着型城轨车辆，直线电机的应用则提升了车辆的爬坡和过曲线能力。

直线感应电机主要应用于城市轨道交通中，电机类型常采用单边型，次级采用铝板（或铜板）与钢板制成的复合次级。按初级放置在车上还是沿轨道铺设，可分为短初级和长初级两种形式。

采用短初级直线感应电机时，如图 8-47 所示，电机的初级放置于车辆上，车载牵引变流器由受电弓或受流靴通过接触网或接触轨进行供电，电机次级为复合型，铺设于轨道上，具有结构简单、造价低等优点。但是采用接触轨供电时，运行速度受到限制。

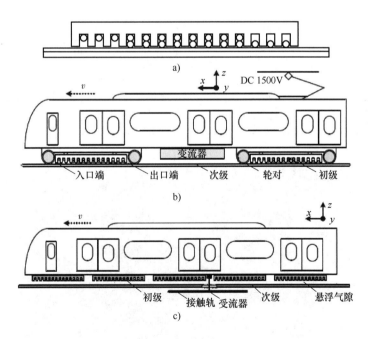

图 8-47　短初级直线感应电机在城市轨道交通车辆的应用
a）短初级直线感应电机　b）直线电机轮轨车辆　c）中低速磁悬浮列车

由于此类型车辆的支撑和导向仍然采用传统轮轨系统，仅牵引采用直线电机驱动，实现的难度较小。同时，直线电机轮轨车辆最大程度利用了直线电机的直驱特点，提

升了车辆的性能。因此，直线电机轮轨车辆整体是一个较为经济和实用的方案，应用实例也较多，见表8-2及图8-48。

表8-2　直线电机轮轨车辆应用的线路

线　路　名　称	开 通 年 份	里程/km	开 通 国 家	技 术 来 源
多伦多 ALRT 线	1985	6.4	加拿大	庞巴迪
温哥华 ALRT 线	1986	51	加拿大	庞巴迪
底特律 DPM 系统	1987	4.8	美国	庞巴迪
吉隆坡 PUTRA 系统	1998	29.4	马来西亚	庞巴迪
肯尼迪国际机场快线 JFK	2003	13	美国	庞巴迪
龙仁 EverLine	2013	18.1	韩国	庞巴迪
大阪市营 7 号线	1990	15	日本	川崎重工/近畿车辆
东京大江户线	1991	38.7	日本	日本车辆/日立
神户地铁海岸线	2002	7.9	日本	川崎重工
福冈 3 号线	2005	12.7	日本	日立
大阪 8 号线	2006	12.1	日本	川崎重工/近畿车辆
横滨 4 号线	2008	13.1	日本	川崎重工
东京地铁 7 线/8 线	2015	59.7	日本	川崎重工
仙台东西线	2015	13.9	日本	近畿车辆
广州地铁 4 号线	2005	43.6	中国	中车四方/川崎重工
北京地铁机场线	2008	27.3	中国	中车长客/庞巴迪
广州地铁 5 号线	2009	40.5	中国	中车四方/川崎重工
广州地铁 6 号线	2013	24.5	中国	中车四方

a)　　　　　　　b)

图8-48　典型短初级直线电机轮轨车辆以及配备的电机
a) 广州地铁 4 号线　b) 吉隆坡 PUTRA 系统

330

在一些特殊场合不希望在车辆上安装驱动系统，同时周边安全要求对接触轨或接触网供电约束较大，在此情况下，长初级直线感应电机得到应用。

采用长初级直线感应电机时，如图 8-49 所示，长初级铺设于轨道，由地面牵引变流器供电，无须接触网或者接触轨，但是初级沿线铺设成本较高；短次级悬挂于车下，具有结构简单，车体轻且无源等优点，对于要求不高的场合，出于节省材料和简化供电的考虑，长初级可以间隔分段设置，采用分段分时供电的方式进行长初级之间的切换。常见的长初级直线干预电机的典型应用如图 8-50 所示。

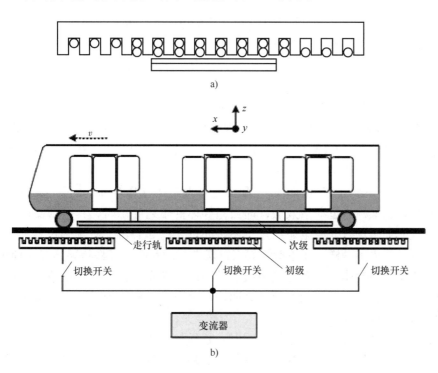

图 8-49　长初级直线感应电机在城市轨道交通车辆的应用

a）长初级直线感应电机　b）长初级直线感应电机的轮轨车辆

a) b)

图 8-50　长初级直线干预电机的典型应用

a）美国国会地铁客运系统　b）休斯顿机场客运系统

第七节 高温超导电机

一、超导材料的发展

1908 年荷兰莱顿（Leiden）大学的 K. H. Onnes 教授首次成功地将氦气液化，达到 4.2K 的低温。1911 年，K. H. Onnes 教授发现在液氦低温条件下水银的电阻突然降为零。随后的持续电流实验证实，此时的电阻率约为 $10^{-23}\Omega \cdot cm$，而良导体铜在 4.2K 时的电阻率约为 $10^{-9}\Omega \cdot cm$，远大于此时水银的电阻率。因此，当温度降低到 4.2K 以下时，可以认为水银的电阻突然消失了。这一发现标志着人类对超导研究的开始。

低温条件下物质电阻突然消失的现象，称为超导电性的零电阻现象。典型的电阻-温度（R-T）实验曲线反映出，当温度降低到特定的临界点 T_c 时，电阻陡降为零。T_c 称为临界温度，它是最重要的超导临界参量之一。1913 年，人们发现铅是超导临界温度 T_c=7.2K 的超导体。17 年后，人们发现铌具有更高的超导临界温度 T_c=9.2K，这也是目前元素超导体 T_c 的最高值。在元素、合金和化合物中，人们逐渐发现了大量具有上述零电阻现象的物质。

1933 年，迈斯纳（W. Meissner）和奥克森费尔德（R. Ochsenfeld）发现超导体具有完全抗磁性，又称为迈斯纳效应，即当超导体处于超导态时，其内部磁感应强度为零，并且与先加磁场再降温至超导态，还是先进入超导态再加磁场的过程无关。这和理想导体的性能大不一样。在迈斯纳效应发现之前，人们一直将超导体视为理想导体。这一发现表明，超导体除具有零电阻特性外，还具有完全抗磁性。这两个特性就是超导体的两个基本特性。迈斯纳效应还表明，超导态是一种热力学状态，可用一些热力学的研究方法进行研究。

在超导物理特性研究工作进行的同时，超导材料的探索工作也十分活跃，它对物理特性的研究及应用起到了良好的促进作用。超导材料从大的方面可分为两类，即常规超导体和非常规超导体。前者能较好地用 BCS 理论及相关的传统理论予以解释，而后者则较难解释，这就为超导研究提出了许多新的问题。

常规超导体主要包括元素超导体、合金和化合物超导体，如 NbTi、具有 NaCl 面心立方结构的超导材料和具有 A_{15} 结构的超导材料。自 20 世纪 70 年代以来，人们发现了一系列非常规超导体，如有机超导体、重费米（Fermi）子超导体、磁性超导体、低载流子浓度超导体、超晶格超导体和非晶超导体等。其中，低载流子浓度超导体包括氧化物超导体、简并半导体（如 GeTe、SnTe）、低维层状化合物（如 $NbSe_2$、NbS_2）及硫硒碲化合物等。

1986 年，缪勒（K. A. Müller）和贝德罗兹（J. G. Bednorz）发现了高 T_c 铜氧化物超导体，揭开了可在液氮温区（77K）之上工作的"高温超导体"研究的序幕，并且引发了全世界范围的超导研究热潮。高温超导氧化物的 T_c 大于 77K，即在液氮（77K）条件下具有超导电性。因此，高温超导材料的发现，使超导电性的实验研究和超导装置的运行操作，摆脱了昂贵和苛刻的液氦低温条件。超导强电装置的实用化展现了更光明的前景。图 8-51 为超导材料临界电流随发现年份进展表。

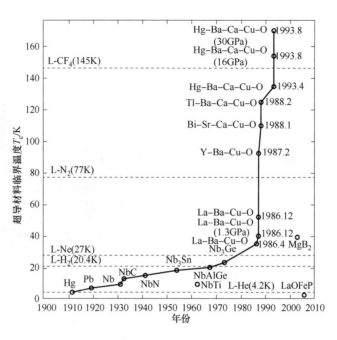

图 8-51 超导材料临界电流随发现年份进展表

二、超导电机研究现状

自 1987 年液氮区的高温超导材料问世后，由于其高载流能力及零电阻的特性，应用于电机中，可以提高电机绕组的电流密度十倍以上，同时又具有零电阻特性，可以使电机的功率提高至少一个数量级，减轻重量的同时，提高电机的工作效率。

高温超导材料在电机领域的巨大优势，受到了广泛关注。目前，我国和美国、欧盟，在高温超导电机研发领域均取得了重大技术突破。

美国的 Reliance Electric 公司在 1990 年演示了世界上首台高温超导励磁绕组直流电机，其电机容量为 25W，电机原理图和实物图如图 8-52 所示。该电机励磁绕组由两个 BSCCO 高温超导螺线管线圈组成，工作时超导线圈被浸泡在液氮中，常规电枢铜绕组、电刷和换向器等位于液氮面以上常温区。运行时励磁绕组和电枢绕组独立控制，电机经过 50 个热循环后仍可稳定工作。

进入 21 世纪后，高温超导电机向着大功率实用化快速推进。2001 年 7 月，AMSC 设计制造了世界上首台兆瓦级船舶用 3.7MW 的高温超导同步电机。电机的励磁绕组、高效率制冷系统和淡水冷却定子等技术为发展船舶用推进高温超导同步电机奠定了基础。2003 年，AMSC 联合 ALSTOM 公司成功研制 5MW 的船用推进高温超导同步电机，电机为 6 级结构，额定转速 230r/min。2007 年，美国超导公司为美国海军下一代驱逐舰 DDG1000 研发的船舶拖进用 36.5MW 高温超导同步电机进行了满负荷运行测试。电机采用转子超导线圈励磁方式，工作温度 30K。当电机工作在 120r/min 时，可稳定输出转矩 2.91MN·m，输出功率 36.5MW。电机最大输出功率为 37.5MW。测试结果远优于设计目标。图 8-53 为美国研制的高温超导电机。

欧洲方面，德国西门子公司 2001 年研制了一台 400kW 高温超导同步电机，并首次在千瓦级高温超导电机冷却技术中实现了脉冲管制冷技术。2005 年，西门子公司又成功研制出 4MW 高温超导同步电机，该电机的效率高达 98.7%。如图 8-54所示。

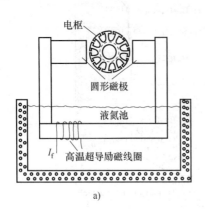

a)

b)

图 8-52　世界首台高温超导励磁绕组直流电机
a）原理图　b）实物图

a)

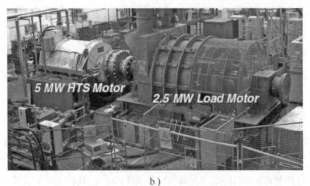

b)

图 8-53　美国研制的高温超导电机
a）3.7MW 高温超导同步电机　b）5MW 船用推进高温超导同步电机

c）

图 8-53 美国研发的高温超导电机（续）

c) 36.5MW 船用高温超导同步推进电机

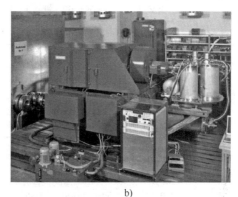

a）　　　　　　　　　b）

图 8-54 德国高温超导同步电机

a) 400kW　b) 4MW

　　我国在 863 计划新材料领域项目的支持下，中船重工七一二研究所成功研制出我国第一台 1000kW 高温超导电动机，如图 8-55 所示。2012 年 4 月实现满功率稳定运行。同年 7 月，863 计划"1000kW 高温超导电动机"课题通过技术验收。这标志着我国已经具备了兆瓦级高温超导电机设计、制造能力，成为国际上少数几个掌握高温超导电机关键技术的国家之一。

　　通过比较多年来各国对超导电机研究情况，见表 8-3，各国所研发的电机类型以同步电机为主，电机基本结构为转子采用高温超导励磁，定子铜绕组结构。这种组合可有效利用超导材料零电阻特性产生强磁场，提高电机的功率密度。在船舶推进领域，高温超导电机由于具有体积小、效率高、功率密度大、噪声小等优点被各发达国家所关注。我国对超导电机领域研究比较全面，既有同步电机，又有全超导感应电机。由于目前感应式电机在实际应用中最为广泛，我国对超导电机的研究更具针对性。

船舶用1MW高温超导电动机

图 8-55　1MW 高温超导电动机

表 8-3　超导电机研究现状

国　　家	额定功率	类　　型	基本参数	高温超导材料	年　　份
美国	1.5kW	同步电动机	2 极，3600r/min	BSCCO 带材	1993
	3.7kW	同步电动机	4 极，1800r/min	BSCCO 带材	1993
	92kW	同步电动机	4 极，1800r/min	BSCCO 带材	1995
	735kW	同步电动机	4 极，1800r/min	BSCCO 带材	2000
	3.7MW	同步电动机	4 极，1800r/min	BSCCO 带材	2001
	5MW	同步电动机	6 极，230r/min	BSCCO 带材	2003
	100MW	同步发电机	2 极，3600r/min	BSCCO 带材	2005
	36.5MW	同步电动机	6 极，120r/min	YBCO 带材	2011
德国	400kW	同步电动机/发电机	4 极，1800r/min	BSCCO 带材	2001
	4MW	同步电动机/发电机	2 极，3600r/min	BSCCO 带材	2005
韩国	3kW	同步电动机	4 极，1800r/min	BSCCO 带材	2001
	73.5kW	同步电动机	4 极，1800r/min	BSCCO 带材	2002
	0.75kW	感应电动机	4 极，1710r/min	BSCCO 带材	2003
	1MW	同步电动机	2 极，3600r/min	BSCCO 带材	2007
中国	3.7kW	直线感应电动机	10 极，3.5m/s	BSCCO 带材	2012
	2.5kW	永磁超导发电机	2 极，3600r/min	BSCCO 带材	2012

三、超导电机的发展方向

随着高温超导材料在电机领域应用的技术不断成熟，电机的发展方向由过去单一的追求功率的提升逐渐转变为应用领域的扩展。由前期集中于舰船推进用电机，向着航空飞行器、轨道交通等要求更高功率密度电机的领域发展。

目前，世界航空运输业每年以 5% 的速度增长。快速增长的同时，带来了化石燃料的消费和污染，特别是氮氧化物、硫氧化物的排放，加速了全球气候变暖。未来应对航空运输业对环境的污染，同时满足人们日益增长的快速出行需求，欧盟委员会提出了HORIZON2020计划项目，重点研发高功率密度高温超导电机用于航空飞行器（航空用高功率密度高温超导电机见图8-56所示）。该计划提出高温超导电机的设计指标中要求功率1MW、功率密度为20kW/kg，转速10000r/min。如此高的设计指标，对高温超导材料、高导磁硅钢材料、冷却系统设计以及高精度控制等技术均提出了更高要求。

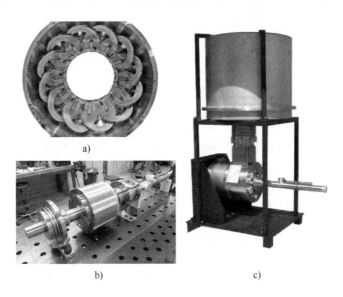

图 8-56　航空用高功率密度高温超导电机

思考题与习题

8-1　什么是特种电机？特种电机的分类？

8-2　永磁同步电动机与电励磁同步电动机在结构上有什么相似之处，又有什么不同之处？两者相比，永磁同步电动机有什么特点？

8-3　永磁同步电动机径向式和切向式转子磁极结构各有什么优点？

8-4　简述永磁无刷电动机的构成，其中位置传感器有哪几种？

8-5　永磁无刷直流电动机为什么一定要有位置传感器或间接位置传感器？

8-6　分析永磁无刷直流电动机产生转矩脉动的原因？其中消减换相转矩脉动的措施有哪些？

8-7　说明反应式步进电动机输出的角位移量、线位移量、转速或线速度？

8-8　开关磁阻电动机与大步距反应式步进电动机的区别是什么？

8-9　开关磁阻电动机的控制方式有哪些？

8-10　开关磁阻电动机的功率变换器与变频异步电动机调速系统的功率变换器有何区别？

8-11　什么是交流伺服电动机的调节特性？给出用标幺值表示的调节特性曲线组。

8-12 交流伺服电动机，如果两相绕组对称，外加两相电压不对称时，为什么将产生椭圆形旋转磁场？

8-13 什么是交流伺服电动机的自转现象，如何消除？

8-14 直流电机有哪些特点？有哪些用途？

8-15 直线感应电动机与旋转感应电动机的主要差别是什么？

8-16 直流电机的端部效应是什么？如何抑制？

8-17 高温超导电机的优势是什么？

第九章

电力拖动系统中电动机的选择

第一节 电动机选择的一般概念

一、正确选择电动机的意义

在电力拖动系统中为生产机械选配电动机时，首先应满足生产机械的要求，如对工作环境、工作制、起动、制动、减速或调速以及功率等的要求。依据这些要求，合理地选择电动机的类型、运行方式、额定转速及额定功率，使电动机在高效率、低损耗的状态下可靠地运行，以达到节能和提高综合经济效益的目的。

为了达到这个目的，正确地选择电动机的额定功率十分重要。如果额定功率选小了，电动机经常在过载状态下运行，会因过热而过早地损坏；还有可能承受不了冲击负载或造成起动困难。额定功率选得过大也不合理，此时不仅增加了设备投资，而且由于电动机经常在欠载下运行，其效率及功率因数等指标变差，浪费了电能，增加了供电设备的容量，使综合经济效益下降。

除确定电动机的额定功率外，正确地选择电动机的类型、外部结构形式、额定电压及额定转速等，对节约投资、节电和提高综合经济效益都是十分重要的。

中、小型三相异步电动机在我国应用十分广泛，其装机容量达 3 亿千瓦，用电量约占总发电量的 60%，约 3500 亿千瓦时。目前由于电动机选用不合理，每年浪费的投资约 10 亿元，浪费电能 50 亿千瓦时以上。可见，合理选择电动机具有可观的节电效果和重大的经济效益。

二、决定电动机额定功率的主要因素

确定电动机额定功率时主要考虑以下两个因素：一个是电动机的发热及温升；另一个是电动机的短时过载能力。对于笼型异步电动机还应考虑起动能力。

电动机在进行机电能量转换的过程中，不可避免地要产生损耗，包括铜损耗、铁损耗及机械损耗等。其中铜损耗随负载大小而变，称为可变损耗；其他损耗则与负载无关，称为不变损耗。这些损耗最终将转变为热能。电动机工作时因损耗而不断产生热量，使其各部分的温度升高。

在旋转电动机中，绕组和铁心是产生损耗和发出热量的主要部件。当电动机的温度超过某一限度时，与该部件相接触的绝缘材料将迅速老化，使其机械强度和绝缘性能很快降低，寿命大大缩短。例如，对 A 级绝缘，若一直处在 $90\sim95$℃ 时，其使用寿命可达 20 年；当工作温度超过 95℃ 时，温度每升高 $8\sim10$℃，使用寿命就会减少一半。如在 110℃ 下工作，寿命只有 $4\sim5$ 年。可见，电动机的发热问题直接关系到电动机的

使用寿命和运行的可靠性。为此，对电动机所用的各种绝缘材料，都规定有最高容许工作温度。对已制成的电动机，这一温度就间接地确定了电动机的额定功率。

电动机中常用的绝缘材料，按其耐热能力，分为 A、E、B、F 和 H 五级。它们的最高容许工作温度见表 9-1。

表 9-1　电动机绝缘材料的最高容许工作温度

绝 缘 级 别	A	E	B	F	H
最高容许温度/℃	105	120	130	155	180
最高容许温升/K	60	75	80	105	125

注：1K=1℃。

如果电动机的绝缘材料一直处于最高容许工作温度以下，则一般情况下可以保证绝缘材料有 20 年的使用寿命。绝缘材料的最高容许工作温度就是电动机的最高容许工作温度；绝缘材料的使用寿命，一般来讲，也就是电动机的使用寿命。电动机工作时，一方面因损耗而产生热量，使电动机温度升高；另一方面，当电动机温度高于环境温度时，还要通过冷却介质（空气）向周围环境散热。因此，电动机的温度不仅与损耗有关，也与环境温度有关。电动机某部分的温度与冷却介质的温度之差称为该部件的温升。当电动机的绝缘材料确定后，部件的最高容许工作温度就确定了，此时温升限度就取决于冷却介质的温度。冷却介质的温度越高，容许的温升就越低。

电动机的环境温度是随季节和使用地点而变化的，为了统一，国家标准 GB 755—2008 规定，电动机运行地点的环境温度不应超过 40℃。因此，电动机的最高容许温升应等于绝缘材料的最高容许工作温度与 40℃ 的差值。但在确定电动机温升的限值时，还需考虑电动机的冷却方式和冷却介质、温度测定的方法（电阻法、温度计法、埋置检温计法等）、电动机功率的大小以及绕组类型等因素。根据 GB 755—2008 的规定，对用空气间接冷却的电动机，在采用电阻法测定温度时各种绝缘等级绕组的温升限制见表 9-1。它适合于功率为 5000kW 以下电动机的交流绕组、带换向器的电枢绕组、多层的直流电动机静止磁场绕组等。

电动机运行时其温升随负载而变化，但温升的变化总是滞后负载的变化，由于这种热惯性，当负载出现较大的冲击时，电动机的温升变化并不大，但电动机瞬时过载能力是有限的，因此在确定电动机的额定功率时，除应使其不超过容许温升限值以外，还需要考虑其承受短时过载的能力。特别是在电动机运行时间短而温升不高的情况下，过载能力就成为决定电动机额定功率的主要因素了。

异步电动机的短时过载能力受其最大转矩 T_{max} 限制，通常用最大转矩倍数 $\lambda_m = T_{max}/T_N$ 表示。一般异步电动机的 $\lambda_m = 2 \sim 2.2$。直流电动机的短时过载倍数受换向条件的限制，可以用电流过载系数 $\lambda_I = I_{max}/I_N$ 表示，也可用转矩过载系数 $\lambda_m = T_{max}/T_N$ 表示。一般直流电动机在额定磁通下，$\lambda_m = 1.5 \sim 2$。

校验电动机短时过载能力时，应使电动机承受的短时最大负载转矩 T_{Lmax} 满足

$$T_{Lmax} \leqslant \lambda_m T_N$$

检验异步电动机短时过载能力时，还应考虑电网电压波动的影响，并留有一定的余量，可按下式进行校验。

$$T_{\mathrm{Lmax}} \leqslant 0.9 K_{\mathrm{v}}^2 \lambda_{\mathrm{m}} T_{\mathrm{N}}$$

式中，K_{v} 为电压波动系数，取 $K_{\mathrm{v}} = 0.85 \sim 0.9$，或根据实际情况确定；0.9 为余量系数。

对于笼型异步电动机，当生产机械的飞轮力矩或静负载转矩很大时，如果因电动机功率较小而起动能力不足，则可造成不能起动或拖长起动时间，使电动机严重发热，甚至被烧毁。在这种情况下需要检验电动机的起动能力。

三、确定电动机额定功率的方法

确定电动机额定功率的最基本方法是依据机械负载变化的规律，绘制电动机的负载图，然后根据电动机的负载图计算电动机的发热和温升曲线，从而确定电动机的额定功率。

所谓负载图，是指功率或转矩与时间的关系图。如果这种关系是生产机械的，则叫作生产机械的负载图；若是电动机的，就叫电动机或电力拖动系统的负载图。后者是确定电动机额定功率的依据。生产机械的负载图可根据生产工艺得出，电动机的负载图则需经过过渡过程的计算才能得到。为了计算过渡过程，需要知道拖动系统的全部参数，其中包括在拖动系统总飞轮力矩中起主要作用的电动机的飞轮力矩，在电动机尚未确定之前这个飞轮力矩是不知道的。所以在选择电动机额定功率之前，应根据生产机械的负载图估算所需功率或转矩，先预选一台电动机，然后进行过渡过程计算，得出电动机的负载图，在此基础上校验预选电动机的发热、过载能力和起动能力能否满足要求。

根据负载图计算电动机额定功率的方法比较精确。但对大多数生产机械来说，由于工艺过程的多样性以及原始数据不足或不准确等问题，很难得出可靠的负载图。因此，在许多生产机械的设计中，采用了一些实用的确定电动机额定功率的方法。例如，在机床设计中，采用了统计法，即通过对同类型机床所选用的电动机额定功率进行统计和分析，从中找出电动机额定功率与机床主要参数间的关系，得出相应的电动机额定功率的计算公式。又如，在轧钢机设计中，采用了能量消耗指标法，即根据同类型轧钢机的运行情况，预先测出轧制单位重量钢材所需的能量 A（单位：$\mathrm{kW \cdot h/t}$），然后再根据新设计的轧钢机的生产率 N（单位：$\mathrm{t/h}$），求得所需电动机功率 $P = AN$。但是，对于轧钢机结构上的特点和工艺上的差别，应在确定电动机额定功率时加以考虑。

还有一种实用方法是类比法。它是先根据生产工艺给出的静功率，计算出所需的电动机功率，并据此预选一台电动机，然后与其他经过长期运行考验的同类型或相近的生产机械所采用的电动机功率相比较，再考虑不同工作条件的影响，最后确定电动机的额定功率。

选择电动机额定功率的实用方法比较简单，但有一定的局限性，而且涉及具体的生产机械和生产工艺，需要具有一定的设计和实际运行经验才能合理地运用此法。

第二节　电动机的发热与冷却

一、电动机的发热过程

为了对电动机进行发热校验，需要了解电动机工作时发热及冷却的规律。

在负载运行过程中，由于内部的各种损耗（包括绕组铜损、铁损、机械损耗等）电机自身会发热，其结果造成电机的温度超过环境温度（标准环境温度为40℃），超出的部分称为电机的温升。由于存在温升，电机便向周围的环境散热。当发出的热量等于散出的热量时，电机自身便达到一个热平衡状态。此时，温升为一稳定值。上述温度升高的过程即是电机的发热过程。

电动机工作时有些部件产生热量（如绕组、铁心、轴承等），有些部分则不产生热量（如机座、绝缘材料、轴等），它们的热容不同，散热系数也不同，各部件的热量传到冷却介质的方式与路径也各不相同。在研究电动机发热时，如果把这些因素都加以考虑，将使问题变得十分复杂。为便于分析，同时又保证所得到的结论基本符合工程实际，特作如下假定：

1) 电动机是一个均匀的发热体，各部分的温度相同，并具有恒定的散热系数和热容量。

2) 电动机长期运行，负载不变，总损耗不变。

3) 周围环境温度不变。

根据能量守恒原理，在任何时间内，电动机产生的热量应等于使电动机本身温度升高的热量与散发到周围环境中去的热量之和。设 Q 为电动机在单位时间（s）内产生的热量（J），C 为电动机的热容，即电动机的温度升高 1K[⊖] 时所需的热量（J/K）；A 为电动机的散热系数，即电动机比周围环境高 1K 时，单位时间内散出的热量 $[J/(K \cdot s)]$；τ 为电动机的温升（K），$d\tau$ 为在 dt 时间内温升的增量（K）。在 dt 时间内电动机产生的热量为 Qdt；使电动机温度升高的热量为 $Cd\tau$；散出的热量为 $A\tau dt$，于是可得电动机的热平衡方程式

$$Qdt = Cd\tau + A\tau dt \tag{9-1}$$

整理后得到

$$\frac{C}{A}\frac{d\tau}{dt} + \tau = \frac{Q}{A}$$

或写成

$$T_H \frac{d\tau}{dt} + \tau = \tau_s \tag{9-2}$$

这是一个非齐次常系数一阶微分方程式，设初始条件为 $t=0$ 时，$\tau = \tau_i$，则式（9-2）的解为

$$\tau = \tau_s + (\tau_i - \tau_s)e^{-\frac{t}{T_H}} \tag{9-3}$$

式中，$T_H = C/A$，是电动机的发热时间常数（s）；$\tau_s = Q/A$，是电动机的稳定温升（K）；τ_i 为电动机的初始温升（K）。

当 $\tau_s = 0$ 时，即发热过程由周围环境温度开始，则式（9-3）变为

$$\tau = \tau_s(1 - e^{-\frac{t}{T_H}}) \tag{9-4}$$

按式（9-3）画出的 $\tau = f(t)$ 曲线如图 9-1 中的曲线 1 所示。图中曲线 2 对应于 $\tau_i = 0$。

⊖ 1K=1℃

可见，在前述假定条件下，电动机的温升按指数规律变化，最终趋于稳定温升 τ_s，其物理意义是电动机开始运行时，由于 τ 较低，电动机散热少，大部分热量被电动机吸收，所以温升上升较快。随着温升的升高，散出的热量逐渐增加，电动机吸收的热量则逐渐减少，使温升的变化缓慢了。当电动机在单位时间内产生的热量与散出的热量相等时，由式（9-1）可知，$d\tau=0$，电动机的温升不再变化，达到了稳定温升 τ_s。

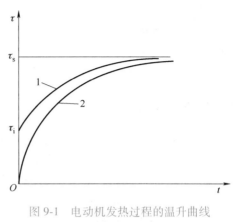

图 9-1　电动机发热过程的温升曲线
$1—\tau_i \neq 0$　$2—\tau_i = 0$

电动机发热过程的温升曲线

由电动机温升变化的规律可知，只要电动机的稳定温升 τ_s 不超过绝缘材料容许的最高温升 τ_{max}，电动机就能长期可靠地运行。因此，$\tau \leqslant \tau_{max}$ 是校核电动机发热的主要依据。

对于电动机的发热过程，发热时间常数 T_H 是一个重要的参数。它表示电动机达到稳定温升快慢的程度。一般经（3~4）T_H，即可认为电动机已达到稳定温升。普通小容量异步电动机，T_H 约为 10~20min；起重及冶金用电动机，T_H 一般在 30min 到几小时的范围内。由此可见，电动机的热惯性是比较大的。因此，当电动机偶尔出现短时间过电流时，电动机不会因过热而损坏。

电动机的稳定温升 $\tau_s = Q/A$，由于 Q 与电动机的损耗功率 Δp 成正比，当电动机的负载增大时，Δp 随之增大，因而 Q 增加。若散热系数 A 不变，则 τ_s 将随负载的增加而升高。如果电动机的负载恒定，那么，Δp 及 Q 都是常数，这时 τ_s 与 A 成反比关系，设法改善散热条件，使 A 增大，即可降低 τ_s。

二、电动机的冷却过程

电动机负载运行达到稳定温升后，如果减小它的负载，则 Δp 及 Q 都将随之减小，散热量大于发热量，电动机温升下降。随着温升下降，单位时间内散出的热量 $A\tau$ 逐渐减少，直到重新达到 $Q=A\tau$ 时，发热量与散热量相等，温升不再变化。这个温升下降的过程称为电动机的冷却过程。

电动机冷却时，表示其温升变化规律的方程式与式（9-3）相同，只是初始温升和稳定温升要由冷却过程的具体条件来确定。对于减小电动机负载的冷却过程，初始温升 τ_i 是开始减小负载时的温升；稳定温升 τ_s 则取决于减小负载后的 Δp 或 Q。这时因 Δp 或 Q 已经减小，所以 $\tau_s < \tau_i$。冷却过程的温升曲线为图 9-2 中的曲线 1。如果使电动机断电停车，那么，断电后即不再产生损耗，电动机的温度下降并逐渐趋向于周围空气的温度，

电动机冷却过程的温升曲线

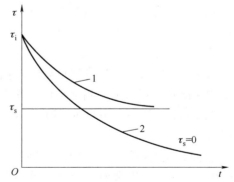

图 9-2　电动机冷却过程的温升曲线
1—负载减小时　2—电动机断电停机时

最后的稳定温升 $\tau_s = 0$，其温升曲线为图 9-2 中的曲线 2。

对于采用自扇冷却式的电动机，在电动机断电后，装在电动机轴上的风扇停转，冷却条件恶化，散热系数 A 减小，使温升时间常数由电动机通电时的 T_H 增加为 T'_H。通常 T'_H 可达 $(2\sim3)T_H$。对采用他扇冷却式的电动机，则 $T_H = T'_H$。

第三节 电动机的工作制

电动机的带负载运行情况可能是多种多样的，如空载、满载和停机等，其持续的时间和顺序也有所不同。电动机的温升不仅依赖于负载的大小，而且与负载持续的时间有关。同一台电动机，如果运行时间长短不同，电动机能够输出的功率也不一样。电动机的工作制就是对电动机承受负载情况的说明，包括起动、电制动、空载、断电停转以及这些阶段的持续时间和先后顺序。为了便于电动机的系列生产和选择使用，国家标准 GB 755—2008《旋转电机 定额和性能》把电动机的工作制分为 $S_1 \sim S_{10}$ 10 类。下面仅介绍常用的 $S_1 \sim S_3$ 3 种工作制。

一、连续工作制（S_1）

连续工作制是指电动机在恒定负载下持续运行，其工作时间较长，一般大于 $(3\sim4)T_H$，足以使电动机的温升达到稳定温升。未加声明，电动机铭牌上的工作方式均是指连续工作制。通风机、水泵、纺织机、造纸机等很多连续工作的生产机械都选用连续工作制电动机。其典型负载图和温升曲线如图 9-3 所示。

对于连续工作制的电动机，取使其稳定温升 τ_s 恰好等于容许最高温升 τ_{max} 时的输出功率作为额定功率。

图 9-3　连续工作制电动机的典型负载图及温升曲线

二、短时工作制（S_2）

短时工作制是指电动机拖动恒定负载在给定的时间内运行，其运行时间较短，一般小于 $(3\sim4)T_H$，不足以使电动机达到稳定温升，随之即断电停转足够时间，使电动机冷却到与冷却介质的温差在 2K 以内。其典型负载图及温升曲线如图 9-4 所示。短时工作制电动机铭牌上的额定功率按 10min，30min，60min，90min 4 种标准时间规定。

目前，我国指明用于短时工作制的三相异步电动机有 YZ、YZR 系列冶金及起重用三相异步电动机；YDF 系列电动阀门用三相异步电动机。

为了充分利用电动机，用于短时工作制的电

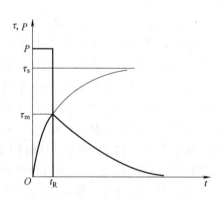

图 9-4　短时工作制电动机的典型负载图及温升曲线

动机，在规定的运行时间内应达到容许温升，并按照这个原则规定电动机的额定功率，即**按照电动机拖动恒定负载运行，取在规定的运行时间内实际达到的最高温升恰好等于容许最高温升 τ_{max} 时的输出功率，作为电动机的额定功率**。因此，规定为短时工作制的电动机，其额定功率和工作时限必须同时标志在铭牌上。如用 S_2—30min 表示短时工作制，工作时限 30min。

三、断续周期性工作制（S_3）

断续周期性工作制是指电动机按一系列相同的工作周期运行，周期时间 10min，每一周期包括一段恒定负载运行时间 t_R、一段断电停机时间 t_0，但 t_R 及 t_0 都较短，t_R 时间内电动机不能达到稳定温升；t_0 时间内温升未下降到零，下一工作周期即已开始。这样，每经过一个周期 t_R+t_0，温升便有所上升，经过若干周期后，电动机的温升即在一个稳定的小范围内波动。其典型负载图和温升曲线如图 9-5 所示。起重机、电梯、轧钢机辅助机械等使用的电动机均属这种工作制。我国目前指定用于 S_3 工作制的有 YZ、YZR 冶金及起重用三相异步电动机，JC2 系列辊道用三相异步电动机，ZZY 系列起重冶金用他励直流电动机以及 YH 系列高起动转矩异步电动机等。

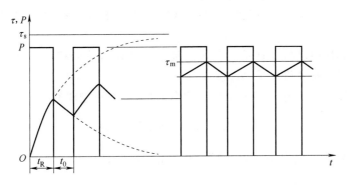

图 9-5　断续周期工作制电动机的典型负载图和温升曲线

在断续周期工作制下，负载运行时间 t_R 与工作周期时间 t_R+t_0 之比称为负载持续率 FS，用百分数表示为

$$FS=\frac{t_R}{t_R+t_0}\times100\% \tag{9-5}$$

标准的负载持续率为 15%、25%、40% 及 60%。

对于指定用于 S_3 工作制的电动机，是把在规定的负载持续率下运行的实际最高温升 τ_m 恰好等于容许温升 τ_{max} 时的输出功率定为电动机的额定功率，所以应在铭牌上标志出与额定功率相应的负载持续率。如用 S_3—25% 表示断续周期工作制，$FS=25\%$。

同一台 S_3 工作制的电动机，负载持续率不同时，其额定功率大小也不同。FS 值大的，额定功率小；FS 值小的，额定功率大。

S_3 工作制中每一周期的起动电流应不至对电动机的温升产生显著影响。

不同工作制的电动机，它们的发热情况各有其特点，因此，选择电动机额定功率时，应根据电动机的工作制采用不同的方法。对有特殊要求的生产机械，应选用专用的电动机。

第四节 连续工作制电动机额定功率的选择

连续工作制电动机的负载基本上可以分为两大类，即

（1）恒定负载 负载长时间不变或变化不大，如风机、泵、压缩机等。

（2）变化负载 负载长期施加，但大小变化。其变化通常具有周期性，或者在统计的规律下具有周期性。如某些恒速轧钢机、输送量变化的连续运输机等。

一、恒定负载连续工作制电动机额定功率的选择

在环境温度为 40℃，海拔不超过 1000m 的条件下，连续工作制的电动机在额定功率下工作时，其温升不会超过额定值。电动机起动时，虽然电流较大，但时间短，对连续工作制电动机的温升影响不大，可不予考虑。所以，在选择连续恒定负载的电动机时，只要计算出负载所需功率 P_L，选择一台额定功率 P_N 略大于 P_L 的连续工作制电动机即可，不必进行发热校核。

对起动比较困难（静阻转矩大或带有较大的飞轮力矩）而采用笼型异步电动机或同步电动机的场合，应当校验其起动能力。

如果电动机运行地点的环境温度不是 40℃，则应修正电动机的额定功率。所用公式可推导如下。

为了充分利用电动机，在不同环境温度下连续运行达到稳定温升时，电动机的温度都应等于绝缘材料容许的最高温度 θ_{max}。

环境温度为 40℃，电动机输出额定功率 P_N 时，其稳定温升为

$$\tau_{sN} = \theta_{max} - 40 = \frac{\Delta p_N}{A}$$

环境温度为 θ_0，输出功率为 P 时，电动机的稳定温升为

$$\tau_s = \theta_{max} - \theta_0 = \tau_{sN} - \Delta\tau = \frac{\Delta p}{A}$$

式中，Δp_N 为电动机输出额定功率时的损耗；$\Delta\tau$ 为运行地点的环境温度与 40℃ 之差。以上两式相除得

$$\frac{\tau_{sN}}{\tau_{sN} - \Delta\tau} = \frac{\Delta p_N}{\Delta p} \tag{9-6}$$

式中，Δp_N 可表示为

$$\Delta p_N = p_{CuN} + p_0 = p_{CuN}(1+a) \tag{9-7}$$

式中，p_{CuN} 为电动机输出额定功率时的铜耗；$a = p_0/p_{CuN}$ 为损耗比。

因为铜损耗与电流二次方成正比，当电动机输出功率为 P、相应的电流为 I 时，其损耗为

$$\Delta p = p_{Cu} + p_0 = p_{CuN}\left[\left(\frac{I}{I_N}\right)^2 + a\right] \tag{9-8}$$

将式（9-7）、式（9-8）代入式（9-6），整理后得

$$I = I_N\sqrt{1 - \frac{\Delta\tau}{\tau_{sN}}(1+a)} \tag{9-9}$$

实际运算时，可认为 $I/I_N = P/P_N$，因此，当环境温度与40℃相差 $\Delta\tau$ 时，电动机输出的额定功率应修正为

$$P = P_N \sqrt{1 - \frac{\Delta\tau}{\tau_{sN}}(1+a)} \tag{9-10}$$

如果环境温度高于40℃时，$\Delta\tau > 0$、$P < P_N$、电动机的额定功率降低；而当环境温度低于40℃时，$\Delta\tau < 0$，$P > P_N$，电动机的额定功率可以提高。但按国家标准规定，当环境温度在0～40℃之间时，电动机额定功率一般不予修正。

电动机工作地点的海拔高度对其温升也有影响。海拔高的地区由于空气稀薄，散热条件恶化，致使同样负载下电动机的温升要比平原地区高。因此，国家标准规定，如果电动机工作地点的海拔在1000m以上，但不超过4000m时，其绝缘材料的最高容许温升将随海拔的升高而降低，其降低率为在1000m的基础上每超过100m下降原有温升值的1%。当电动机运行地点的海拔超过4000m时，温升限值应由制造厂和用户协议确定。

二、周期性变化负载连续工作制电动机额定功率的选择

前面已经指出，变化负载下电动机额定功率的选择步骤是：先计算出生产机械的负载图，在此基础上预选电动机并绘出电动机的负载图，确定电动机的发热情况；然后进行发热、过载、起动校验，校验通过，说明预选电动机合适；否则应重新预选电动机，如此反复进行，直到选好为止。

校验电动机发热的依据是电动机的温升不超过绝缘材料容许的最高温升。用绘制电动机温升曲线的办法校核发热是很繁琐的，而且发热时间常数 T_H 的准确数据也难以获得，因此，这种方法在实际中很少采用。通常采用下述几种实用方法来校验电动机的发热。

1. 平均损耗法

平均损耗法的基本思想是：把对发热（或温升）的校验转变为对单个循环周期内电动机平均损耗的校验。设电动机拖动周期性变化负载连续运行，其负载图如图9-6所示。经过一段较长的时间以后，电动机达到热稳定状态，这时，每个周期温升的变化规律都相同，即周期开始时刻的温升与周期终止时刻的温升相等，温升在一个最大值 τ_m 和一个最小值 τ_{min} 之间波动，如图9-6所示。

如果周期时间 t_c 不太长，如 $t_c < 10$min，通常即可满足 $t_c \ll T_H$。这时，由于热惯性，在一个工作周期内，温升变化是不大的，可以认为一个周期内的平均温升 τ_{av} 与最高温升 τ_m 相等，如图9-6所示。

当转速一定时，散热系数 A 不变，则 $\tau \propto \Delta p$，因此可以用一个周期内的平均损耗 Δp_{av} 来间接地反映平均温升。只要 Δp_{av} 不超过预选电动机的额定损耗 Δp_N，就能保证电动机的平均温升 τ_{av} 不超过绝缘材料容许的最高温升 τ_{max}。这种检验电动机发热的方法称为平均损耗法。

采用平均损耗法校验电动机发热时，应根据电动机的负载图，利用预选电动机的效率曲线 $\eta = f(p)$，求出负载图中与各段功率相应的损耗。一个周期内的平均损耗为

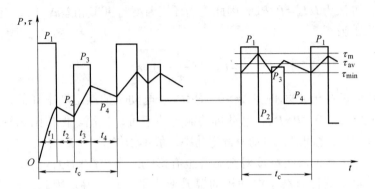

图 9-6 周期性变化负载下连续工作制电动机的负载图及温升曲线

$$\Delta p_{av} = \frac{\Delta p_1 t_1 + \Delta p_2 t_2 + \Delta p_3 t_3 + \cdots}{t_1 + t_2 + t_3 + \cdots} = \frac{\sum\limits_{k=1}^{n} \Delta p_k t_k}{t_c} \tag{9-11}$$

式中，Δp_k 为在 t_k 时间内，输出功率为 P_k 时的损耗。

发热校验的条件是

$$\Delta p_{av} \le \Delta p_N$$

若上述条件满足，则发热校验通过。否则，需重新预选功率较大的电动机，再进行发热校验。当周期时间 $t_c < 10\min$、散热能力不变（$A=$ 常数）时，用平均损耗法校验电动机发热是足够准确的。

2. 等效电流法

平均损耗法虽然比较精确，但计算变化负载下对应的损耗却比较麻烦，而且有时不易获得计算损耗的必要数据。因此，在工程上通常采用更间接一点的方法，使计算简化。

等效电流法的基本思想是：对单个循环周期内变化的负载，从发热等效的观点，求出一个与实际负载等效的电流，以此作为发热校验的依据。前面曾提到，电动机的损耗 Δp 中包括定损耗 p_0 和可变损耗 p_{Cu}，可变损耗 p_{Cu} 与电流的二次方成正比。因此，在负载图中，t_k 段电动机的损耗为

$$\Delta p_k = p_0 + p_{Cu} = p_0 + cI_k^2$$

式中，c 是与绕组电阻有关的常数。

把上式代入式（9-11）中，得

$$\Delta p_{av} = \frac{1}{t_c} \sum_{k=1}^{n} (p_0 + cI_k^2) t_k = p_0 + \frac{c}{t_c} \sum_{k=1}^{n} I_k^2 t_k$$

在平均损耗相同的条件下，可用不变的等效电流 I_{eq} 来代替变化的电流 I_k，于是可得

$$\Delta p_{av} = p_0 + cI_{eq}^2 = p_0 + \frac{c}{t_c} \sum_{k=1}^{n} I_k^2 t_k$$

因此等效电流为

$$I_{eq} = \sqrt{\frac{1}{t_c} \sum_{k=1}^{n} I_k^2 t_k} \tag{9-12}$$

校验电动机发热的条件是

$$I_{eq} \leq I_N \tag{9-13}$$

若上述条件满足，则发热校验通过。这种校验电动机发热的方法称为等效电流法。它是在平均损耗法的基础上导出的，因此要求周期时间 $t_c \leq 10\text{min}$、散热系数 A = 常数。另外，在推导过程中还假定定损耗 p_0 和与绕组电阻有关的系数 c 为常数。深槽及双笼型异步电动机，在经常起动、制动和反转时，绕组电阻及铁损耗都有较大变化，因此不能用等效电流法校验电动机发热。

3. 等效转矩法

通常电动机的负载图是以转矩图 $T=f(t)$ 给出的。如果电动机的转矩与电流成正比，如他励直流电动机磁通不变时 $T = C_T \Phi I_a$。这时，可将式（9-12）变为等效转矩的公式

$$T_{eq} = \sqrt{\frac{1}{t_c} \sum_{k=1}^{n} T_k^2 t_k} \tag{9-14}$$

校验电动机发热的条件是

$$T_{eq} \leq T_N \tag{9-15}$$

若上述条件满足，则发热校验通过。等效转矩法是在等效电流法的基础上又假定 $T \propto I$ 后导出的。所以，不能用等效电流法的情况以及串励直流电动机等磁通变化的情况都不能使用等效转矩法。

4. 等效功率法

如果拖动系统的转速不变，则电动机的功率 $P = T\Omega$ 与转矩成正比，因此可将等效转矩的公式变成等效功率的公式，即

$$P_{eq} = \sqrt{\frac{1}{t_c} \sum_{k=1}^{n} P_k^2 t_k} \tag{9-16}$$

如果满足 $P_{eq} \leq P_N$，则电动机的发热校验通过。

等效功率法的应用范围很窄，凡是不能用等效转矩法的情况都不能用等效功率法，此外，还要求转速 n 基本不变。

5. 采用等效法时几种特殊情况的处理

（1）有起动、制动及停机过程时等效法公式的修正 有时一个工作周期内的变化负载包括起动、制动及断电停机等过程，这实际已属断续周期工作制。但如果负载持续率 $FS>70\%$，可利用等效法将周期性变化负载，等效成在一个周期内的恒定负载，选用连续工作制电动机。在这种情况下应用等效法时，应当考虑自扇冷式电动机在起动、制动及断电停机过程中由于转速低或停转、散热条件恶化而使实际温升提高的影响。在工程上，处理这个问题的方法是把平均损耗或等效电流、等效转矩、等效功率等的数值相应提高一些。具体做法是在计算周期时间 t_c 时，缩短起动、制动时间和断电停机时间。起动、制动时，相应的时间乘以小于 1 的系数 β；断电停机时，把相应的时间乘以小于 1 的系数 γ。

现以图 9-7 所示的电流负载图为例，图中 t_{st}、t_s、t_b、t_0 分别为起动、稳定运行、

制动及断电停机时间；I_{st}、I_s 及 I_b 分别为起动、稳定运行及制动过程中的电流。图中的虚线为电动机的速度图 $n=f(t)$。

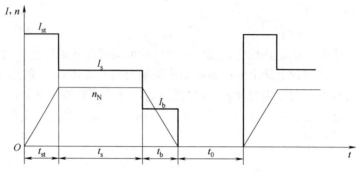

图 9-7　有起、制动及停机时间变化的电流负载图

修正后的等效电流为

$$I_{eq} = \sqrt{\frac{I_{st}^2 t_{st}+I_s^2 t_s+I_b^2 t_b}{\beta t_{st}+t_s+\beta t_b+\gamma t_0}} \tag{9-17}$$

系数 β 及 γ 因电动机而异，对直流电动机可取 $\beta=0.75$、$\gamma=0.5$；对异步电动机可取 $\beta=0.5$、$\gamma=0.25$。

（2）负载图中某段负载不为常数时等效值的求法　等效法的三个公式是在负载图中各段负载（I、T 或 P）为常值的条件下导出的。但在实际的负载图中，往往有一段或数段负载不为常数。如图 9-8 所示的电流图，其中 t_1、t_3 段中的电流即不为常数。应用等效电流法时，首先要把这两段时间内的电流分别等效为常数，然后再求一个周期内的等效电流。

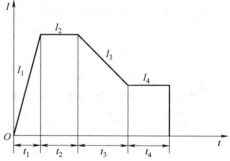

图 9-8　各段负载不全为常值的电流图

在图 9-8 中，t_1 段的电流按直线变化（三角形），即

$$I_1 = \frac{I_2}{t_1}t \quad (0<t<t_1)$$

这时可用等效电流法的积分方式求出与 I_1 等效的恒值电流 I_1'，即

$$I_1' = \sqrt{\frac{1}{t_1}\int_0^{t_1}\left(\frac{I_2}{t_1}\right)^2 t^2 \mathrm{d}t} = \frac{1}{\sqrt{3}}I_2 \tag{9-18}$$

用类似方法可求出图 9-8 中第 3 段（梯形线段）的等效恒定值电流为

$$I_3' = \sqrt{\frac{I_2^2+I_4^2+I_2 I_4}{3}} \tag{9-19}$$

最后的等效电流则为

$$I_{eq} = \sqrt{\frac{1}{t_c}\left(I_1'^2 t_1+I_2^2 t_2+I_3'^2 t_3+I_4^2 t_4\right)}$$

（3）磁通变化时等效转矩法的修正　他励直流电动机采用弱磁调速时，因磁通变化，不能用等效转矩法校验电动机的发热，但如果在工作周期 t_c 内，只有一段是弱磁，其他段都为额定磁通 Φ_N 时，可以把弱磁这段的转矩折算到额定磁通时的值，即可认为整个 t_c 内均为恒定磁通，因而可以采用等效转矩法。

设弱磁时转矩为 T_K，折算到额定磁通后的转矩为 T_K'，两者之间的关系为

$$T_K' = T_K \frac{\Phi_N}{\Phi} \tag{9-20}$$

式中，Φ 为弱磁后的磁通。

若电压保持恒定，则 $U \approx E_a = C_e \Phi n$，$\Phi \propto 1/n$，上式变为

$$T_K' = T_K \frac{n}{n_N} \tag{9-21}$$

式中，n 为弱磁后的转速。

上式仅适用于因弱磁而使 $n < n_N$ 的情况。

（4）转速变化时等效功率法的修正　在功率负载图中，如果有转速在额定值以下变化的区段，如起动、制动、直流电动机减压调速或电枢串电阻调速、绕线转子异步电动机转子串电阻调速等，在这些情况下应用等效功率法时，必须对转速变化区段的功率进行修正。设第 k 段的功率为 P_k，转速为 n，修正后的功率为 P_k'，转速为 n_N，则有如下关系：

$$P_k' = \frac{n_N}{n} P_k \tag{9-22}$$

例 9-1　图 9-9 所示为具有平衡尾绳的摩擦式矿井提升机传动示意图。图中 4 和 5 为罐笼，有效载重可借此上升或下降；2 为直接与电动机 1 连接的摩擦轮；3 和 6 为导轮。绕在摩擦轮上的钢绳 7 靠摩擦力随摩擦轮一起转动。平衡尾绳 8 系在两罐笼之下，以平衡提升机两边钢绳的重量。

矿井提升机的要求及数据如下：

1）为了减少拖动系统的惯性，要求用两台直接与摩擦轮相连接的他励直流电动机拖动；

2）矿井提升深度 $H = 915\mathrm{m}$；

3）罐笼的数据是：每个罐笼自身的质量 $m_0 = 4875\mathrm{kg}$，罐笼上装料车的质量 $m_0' = 3000\mathrm{kg}$，罐笼有效载荷的质量 $m = 6000\mathrm{kg}$；

4）提升机的生产能力为 240t/h；

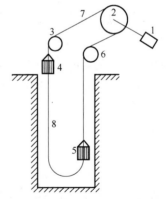

图 9-9　具有平衡尾绳的摩擦式
矿井提升机传动示意图

5）钢绳和平衡尾绳总长度 $L = 2H + 90\mathrm{m}$，其每米质量为 $p_m = 10.8\mathrm{kg/m}$；

6）摩擦轮的数据：直径 $d_2 = 6.44\mathrm{m}$，质量 $m_2 = 14930\mathrm{kg}$，惯性直径 $D_2 = 0.67d_2$；

7）导轮的数据：直径 $d_3 = d_6 = 5\mathrm{m}$，质量 $m_3 = m_6 = 4840\mathrm{kg}$，惯性直径 $D_3 = D_6 = 0.7d_3$；

8）额定提升速度 $v_N = 16\mathrm{m/s}$，起动过程中提升加速度 $a_1 = 0.89\mathrm{m/s^2}$，制动过程中提升减速度 $a_3 = 1\mathrm{m/s^2}$；

9）罐笼与导轨的摩擦阻力使负载增加 20%。请进行下列工作：

（1）计算提升机的实际负载持续率 FS_R 是多少？

（2）根据负载情况确定电动机的工作制；

（3）绘出提升机的负载图；

（4）预选电动机；

（5）绘出电动机的负载图；

（6）对所选电动机进行温升校核；

（7）对所选电动机进行过载能力校核；

（8）预选电动机是否合适。

解：（1）提升机实际负载持续率 FS_R 的计算　设罐笼 5 提升、罐笼 4 下放时负载速度 v 为正，此时电动机的转速 n 也为正。

提升机的工作周期是罐笼 5 由静止开始，提升速度由 $0 \rightarrow v_N$，加速时间为 t_1；恒速提升过程速度为 v_N，时间为 t_2；减速提升过程速度由 $v_N \rightarrow 0$，减速时间为 t_3；停歇过程 $v=0$，时间为 t_0，这时罐笼 5 卸矿石，罐笼 4 装矿石，准备下一个工作周期——罐笼 5 下放，罐笼 4 提升。因为每个周期中工作情况类同，故只研究一个工作周期的情况。一个周期内各段时间计算如下：

加速提升时间
$$t_1 = \frac{v_N}{a_1} = \frac{16}{0.89} \text{s} = 18 \text{s}$$

减速提升时间
$$t_3 = \frac{v_N}{a_3} = \frac{16}{1} \text{s} = 16 \text{s}$$

恒速提升时间

$$t_2 = \frac{h_2}{v_N} = \frac{H - h_1 - h_3}{v_N} = \frac{H - \frac{1}{2} a_1 t_1^2 - \frac{1}{2} a_3 t_3^2}{v_N} = \frac{915 - \frac{1}{2} \times 0.89 \times 18^2 - \frac{1}{2} \times 1 \times 16^2}{16} \text{s} = 40.2 \text{s}$$

式中，h_1、h_2、h_3 分别为加速、恒速、减速提升过程的行程。

工作周期时间 t_c 可由生产能力（240t/h）和每次提升的矿石质量（6000kg）计算如下：

$$t_c = \frac{3600}{\frac{240 \times 1000}{6000}} \text{s} = 90 \text{s}$$

实际负载持续率 $FS_R = \frac{t_1 + t_2 + t_3}{t_c} \times 100\% = \frac{18 + 40.2 + 16}{90} \times 100\% = 82.4\%$

（2）确定电动机的工作制　由以上计算结果可知，该提升机是断续周期工作制的机械，但其实际负载持续率 $FS_R = 82.4\% > 70\%$，因此应选用连续工作制的电动机。

（3）绘出提升机的负载图　提升机的负载图一般是指速度图 $v = f(t)$ 或 $n = f(t)$、转矩图 $T = f(t)$、功率图 $p = f(t)$。

摩擦轮的额定转速即电动机的额定转速 n_N 为

$$n_N = \frac{60 v_N}{\pi d_2} = \frac{60 \times 16}{\pi \times 6.44} \text{r/min} = 47.5 \text{r/min}$$

负载转矩的计算：

由于罐笼 4 和 5 以及钢绳和平衡尾绳的重力都自相平衡，因此计算负载转矩时，只考虑有效载重量和摩擦阻力即可。

$$T_m = 1.2 m \frac{d_2}{2} = 1.2 \times 6000 \times 9.8 \times \frac{6.44}{2} \text{N} \cdot \text{m} = 227203 \text{N} \cdot \text{m}$$

负载功率的计算：

$$P_m = \frac{T_m n_N}{9550} = \frac{227203 \times 47.5}{9550} \text{kW} = 1130 \text{kW}$$

一个周期内的平均功率为

$$P_{mav} = P_m \times FS_R = 1130 \times 0.824 \text{kW} = 931 \text{kW}$$

提升机的负载图如图 9-10 所示。

（4）预选电动机　电动机的功率 $P \geqslant P_{mav}$。负载功率准确值的求取并非容易，一般是求其平均值 P_{mav}，但平均值中没有反映过渡过程中的发热情况。因此电动机的额定功率按 $P_N = (1.1 \sim 1.6) P_{mav}$ 预选。当过渡过程在整个工作过程中占比重较大时，则系数从 1.1 ~ 1.6 中选取偏大的数值。

$P_N = (1.1 \sim 1.6) P_{mav} = 1024 \sim 1489.6 \text{kW}$

提升机工作时间为 74.2s，而起动制动时间为 34s，过渡过程所占比例大，要选用较大的系数。这里选 $P_N = 1400 \text{kW}$。根据题意要求双电动机拖动，即 $P_N = 700 \text{kW}$、$n_N = 47.5 \text{r/min}$ 的两台连续工作制的他励直流电动机。在产品目录及有关资料中查得：每台电动机的飞轮力矩为 $GD_R^2 = 1064280 \text{N} \cdot \text{m}^2$，最大转矩倍数 $\lambda_m = 1.8$，自扇冷式。

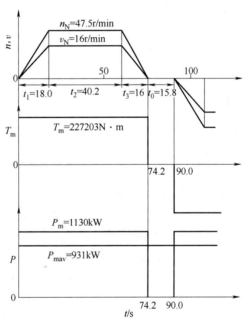

图 9-10　矿井提升机负载图

（5）绘出电动机的负载图　由图 9-10 所示的提升机速度图可知，在 t_2 阶段，转速恒定，电动机的转矩 $T = T_2 = T_m$；在 t_1 加速阶段，$dn/dt > 0$，$T = T_1 > T_m$；在 t_3 减速阶段，$dn/dt < 0$，$T = T_3 < T_m$。以下分别计算各段时间内电动机的转矩。

负载转矩：由前计算得知 $T_m = 227203 \text{N} \cdot \text{m}$。

提升机运动部件质量和飞轮力矩的折算：直线运动部件的总重力 G_1 为

$$G_1 = (m + 2m_0 + 2m_0' + p_m L) g$$
$$= [6000 + 2 \times 4875 + 2 \times 3000 + 10.8 \times (2 \times 915 + 90)] \times 9.8 \text{N} = 416363 \text{N}$$

直线运动部分折算到电动机轴上的飞轮力矩 GD_1^2 为

$$GD_1^2 = \frac{365 G_1 v_N^2}{n_N^2} = \frac{365 \times 416363 \times 16^2}{47.5^2} \text{N} \cdot \text{m}^2 = 17243195 \text{N} \cdot \text{m}^2$$

摩擦轮的飞轮力矩 GD_2^2 为

$$GD_2^2 = m_2 g(0.67 d_2)^2 = 14930 \times 9.8 \times (0.67 \times 6.44)^2 \mathrm{N \cdot m^2} = 2724000 \mathrm{N \cdot m^2}$$

折算到电动机轴上的导轮飞轮力矩 GD_3^2、GD_6^2：

由已知条件可知两导轮的飞轮力矩相等，电动机轴到飞轮轴的速比 $j = \dfrac{\Omega_2}{\Omega_3} = \dfrac{d_3}{d_2}$，

因此

$$GD_3^2 = GD_6^2 = m_3 g(0.7 d_3)^2 \frac{1}{j^2}$$

$$= 4840 \times 9.8 \times (0.7 \times 5)^2 \times \left(\frac{6.44}{5}\right)^2 \mathrm{N \cdot m^2} = 963916 \mathrm{N \cdot m^2}$$

系统总飞轮力矩 GD^2 为

$$GD^2 = 2GD_d^2 + GD_1^2 + GD_2^2 + 2GD_3^2$$

$$= 2 \times 1064280 \mathrm{N \cdot m^2} + 17243195 \mathrm{N \cdot m^2} + 2724000 \mathrm{N \cdot m^2} + 2 \times 963916 \mathrm{N \cdot m^2}$$

$$= 24023587 \mathrm{N \cdot m^2}$$

加速提升时的动态转矩 T_{d1} 为

$$T_{d1} = \frac{GD^2}{375}\left(\frac{\mathrm{d}n}{\mathrm{d}t}\right)_1 = \frac{GD^2}{375}\frac{\mathrm{d}}{\mathrm{d}t}\left(\frac{60v}{\pi d_2}\right) = \frac{GD^2}{375}\frac{60 a_1}{\pi d_2}$$

$$= \frac{24023587}{375} \times \frac{60 \times 0.89}{3.14 \times 6.44} \mathrm{N \cdot m} = 169174 \mathrm{N \cdot m}$$

加速时的转矩 T_1 为

$$T_1 = T_m + T_{d1} = 227203 \mathrm{N \cdot m} + 169174 \mathrm{N \cdot m} = 396377 \mathrm{N \cdot m}$$

减速提升时的动态转矩 T_{d3} 为

$$T_{d3} = \frac{GD^2}{375}\left(\frac{\mathrm{d}n}{\mathrm{d}t}\right)_3 = \frac{GD^2}{375}\frac{-60 a_3}{\pi d_2} = \frac{24023587}{375} \times \frac{-60 \times 1}{3.14 \times 6.44} \mathrm{N \cdot m} = -190083 \mathrm{N \cdot m}$$

减速时的转矩 T_3 为

$$T_3 = T_m + T_{d3} = 227203 \mathrm{N \cdot m} - 190083 \mathrm{N \cdot m}$$

$$= 37120 \mathrm{N \cdot m}$$

根据 t_1、T_1，t_2、T_2，t_3、T_3，t_0、$T=0$ 各数据，画出电动机的转矩负载图 $T=f(t)$，如图 9-11 所示。

依据 $P=Tn/9550\mathrm{kW}$，可以计算出与各转速对应的功率：当 $t=0$ 时，$P=0$；$t=t_1$ 时 $P=1927\mathrm{kW}$ 和 $1130\mathrm{kW}$；$t=t_1+t_2$ 时，$P=1130\mathrm{kW}$；$t=t_1+t_2+t_3$ 时，$P=0$；停歇时间内 $P=0$。由此可得电动机的功率负载图 $P=f(t)$，如图 9-11 所示。

（6）对预选电动机进行温升校核　由于已知电动机的负载图 $T=f(t)$，预选电动机为他励直流电动机，因此可用等效转矩法校核预选电动机的温升。电动机的等效转矩 T_{eq} 为

$$T_{eq} = \sqrt{\frac{\sum T_i^2 t_i}{\sum t_i}} = \sqrt{\frac{T_1^2 t_1 + T_2^2 t_2 + T_3^2 t_3}{\beta t_1 + t_2 + \beta t_3 + \gamma t_0}}$$

$$= \sqrt{\frac{396377^2 \times 18 + 227203^2 \times 40.2 + 37120^2 \times 16}{0.75 \times 18 + 40.2 + 0.75 \times 16 + 0.5 \times 15.8}} \mathrm{N \cdot m} = 258688 \mathrm{N \cdot m}$$

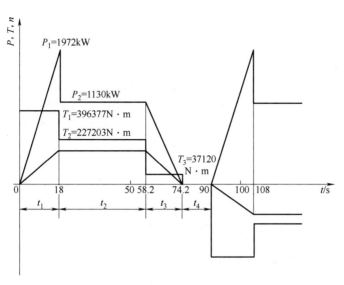

图 9-11　电动机的负载图

两台电动机的额定转矩 T_N 为

$$T_N = 2 \times 9550 \times \frac{P_N}{n_N} = 2 \times 9550 \times \frac{700}{47.5} \text{N} \cdot \text{m} = 281474 \text{N} \cdot \text{m}$$

$T_{eq} < T_N$，温升校核通过。

由于已绘出了电动机的功率负载图，因此也可用等效功率法进行温升校核。但应注意，等效功率法只有在 n 不变时才能使用。该电动机工作中包括起动和制动过程，转速在变化。此时的功率曲线不能反映电动机中能量损耗的真实情况，所以不能直接用来校核电动机的发热，只有将起动和制动过程中的功率按本章第四节所述的方法进行折算后方可应用。

（7）对预选电动机进行过载能力校核　提升机工作过程所需的最大转矩 $T_{max} = T_1 = 396377 \text{N} \cdot \text{m}$，所需的过载倍数 λ' 为

$$\lambda' = \frac{T_{max}}{T_N} = \frac{396377}{281474} = 1.41$$

由于 $\lambda' < \lambda_m = 1.8$，过载能力校核通过。

（8）结论　预选的两台电动机温升和过载能力都能满足提升机的工作要求，可以使用。

第五节　短时工作制电动机额定功率的选择

短时工作制的负载，应选用专用的短时工作制电动机。在没有专用电动机的情况下，也可以选用连续工作制电动机或断续周期工作制电动机。

一、选用短时工作制电动机

短时工作制电动机的额定功率是与铭牌上给出的标准工作时间（10min，30min，60min，90min）相应的，如果短时工作制的负载功率 P_L 恒定，并且工作时间与标准工

作时间一致，这时只需选择具有相同标准工作时间的短时工作制电动机，并使电动机的额定功率 P_N 稍大于 P_L 即可。对变化的负载，可用等效法算出工作时间内的等效功率来选择电动机，同时还应进行过载能力与起动能力（对笼型异步电动机）的校验。

当电动机的实际工作时间 t_R 与标准工作时间 t_{RN} 不同时，应把 t_R 下的功率 P_R 换算到 t_{RN} 下的功率 P_{RN}，再按 P_{RN} 选择电动机的额定功率。换算的原则是 t_R 与 t_{RN} 下的能量损耗相等，即发热情况相同。设在 t_R 及 t_{RN} 下的能量损耗分别为 Δp_R 及 Δp_{RN}，则有

$$\Delta p_R t_R = \Delta p_{RN} t_{RN} \tag{9-23}$$

由于

$$\begin{cases} \Delta p_{RN} = p_0 + p_{CuN} = (1+a) p_{CuN} \\ \Delta p_R = p_0 + p_{Cu} = \left[a + \left(\dfrac{P_R}{P_{RN}} \right)^2 \right] p_{CuN} \end{cases} \tag{9-24}$$

将式（9-24）代入式（9-23），解出 P_{RN} 得

$$P_{RN} = \frac{P_R}{\sqrt{\dfrac{t_{RN}}{t_R} + a\left(\dfrac{t_{RN}}{t_R} - 1 \right)}} \tag{9-25}$$

式中，a 为电动机额定运行时的损耗比，其值与电动机的类型有关，普通直流电动机 $a = 1 \sim 1.5$；普通三相笼型异步电动机 $a = 0.5 \sim 0.7$；小型三相绕线转子异步电动机 $a = 0.4 \sim 0.6$。

当 t_R 与 t_{RN} 接近时，可略去 $a[(t_{RN}/t_R) - 1]$，得

$$P_{RN} \approx P_R \sqrt{\frac{t_R}{t_{RN}}} \tag{9-26}$$

换算时应取与 t_R 最接近的 t_{RN} 代入式（9-26）。

二、选用连续工作制电动机

短时工作的生产机械，也可选用连续工作制的电动机。这时，从发热的观点上看，电动机的输出功率可以提高。为了充分利用电动机，选择电动机额定功率的原则应是在短时工作时间 t_R 内达到的温升 τ_R 恰好等于电动机连续运行并输出额定功率时的稳定温升 τ_s，即电动机绝缘材料允许的最高温升 τ_{max}。由此可得

$$\tau_R = \frac{\Delta p_L}{A} \left(1 - e^{-\frac{t_R}{T_H}} \right) = \tau_s = \frac{\Delta p_N}{A} \tag{9-27}$$

式中，Δp_L 和 Δp_N 分别为电动机短时工作，输出功率为 P_L 时的损耗和额定损耗。与式（9-24）相似。Δp_L 和 Δp_N 分别为

$$\begin{cases} \Delta p_L = \left[a + \left(\dfrac{P_L}{P_N} \right)^2 \right] p_{CuN} \\ \Delta p_N = (1+a) p_{CuN} \end{cases}$$

将上式代入式（9-27），解出 P_N 与 P_L 的关系，得

$$P_N = P_L \sqrt{\frac{1 - e^{-\frac{t_R}{T_H}}}{1 + a e^{-\frac{t_R}{T_H}}}} \tag{9-28}$$

式（9-28）即为短时工作负载选择连续工作制电动机时额定功率的计算式。

当工作时间 $t_R<(0.3\sim0.4)T_H$ 时，按式（9-28）计算的 P_N 将比 P_L 小很多，因此发热问题不大。这时决定电动机额定功率的主要因素是电动机的过载能力和起动能力（对笼型异步电动机），往往只要过载能力和起动能力足够大，就不必考虑发热问题。在这种情况下，连续工作制电动机额定功率可按下式确定：

$$P_N \geqslant \frac{P_L}{\lambda_m} \tag{9-29}$$

最后校验电动机的起动能力。

三、选用断续周期工作制电动机

专用的断续周期工作制电动机具有较大的过载能力，可以用来拖动短时工作制负载。负载持续率 FS 与短时负载的工作时间 t_R 之间的对应关系为：$t_R=30\text{min}$ 相当于 $FS=15\%$；$t_R=60\text{min}$ 相当于 $FS=25\%$；$t_R=90\text{min}$ 相当于 $FS=40\%$。

第六节　断续周期工作制电动机额定功率的选择

专用的断续周期工作制电动机具有起动和过载能力强、机械强度高、飞轮矩小等特点，并能在金属粉尘和高温环境下工作，是专为频繁起动、制动、过载、反转，工作环境恶劣的生产机械设计制造的，如起重机、冶金机械等，这些生产机械一般不采用其他工作制的电动机。

与短时工作制电动机相似，断续周期工作制的电动机，其额定功率是与铭牌上标出的负载持续率相应的。如果负载图中的实际负载持续率 FS_R 与标准负载持续率 FS_N（15%，25%，40%，60%）相同，且负载恒定，则可直接按产品样本选择合适的电动机。当 FS_R 与 FS_N 不同时，就需要把 FS_R 下的实际功率 P_R 换算成 FS_N 下邻近的功率 P，再按换算后的功率 P 及 FS_N 选择电动机的额定功率。换算的依据是，不同负载持续率下的平均温升不变。利用平均损耗法并忽略断电停机时散热条件的变化，则可得到如下的关系：

$$\Delta p_R FS_R = \Delta p_N FS_N$$

或写成

$$\Delta p_N = \Delta p_R \frac{FS_R}{FS_N}$$

$$(1+a) = \left[a+\left(\frac{P_R}{P}\right)^2\right]\frac{FS_R}{FS_N}$$

于是可得

$$P = \frac{P_R}{\sqrt{\dfrac{FS_N}{FS_R}+a\left(\dfrac{FS_N}{FS_R}-1\right)}} \tag{9-30}$$

当 FS_R 与 FS_N 十分接近时，上式可简化为

$$P \approx P_R \sqrt{\frac{FS_R}{FS_N}} \qquad (9\text{-}31)$$

如果在工作时间内负载是变化的，可以像连续工作制变化负载那样，用平均损耗法或等效法校验其温升，但要注意，不应把断电停机时间算在内，因为它已被考虑在 FS 值里面了。

图 9-12 是根据生产机械负载图预选电动机后，经过渡过程计算得出的预选电动机的负载图 $T=f(t)$，图中 T_1 为起动转矩，$-T_4$ 为制动转矩，实际的负载持续率 $FS_x = 65\%$。预选的电动机为断续周期工作制他励直流电动机，负载持续率 $FS_N=60\%$ 时的额定功率为 P_N，自扇冷式。按上述条件，校验电动机发热的步骤是：

（1）根据负载图，利用等效转矩法计算在工作时间内的等效转矩 T_{eq}，即

$$T_{eq} = \sqrt{\frac{T_1^2 t_1 + T_2^2 t_2 + T_3^2 t_3 + T_4^2 t_4}{\beta t_1 + t_2 + t_3 + \beta t_4}}$$

（2）计算相应的等效功率 P_{eq}，即

$$P_{eq} = \frac{T_{eq} n_N}{9550}$$

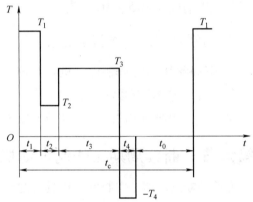

图 9-12　断续周期工作制电动机的负载图

（3）将 P_{eq} 折算到 $FS_N=60\%$ 时的值 P'_{eq}，即

$$P'_{eq} = P_{eq} \sqrt{\frac{FS}{FS_N}} = P_{eq} \sqrt{\frac{0.65}{0.60}} = 1.041 P_{eq}$$

（4）校验电动机发热。若预选电动机的额定功率 $P_N \geqslant P'_{eq}$，则发热校验通过。

在选择断续周期工作制下电动机额定功率时，若 $FS<10\%$，按短时工作制处理；$FS>70\%$ 时，按连续工作制处理。

例 9-2　一台桥式起重机大车的已知数据和技术要求如下：起重量（重力）$G_m = 294300N$，桥架总重 $G_0 = 419868N$；车轮直径 $D=80cm$，轮轴直径 $d=13cm$，移行速度 $v_m=1.5m/s$；额定负载和空载下传动机构的效率分别为 $\eta=0.75$ 和 $\eta_0=0.71$；平均行程 $L=35m$。车轮与轨道的滚动摩擦系数 $f=0.05$，轮轴滑动摩擦系数 $\mu=0.1$，轮缘摩擦系数 $k=1.5$。满载和空载运行合在一起为一个工作周期，一个周期内停歇两次，各 30s，用以等待吊钩升起、降落以及小车的工作。负载持续率 $FS=48\%$。采用 10 极绕线转子异步电动机，用转子串电阻的方式起动；制动则由电磁抱闸实现。试绘出电动机的转矩负载图；校验电动机的发热和过载能力。

解：（1）预选电动机

满载和空载运行时的静阻力 F_m 和 F_0 为

$$F_m = k \frac{G_0 + G_m}{D} (\mu d + 2f) = 1.5 \times \frac{419868 + 294300}{80} \times (0.1 \times 13 + 2 \times 0.05) N = 18747N$$

$$F_0 = k \frac{G_0}{D} (\mu d + 2f) = 1.5 \times \frac{419868}{80} \times (0.1 \times 13 + 2 \times 0.05) N = 11022N$$

满载和空载运行时电动机轴上的静功率 P_m 和 P_0 为

$$P_m = \frac{F_m v_m}{\eta} \times 10^{-3} = \frac{18747 \times 1.5}{0.75} \times 10^{-3} \mathrm{kW} = 37.5 \mathrm{kW}$$

$$P_0 = \frac{F_0 v_m}{\eta} \times 10^{-3} = \frac{11022 \times 1.5}{0.75} \times 10^{-3} \mathrm{kW} = 23.3 \mathrm{kW}$$

等效静功率 P_{eq} 为

$$P_{eq} = \sqrt{\frac{P_m^2 + P_0^2}{2}} = \sqrt{\frac{37.5^2 + 23.3^2}{2}} \mathrm{kW} = 31.2 \mathrm{kW}$$

折算到 $FS = 60\%$ 的等效静功率 P'_{eq} 为

$$P'_{eq} = P_{eq} \sqrt{\frac{FS}{FS_N}} = 31.2 \times \sqrt{\frac{0.48}{0.6}} \mathrm{kW} = 27.9 \mathrm{kW}$$

预选电动机的额定功率 P_N 为

$$P_N = (1.1 \sim 1.6) P'_{eq} = (1.1 \sim 1.6) \times 27.9 \mathrm{kW} = 30.7 \sim 44.6 \mathrm{kW}$$

选用型号为 $JZR_2 63\text{-}10$ 的 10 极断续周期工作制的三相绕线转子异步电动机，主要技术数据为：$P_N = 40 \mathrm{kW}$，$n_N = 580 \mathrm{r/min}$，$I_N = 98 \mathrm{A}$，$\cos\varphi_N = 0.65$，$\eta_N = 0.89$，$FS_N = 60\%$，最大转矩倍数 $\lambda_m = 2.8$，转子飞轮力矩 $GD_R^2 = 112.3 \mathrm{N \cdot m^2}$，并已知连轴器和抱闸轮的总飞轮力矩为 $GD_M^2 = 117.7 \mathrm{N \cdot m^2}$。

（2）计算电动机的转矩负载图 $T = f(t)$

电动机的额定转矩 T_N 为

$$T_N = 9550 \frac{P_N}{n_N} = 9550 \times \frac{40}{580} \mathrm{N \cdot m} = 658.6 \mathrm{N \cdot m}$$

起动转矩 T_{st} 为（取平均起动转矩为 $1.8T_N$）

$$T_{st} = 1.8 T_N = 1.8 \times 658.6 \mathrm{N \cdot m} = 1185.5 \mathrm{N \cdot m}$$

求满载和空载运行时电动机轴上的静转矩 T_m 和 T_0，近似地认为大车空载运行时电动机的转速 $n = n_N$，则

$$T_m = 9550 \frac{P_m}{n_N} = 9550 \times \frac{37.5}{580} \mathrm{N \cdot m} = 617.5 \mathrm{N \cdot m}$$

$$T_0 = 9550 \frac{P_0}{n_N} = 9550 \times \frac{23.3}{580} \mathrm{N \cdot m} = 383.6 \mathrm{N \cdot m}$$

满载运行时拖动系统的总飞轮力矩 GD_m^2 为

$$GD_m^2 = \delta(GD_M^2 + GD_R^2) + \frac{365(G_0 + G_m) v_m^2}{n_N^2 \eta}$$

$$= 1.15 \times (117.7 + 112.3) \mathrm{N \cdot m^2} + \frac{365 \times (419868 + 294300) \times 1.5^2}{580^2 \times 0.75} \mathrm{N \cdot m^2}$$

$$= 2589.2 \mathrm{N \cdot m^2}$$

空载运行时拖动系统的总飞轮力矩 GD_0^2 为

$$GD_0^2 = \delta(GD_M^2 + GD_R^2) + \frac{365 G_0 v_m^2}{n_N^2 \eta_0}$$

$$= 1.15 \times (117.7 + 112.3) \mathrm{N \cdot m^2} + \frac{365 \times 419868 \times 1.5^2}{580^2 \times 0.75} \mathrm{N \cdot m^2}$$

$$= 1708.1 \mathrm{N \cdot m^2}$$

式中，δ 为考虑减速机飞轮力矩的系数，$\delta = 1.1 \sim 1.25$。

满载起动时间 t_{st1} 和行程 S_{st1} 为

$$t_{st1} = \frac{GD_m^2}{375} \int_0^{n_N} \frac{\mathrm{d}n}{T_{st} - T_m} = \frac{GD_m^2 n_N}{375(T_{st} - T_m)} = \frac{2589.2 \times 580}{375 \times (1185.5 - 617.5)} \mathrm{s} = 7.1 \mathrm{s}$$

$$S_{st1} = \frac{1}{2} v_m t_{st1} = \frac{1}{2} \times 1.5 \times 7.1 \mathrm{m} = 5.3 \mathrm{m}$$

空载起动时间 t_{st2} 和行程 S_{st2} 为

$$t_{st2} = \frac{GD_0^2 n_N}{375(T_{st} - T_0)} = \frac{1708.1 \times 580}{375 \times (1185.5 - 383.6)} \mathrm{s} = 3.3 \mathrm{s}$$

$$S_{st2} = \frac{1}{2} v_m t_{st2} = \frac{1}{2} \times 1.5 \times 3.3 \mathrm{m} = 2.5 \mathrm{m}$$

计算制动时间 t_b 和行程：

取制动减速度 $a = 0.65 \mathrm{m/s^2}$，并设空载和满载时的制动时间相同，则制动时间和行程为

$$t_b = \frac{v_m}{a} = \frac{1.5}{0.65} \mathrm{s} = 2.3 \mathrm{s}$$

$$S_b = \frac{1}{2} v_m t_b = \frac{1}{2} \times 1.5 \times 2.3 \mathrm{m} = 1.73 \mathrm{m}$$

满载和空载时的稳定运行时间 t_{s1} 和 t_{s2} 为

$$t_{s1} = \frac{L - S_{st1} - S_b}{v_m} = \frac{35 - 5.3 - 1.73}{1.5} \mathrm{s} = 18.6 \mathrm{s}$$

$$t_{s2} = \frac{L - S_{st2} - S_b}{v_m} = \frac{35 - 2.5 - 1.73}{1.5} \mathrm{s} = 20.5 \mathrm{s}$$

电动机在一个工作周期内的全部工作时间 t_R 为

$$t_R = t_{st1} + t_{s1} + t_b + t_{st2} + t_{s2} + t_b = (7.1 + 18.6 + 2.3 + 3.3 + 20.5 + 2.3) \mathrm{s} = 54.1 \mathrm{s}$$

实际的负载持续率 FS 为

$$FS = \frac{t_R}{t_R + t_0} \times 100\% = \frac{54.1}{54.1 + 2 \times 30} \times 100\% = 47\%$$

式中，t_0 为停歇时间。

根据以上计算数据可绘出电动机的转矩负载图，如图 9-13 所示。

(3) 校核电动机的发热及过载能力

等效转矩 T_{eq} 为

$$T_{eq} = \sqrt{\frac{T_{st}^2(t_{st1} + t_{st2}) + T_m^2 t_{s1} + T_0^2 t_{s2}}{t_R}}$$

$$= \sqrt{\frac{1185.5^2 \times (7.1 + 3.3) + 617.5^2 \times 18.6 + 383.6^2 \times 20.5}{54.1}} \mathrm{N \cdot m}$$

$$= 676 \mathrm{N \cdot m}$$

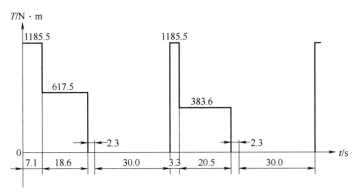

图 9-13　大车电动机的转矩负载图

折算到 $FS=60\%$ 时的等效转矩 T'_{eq} 为

$$T'_{eq} = T_{eq}\sqrt{\frac{FS}{FS_N}} = 676\times\sqrt{\frac{0.47}{0.6}}\,\text{N}\cdot\text{m} = 598.3\,\text{N}\cdot\text{m}$$

电动机额定转矩 $T_N=658.6\,\text{N}\cdot\text{m}>598.3\,\text{N}\cdot\text{m}$，故发热校核通过。

过载能力校核：

当电网电压降低为额定值的 85% 时，电动机的最大转矩为

$$T_{max} = 0.85^2\lambda_m T_N = 0.85^2\times2.8\times658.6\,\text{N}\cdot\text{m} = 1332.3\,\text{N}\cdot\text{m}$$

$$T_{max} > T_{st} = 1185.5\,\text{N}\cdot\text{m}$$

过载能力校验合格。

第七节　电动机额定功率选择的工程方法

本章前几节以电机发热理论为基础，介绍了电动机容量选择的原则和基本方法。这些方法很重要，但却存在两方面的问题：一是计算方法比较繁杂，需要根据生产机械的负载图预选电动机，然后进行发热校验；二是原始数据有时很难准确获得。这就给电动机容量的准确选择造成一定困难。为了解决这一问题，工程实践中经常采用一套简单易行的经验方法对电动机的容量进行选择。常用的方法有统计法和类比法。

1. 统计法

机床制造厂的设计部门，通过对同类型机床所选用的电动机额定功率进行统计和分析，从中找出电动机额定功率和机床主要参数间的关系，最终得出相应的经验公式。现将这些公式介绍如下。

（1）车床

$$P = 36.5D^{1.54}$$

式中，P 的单位为 kW；D 为工件的最大直径，单位为 m。

（2）立式车床

$$P = 20D^{0.88}$$

式中，P 的单位为 kW；D 为工件的最大直径，单位为 m。

（3）摇臂车床

$$P = 0.0646D^{1.19}$$

式中，P 的单位为 kW；D 为最大的钻孔直径，单位为 mm。

（4）外圆磨床

$$P = 0.1KB$$

式中，P 的单位为 kW；B 为砂轮宽度，单位为 mm；K 为考虑砂轮主轴采用不同轴承时的系数，当采用滚动轴承时 $K = 0.8 \sim 1.1$，当采用滑动轴承时 $K = 1.0 \sim 1.3$。

（5）卧式镗床

$$P = 0.004D^{1.7}$$

式中，P 的单位为 kW；D 为镗杆直径，单位为 mm。

（6）龙门铣床

$$P = \frac{B^{1.15}}{166}$$

式中，P 的单位为 kW；B 为工作台宽度，单位为 mm。

需要说明的是，上述经验公式仅适用于传统的生产机械，对于其他新型机械以及新型电动机，则需不断总结新的经验公式或对上述公式进行必要的修正。

2. 类比法

类比法就是首先根据生产工艺给出的静态功率，计算出所需要的电动机容量并预选电动机。然后，将与其他厂矿经过长期运行考验的、同类型或相近的生产机械所采用的电动机容量进行比较，再考虑工作条件等因素，最后确定实际电动机的容量。

第八节　电动机的一般选择

电动机的选择，除确定电动机的额定功率外，还需根据生产机械的技术要求、运行地点的环境条件、供电电源及传动机构的情况，合理地选择电动机的类型、外部结构形式、额定电压和额定转速。

一、电动机类型的选择

各种电动机具有的特点包括性能方面、所需电源、维修方便与否、价格高低等各项，这是选择电动机类型的基本知识。当然生产机械工艺特点是选择电动机的先决条件。这些方面都了解，便可以为特定的生产机械选择到合适的电动机。表 9-2 粗略列出了各种电动机最主要的性能特点。

表 9-2　电动机最主要的性能特点

电机种类		最主要的性能特点
直流电动机	他励、并励	机械特性硬，起动转矩大、调速性能好
	串励	机械特性软，起动转矩大、调速方便
	复励	机械特性软硬适中，起动转矩大、调速方便
三相异步电动机	普通笼型	机械特性硬，起动转矩不太大、可以调速
	高起动转矩	起动转矩大
	多速	多速：（2~4）速
	绕线式	机械特性硬，起动转矩大、调速方法多，调速性能好

（续）

电 机 种 类	最主要的性能特点
三相同步电动机	转速不随负载变化，功率因数可调
单相异步电动机	功率小，机械特性硬
单相同步电动机	功率小，转速恒定

电动机类型选择时考虑的主要内容如下：

（1）电动机的机械特性　生产机械具有不同的转矩转速关系，要求电动机的机械特性与之相适应。例如，负载变化时要求转速恒定不变的，就应选择同步电动机；要求起动转矩大及特性软的，如电车、电气机车等，就应选用串励或复励直流电动机。

（2）电动机的调速性能　电动机的调速性能包括调速范围、调速的平滑性、调速系统的经济性（设备成本、运行效率等）诸方面，都应该满足生产机械的要求。例如，调速性能要求不高的各种机床、水泵、通风机多选用普通三相笼型异步电动机；功率不大、有级调速的电梯及某些机床可选用多速电动机；而调速范围较大、调速要求平滑的龙门刨床、高精度车床、可逆轧钢机等选用变频调速同步电动机或异步电动机。

（3）电动机的起动性能　一些起动转矩要求不高的，如机床可以选用普通笼型三相异步电动机；但起动、制动频繁，且起动、制动转矩要求比较大的生产机械就可选用绕线式三相异步电动机，如矿井提升机、起重机、不可逆轧钢机、压缩机等。

（4）电源　交流电源比较方便，直流电源则一般需要有整流设备。

采用交流电机时，还应注意，异步电动机从电网吸收滞后无功功率使电网功率因数下降，而同步电动机则可吸收超前无功功率。要求改善功率因数情况下，不调速的大功率电机应选择同步电动机。

（5）经济性　满足了生产机械对于电动机起动、调速、各种运行状态、运行性能等方面要求的前提下，优先选用结构简单、价格便宜、运行可靠、维护方便的电动机。一般来说，在这方面交流电动机优于直流电动机，笼型异步电动机优于绕线式异步电动机。除电机本身外，起动设备、调速设备等都应考虑经济性。

最后应着重强调的是综合的观点，所谓综合是指：①以上各方面内容在选择电动机时必须都考虑到，都得到满足后才能选定；②能同时满足以上条件的电动机可能不是一种，还应综合其他情况，如节能、货源等加以确定。

二、电动机额定电压的选择

电动机的额定电压应根据其额定功率和所在系统的配电电压及配电方式综合考虑。中、小型三相异步电动机的额定电压通常为 220V、380V、660V、3000V 和 6000V。电动机额定功率 $P_N \geqslant 200kW$ 时，选用 6000V；$P_N < 200kW$ 时，选用 380V 或 3000V；$P_N < 100kW$ 时，选用 380V；$P_N > 1000kW$ 时，选用 10kV。煤矿用的生产机械常采用 380/660V 的电动机。

直流电动机的额定电压一般为 110V、220V 和 440V。

三、电动机额定转速的选择

额定功率相同的电动机，额定转速高时，其体积小，重量轻，价格低，效率和功

363

率因数（对异步电动机）也较高。但由于生产机械对转速有一定的要求，电动机转速越高，传动机构的传动比就越大，导致传动机构复杂，传动效率降低，增加了设备成本和维修费用。因此，应综合考虑电动机和生产机械两方面的各种因素后再确定较为合理的电动机额定转速。

对连续运转的生产机械，可从设备初投资，占地面积和运行维护费用等方面考虑，确定几个不同的额定转速，进行比较，最后选定合适的传动比和电动机的额定转速。

经常起动、制动和反转，但过渡过程时间对生产率影响不大的生产机械，主要根据过渡过程能量最小的条件来选择电动机的额定转速。

电动机经常起动、制动和反转，且过渡过程持续时间对生产率影响较大，则主要根据过渡过程时间最短的条件来选择电动机的额定转速。

四、电动机外部结构形式的选择

电动机的安装形式有卧式和立式两种。考虑到立式结构的电动机价格偏高，一般情况下用卧式，特殊情况用立式。

根据轴伸情况的不同，电动机分为单轴伸和双轴伸两种。多数情况下采用单轴伸。电动机的外壳防护形式有开启式、防护式、封闭式及防爆式四种。

开启式电动机，在定子两侧与端盖上都有很大的通风口，散热好、价格低，但容易进灰尘、水滴、铁屑等杂物，只能在清洁、干燥的环境中使用。

防护式电动机在机座下面有通风口，散热好，能防止水滴、铁屑等从上方落入电动机内，但潮气及灰尘仍可进入。一般在较干燥、清洁的环境都可使用防护式电动机。

封闭式电动机有两种：一种是机座及端盖上均无通风孔，外部空气不能进入电动机，这种电动机散热不好，仅靠机座表面散热，多用于灰尘多、潮湿、有腐蚀性气体、易引起火灾等较恶劣的环境；另一种是密封式电动机，外部的气体或液体都不能进入电动机内部，如潜水电动机等。

防爆式电动机适用于有易燃、易爆气体的场所，如有瓦斯的煤矿井下，油库或煤气站。

思考题与习题

9-1 确定电动机额定功率时主要应考虑哪些因素？

9-2 电动机的额定功率选得过大和不足时会引起什么后果？

9-3 电动机的温度、温升及环境温度三者之间有什么关系？

9-4 电动机在发热和冷却过程中，其温升各按什么规律变化？

9-5 电动机的发热时间常数 T_H 的物理意义是什么？它的大小与哪些因素有关？

9-6 为什么说电动机运行时的稳定温升取决于负载的大小？

9-7 什么是电动机的工作制？S_1、S_2 及 S_3 三种工作制的电动机其发热的特点是什么？

9-8 负载持续率 FS 表示什么？

9-9 一台电动机周期性地工作 15min、停机 85min，其负载持续率 $FS = 15\%$，对吗?

9-10　用平均损耗法校验电动机发热的依据是什么?

9-11　校验电动机发热的等效电流法、等效转矩法和等效功率法各适用于何种情况?

9-12　一台 35kW、工作时限为 30min 的短时工作制电动机,突然发生故障。现有一台 20kW 连续工作制电动机,其发热时间常数 $T_H = 90min$,损耗系数 $a = 0.7$,短时过载能力 $\lambda = 2$。试问这台电动机能否临时代用?

9-13　一台他励直流电动机,$P_N = 7.5kW$,$n_N = 1500r/min$,$\lambda_m = 2$,一个周期的转矩负载图如图 9-14 所示,试就(1)他扇冷式;(2)自扇冷式两种情况校验电动机的发热是否通过。

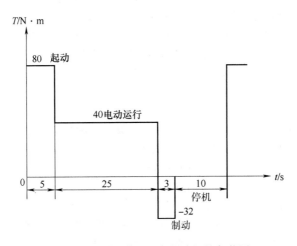

图 9-14　思考题 9-13 中电动机的负载图

9-14　需要一台电动机来拖动工作时间 $t_R = 5min$ 的短时工作负载,负载功率 $P_L = 18kW$ 空载起动。现有两台笼型异步电动机可供选用,它们是:

(1)$P_N = 10kW$,$n_N = 1460r/min$,$\lambda_m = 2.1$,起动转矩倍数 $k_T = 1.2$;

(2)$P_N = 14kW$,$n_N = 1460r/min$,$\lambda_m = 1.8$,$k_T = 1.2$。

如果温升都无问题,试校验起动能力和过载能力,以决定哪一台电动机可以使用(校验时考虑到电网电压可能降低 10%)。

9-15　试比较 $FS = 15\%$、30kW 和 $FS = 40\%$、20kW 两台断续周期工作制的电动机,哪一台的实际功率大一些?

参 考 文 献

[1] 顾绳谷. 电机及拖动基础 [M]. 北京：机械工业出版社，2003.

[2] 彭鸿才，边春元. 电机原理及拖动 [M]. 3版. 北京：机械工业出版社，2015.

[3] 边春元，满永奎. 电机原理及拖动 [M]. 北京：机械工业出版社，2016.

[4] 王微. 电工基础（提高版）[M]. 北京：电子工业出版社，2001.

[5] 任兴权. 电力拖动基础 [M]. 2版. 北京：冶金工业出版社，1989.

[6] 王桂英，贾兰英. 电机与拖动 [M]. 沈阳：东北大学出版社，2004.

[7] 唐介. 电机与拖动 [M]. 北京：高等教育出版社，2003.

[8] 邹继斌，等. 磁路与磁场 [M]. 哈尔滨：哈尔滨工业大学出版社，1998.

[9] 王正茂，阎治安，崔新艺，等. 电机学 [M]. 西安：西安交通大学出版社，2000.

[10] 潘再平，章玮，陈敏祥. 电机学 [M]. 杭州：浙江大学出版社，2008.

[11] 汤蕴璆. 电机学 [M]. 5版. 北京：机械工业出版社，2014.

[12] 刘宗富. 电机学 [M]. 修订版. 北京：冶金工业出版社，1992.

[13] 任兴权. 电机与拖动 [M]. 北京：机械工业出版社，1991.

[14] 李发海，朱东起. 电机学 [M]. 北京：科学出版社，2007.

[15] 李元庆. 电机与变压器 [M]. 北京：中国电力出版社，2007.

[16] 吕宗枢. 电机学 [M]. 北京：高等教育出版社，2007.

[17] 陈世元. 电机学 [M]. 北京：中国电力出版社，2008.

[18] 康晓明. 电机与拖动 [M]. 北京：国防工业出版社，2005.

[19] 赵影. 电机与电力拖动 [M]. 北京：国防工业出版社，2005.

[20] 赵君有，张爱军. 控制电机 [M]. 北京：中国水利水电出版社，2006.

[21] 许晓峰. 电机及拖动 [M]. 北京：高等教育出版社，2005.

[22] 刘锦波，张承慧. 电机与拖动 [M]. 2版. 北京：清华大学出版社，2015.

[23] 姚舜才，付巍，赵耀霞. 电机学与电力拖动技术 [M]. 北京：国防工业出版社，2005.

[24] 孟宪芳. 电机及拖动基础 [M]. 西安：西安电子科技大学出版，2006.

[25] 周定颐. 电机及电力拖动 [M]. 北京：机械工业出版社，1995.

[26] 胡敏强，黄学良，黄允凯，等. 电机学 [M]. 3版. 北京：中国电力出版社，2014.

[27] 李发海，王岩. 电机与拖动基础 [M]. 4版. 北京：清华大学出版社，2012.

[28] 辜承林，陈乔夫. 电机学 [M]. 2版. 武汉：华中科技大学出版社，2005.

[29] 唐任远. 特种电机原理及应用 [M]. 北京：机械工业出版社，2010.

[30] 王秀和，等. 永磁电机 [M]. 3版. 北京：中国电力出版社，2011.

[31] 刘刚，王志强，房建成. 永磁无刷直流电机控制技术与应用 [M]. 北京：机械工业出版社，2008.

[32] 李硕. 高温超导旋转磁场电动式磁悬浮的研究 [D]. 北京：北京交通大学，2015.

[33] 上海工业大学，上海电机厂. 直线异步电动机 [M]. 北京：机械工业出版社，1979.

[34] 龙遐令. 直线感应电动机的理论和电磁设计方法 [M]. 北京：科学出版社，2006.

[35] 金建勋. 高温超导直线电机 [M]. 北京：科学出版社，2011.

[36] 吕刚. 直线电机在轨道交通中的应用与关键技术综述 [J]. 中国电机工程学报，2020，40（17）.

[37] 张家生，邵虹君，郭峰. 电机原理与拖动基础 [M]. 北京：北京邮电大学出版社，2017.

[38] 刘玫，孙雨萍. 电机与拖动 [M]. 北京：机械工业出版社，2009.